软件开发视频大讲堂

PHP 从入门到精通

（第 4 版）

明日科技　编著

清华大学出版社

北　京

内 容 简 介

《PHP 从入门到精通（第 4 版）》从初学者角度出发，通过通俗易懂的语言、丰富多彩的实例，详细介绍了使用 PHP 进行网络开发应该掌握的各方面技术。全书共分 4 篇 25 章，其中，基础知识篇包括初识 PHP、PHP 环境搭建和开发工具、PHP 语言基础、流程控制语句、字符串操作、正则表达式、PHP 数组、PHP 与 Web 页面交互、PHP 与 JavaScript 交互、日期和时间；核心技术篇包括 Cookie 与 Session、图形图像处理技术、文件系统、面向对象、PHP 加密技术、MySQL 数据库基础、phpMyAdmin 图形化管理工具、PHP 操作 MySQL 数据库、PDO 数据库抽象层、ThinkPHP 框架；高级应用篇包括 Smarty 模板技术、PHP 与 XML 技术、PHP 与 Ajax 技术；项目实战篇包括应用 Smarty 模板开发电子商务网站、应用 ThinkPHP 框架开发明日导航网等内容。书中所有知识都结合具体实例进行介绍，涉及的程序代码均附以详细的注释，可以使读者轻松领会 PHP 程序开发的精髓，快速提高开发技能。另外，本书除了纸质内容之外，配套光盘中还给出了海量开发资源库，主要内容如下：

☑ 语音视频讲解：总时长 25 小时，共 179 段   ☑ 实例资源库：808 个实例及源码详细分析
☑ 模块资源库：15 个经典模块开发过程完整展现   ☑ 项目案例资源库：15 个企业项目开发过程完整展现
☑ 测试题库系统：626 道能力测试题目   ☑ 面试资源库：342 个企业面试真题
☑ PPT 电子教案

本书适合作为软件开发入门者的自学用书，也适合作为高等院校相关专业的教学参考书，也可供开发人员查阅、参考。

本书封面贴有清华大学出版社防伪标签，无标签者不得销售。

版权所有，侵权必究。侵权举报电话：010-62782989   13701121933

图书在版编目（CIP）数据

PHP 从入门到精通/明日科技编著. —4 版. —北京：清华大学出版社，2017(2019.8重印)
（软件开发视频大讲堂）
ISBN 978-7-302-45722-0

Ⅰ. ①P… Ⅱ. ①明… Ⅲ. ①PHP 语言-程序设计 Ⅳ. ①TP312

中国版本图书馆 CIP 数据核字（2016）第 288787 号

责任编辑：赵洛育
封面设计：刘洪利
版式设计：刘艳庆
责任校对：王 颖
责任印制：李红英

出版发行：清华大学出版社
  网 址：http://www.tup.com.cn，http://www.wqbook.com
  地 址：北京清华大学学研大厦 A 座 邮 编：100084
  社 总 机：010-62770175 邮 购：010-62786544
  投稿与读者服务：010-62776969，c-service@tup.tsinghua.edu.cn
  质量反馈：010-62772015，zhiliang@tup.tsinghua.edu.cn

印 装 者：清华大学印刷厂
经 销：全国新华书店
开 本：203mm×260mm 印 张：36 字 数：980 千字
    （附海量开发资源库 DVD 光盘 1 张）
版 次：2008 年 10 月第 1 版 2017 年 6 月第 4 版 印 次：2019 年 8 月第 10 次印刷
定 价：79.80 元

产品编号：058848-01

如何使用 PHP 开发资源库

在学习《PHP 从入门到精通（第 4 版）》一书时，随书附配光盘提供了"PHP 开发资源库"系统，可以帮助读者快速提升编程水平和解决实际问题的能力。《PHP 从入门到精通（第 4 版）》和 PHP 开发资源库配合学习流程如图 1 所示。

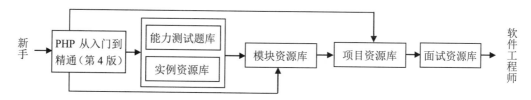

图 1　图书与开发资源库配合学习流程图

打开光盘的"开发资源库"文件夹，运行 PHP 开发资源库.exe 程序，即可进入"PHP 开发资源库"系统，主界面如图 2 所示。

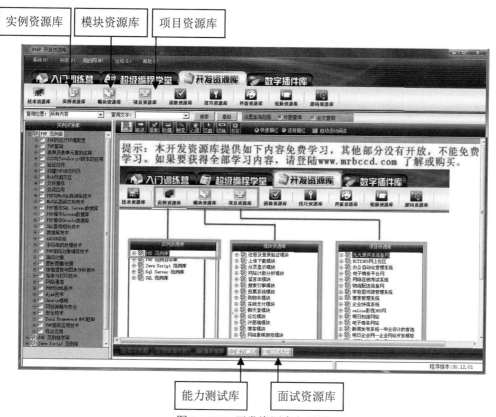

图 2　PHP 开发资源库主界面

在学习某一章节时，可以配合实例资源库的相应章节，利用实例资源库提供的大量热点实例和关键实例巩固所学编程技能，提高编程兴趣和自信心；也可以配合能力测试题库的对应章节进行测试，检验学习成果。具体流程如图 3 所示。

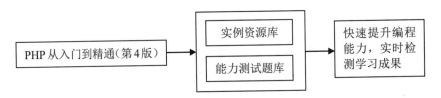

图 3　使用实例资源库和能力测试题库

对于数学逻辑能力和英语基础较为薄弱的读者，或者想了解个人数学逻辑思维能力和编程英语基础的用户，本书提供了数学及逻辑思维能力测试和编程英语能力测试供练习和测试，如图 4 所示。

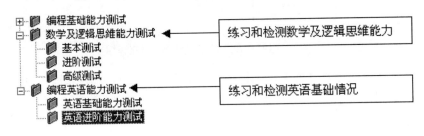

图 4　数学及逻辑思维能力测试和编程英语能力测试目录

当本书学习完成时，可以配合模块资源库和项目资源库的 30 个模块和项目，全面提升个人综合编程技能和解决实际开发问题的能力，为成为 PHP 软件开发工程师打下坚实基础。具体模块和项目目录如图 5 所示。

图 5　模块资源库和项目资源库目录

万事俱备，该到软件开发的主战场上接受洗礼了。面试资源库提供了大量国内外软件企业的常见面试真题，同时还提供了程序员职业规划、程序员面试技巧、企业面试真题汇编和虚拟面试系统等精彩内容，是程序员求职面试的绝佳指南。面试资源库的具体内容如图 6 所示。

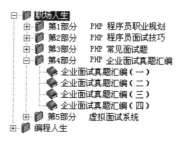

图 6 面试资源库的具体内容

如果您在使用 PHP 开发资源库时遇到问题，可加我们的 QQ：4006751066（可容纳 10 万人），我们将竭诚为您服务。

前 言

Preface

　　丛书说明："软件开发视频大讲堂"丛书（第 1 版）于 2008 年 8 月出版，因其编写细腻，易学实用，配备全程视频等，在软件开发类图书市场上产生了很大反响，绝大部分品种在全国软件开发零售图书排行榜中名列前茅，2009 年多个品种被评为"全国优秀畅销书"。

　　"软件开发视频大讲堂"丛书（第 2 版）于 2010 年 8 月出版，出版后，绝大部分品种在全国软件开发类零售图书排行榜中依然名列前茅。丛书中多个品种被百余所高校计算机相关专业、软件学院选为教学参考书，在众多的软件开发类图书中成为最耀眼的品牌之一。丛书累计销售 40 多万册。

　　"软件开发视频大讲堂"丛书（第 3 版）于 2012 年 8 月出版，根据读者需要，增删了品种，重新录制了视频，提供了从"入门学习→实例应用→模块开发→项目开发→能力测试→面试"等各个阶段的海量开发资源库。因丛书编写结构合理、实例选择经典实用，丛书迄今累计销售 90 多万册。

　　"软件开发视频大讲堂"丛书（第 4 版）在继承前 3 版所有优点的基础上，修正了前 3 版图书中发现的疏漏之处，并结合目前市场需要，进一步对丛书品种进行了完善，对相关内容进行了更新优化，使之更适合读者学习，为了方便教学，还提供了教学课件 PPT。

　　PHP 是全球最普及、应用最广泛的互联网开发语言之一。PHP 语言具有简单、易学、源码开放、可操作多种主流与非主流的数据库、支持面向对象的编程、支持跨平台的操作以及完全免费等特点，越来越受到广大程序员的青睐和认同。PHP 目前拥有几百万名用户，发展速度很快。相信在经过不断发展后，PHP 一定会成为互联网开发语言中"主流中的主流"。

本书内容

　　本书提供了 PHP 从入门到编程高手所必备的各类知识，共分 4 篇，大体结构如下图所示。

　　第 1 篇：基础知识。本篇通过初识 PHP、PHP 环境搭建和开发工具、PHP 语言基础、流程控制语句、字符串操作、正则表达式、PHP 数组、PHP 与 Web 页面交互、PHP 与 JavaScript 交互、日期和时间等内容的介绍，并结合大量的图示、实例、视频等，使读者快速掌握 PHP 语言，并为以后编程奠定坚实的基础。

　　第 2 篇：核心技术。本篇介绍了 Cookie 与 Session、图形图像处理技术、文件系统、面向对象、PHP 加密技术、MySQL 数据库基础、phpMyAdmin 图形化管理工具、PHP 操作 MySQL 数据库、PDO 数据库抽象层、ThinkPHP 框架等内容。读者学习完本篇内容后，能够开发数据库应用程序和一些中小型的热点模块。

　　第 3 篇：高级应用。本篇介绍了 Smarty 模板技术、PHP 与 XML 技术、PHP 与 Ajax 技术等内容。读者学习完本篇内容后，能够开发一些实用的网络程序。

　　第 4 篇：项目实战。本篇介绍了两个实战项目：电子商务网站和明日导航网。第一个项目通过 Smarty

模板技术、PDO 数据库抽象层、Ajax 等主流技术实现一个大型、完整的电子商务平台，同时运用软件工程的设计思想，让读者学习如何进行网站项目的实践开发。第二个项目通过 ThinkPHP 框架开发一个导航网，该项目是运用软件工程设计思想中最流行的 MVC 设计观念，通过一个国产框架 ThinkPHP 编写而成。读者通过该项目可以了解网站导航的开发流程，进而掌握应用 ThinkPHP 框架开发网站的流程以及常用的技术。

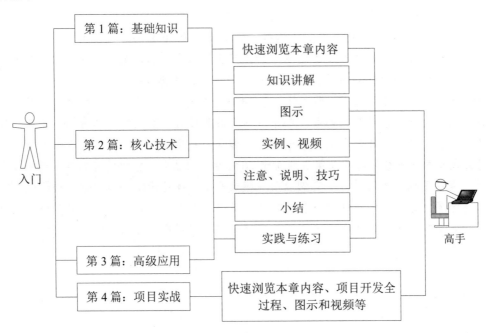

本书特点

- ❑ **由浅入深，循序渐进**。本书以初、中级程序员为对象，先从 PHP 语言基础学起，再学习 PHP 的核心技术，然后学习 PHP 的高级应用，最后学习开发一个完整项目。讲解步骤详尽、版式新颖，在操作的内容图片上以❶❷❸……编号+内容的方式进行标注，使读者在阅读时一目了然，从而快速掌握书中内容。
- ❑ **语音视频，讲解详尽**。书中的大多数章节提供了声图并茂的教学视频，读者可以根据书中提供的视频位置在光盘中找到。这些视频能够引导初学者快速入门，感受编程的快乐和成就感，进一步增强学习的信心，从而快速成为编程高手。
- ❑ **实例典型，轻松易学**。通过实例学习是最好的学习方式，本书通过"一个知识点、一个例子、一个结果、一段评析、一个综合应用"的模式，透彻详尽地讲述了实际开发中所需的各类知识。另外，为了便于读者阅读程序代码，快速学习编程技能，书中几乎每行代码都提供了注释。
- ❑ **精彩栏目，贴心提醒**。本书根据需要在各章安排了很多"注意""说明""技巧"等小栏目，让读者可以在学习过程中更轻松地理解相关知识点及概念，更快地掌握个别技术的应用技巧。

❑ 应用实践，随时练习。书中几乎每章都提供了"实践与练习"，使读者能够通过对问题的解答重新回顾、熟悉所学知识，举一反三，为进一步学习做好充分的准备。

读者对象

☑ 初学编程的自学者　　　　　　　　☑ 编程爱好者

☑ 大中专院校的老师和学生　　　　　☑ 相关培训机构的老师和学员

☑ 做毕业设计的学生　　　　　　　　☑ 初、中级程序开发人员

☑ 程序测试及维护人员　　　　　　　☑ 参加实习的"菜鸟"程序员

读者服务

为了方便解决本书疑难问题，读者朋友可加我们的 **QQ：4006751066（可容纳 10 万人）**，也可以登录 www.mingribook.com 留言，我们将竭诚为您服务。

致谢

本书在出版过程中，得到了原清华大学出版社策划编辑刘利民先生的大力支持，在此表示衷心感谢。另外，本书所有的编审、发行人员为本书的出版和发行付出了辛勤劳动，在此一并致谢。

致读者

本书由吉林省明日科技有限公司的 PHP 程序开发小组编写。明日科技是一家专业从事软件开发、教育培训以及软件开发教育资源整合的高科技公司，其编写的教材既注重选取软件开发中的必需、常用内容，又注重内容的易学、方便以及相关知识的拓展，深受读者喜爱。其编写的教材多次荣获"全行业优秀畅销品种""中国大学出版社优秀畅销书"等奖项，多个品种长期位居同类图书销售排行榜的前列。

本书主要参与编写的程序员有申小琦、王小科、王国辉、董刚、赛奎春、房德山、杨丽、高春艳、辛洪郁、周佳星、张鑫、张宝华、葛忠月、刘杰、白宏健、张雳霆、马新新、冯春龙、宋万勇、李文欣、王东东、柳琳、王盛鑫、徐明明、杨柳、赵宁、王佳雪、于国良、李磊、李彦骏、王泽奇、贾景波、谭慧、李丹、吕玉翠、孙巧辰、赵颖、江玉贞、周艳梅、房雪坤、裴莹、郭铁、张金辉、王敬杰、高茹、李贺、陈威、高飞、刘志铭、高润岭、于国槐、郭锐、郭鑫、邹淑芳、李根福、杨贵发、王喜平等。在编写过程中，我们以科学、严谨的态度，力求精益求精，但错误、疏漏之处在所难免，敬请广大读者批评指正。

感谢您购买本书，希望本书能成为您编程路上的领航者。

"零门槛"编程，一切皆有可能。

祝读书快乐！

编　者

目　录

Contents

第1篇　基础知识

第 2 篇　核心技术

第 3 篇　高级应用

第 4 篇　项目实战

光盘"开发资源库"目录

第 1 大部分　实例资源库

（808 个完整实例分析，光盘路径：开发资源库/实例资源库）

第 2 大部分　模块资源库

（15 个经典模块，光盘路径：开发资源库/模块资源库）

第 3 大部分　项目资源库

（15 个企业开发项目，光盘路径：开发资源库/项目资源库）

XXV

第 4 大部分　能力测试题库

（626 道能力测试题目，光盘路径：开发资源库/能力测试）

第 5 大部分　面试资源库

（342 项面试真题，光盘路径：开发资源库/面试系统）

第 **1** 篇

基础知识

本篇通过对初识 PHP、PHP 环境搭建和开发工具、PHP 语言基础、流程控制语句、字符串操作、正则表达式、PHP 数组、PHP 与 Web 页面交互、PHP 与 JavaScript 交互、日期和时间等内容的介绍，并结合大量的图示、实例、视频等，使读者快速掌握 PHP 语言，并为以后编程奠定坚实的基础。

第 *1* 章

初识 PHP

(视频讲解：24 分钟)

PHP 是一种服务器端 HTML 嵌入式脚本描述语言，其最强大和最重要的特征就是跨平台和面向对象。本章将简单介绍 PHP 语言和 PHP 5 的新特性、PHP 的发展趋势以及学好 PHP 语言的方法等，使读者对 PHP 语言有一个整体的了解，然后再慢慢地学习具体内容，最后达到完全掌握 PHP 语言的目的。

通过阅读本章，您可以：

▶▶ 了解 PHP 的发展历程及语言优势

▶▶ 了解 PHP 5 新特性

▶▶ 认识 PHP 扩展库

▶▶ 了解如何学好 PHP

▶▶ 了解 PHP 相关学习资源软件及下载网址

▶▶ 了解网站建设的基本流程

1.1　PHP 概述

📹 **视频讲解：光盘\TM\lx\1\01 PHP 概述.mp4**

PHP 起源于 1995 年，由 Rasmus Lerdorf 开发，见图 1.1。到现在，PHP 已经历了 20 多年的时间洗涤，成为全球最受欢迎的脚本语言之一。由于 PHP 5 是一种面向对象的、完全跨平台的新型 Web 开发语言，所以无论从开发者角度考虑还是从经济角度考虑，都是非常实用的。PHP 语法结构简单，易于入门，很多功能只需一个函数即可实现，并且很多机构都相继推出了用于开发 PHP 的 IDE 工具、Zend 搜索引擎等新型技术。

图 1.1　Rasmus Lerdorf

1.1.1　什么是 PHP

PHP 是 PHP:Hypertext Preprocessor（超文本预处理器）的缩写，是一种服务器端、跨平台、HTML 嵌入式的脚本语言，其独特的语法混合了 C 语言、Java 语言和 Perl 语言的特点，是一种被广泛应用的开源式的多用途脚本语言，尤其适合 Web 开发。

PHP 是 B/S（Browser/Server 的简写，即浏览器/服务器结构）体系结构，属于三层结构。服务器启动后，用户可以不使用相应的客户端软件，只使用 IE 浏览器即可访问，既保持了图形化的用户界面，又大大减少了应用维护量。

1.1.2　PHP 语言的优势

PHP 起源于自由软件，即开放源代码软件，使用 PHP 进行 Web 应用程序的开发具有以下优势。

- ☑ 安全性高：PHP 是开源软件，每个人都可以看到所有 PHP 的源代码，程序代码与 Apache 编译在一起的方式也可以让它具有灵活的安全设定。PHP 具有公认的安全性能。
- ☑ 跨平台特性：PHP 几乎支持所有的操作系统平台（如 Win32 或 UNIX/Linux/Macintosh/FreeBSD/OS2 等），并且支持 Apache、Nginx、IIS 等多种 Web 服务器，并以此广为流行。
- ☑ 支持广泛的数据库：可操纵多种主流与非主流的数据库，如 MySQL、Access、SQL Server、Oracle、DB2 等，其中 PHP 与 MySQL 是目前最佳的组合，它们的组合可以跨平台运行。
- ☑ 易学性：PHP 嵌入在 HTML 语言中，以脚本语言为主，内置丰富函数，语法简单、书写容易，方便学习掌握。
- ☑ 执行速度快：占用系统资源少，代码执行速度快。
- ☑ 免费：在流行的企业应用 LAMP 平台中，Linux、Apache、MySQL、PHP 都是免费软件，这种开源免费的框架结构可以为网站经营者节省很大一笔开支。
- ☑ 模板化：实现程序逻辑与用户界面分离。
- ☑ 支持面向对象与过程：支持面向对象和过程的两种开发风格，并可向下兼容。
- ☑ 内嵌 Zend 加速引擎，性能稳定快速。

1.1.3　PHP 5 的新特性

PHP 5 中的对象已经进行了较系统和全面的调整，下面着重讲述 PHP 5 中新的对象模式。
- ☑ 构造函数和析构函数。
- ☑ 对象的引用。
- ☑ 对象的克隆（clone）。
- ☑ 对象中的私有、公共及受保护模式（public/private 和 protected 关键字）。
- ☑ 接口（Interface）。
- ☑ 抽象类。
- ☑ __call。
- ☑ __set 和 __get。
- ☑ 静态成员。

1.1.4　PHP 的发展趋势

由于 PHP 是一种面向对象的、完全跨平台的新型 Web 开发语言，所以无论从开发者角度考虑还是从经济角度考虑，都是非常实用的。PHP 语法结构简单，易于入门，很多功能只需一个函数就可以实现，并且很多机构都相继推出了用于开发 PHP 的 IDE 工具。

现在，越来越多的新公司或者新项目使用 PHP，这使得 PHP 相关社区越来越活跃，而这又反过来影响到很多项目或公司的选择，形成一个良性循环，因此 PHP 是国内大部分 Web 项目的首选。PHP 速度快，开发成本低，后期维护费用低，开源产品丰富，这些都是很多语言无法比拟的。而随着 4G 和移动互联网技术的兴起，越来越多的 Web 应用也选择了 PHP 作为主流的技术方案。

全球排名前 50 的网站前端开发语言统计如图 1.2 所示，40%是使用 PHP 语言开发的，其中包括排名第一的 Facebook，以及日常上网经常会用到的网站，雅虎、百度、腾讯、淘宝、新浪、hao123、天猫、搜狐等。由此可以看出，PHP 语言应用广泛，相信它将会朝着更加企业化的方向迈进，并且将更适合大型系统的开发。

序号	网站	程序	OS	DB
1	FACEBOOK	PHP	Linux+Apache	MySql
2	GOOGLE	Python	集群（自主研发）	集群
3	YouTube	Python	集群	集群
4	Yahoo!	PHP	FreeBSD+Apache	MySql
5	百度	PHP	Linux+Apache	集群
6	维基百科	PHP	Linux+Apache	MySql
7	亚马逊	CGI	Linux	集群
8	Windows Live	ASP.NET	Windows+IIS	MsSql
9	腾讯QQ	PHP	集群	Linux
10	淘宝	PHP	Linux	Oracle
11	Blogspot	Python	集群	集群
12	Twitter	Ruby	NoSql	
13	LinkedIn	JSP	未知	未知
14	Bing	ASP.NET	Windows+IIS	MsSql
15	新浪	PHP	Linux+Apache	MySql
16	яндекс	集群	未知	未知
17	MSN	ASP.NET	Windows+IIS	MsSql
18	ВКонтакте	ASP.NET	Windows+IIS	Oracle
19	eBay	PHP	Linux+Apache	MySql
20	WordPress	PHP	Linux+Apache	MySql
21	网易	JSP	集群	Oracle
22	新浪微博	PHP	FreeBSD+Apache	MySql
23	微软	ASP.NET	Windows+IIS	MsSql
24	Tumblr	PHP	Linux+Apache	MySql
25	Ask	ASP.NET	Windows+IIS	MsSql
26	Hao123	PHP	Linux+Apache	MySql
27	xvideos	未知	Nginx	Redis
28	Conduit	C#.NET	Windows+IIS	MySql
29	Pinterest	Python	FreeBSD+Apache	MySql
30	FC2	未知	未知	未知
31	delta-search	Python	集群(自主研发)	集群
32	Craigslist	PHP	Linux+Apache	MySql
33	天猫	PHP	Linux+Apache	MySql
34	Babylon	ColdFusion	Windows+IIS	MsSql
35	搜狐网	PHP	Linux+Apache	MySql
36	PayPal	JSP	未知	未知
37	Adobe	AIR	Linux	未知
38	The Internet Movie Database	ASP.NET	Windows+IIS	MsSql
39	苹果	未知	未知	未知
40	BBC Online	ASP.NET	Windows+IIS	Oracle
41	soso搜搜	PHP	Linux+Nginx	未知
42	Pornhub	未知	未知	未知
43	凤凰网	PHP	Linux+Apache	MySql
44	AVG	未知	未知	未知
45	AOL	JSP	未知	未知
46	Blogger	JSP	未知	未知
47	Go	未知	未知	未知
48	阿里巴巴	JSP	Unix+Apache	Oracle
49	百城	PHP	Linux+Apache	未知
50	360安全中心	PHP	Linux+Apache	MySql

图 1.2　全球排名前 50 的网站前端开发语言统计

1.1.5　PHP 的应用领域

PHP 在互联网高速发展的今天，应用范围可谓非常广泛。PHP 的应用领域主要包括：
- ☑ 中小型网站的开发。
- ☑ 大型网站的业务逻辑结果展示。
- ☑ Web 办公管理系统。
- ☑ 硬件管控软件的 GUI。
- ☑ 电子商务应用。
- ☑ Web 应用系统开发。
- ☑ 多媒体系统开发。
- ☑ 企业级应用开发。
- ☑ 移动互联网开发。

PHP 正吸引着越来越多的 Web 开发人员。PHP 无处不在，它可应用于任何地方、任何领域，并且已拥有几百万个用户，其发展速度要快于在它之前的任何一种计算机语言。PHP 能够给企业和最终用户带来数不尽的好处。据统计，全世界有超过 2200 万的网站和 1.5 万家公司在使用 PHP 语言，包括百度、雅虎、Facebook、淘宝、腾讯、新浪、搜狐等著名网站，也包括汉莎航空电子订票系统、德意志银行的网上银行、华尔街在线的金融信息发布系统等，甚至军队系统也选择使用 PHP 语言。

1.2　扩　展　库

视频讲解：光盘\TM\lx\1\02 扩展库.mp4

PHP 5 一直在升级更新，总体上围绕着性能、安全与新特性，不断为开发者提供新的动力。PHP 提供了一些扩展库，这些扩展库使 PHP 如虎添翼，更加灵活方便，如网上社区、BBS 论坛等，如果没有扩展库的支持，它们都可能无法使用，因此在安装 PHP 时要根据以后的用途选择安装。

PHP 5 的扩展库包括标准库 SPL（Standard PHP Library）和外部扩展库 PECL（PHP Extension Community Library）。标准库即被编译到 PHP 内部的库。历史上标准库指的是 Standard 扩展（默认即编译进 PHP），但 PHP 5 出现后，标准库实际上成了代名词。PHP 5 新增内置标准扩展库：XML 扩展库——DOM、SimpleXML 以及 SQLite 等，而类似 MySQL、MySQLi、Overload、GD2 等库则被放在 PECL 外部扩展库中，需要时在 php.ini 配置文件中选择加载。

在 Windows 下加载扩展库，是通过修改 php.ini 文件来完成的。用户也可以在脚本中通过使用 dl() 函数来动态加载。PHP 扩展库的 DLL 文件都具有"php_"前缀。

很多扩展库都内置于 Windows 版本的 PHP 中，要加载这些扩展库不需要额外的 DLL 文件和 extension 配置指令。Windows 下的 PHP 扩展库列表列出了需要或曾经需要额外 PHP DLL 文件的扩展库。

在编辑 php.ini 文件时，应注意以下几点：
- ☑ 需要修改 extension_dir 设置以指向用户放置扩展库的目录或者放置 php_*.dll 文件的位置。例如：

extension_dir = C:\php\extensions

☑ 要在 php.ini 文件中启用某扩展库，需要去掉 extension=php_*.dll 前的注释符号，即将需要加载的扩展库前的 ";" 删除。例如启用 Bzip2 扩展库，需要将下面这行代码：

;extension=php_bz2.dll

改成：

extension=php_bz2.dll

☑ 某些 DLL 没有绑定在 PHP 发行包中。PECL 中有日益增加、数目巨大的 PHP 扩展库，这些扩展库需要单独下载。

注意

如果运行服务器模块版本的 PHP，在修改了 php.ini 之后应注意重新启动 Web 服务器，使改动生效。

PHP 内置扩展库列表如表 1.1 所示。

表 1.1　PHP 内置扩展库列表

扩展库	说明	注解
php_bz2.dll	Bzip2 压缩函数库	无
php_calendar.dll	历法转换函数库	自 PHP 4.0.3 起内置
php_cpdf.dll	ClibPDF 函数库	无
php_crack.dll	密码破解函数库	无
php_ctype.dll	ctype 家族函数库	自 PHP 4.3.0 起内置
php_curl.dll	CURL，客户端 URL 函数库	需要 libeay32.dll，ssleay32.dll（已附带）
php_cybercash.dll	网络现金支付函数库	PHP<=4.2.0
php_dba.dll	DBA，数据库（dbm 风格）抽象层函数库	无
php_dbase.dll	dBase 函数库	无
php_dbx.dll	dbx 函数库	无
php_domxml.dll	DOM XML 函数库	PHP<=4.2.0 需要 libxml2.dll（已附带），PHP>=4.3.0 需要 iconv.dll（已附带）
php_dotnet.dll	.NET 函数库	PHP<=4.1.1
php_exif.dll	EXIF 函数库	需要 php_mbstring.dll，并且在 php.ini 中，php_exif.dll 必须在 php_mbstring.dll 之后加载
php_fbsql.dll	FrontBase 函数库	PHP<=4.2.0
php_fdf.dll	FDF：表单数据格式化函数库	需要 fdftk.dll（已附带）
php_filepro.dll	filePro 函数库	只读访问
php_ftp.dll	FTP 函数库	自 PHP 4.0.3 起内置
php_gd.dll	GD 库图像函数库	在 PHP 4.3.2 中删除。此外，注意在 GD1 中不能用真彩色函数，应用 php_gd2.dll 替代
php_gd2.dll	GD2 库图像函数库	GD2
php_gettext.dll	Gettext 函数库	PHP<=4.2.0 需要 gnu_gettext.dll（已附带），PHP>=4.2.3 需要 libintl-1.dll，iconv.dll（已附带）

续表

扩　展　库	说　　明	注　　解
php_hyperwave.dll	HyperWave 函数库	无
php_iconv.dll	ICONV 字符集转换	需要 iconv-1.3.dll（已附带），PHP>=4.2.1 需要 iconv.dll
php_ifx.dll	Informix 函数库	需要 Informix 库
php_iisfunc.dll	IIS 管理函数库	无
php_imap.dll	IMAP、POP3 和 NNTP 函数库	无
php_ingres.dll	Ingres II 函数库	需要 Ingres II 库
php_interbase.dll	InterBase functions	需要 gds32.dll（已附带）
php_java.dll	Java 函数库	PHP<=4.0.6 需要 jvm.dll（已附带）
php_ldap.dll	LDAP 函数库	PHP<=4.2.0 需要 libsasl.dll（已附带），PHP>=4.3.0 需要 libeay32.dll，ssleay32.dll（已附带）
php_mbstring.dll	多字节字符串函数库	无
php_mcrypt.dll	Mcrypt 加密函数库	需要 libmcrypt.dll
php_mhash.dll	Mhash 函数库	PHP>=4.3.0 需要 libmhash.dll（已附带）
php_mime_magic.dll	Mimetype 函数库	需要 magic.mime（已附带）
php_ming.dll	Ming 函数库（Flash）	无
php_msql.dll	mSQL 函数库	需要 msql.dll（已附带）
php_mssql.dll	MSSQL 函数库	需要 ntwdblib.dll（已附带）
php_mysql.dll	MySQL 函数库	PHP>=5.0.0 需要 libmysql.dll（已附带）
php_mysqli.dll	MySQLi 函数库	PHP>=5.0.0 需要 libmysql.dll（PHP<=5.0.2 中是 libmysqli.dll）（已附带）
php_oci8.dll	Oracle 8 函数库	需要 Oracle 8.1+客户端库
php_openssl.dll	OpenSSL 函数库	需要 libeay32.dll（已附带）
php_oracle.dll	Oracle 函数库	需要 Oracle 7 客户端库
php_overload.dll	对象重载函数库	自 PHP 4.3.0 起内置
php_pdf.dll	PDF 函数库	无
php_pgsql.dll	PostgreSQL 函数库	无
php_printer.dll	打印机函数库	无
php_shmop.dll	共享内存函数库	无
php_snmp.dll	SNMP 函数库	仅用于 Windows NT
php_soap.dll	SOAP 函数库	PHP>=5.0.0
php_sockets.dll	Socket 函数库	无
php_sybase_ct.dll	Sybase 函数库	需要 Sybase 客户端库
php_tidy.dll	Tidy 函数库	PHP>=5.0.0
php_tokenizer.dll	Tokenizer 函数库	自 PHP 4.3.0 起内置
php_w32api.dll	W32api 函数库	无
php_xmlrpc.dll	XML-RPC 函数库	PHP>=4.2.1 需要 iconv.dll（已附带）
php_xslt.dll	XSLT 函数库	PHP<=4.2.0 需要 sablot.dll，expat.dll（已附带） PHP>=4.2.1 需要 sablot.dll，expat.dll，iconv.dll（已附带）
php_yaz.dll	YAZ 函数库	需要 yaz.dll（已附带）

续表

扩展库	说　明	注　解
php_zip.dll	Zip 文件函数库	只读访问
php_zlib.dll	ZLib 压缩函数库	自 PHP 4.3.0 起内置

注：<=表示该版本及以前版本，>=表示该版本及以后版本。

注意

　　PHP 5.3 不再支持 php_mssql.dll 扩展库，即使使用 PHP 5.2 中的 php_mssql.dll 也无法使用。想要使用 PHP 5.3 连接 SQL Server 数据库，可以使用微软专门为 PHP 推出的一个 SQL Server 的扩展（Windows 版本）。

1.3　如何学好 PHP

视频讲解：光盘\TM\lx\1\03 如何学好 PHP.mp4

　　怎样学好 PHP 语言，这是所有初学者共同面临的问题，其实，每种语言的学习方法都大同小异，需要注意的有以下几点：

- ☑ 学会配置 PHP 的开发环境，选择一种适合自己的开发工具。
- ☑ 扎实的基础对于一个程序员来说尤为重要，因此建议读者多阅读一些基础教材，了解基本的编程知识，掌握常用的函数。
- ☑ 了解设计模式。开发程序必须编写程序代码，这些代码必须具有高度的可读性，这样才能使编写的程序具有调试、维护和升级的价值，学习一些设计模式，就能更好地把握项目的整体结构。
- ☑ 多实践，多思考，多请教。不要死记语法，在刚接触一门语言，特别是学习 PHP 语言时，掌握好基本语法，反复实践。仅读懂书本中的内容和技术是不行的，必须动手编写程序代码，并运行程序、分析运行结构，让大脑对学习内容有个整体的认识和肯定。用自己的方式去思考问题、编写代码来提高编程思想。平时可以多借鉴网上一些好的功能模块，培养自己的编程思想。多向他人请教，学习他人的编程思想。多与他人沟通技术问题，提高自己的技术和见识。这样才可以快速地进入学习状态。
- ☑ 学技术最忌急躁，遇到技术问题，必须冷静对待，不要让自己的大脑思绪紊乱，保持清醒的头脑才能分析和解决各种问题。可以尝试听歌、散步、玩游戏等活动放松自己。遇到问题，还要尝试自己解决，这样可以提高自己的程序调试能力，并对常见问题有一定的了解，明白出错的原因，进而举一反三，解决其他关联的错误问题。
- ☑ PHP 函数有几千种，需要下载一个 PHP 中文手册和 MySQL 手册，或者查看 PHP 函数类的相关书籍，以便解决程序中出现的问题。
- ☑ 现在很多 PHP 案例书籍都配有教学视频，可以看一些视频以领悟他人的编程思想。只有掌握了整体的开发思路之后，才能够系统地学习编程。
- ☑ 养成良好的编程习惯。
- ☑ 遇到问题不要放弃，要有坚持不懈、持之以恒的精神。

1.4　学习资源

视频讲解：光盘\TM\lx\1\04 学习资源.mp4

下面为读者推荐一些学习 PHP 的相关资源。使用这些资源，可以帮助读者找到精通 PHP 的捷径。

1.4.1　常用软件资源

1．PHP 开发工具

PHP 的开发工具很多，常用的开发工具有 Dreamweaver、ZendStudio、PhpStorm、Notepad++和 EditPlus 等。每个开发工具各有优势，一个好的开发工具往往会达到事半功倍的效果，读者可根据自己的需求选择使用。

开发工具下载网站为 http://www.onlinedown.net/或 http://www.skycn.com/。

2．下载 PHP 用户手册

学习 PHP 语言，配备一个 PHP 参考手册是必要的，就像在学习汉字时手中必须具备一本新华字典一样。PHP 参考手册对 PHP 的函数进行了详细的讲解和说明，并且还给出了一些简单的示例，同时还对 PHP 的安装与配置、语言参考、安全和特点等内容进行了介绍。

在 http://www.php.net/docs.php 网站上，提供有 PHP 的各种语言、格式和版本的 PHP 参考手册，读者可以进行在线阅读，也可以下载。

PHP 参考手册不但对 PHP 的函数进行了解释和说明，而且还提供了快速查找的方法，让用户可以更加方便地查找到指定的函数。PHP 参考手册下载版如图 1.3 所示。

图 1.3　PHP 参考手册

1.4.2　常用网上资源

下面提供一些大型的 PHP 技术论坛和社区，这些资源不但可以提高 PHP 编程者的技术水平，也是程序员学习和工作的好帮手。

1．PHP 官网

http://www.php.net

2．PHP 技术论坛

☑　PHP100

http://www.php100.com

☑　PHP 中国

http://www.phpchina.com

1.4.3　主要图书网站

下面提供一些国内比较大的 PHP 图书网站，内容丰富、信息全面、查阅方便，是读者了解 PHP 图书信息的窗口。

☑　当当网

http://book.dangdang.com

☑　亚马逊中国

http://www.amazon.cn

☑　京东网

http://book.jd.com

☑　互动出版网

www.china-pub.com

☑　明日图书网

http://www.mingribook.com

1.5　网站建设的基本流程

📀 视频讲解：光盘\TM\lx\1\05 网站建设的基本流程.mp4

建立一个网站是需要特定工作流程的。本节将介绍网站建设的基本流程，使读者在明确开发流程的基础上，能够更顺利地进行网站开发工作。网站建设的基本流程如图 1.4 所示。

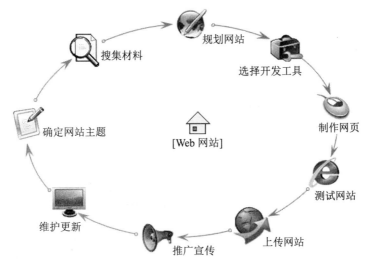

图 1.4　网站建设的基本流程

1.6　小　　结

本章重点讲述了 PHP 的发展历程及语言优势，介绍了 PHP 5 的新增功能以及 PHP 5 的扩展库。在学习 PHP 之前，先学习了一些术语与专有名词，最后学习了构建网站的基本流程与 PHP 相关资源的获取路径。

第 2 章

PHP 环境搭建和开发工具

（ 视频讲解：1 小时 9 分钟 ）

要使用 PHP，首先要建立 PHP 开发环境。本章将介绍两种操作系统（Windows 和 Linux）下的 PHP 环境搭建及流行的开发工具。此外，还为初学者介绍了几种 PHP 组合包来简化安装过程。最后，使用 Dreamweaver 开发第一个 PHP 实例。

通过阅读本章，您可以：

▶▶ 掌握在 Windows 下使用 WampServer 配置 PHP 开发环境

▶▶ 了解搭建 Linux 下的 PHP 环境

▶▶ 了解 PHP 常用开发工具

▶▶ 了解第一个 PHP 实例

2.1　在 Windows 下使用 WampServer

对于初学者来说，Apache、PHP 以及 MySQL 的安装和配置较为复杂，这时可以选择 WAMP（Windows+Apache+MySQL+PHP）集成安装环境快速安装配置 PHP 服务器。集成安装环境就是将 Apache、PHP 和 MySQL 等服务器软件整合在一起，免去了单独安装配置服务器带来的麻烦，实现了 PHP 开发环境的快速搭建。

目前比较常用的集成安装环境是 WampServer 和 AppServ，它们都集成了 Apache 服务器、PHP 预处理器以及 MySQL 服务器。本书以 WampServer 为例介绍 PHP 服务器的安装与配置。

2.1.1　PHP 开发环境的安装

视频讲解：光盘\TM\lx\2\01 PHP 开发环境的安装.mp4

1．安装前的准备工作

安装 WampServer 之前应从其官方网站上下载安装程序。下载地址为 http://www.wampserver.com/en/download.php，目前比较新的 WampServer 版本是 WampServer 2.5。

2．WampServer 的安装

使用 WampServer 集成化安装包搭建 PHP 开发环境的具体操作步骤如下：

（1）双击 WampServer2.5.exe，打开 WampServer 的启动界面，如图 2.1 所示。

（2）单击图 2.1 中的 Next 按钮，打开 WampServer 安装协议界面，如图 2.2 所示。

图 2.1　WampServer 启动界面

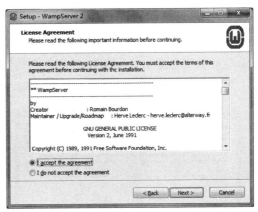

图 2.2　WampServer 安装协议界面

（3）选中图 2.2 中的 I accept the agreement 单选按钮，然后单击 Next 按钮，打开如图 2.3 所示的界面。在该界面中可以设置 WampServer 的安装路径（默认安装路径为：C:\wamp），这里将安装路径设置为 E:\wamp。

（4）单击图 2.3 中的 Next 按钮打开如图 2.4 所示的界面。在该界面中可以选择在快速启动栏和桌面上创建快捷方式。

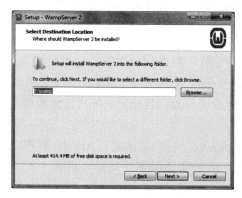
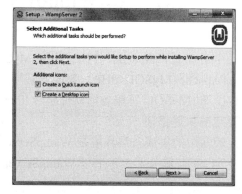

图 2.3　WampServer 安装路径选择　　　　　　图 2.4　创建快捷方式选项界面

（5）在图 2.4 中单击 Next 按钮，出现信息确认界面，如图 2.5 所示。

（6）单击图 2.5 中的 Install 按钮开始安装，安装即将结束时会提示选择默认的浏览器，如果不确定使用什么浏览器，单击"打开"按钮即可，此时选择的是系统默认的 IE 浏览器，如图 2.6 所示。

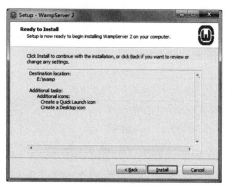

图 2.5　信息确认界面　　　　　　图 2.6　选择默认的浏览器

（7）后续操作会提示输入 PHP 的邮件参数信息，保留默认内容即可，如图 2.7 所示。

（8）单击图 2.7 中的 Next 按钮会进入完成 WampServer 安装界面，如图 2.8 所示。

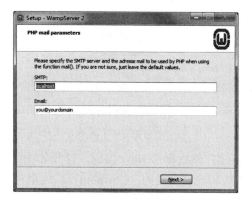
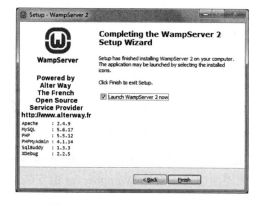

图 2.7　PHP 的邮件参数界面　　　　　　图 2.8　WampServer 安装完成界面

（9）选中 Launch WampServer 2 now 复选框，单击 Finish 按钮后即可完成所有安装，然后会自动启动 WampServer 所有服务，并且在任务栏的系统托盘中增加了 WampServer 图标。

（10）打开 IE 浏览器，在地址栏中输入 http://localhost/或者 http://127.0.0.1/后按 Enter 键，如果运行结果出现如图 2.9 所示的界面，则说明 WampServer 安装成功。

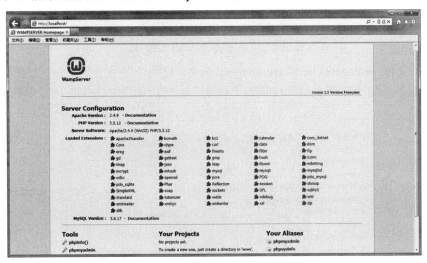

图 2.9　WampServer 启动成功界面

2.1.2　PHP 服务器的启动与停止

视频讲解：光盘\TM\lx\2\02 PHP 服务器的启动与停止.mp4

PHP 服务器主要包括 Apache 服务器和 MySQL 服务器，下面介绍启动与停止这两种服务器的方法。

1．手动启动和停止 PHP 服务器

单击任务栏系统托盘中的 WampServer 图标，弹出如图 2.10 所示的 WampServer 管理界面。

此时可以单独对 Apache 服务和 MySQL 服务进行启动、停止操作。以管理 Apache 服务器为例，选择图 2.10 中的 Apache/Service 命令，将会弹出如图 2.11 所示的界面，在图 2.11 的界面中可以选择 Start（启动）、Stop（停止）和 Restart（重新启动）Apache 服务。

图 2.10　WampServer 管理界面

图 2.11　管理 Apache 服务

另外，还可以对 Apache 服务和 MySQL 服务同时进行操作。选择 Start All Services 命令，可以启动 Apache 服务和 MySQL 服务；选择 Stop All Services 命令，可以停止 Apache 服务和 MySQL 服务；选择 Restart All Services 命令，可以重启 Apache 服务和 MySQL 服务。

2．通过操作系统自动启动 PHP 服务

（1）选择"开始"/"控制面板"命令打开控制面板。

（2）双击"管理工具"下的"服务"命令查看系统所有服务。

（3）在服务中找到 wampapache 和 wampmysql 服务，这两个服务分别表示 Apache 服务和 MySQL 服务。双击某种服务，将"启动类型"设置为"自动"，然后单击"确定"按钮即可设置该服务为自动启动，如图 2.12 所示。

图 2.12　设置 wampapache 服务为自动启动

2.1.3　PHP 开发环境的关键配置

📹 视频讲解：光盘\TM\lx\2\03 PHP 开发环境的关键配置.mp4

1．修改 Apache 服务端口号

WampServer 安装完成后，Apache 服务的端口号默认为 80。如果要修改 Apache 服务的端口号，可以通过以下步骤加以实现：

（1）单击 WampServer 图标📧，选择 Apache/http.conf 命令，打开 httpd.conf 配置文件，查找关键字 Listen 0.0.0.0:80。

（2）将 80 修改为其他的端口号（例如 8080），保存 httpd.conf 配置文件。

（3）重新启动 Apache 服务器，使新的配置生效。此后在访问 Apache 服务时，需要在浏览器地址栏中加上 Apache 服务的端口号（例如 http://localhost:8080/）。

2．设置网站起始页面

Apache 服务器允许用户自定义网站的起始页及其优先级，方法如下：

打开 httpd.conf 配置文件，查找关键字 DirectoryIndex，在 DirectoryIndex 的后面就是网站的起始页及优先级，如图 2.13 所示。

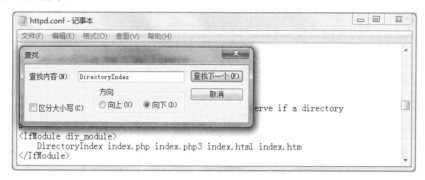

图 2.13　设置网站起始页

由图可见，在 WampServer 安装完成后，默认的网站起始页及优先级为 index.php、index.php3、index.html、index.htm。Apache 的默认显示页为 index.php，因此在浏览器地址栏输入 http://localhost/时，Apache 会首先查找访问服务器主目录下的 index.php 文件，如果文件不存在，则依次查找访问 index.php3、index.html、index.htm 文件。

3．设置 Apache 服务器主目录

WampServer 安装完成后，默认情况下浏览器访问的是 E:/wamp/www/目录下的文件，www 目录被称为 Apache 服务器的主目录。例如，当在浏览器地址栏中输入 http://localhost/php/test.php 时，访问的就是 www 目录下的目录 php 中的 test.php 文件。此时，用户也可以自定义 Apache 服务器的主目录，方法如下：

（1）打开 httpd.conf 配置文件，查找关键字 DocumentRoot，如图 2.14 所示。

（2）修改 httpd.conf 配置文件，例如，设置目录 E:/wamp/www/php/为 Apache 服务器的主目录，如图 2.15 所示。

图 2.14　设置 Apache 服务器主目录

图 2.15　设置 Apache 服务器主目录

（3）重新启动 Apache 服务器，使新的配置生效。此时在浏览器地址栏中输入 http://localhost/test.php 时，访问的就是 Apache 服务器主目录 E:/wamp/www/php/下的 test.php 文件。

4．PHP 的其他常用配置

php.ini 文件是 PHP 在启动时自动读取的配置文件，该文件所在目录是 E:\wamp\bin\php\php5.5.12。下面介绍 php.ini 文件中几个常用的配置。

☑ register_globals：通常情况下将此变量设置为 Off，这样可以对通过表单进行的脚本攻击提供更为安全的防范措施。

☑ short_open_tag：当该值设置为 On 时，表示可以使用短标记 "<?" 和 "?>" 作为 PHP 的开始标记和结束标记。

☑ display_errors：当该值设置为 On 时，表示打开错误提示，在调试程序时经常使用。

5．为 MySQL 服务器 root 账户设置密码

在 MySQL 数据库服务器中，用户名为 root 的账户具有管理数据库的最高权限。在安装 WampServer 之后，root 账户的密码默认为空，这样就会留下安全隐患。在 WampServer 中集成了 MySQL 数据库的管理工具 phpMyAdmin。phpMyAdmin 是众多 MySQL 图形化管理工具中应用最广泛的一种，是一款使用 PHP 开发的 B/S 模式的 MySQL 客户端软件，该工具是基于 Web 跨平台的管理程序，并且支持简体中文。下面介绍如何应用 phpMyAdmin 来重新设置 root 账户的密码。

步骤如下：

（1）单击任务栏系统托盘中的 WampServer 图标 ，选择 phpMyAdmin 命令打开 phpMyAdmin 主界面。

（2）单击 phpMyAdmin 主界面中的 "用户" 超链接，在 "用户概况" 中可以看到 root 账户（如图 2.16 所示），单击 root 账户一行中的 "编辑权限" 超链接会弹出新的编辑页面，在编辑页面中找到 "修改密码" 栏目（如图 2.17 所示）。

图 2.16　服务器用户一览表

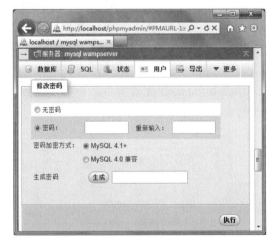

图 2.17　修改 root 账户密码界面

（3）在图 2.17 所示的界面中，可以修改 root 账户的密码。这里将 root 账户的密码设置为 111（本书中 root 账户的密码），在输入新密码和确认密码之后，单击 "执行" 按钮，完成对用户密码的修改操作，返回主界面，将提示密码修改成功。

注意

MySQL 服务器 root 账户密码修改完成后，应用 phpMyAdmin 登录 MySQL 服务器时仍然使用的是用户名为 root，密码为空的账户信息，这样会导致数据库登录失败。这时需要重新修改 phpMyAdmin 配置文件中的数据库连接字符串，重新设置密码后，应用 phpMyAdmin 才能成功登录 MySQL 服务器。

（4）在 E:\wamp\apps\phpmyadmin4.1.14 目录中查找 config.inc.php 文件，用记事本打开该文件，找到如图 2.18 所示的代码部分，将 root 账户的密码修改为新密码 111，保存文件后，就可以继续使用 phpMyAdmin 登录 MySQL 服务器了。

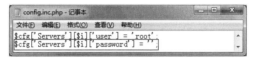

图 2.18　设置 phpMyAdmin 中 root 账户的密码

6. 设置 MySQL 数据库字符集

MySQL 数据库服务器支持很多字符集，默认使用的是 latin1 字符集。为了防止出现中文乱码问题，需要将 latin1 字符集修改为 gbk 或 gb2312 等中文字符集，以将 MySQL 字符集设置为 gbk 为例，方法如下：

（1）单击任务栏系统托盘中的 WampServer 图标🗖，选择 MySQL/my.ini 命令，打开 MySQL 配置文件 my.ini。

（2）在配置文件中的"[mysql]"选项组后添加参数设置"default-character-set = gbk"，在"[mysqld]"选项组后添加参数设置"character_set_server = gbk"。

（3）保存 my.ini 配置文件，重新启动 MySQL 服务器，这样就把 MySQL 服务器的默认字符集设置为 gbk 简体中文字符集。

2.2　在 Linux 下的安装配置

在 Linux 下搭建 PHP 环境比 Windows 下要复杂得多，除了 Apache、PHP 等软件外，还要安装一些相关工具，并设置必要参数。而且，如果要使用 PHP 扩展库，还要进行编译，如本书中使用到的 SOAP、MHASH 等扩展库。

安装之前要准备的安装包如下：

☑　httpd-2.2.8.tar.gz。

☑　php-5.2.5.tar.gz。

☑　mysql-5.0.51a-Linux-i686.tar.gz。

☑　libxml2-2.6.26.tar.gz。

2.2.1 安装 Apache 服务器

 视频讲解：光盘\TM\lx\2\04 安装 Apache 服务器.mp4

安装 Apache 服务器，首先需要打开 Linux 终端（Linux 下几乎所有的软件都需要在终端下安装）。选择 Red Hat 9 的"主菜单"/"系统工具"命令，在弹出的子菜单中选择"终端"命令。下面介绍安装 Apache 的具体步骤。

（1）进入 Apache 安装文件的目录下，如/usr/local/work。

```
cd /usr/local/work/
```

（2）解压安装包。解压完成后，进入 httpd2.2.8 目录中。

```
tar xfz httpd2.2.8.tar.gz
cd htttd2.2.8
```

（3）建立 makefile，将 Apache 服务器安装到 usr/local/Apache2 目录下。

```
./configure –prefix=/usr/local/Apache2 –enable-module=so
```

（4）编译文件。

```
make
```

（5）开始安装。

```
make install
```

（6）安装完成后，将 Apache 服务器添加到系统启动项中，最后重启服务器。

```
/usr/local/Apache2/bin/Apachectl start >> /etc/rc.d/rc.local
/usr/local/Apache2/bin/Apachectl restart
```

（7）打开 Mozilla 浏览器，在地址栏中输入 http://localhost/，按 Enter 键后如果看到如图 2.19 所示的页面，说明安装 Apache 服务器成功。

图 2.19 Linux 下的 Apache 服务器安装

2.2.2　安装 MySQL 数据库

🎬 **视频讲解：光盘\TM\lx\2\05 安装 MySQL 数据库.mp4**

安装 MySQL 比 Apache 稍复杂一些，因为需要创建 MySQL 账号，并将新建账号加入到组群。安装步骤如下：

（1）创建 MySQL 账号，并加入组群。

```
groupadd mysql
useradd -g mysql mysql
```

（2）进入 MySQL 的安装目录，将其解压（如目录为/usr/local/mysql）。

```
cd /usr/local/mysql
tar xfz /usr/local/work/mysql-5.0.51a-Linux-i686.tar.gz
```

（3）考虑到 MySQL 数据库升级的需要，通常以链接的方式建立/usr/local/mysql 目录。

```
ln -s mysql-5.0.51a-Linux-i686.tar.gz mysql
```

（4）进入 MySQL 目录，在/usr/local/mysql/data 中建立 MySQL 数据库。

```
cd mysql
scripts/mysql_install_db -user=mysql
```

（5）修改文件权限。

```
chown -R root
chown -R mysql data
chgrp -R mysql
```

（6）至此，MySQL 安装成功。用户可以通过在终端中输入命令启动 MySQL 服务。

```
/usr/local/mysql/bin/mysqld_safe -user=mysql &
```
启动后输入命令，进入 MySQL。

```
/user/local/mysql/bin/mysql -uroot
```

2.2.3　安装 PHP 5

🎬 **视频讲解：光盘\TM\lx\2\06 安装 PHP 5.mp4**

安装 PHP 5 之前，首先需要查看 libxml 的版本号。如果 libxml 版本号小于 2.5.10，则需要先安装 libxml 高版本。安装 libxml 和 PHP 5 的步骤如下（如果不需要安装 libxml，直接执行 PHP 5 的安装步骤即可）：

（1）将 libxml 和 PHP 5 复制到/usr/local/work 目录下，并进入该目录。

```
mv php-5.2.5.tar.gz libxml2-2.6.26.tar.gz /usr/local/work
```

```
cd /usr/local/work
```

（2）分别将 libxml2 和 PHP 解压。

```
tar xfz libxml2-2.6.62.tar.gz
tar xfz PHP-5.2.5.tar.gz
```

（3）进入 libxml2 目录，建立 makefile，将 libxml 安装到/usr/local/libxml2 目录下。

```
cd libxml2-2.6.62
./configure -prefix=/usr/local/libxml2
```

（4）编译文件。

```
makefile
```

（5）开始安装。

```
make install
```

（6）libxml2 安装完毕后，开始安装 PHP 5。进入 php-5.2.5 目录下。

```
cd ../php-5.2.5
```

（7）建立 makefile。

```
./configure –with-apxs2=/usr/local/Apache2/bin/apxs
--with-mysql=/usr/local/mysql
--with-libxml-dir=/usr/local/libxml2
```

（8）开始编译。

```
make
```

（9）开始安装。

```
make install
```

（10）复制 php.ini-dist 或 php.ini-recommended 到/usr/local/lib 目录，并命名为 php.ini。

```
cp php.ini-dist /usr/local/lib/php.ini
```

（11）更改 httpd.conf 文件相关设置，该文件位于/usr/local/Apache2/conf 中。找到该文件中的如下指令行：

```
AddType application/x-gzip .gz .tgz
```

在该指令后加入如下指令：

```
AddType application/x-httpd-php .php
```

重新启动 Apache，并在 Apache 主目录下建立文件 phpinfo.php。

```
<?php
```

```
    phpinfo();
?>
```

在 Mozilla 浏览器中输入 http://localhost/phpinfo.php，按 Enter 键，如果出现如图 2.20 所示的界面，则 PHP 安装成功。

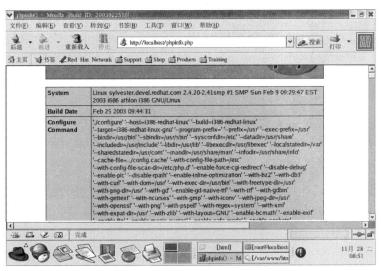

图 2.20　phpinfo 信息

2.3　PHP 常用开发工具

视频讲解：光盘\TM\lx\2\07 PHP 常用开发工具.mp4

"工欲善其事，必先利其器"。随着 PHP 的发展，大量优秀的开发工具纷纷出现。找到一个适合自己的开发工具，不仅可以加快学习进度，而且能够在以后的开发过程中及时发现问题，少走弯路。下面将介绍一款目前流行的开发工具。

Dreamweaver 是 Adobe 公司开发的 Web 站点和应用程序的专业开发工具，它将可视布局工具、应用程序开发功能和代码编辑组合在一起。其功能强大，使得各个层次的设计人员和开发人员都能够美化网站及创建应用程序。从基于 CSS 设计的领先支持到手工编码，Dreamweaver 为专业人员提供了一个集成、高效的环境，这样开发人员可以使用 Dreamweaver 及所选择的服务器来创建功能强大的 Web 应用程序，从而使用户能够连接到数据库、Web 服务和旧式系统。本实例主要讲解如何利用 Dreamweaver 建立站点及开发 PHP 程序。

在 Dreamweaver 中创建站点的操作步骤如下：

（1）选择"站点"/"管理站点"命令，弹出如图 2.21 所示的对话框。

（2）单击"管理站点"对话框中的"编辑"按钮，在弹出的"01 的站点定义为"对话框中选择"高级"选项卡，在"分类"列表框中选择"测试服务器"选项，在右侧的"服务器模型"下拉列表框中选择 PHP MySQL 选项，在"访问"下拉列表框中选择"本地/网络"选项，然后设置测试服务器文件夹，也就是指定到站点的根目录下，最后设置 URL 前缀，同样定义到站点的根目录，如图 2.22 所示。

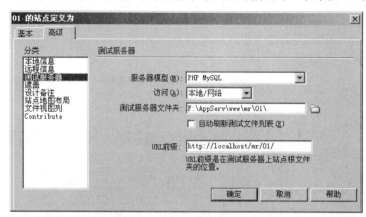

图 2.21　"管理站点"对话框　　　　　　图 2.22　配置测试服务器

（3）单击"确定"按钮，完成站点的设置。在完成测试服务器的配置之后，即可在 Dreamweaver 下直接使用快捷键 F12 来浏览程序。

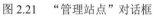技巧

　　在进行站点设置和服务器配置的过程中，一定要将本地的 HTTP 地址与测试服务器中的 URL 前缀统一，都指定到站点的根目录下。例如本实例中，将 HTTP 地址和 URL 前缀都指定到 "/mr/01/" 文件夹下，其中 mr 是 Apache 服务器根目录下的文件夹，01 则是定义的站点的根目录。

　　建议 PHP 初学者使用 Dreamweaver 来开发。学习一段时间后，可以再选择另一种开发工具使用。每一种工具都有自己的特点，用户可根据自己的喜好来选择。

2.4　第一个 PHP 实例

　　视频讲解：光盘\TM\lx\2\08　第一个 PHP 实例.mp4

下面以 Dreamweaver CS3 作为工具开发第一个 PHP 实例。

【例 2.1】　本例的目的是熟悉 PHP 的书写规则和 Dreamweaver 工具的基本使用。本例的功能很简单，即输出一段欢迎信息。开发步骤如下：（实例位置：光盘\TM\sl\2\1）

（1）启动 Dreamweaver。选择"文件"/"新建"命令，或按 Ctrl+N 快捷键，弹出"新建文档"对话框。可以选择"空白页"中的 PHP 页面类型，也可以选择新建页面的布局，这里选择"布局"列表框中的"无"选项，单击"创建"按钮，如图 2.23 所示。

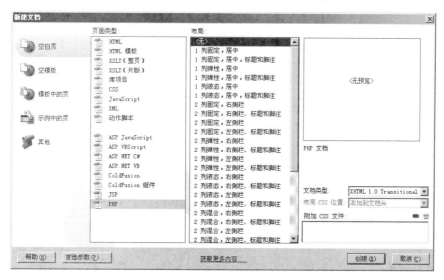

图 2.23　"新建文档"对话框

（2）可以在新创建页面的"代码"视图中编辑 PHP 代码，也可以使用"设计"视图查看 HTML
效果。这里使用"代码"视图，并给该页面设置一个标题，如图 2.24 所示。标题显示的位置在浏览器
的左上角，在运行时就能看到效果。

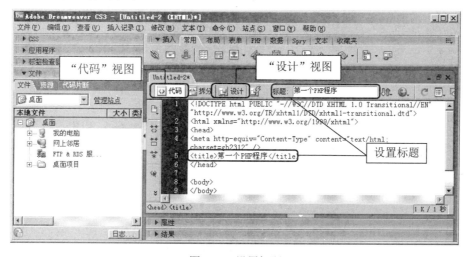

图 2.24　设置标题

（3）编写 PHP 代码。在<body>...</body>标记对中间即可编写 PHP 代码段，实例代码如下：

```
<?php
    echo "欢迎进入 PHP 的世界！！";
?>
```

☑　"<?php"和"?>"是 PHP 的标记对。在这对标记对中的所有代码都被当作 PHP 代码来处理。
　　除了这种表示方法外，PHP 还可以使用 ASP 风格的"<%"和 SGML 风格的"<?...?>"等，
　　在第 3 章中将会详细介绍。

☑ echo 是 PHP 中的输出语句，与 ASP 中的 response.write、JSP 中的 out.print 含义相同，即将紧跟其后的字符串或者变量值显示在页面中。每行代码都以"；"结尾。

输入代码的页面如图 2.25 所示。

（4）将 PHP 页保存到服务器指定的目录以便解析。本章中服务器指定的目录为 E:\wamp\www\。将本页保存到路径 E:\wamp\www\TM\sl\2\1 下，命名为 index.php。

（5）查看 index.php 页的执行结果。打开 IE 浏览器窗口，在地址栏中输入 http://localhost/tm/sl/2/1/index.php，按 Enter 键后的页面效果如图 2.26 所示。

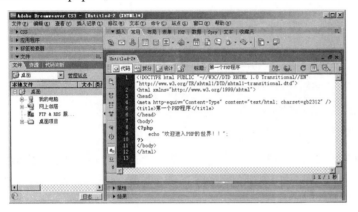

图 2.25　编写程序代码

图 2.26　PHP 页面运行结果

2.5　小　　结

本章主要介绍了在 Windows 和 Linux 下搭建 PHP 环境，包括 Apache、PHP 5 和 MySQL 的安装与使用等知识。还介绍了如何让 IIS 支持 PHP 5。除此之外，又介绍了几种方便的组合包和当前比较流行的 PHP 开发工具。希望读者通过本章的学习，能对 PHP 有一个初步的了解，并选择一种适合自己的开发工具。

2.6　实践与练习

1．尝试开发一个页面，使用 echo 语句输出字符串"恭喜您走上 PHP 的编程之路！"。（答案位置：光盘\TM\sl\2\2）

2．尝试开发一个页面，使用 echo 语句输出一个 4×3 像素大小的表格。（答案位置：光盘\TM\sl\2\3）

第 3 章

PHP 语言基础

(🎬 视频讲解：2 小时 48 分钟)

通过前两章的学习，相信读者对 PHP 的概念和搭建 PHP 环境有了一个全面的了解，接下来将学习 PHP 的基础知识。

无论是初出茅庐的"菜鸟"，还是资历深厚的高手，没有扎实的基础做后盾是不行的。PHP 的特点是易学、易用，但这并不代表随随便便就可以熟练掌握。随着知识的深入，PHP 会越来越难学，基础的重要性也就越明显。掌握了基础，就等于有了坚固的地基，才有可能"万丈高楼平地起"。

通过阅读本章，您可以：

▸▸ 了解 PHP 的标记风格

▸▸ 了解 PHP 的注释种类

▸▸ 了解 PHP 的数据类型

▸▸ 了解 PHP 的常量变量

▸▸ 了解 PHP 运算符

▸▸ 了解 PHP 表达式

▸▸ 了解 PHP 函数

▸▸ 了解 PHP 的编码规范

3.1　PHP 标记风格

视频讲解：光盘\TM\lx\3\01 PHP 标记风格.mp4

PHP 和其他几种 Web 语言一样，都是使用一对标记对将 PHP 代码部分包含起来，以便和 HTML 代码相区分。PHP 支持 4 种标记风格，下面来一一介绍。

☑　XML 风格

```php
<?php
    echo "这是 XML 风格的标记";
?>
```

XML 风格的标记是本书所使用的标记，也是推荐使用的标记，服务器不能禁用。该风格的标记在 XML、XHTML 中都可以使用。

☑　脚本风格

```php
<script language="php">
    echo '这是脚本风格的标记';
</script>
```

☑　简短风格

```php
<? echo '这是简短风格的标记'; ?>
```

☑　ASP 风格

```php
<%
    echo '这是 ASP 风格的标记';
%>
```

说明

　　如果要使用简短风格和 ASP 风格，需要在 php.ini 中对其进行配置，打开 php.ini 文件，将 short_open_tag 和 asp_tags 都设置为 On，重启 Apache 服务器即可。

注意

　　这里推荐使用 XML 风格的标记，原因可以参考 3.9 节的 PHP 编码规范。

3.2　PHP 注释的应用

视频讲解：光盘\TM\lx\3\02 PHP 注释的应用.mp4

注释即代码的解释和说明，一般放在代码的上方或代码的尾部（放尾部时，代码和注释之间以 Tab

键进行分隔，以方便程序阅读），用来说明代码或函数的编写人、用途、时间等。注释不会影响到程序的执行，因为在执行时，注释部分会被解释器忽略不计。

PHP 支持 3 种风格的程序注释。

☑　单行注释（//）

这是一种来源于 C++语言语法的注释模式，可以写在 PHP 语句的上方，也可以写在后方。

```php
<?php
    //这是写在 PHP 语句上方的单行注释
    echo '使用 C++风格的注释';
?>
```

```php
<?php
    echo '使用 C++风格的注释';                    //这是写在 PHP 语句后面的单行注释
?>
```

☑　多行注释（/*···*/）

这是一种来源于 C 语言语法的注释模式，可以分为块注释和文档注释。

块注释：

```php
<?php
    /*
    $a = 1;
    $b = 2;
    echo ($a + $b);
    */
    echo 'PHP 的多行注释';
?>
```

文档注释：

```php
<?php
    /* 说明：项目工具类
     * 作者：小辛
     * E-mail:mingrisoft@mingrisoft.com
     */
    class Util
    {
        /**
         * 方法说明：给字符串加前缀
         * 参数：String $str
         * 返回值：String
         */
        function addPrefix ($str)
        {
            $str.= 'mingri';
            return $str;
        }
    }
?>
```

注意

多行注释是不允许进行嵌套操作的。

☑ #风格的注释（#）

```
<?php
  echo '这是#风格的注释';                        #这是#风格的单行注释
?>
```

注意

在单行注释中的内容不要出现"?>"标志，因为解释器会认为 PHP 脚本结束，而不去执行"?>"后面的代码。例如：

```
<?php
  echo '这样会出错的！！！！！'                    //不会看到?>会看到
?>
```

结果为：这样会出错的！！！！！会看到 ?>

3.3 PHP 的数据类型

PHP 支持 8 种原始类型，包括 4 种标量类型，即 boolean（布尔型）、integer（整型）、float/double（浮点型）和 string（字符串型）；2 种复合类型，即 array（数组）和 object（对象）；2 种特殊类型，即 resource（资源）与 null。

说明

PHP 中变量的类型通常不是由程序员设定的，确切地说，是 PHP 根据该变量使用的上下文在运行时决定的。

3.3.1 标量数据类型

视频讲解：光盘\TM\lx\3\03 标量数据类型.mp4

标量数据类型是数据结构中最基本的单元，只能存储一个数据。PHP 中标量数据类型包括 4 种，如表 3.1 所示。

表 3.1　标量数据类型

类　型	说　明
boolean（布尔型）	这是最简单的类型。只有两个值，真（true）和假（false）
string（字符串型）	字符串就是连续的字符序列，可以是计算机所能表示的一切字符的集合
integer（整型）	整型数据类型只能包含整数。这些数据类型可以是正数或负数
float（浮点型）	浮点数据类型用于存储数字，和整型不同的是它有小数位

1．布尔型（boolean）

布尔型是 PHP 中较为常用的数据类型之一，它保存一个 true 值或者 false 值，其中 true 和 false 是 PHP 的内部关键字。设定一个布尔型的变量，只需将 true 或者 false 赋值给变量即可。

【例 3.1】　通常布尔型变量都是应用在条件或循环语句的表达式中。下面在 if 条件语句中判断变量$boo 中的值是否为 true，如果为 true，则输出"变量$boo 为真!"，否则输出"变量$boo 为假!!"，实例代码如下：（实例位置：光盘\TM\sl\3\1）

```php
<?php
    $boo = true;                    //声明一个 boolean 类型变量，赋初值为 true
    if($boo == true)                //判断变量$boo 是否为真
        echo '变量$boo 为真!';       //如果为真，则输出"变量$boo 为真!"的字样
    else
        echo '变量$boo 为假!!';      //如果为假，则输出"变量$boo 为假!!"的字样
?>
```

结果为：变量$boo 为真!

📢注意

在 PHP 中不是只有 false 值才为假的，在一些特殊情况下 boolean 值也被认为是 false。这些特殊情况为 0、0.0、"0"、空白字符串（""）、只声明没有赋值的数组等。

📝说明

美元符号$是变量的标识符，所有变量都是以$开头的，无论是声明变量还是调用变量，都应使用$。

2．字符串型（string）

字符串是连续的字符序列，由数字、字母和符号组成。字符串中的每个字符只占用一个字节。在 PHP 中，有 3 种定义字符串的方式，分别是单引号（'）、双引号（"）和定界符（<<<）。

单引号和双引号是经常被使用的定义方式，定义格式如下：

```php
<?php
    $a ='字符串';
?>
```

或

```php
<?php
    $a ="字符串";
?>
```

两者的不同之处在于，双引号中所包含的变量会自动被替换成实际数值，而单引号中包含的变量则按普通字符串输出。

【**例 3.2**】 下面的实例分别应用单引号和双引号来输出同一个变量，其输出结果完全不同，双引号输出的是变量的值，而单引号输出的是字符串"$i"。实例代码如下：（**实例位置：光盘\TM\sl\3\2**）

```php
<?php
    $i = '只会看到一遍';          //声明一个字符串变量
    echo "$i";                  //用双引号输出
    echo "<p>";                 //输出段标记
    echo '$i';                  //用单引号输出
?>
```

运行结果如图 3.1 所示。

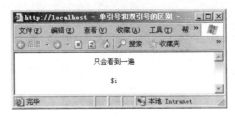

图 3.1　单引号和双引号的区别

两者之间另一处不同点是对转义字符的使用。使用单引号时，要想输出单引号，只要对单引号（'）进行转义即可，但使用双引号（"）时，还要注意"""$"等字符的使用。这些特殊字符都要通过转义符"\"来显示。常用的转义字符如表 3.2 所示。

表 3.2　转义字符

转 义 字 符	输　　出
\n	换行（LF 或 ASCII 字符 0x0A（10））
\r	回车（CR 或 ASCII 字符 0x0D（13））
\t	水平制表符（HT 或 ASCII 字符 0x09（9））
\\	反斜杠
\$	美元符号
\'	单引号
\"	双引号
\[0-7]{1,3}	此正则表达式序列匹配一个用八进制符号表示的字符，如\467
\x[0-9A-Fa-f]{1,2}	此正则表达式序列匹配一个用十六进制符号表示的字符，如\x9f

\n 和\r 在 Windows 系统中没有什么区别，都可以当作回车符。但在 Linux 系统中则是两种效果，在 Linux 中，\n 表示换到下一行，却不会回到行首；而\r 表示光标回到行首，但仍然在本行。如果读者使用 Linux 操作系统，可以尝试一下。

注意

　　如果对非转义字符使用了"\"，那么在输出时，"\"也会跟着一起被输出。

说明

　　在定义简单的字符串时，使用单引号是一个更加合适的处理方式。如果使用双引号，PHP 将花费一些时间来处理字符串的转义和变量的解析。因此，在定义字符串时，如果没有特别的要求，应尽量使用单引号。

　　定界符（<<<）是从 PHP 4 开始支持的。在使用时后接一个标识符，然后是字符串，最后是同样的标识符结束字符串。定界符的格式如下：

```
$string = <<< str
要输出的字符串
str
```

　　其中,str 为指定的标识符。

　　【例 3.3】　下面使用定界符输出变量中的值，可以看到，它和双引号没什么区别，包含的变量也被替换成实际数值，实例代码如下：（实例位置：光盘\TM\sl\3\3）

```php
<?php
    $i = '显示该行内容';                                //声明变量$i
    echo <<<std
这和双引号没有什么区别，\$i 同样可以被输出出来。<p>
\$i 的内容为：$i
std;
?>
```

　　运行结果如图 3.2 所示。

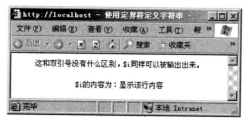

图 3.2　使用定界符定义字符串

注意

　　结束标识符必须单独另起一行，并且不允许有空格。在标识符前后有其他符号或字符，也会发生错误。

33

3. 整型（integer）

整型数据类型只能包含整数。在 32 位的操作系统中，有效的范围是-2147483648～+2147483647。整型数可以用十进制、八进制和十六进制来表示。如果用八进制，数字前面必须加 0；如果用十六进制，则需要加 0x。

注意

如果在八进制中出现了非法数字（8 和 9），则后面的数字会被忽略掉。

【例 3.4】 本例分别输出八进制、十进制和十六进制的结果，实例代码如下：（实例位置：光盘\TM\sl\3\4）

```php
<?php
    $str1 = 1234567890;                              //声明一个十进制的整数
    $str2 = 0x1234567890;                            //声明一个十六进制的整数
    $str3 = 01234567890;                             //声明一个八进制的整数
    $str4 = 01234567;                                //声明另一个八进制的整数
    echo '数字 1234567890 不同进制的输出结果：<p>';
    echo '十进制的结果是：'.$str1.'<br>';             //输出十进制整数
    echo '十六进制的结果是：'.$str2.'<br>';           //输出十六进制整数
    echo '八进制的结果是：';
    if($str3 == $str4){                              //判断$str3 和$str4 的关系
        echo '$str3 = $str4 = '.$str3;               //如果相等，输出变量值
    }else{
        echo '$str3 != str4';                        //如果不相等，输出"$str3 != $str4"
    }
?>
```

运行结果如图 3.3 所示。

图 3.3　不同进制的输出结果

注意

如果给定的数值超出了 int 型所能表示的最大范围，将会被当作 float 型处理，这种情况称为整数溢出。同样，如果表达式的最后运算结果超出了 int 型的范围，也会返回 float 型。

4．浮点型（float）

浮点数据类型可以用来存储数字，也可以保存小数。它提供的精度比整数大得多。在 32 位的操作系统中，有效的范围是 1.7E-308～1.7E+308。在 PHP 4.0 以前的版本中，浮点型的标识为 double，也叫作双精度浮点数，两者没有区别。

浮点型数据默认有两种书写格式，一种是标准格式：

```
3.1415
-35.8
```

还有一种是科学记数法格式：

```
3.58E1
849.72E-3
```

【例 3.5】　本例中输出圆周率的近似值。用 3 种书写方法：圆周率函数、传统书写格式和科学记数法，最后显示在页面上的效果都一样。实例代码如下：（**实例位置：光盘\TM\sl\3\5**）

```php
<?php
    echo '圆周率的 3 种书写方法：<p>';
    echo '第一种：pi() = '. pi() .'<p>';              //调用 pi()函数输出圆周率
    echo '第二种：3.14159265359 = '. 3.14159265359 .'<p>';   //传统书写格式的浮点数
    echo '第三种： 314159265359E-11 = '. 314159265359E-11 .'<p>';  //科学记数法格式的浮点数
?>
```

运行结果如图 3.4 所示。

图 3.4　输出浮点类型

注意

浮点型的数值只是一个近似值，所以要尽量避免浮点型数值之间比较大小，因为最后的结果往往是不准确的。

3.3.2　复合数据类型

视频讲解：光盘\TM\lx\3\04 复合数据类型.mp4

复合数据类型包括两种，即数组和对象，如表 3.3 所示。

表 3.3　复合数据类型

类　　型	说　　明
array（数组）	一组类型相同的变量的集合
object（对象）	对象是类的实例，使用 new 命令来创建

1．数组（array）

数组是一组数据的集合，它把一系列数据组织起来，形成一个可操作的整体。数组中可以包括很多数据，如标量数据、数组、对象、资源以及 PHP 中支持的其他语法结构等。

数组中的每个数据称为一个元素，元素包括索引（键名）和值两个部分。元素的索引可以由数字或字符串组成，元素的值可以是多种数据类型。定义数组的语法格式如下：

```
$array = array('value1',' value2 '…)
```

或

```
$array[key] = 'value'
```

或

```
$array = array(key1 => value1, key2 => value2…)
```

其中，key 是数组元素的下标，value 是数组下标所对应的元素。以下几种都是正确的格式：

```
$arr1 = array('This','is','an','example');
$arr2 = array(0 => 'php', 1=>'is', 'the' => 'the', 'str' => 'best ');
$arr3[0] = 'tmpname';
```

声明数组后，数组中的元素个数还可以自由更改。只要给数组赋值，数组就会自动增加长度。在第 7 章 PHP 数组中，会详细介绍数组的使用、取值以及数组的相关函数。

2．对象（object）

编程语言所应用到的方法有两种：面向过程和面向对象。在 PHP 中，用户可以自由使用这两种方法。在第 13 章中将对面向对象的技术进行详细的讲解。

3.3.3　特殊数据类型

视频讲解：光盘\TM\lx\3\05 特殊数据类型.mp4

特殊数据类型包括资源和空值两种，如表 3.4 所示。

表 3.4　特殊数据类型

类　　型	说　　明
resource（资源）	资源是一种特殊变量，又叫作句柄，保存了到外部资源的一个引用。资源是通过专门的函数来建立和使用的
null（空值）	特殊的值，表示变量没有值，唯一的值就是 null

1. 资源（resource）

资源类型是 PHP 4 引进的。关于资源的类型，可以参考 PHP 手册后面的附录，里面有详细的介绍和说明。

在使用资源时，系统会自动启用垃圾回收机制，释放不再使用的资源，避免内存消耗殆尽。因此，资源很少需要手工释放。

2. 空值（null）

空值，顾名思义，表示没有为该变量设置任何值。另外，空值（null）不区分大小写，null 和 NULL 效果是一样的。被赋予空值的情况有以下 3 种：还没有赋任何值、被赋值 null、被 unset()函数处理过的变量。

【例 3.6】　下面来看一个具体实例。字符串 string1 被赋值为 null，string2 根本没有声明和赋值，所以也输出 null，最后的 string3 虽然被赋予了初值，但被 unset()函数处理后，也变为 null 型。unset()函数的作用就是从内存中删除变量。实例代码如下：（**实例位置：光盘\TM\sl\3\6**）

```php
<?php
    echo "变量(\$string1)直接赋值为 null：";
    $string1 = null;                              //变量$string1 被赋空值
    $string3 = "str";                             //变量$string3 被赋值 str
    if(!isset($string1))                          //判断$string1 是否被设置
        echo "string1 = null";
    echo "<p>变量(\$string2)未被赋值：";
    if(!isset($string2))                          //判断$string2 是否被设置
        echo "string2 = null";
    echo "<p>被 unset()函数处理过的变量(\$string3)：";
    unset($string3);                              //释放$string3
    if(!isset($string3))                          //判断$string3 是否被设置
        echo "string3 = null";
?>
```

运行结果如图 3.5 所示。

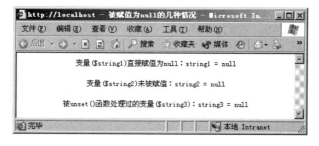

图 3.5　被赋值为 null 的几种情况

说明

is_null()函数用于判断变量是否为 null，该函数返回一个 boolean 型，如果变量为 null，则返回 true，否则返回 false。unset()函数用来销毁指定的变量。

注意

从 PHP 4 开始，unset() 函数就不再有返回值，所以不要试图获取或输出 unset()。

3.3.4 数据类型转换

视频讲解：光盘\TM\lx\3\06 数据类型转换.mp4

虽然 PHP 是弱类型语言，但有时仍然需要用到类型转换。PHP 中的类型转换和 C 语言一样，非常简单，只需在变量前加上用括号括起来的类型名称即可。允许转换的类型如表 3.5 所示。

表 3.5 类型强制转换

转换操作符	转换类型	举例
(boolean)	转换成布尔型	(boolean)$num、(boolean)$str
(string)	转换成字符型	(string)$boo、(string)$flo
(integer)	转换成整型	(integer)$boo、(integer)$str
(float)	转换成浮点型	(float)$str、(float)$str
(array)	转换成数组	(array)$str
(object)	转换成对象	(object)$str

注意

在进行类型转换的过程中应该注意以下内容：转换成 boolean 型时，null、0 和未赋值的变量或数组会被转换为 false，其他的为 true；转换成整型时，布尔型的 false 转换为 0，true 转换为 1，浮点型的小数部分被舍去，字符型如果以数字开头就截取到非数字位，否则输出 0。

类型转换还可以通过 settype() 函数来完成，该函数可以将指定的变量转换成指定的数据类型。

```
bool settype ( mixed var, string type )
```

其中，var 为指定的变量；type 为指定的类型，它有 7 个可选值，即 boolean、float、integer、array、null、object 和 string。如果转换成功，则返回 true，否则返回 false。

当字符串转换为整型或浮点型时，如果字符串是以数字开头的，就会先把数字部分转换为整型，再舍去后面的字符串；如果数字中含有小数点，则会取到小数点前一位。

【例 3.7】 本例将使用上面的两种方法将指定的字符串进行类型转换，比较两种方法之间的不同。实例代码如下：（实例位置：光盘\TM\sl\3\7）

```php
<?php
    $num = '3.1415926r*r';                            //声明一个字符串变量
    echo '使用(integer)操作符转换变量$num 类型：';
    echo (integer)$num;                               //使用 integer 转换类型
    echo '<p>';
    echo '输出变量$num 的值：'.$num;                   //输出原始变量$num
```

```
    echo '<p>';
    echo '使用 settype 函数转换变量$num 类型：';
    echo settype($num,'integer');                        //使用 settype()函数转换类型
    echo '<p>';
    echo '输出变量$num 的值：'.$num;                       //输出原始变量$num
?>
```

运行结果如图 3.6 所示。

图 3.6　类型转换

可以看到，使用 integer 操作符能直接输出转换后的变量类型，并且原变量不发生任何变化。使用 settype()函数返回的是 1，也就是 true，而原变量被改变了。在实际应用中，可根据情况自行选择转换方式。

3.3.5　检测数据类型

视频讲解：光盘\TM\lx\3\07 检测数据类型.mp4

PHP 内置了检测数据类型的系列函数，可以对不同类型的数据进行检测，判断其是否属于某个类型，如果符合则返回 true，否则返回 false。检测数据类型的函数如表 3.6 所示。

表 3.6　检测数据类型的函数

函　　数	检　测　类　型	举　　例
is_bool	检查变量是否为布尔类型	is_bool(true)、is_book(false)
is_string	检查变量是否为字符串类型	is_string('string')、is_string(1234)
is_float/is_double	检查变量是否为浮点类型	is_float(3.1415)、is_float('3.1415')
is_integer/is_int	检查变量是否为整数	is_integer(34)、is_integer('34')
is_null	检查变量是否为 null	is_null(null)
is_array	检查变量是否为数组类型	is_array($arr)
is_object	检查变量是否为一个对象类型	is_object($obj)
is_numeric	检查变量是否为数字或由数字组成的字符串	is_numeric('5')、is_numeric('bccd110')

【例 3.8】　由于检测数据类型的函数的功能和用法都是相同的，下面使用 is_numeric()函数来检测变量中的数据是否为数字，从而了解并掌握 is 系列函数的用法。实例代码如下：（**实例位置：光盘\TM\sl\3\8**）

```
<?php
    $boo = "043112345678";                              //声明一个全由数字组成的字符串变量
    if(is_numeric($boo))                                //判断该变量是否由数字组成
        echo "Yes,the \$boo is a phone number: $boo!";  //如果是，输出该变量
    else
        echo "Sorry,This is an error!";                 //否则，输出错误语句
?>
```

结果为：Yes,the $boo is a phone number:043112345678!

3.4　PHP 常量

📹 视频讲解：光盘\TM\lx\3\08 PHP 常量.mp4

本节主要介绍 PHP 常量，包括常量的声明和使用以及预定义常量。

3.4.1　声明和使用常量

常量可以理解为值不变的量。常量值被定义后，在脚本的其他任何地方都不能改变。一个常量由英文字母、下划线和数字组成，但数字不能作为首字母出现。

在 PHP 中使用 define()函数来定义常量，该函数的语法格式如下：

define(string constant_name,mixed value,case_sensitive=false)

该函数有 3 个参数，详细参数说明如表 3.7 所示。

表 3.7　define()函数的参数说明

参　　数	说　　明
constant_name	必选参数，常量名称，即标识符
value	必选参数，常量的值
case_sensitive	可选参数，指定是否大小写敏感，设定为 true，表示不敏感

获取常量的值有两种方法：一种是使用常量名直接获取值；另一种是使用 constant()函数。constant()函数和直接使用常量名输出的效果是一样的，但函数可以动态地输出不同的常量，在使用上要灵活方便得多。constant()函数的语法格式如下：

mixed constant(string const_name)

其中，const_name 为要获取常量的名称，也可为存储常量名的变量。如果成功则返回常量的值，否则提示错误信息常量没有被定义。

要判断一个常量是否已经定义，可以使用 defined()函数，该函数的语法格式如下：

```
bool defined(string constant_name);
```

其中，constant_name 为要获取常量的名称，成功则返回 true，否则返回 false。

【例 3.9】　为了更好地理解如何定义常量，这里给出一个定义常量的实例。在实例中使用上述的
3 个函数：define()函数、constant()函数和 defined()函数。使用 define()函数来定义一个常量，使用 constant()
函数来动态获取常量的值，使用 defined()函数来判断常量是否被定义。实例代码如下：（**实例位置：
光盘\TM\sl\3\9**）

```php
<?php
    define ("MESSAGE","我是一名 PHP 程序员");
    echo MESSAGE."<br>";                       //输出常量 MESSAGE
    echo Message."<br>";                       //输出 "Message"，表示没有该常量
    define ("COUNT","我想要怒放的生命",true);
    echo COUNT."<br>";                         //输出常量 COUNT
    echo Count."<br>";                         //输出常量 COUNT，因为设定大小写不敏感
    $name = "count";
    echo constant ($name)."<br>";              //输出常量 COUNT
    echo (defined ("MESSAGE"))."< br>";        //如果常量被定义，则返回 true，使用 echo 输出显示 1
?>
```

运行结果如图 3.7 所示。

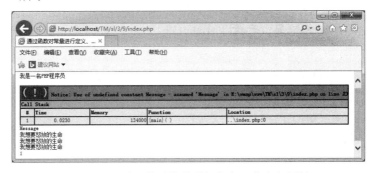

图 3.7　通过函数对常量进行定义、获取和判断

3.4.2　预定义常量

PHP 中可以使用预定义常量获取 PHP 中的信息。常用的预定义常量如表 3.8 所示。

表 3.8　PHP 的预定义常量

常　量　名	功　　能
__FILE__	默认常量，PHP 程序文件名
__LINE__	默认常量，PHP 程序行数
PHP_VERSION	内建常量，PHP 程序的版本，如 php6.0.0-dev
PHP_OS	内建常量，执行 PHP 解析器的操作系统名称，如 Windows
TRUE	该常量是一个真值（true）

续表

常 量 名	功 能
FALSE	该常量是一个假值（false）
NULL	一个 null 值
E_ERROR	该常量指到最近的错误处
E_WARNING	该常量指到最近的警告处
E_PARSE	该常量指到解析语法有潜在问题处
E_NOTICE	该常量为发生不寻常处的提示但不一定是错误处

注意

__FILE__ 和 __LINE__ 中的 "__" 是两条下划线，而不是一条 "_"。

说明

表 3.8 中以 E_ 开头的预定义常量，是 PHP 的错误调试部分。如需详细了解，请参考 error_ reporting() 函数。

【例 3.10】 预定义常量与用户自定义常量在使用上没什么差别。下面使用预定义常量输出 PHP 中的信息。实例代码如下：（**实例位置：光盘\TM\sl\3\10**）

```php
<?php
echo "当前文件路径： ".__FILE__;              //输出__FILE__常量
echo "<br>当前行数： ".__LINE__;              //输出__LINE__常量
echo "<br>当前 PHP 版本信息：".PHP_VERSION;    //输出 PHP 版本信息
echo "<br> 当前操作系统：".PHP_OS ;           //输出系统信息
?>
```

运行结果如图 3.8 所示。

图 3.8　应用 PHP 预定义常量输出信息

说明

根据每个用户操作系统和软件版本的不同，所得的结果也不一定相同。

3.5　PHP 变量

变量是指在程序执行过程中数值可以变化的量。变量通过一个名字（变量名）来标识。系统为程序中的每一个变量分配一个存储单元，变量名实质上就是计算机内存单元的命名。因此，借助变量名即可访问内存中的数据。

3.5.1　变量声明及使用

视频讲解：光盘\TM\lx\3\09 变量声明及使用.mp4

和很多语言不同，在 PHP 中使用变量之前不需要声明变量（PHP 4 之前需要声明变量），只需为变量赋值即可。PHP 中的变量名称用$和标识符表示。标识符由字母、数字或下划线组成，并且不能以数字开头。另外，变量名是区分大小写的。

变量赋值，是指给变量一个具体的数据值，对于字符串和数字类型的变量，可以通过 "=" 来实现。格式为：

```php
<?php $name = value; ?>
```

对变量赋值时，要遵循变量命名规则。如下面的变量命名是合法的：

```php
<?php
    $thisCup="oink";
    $_Class="roof ";
?>
```

下面的变量命名则是非法的：

```php
<?php
    $11112_var=11112;               //变量名不能以数字字符开头
    $@spcn = "spcn";                //变量名不能以其他字符开头
?>
```

除了直接赋值外，还有两种方式可为变量声明或赋值，一种是变量间的赋值。

【例 3.11】 变量间的赋值是指赋值后两个变量使用各自的内存，互不干扰。实例代码如下：（**实例位置：光盘\TM\sl\3\11**）

```php
<?php
    $string1 = "mingribook";        //声明变量$string1
    $string2 = $string1;            //使用$string1 初始化$string2
    $string1 = "mrbccd";            //改变变量$string1 的值
    echo $string2;                  //输出变量$string2 的值
?>
```

结果为：mingribook

另一种是引用赋值。从 PHP 4 开始，PHP 引入了"引用赋值"的概念。引用的概念是，用不同的名字访问同一个变量内容。当改变其中一个变量的值时，另一个也跟着发生变化。使用&符号来表示引用。

【例 3.12】 在本例中，变量$j 是变量$i 的引用，当给变量$i 赋值后，$j 的值也会跟着发生变化。实例代码如下：（实例位置：光盘\TM\sl\3\12）

```php
<?php
    $i = "mingribook";                    //声明变量$i
    $j = & $i;                            //使用引用赋值，这时$j 已经赋值为 mingribook
    $i = "mrbccd";                        //重新给$j 赋值
    echo $j;                              //输出变量$j
    echo "<br>";
    echo $i;                              //输出变量$i
?>
```

结果为：mrbccd

　　　　 mrbccd

⚠️**注意**

引用和复制的区别在于：复制是将原变量内容复制下来，开辟一个新的内存空间来保存，而引用则是给变量的内容再起一个名字。可以这样理解，一些文学爱好者经常会向报纸、杂志投稿，但一般不会用真名，而是笔名，这个笔名就可以看作是一个引用。

3.5.2　变量作用域

📹 **视频讲解：光盘\TM\lx\3\10 变量作用域.mp4**

在使用变量时，要符合变量的定义规则。变量必须在有效范围内使用，如果变量超出有效范围，则变量也就失去其意义了。变量的作用域如表 3.9 所示。

表 3.9　变量的作用域

作 用 域	说　　明
局部变量	在函数的内部定义的变量，其作用域是所在函数
全局变量	被定义在所有函数以外的变量，其作用域是整个 PHP 文件，但在用户自定义函数内部是不可用的。如果希望在用户自定义函数内部使用全局变量，则要使用 global 关键字声明
静态变量	能够在函数调用结束后仍保留变量值，当再次回到其作用域时，又可以继续使用原来的值。而一般变量是在函数调用结束后，其存储的数据值将被清除，所占的内存空间被释放。使用静态变量时，先要用关键字 static 来声明变量，把关键字 static 放在要定义的变量之前

在函数内部定义的变量，其作用域为所在函数，如果在函数外赋值，将被认为是完全不同的另一个变量。在退出声明变量的函数时，该变量及相应的值就会被清除。

【例 3.13】　本例用于比较在函数内赋值的变量（局部变量）和在函数外赋值的变量（全局变量），实例代码如下：（实例位置：光盘\TM\sl\3\13）

```php
<?php
  $example="在……函数外";                         //声明全局变量
  function example(){
      $example="……在函数内……";                 //声明局部变量
      echo "在函数内输出的内容是：$example.<br>";    //输出局部变量
  }
  example();                                       //调用函数，输出变量值
  echo "在函数外输出的内容是：$example.<br>";        //输出全局变量
?>
```

运行结果如图 3.9 所示。

图 3.9　局部变量的使用

静态变量在很多地方都能用到。例如，在博客中使用静态变量记录浏览者的人数，每一次用户访问和离开时，都能够保留目前浏览者的人数。在聊天室中也可以用静态变量来记录用户的聊天内容。

【例 3.14】　下面使用静态变量和普通变量同时输出一个数据，查看一下两者的功能有什么不同。实例代码如下：（实例位置：光盘\TM\sl\3\14）

```php
<?php
  function zdy (){
      static $message = 0 ;                        //初始化静态变量
      $message+=1;                                 //静态变量加 1
      echo $message." " ;   }                       //输出静态变量
  function zdy1(){
      $message = 0 ;                               //声明函数内部变量（局部变量）
      $message += 1 ;                              //局部变量加 1
      echo $message." " ;   }                       //输出局部变量
  for ( $i=0 ; $i<10 ; $i++ )     zdy();            //输出 1～10
  echo "<br>";
  for ($i=0 ; $i<10 ; $i++)      zdy1();           //输出 10 个 1
  echo "<br>";
?>
```

运行结果如图 3.10 所示。

图 3.10　比较静态变量和普通变量的区别

自定义函数 zdy() 是输出从 1～10 共 10 个数字，而 zdy1() 函数输出的是 10 个 1。自定义函数 zdy() 含有静态变量，而函数 zdy1() 是一个普通变量。初始化都为 0，再分别使用 for 循环调用两个函数，结果是静态变量的函数 zdy() 在被调用后保留了 $message 中的值，而静态变量的初始化只是在第一次遇到时被执行，以后就不再对其进行初始化操作了，将会略过第 3 行代码不执行；而普通变量的函数 zdy1() 在被调用后，其变量$message 失去原来的值，重新被初始化为 0。

全局变量可以在程序中的任何地方访问，但是在用户自定义函数内部是不可用的。想在用户自定义函数内部使用全局变量，要使用 global 关键字声明。

【例 3.15】　在自定义函数中输出局部变量和全局变量的值。实例代码如下：（实例位置：光盘\TM\sl\3\15）

```php
<?php
$hr = "黄蓉";                    //声明全局变量$hr
function lxt(){
    $gj = "郭靖";                //声明局部变量$gj
    echo $gj."<br>";            //输出局部变量的值
    global $hr;                 //利用关键字 global 在函数内部定义全局变量
    echo $hr."<br>";           //输出全局变量的值
}
lxt();
?>
```

结果为：郭靖
　　　　黄蓉

3.5.3　可变变量

📹 视频讲解：光盘\TM\lx\3\11　可变变量.mp4

可变变量是一种独特的变量，它允许动态改变一个变量名称。其工作原理是该变量的名称由另外一个变量的值来确定，实现过程就是在变量的前面再多加一个美元符号"$"。

【例 3.16】　下面使用可变变量动态改变变量的名称。首先定义两个变量$a 和$b，并且输出变量 $a 的值，然后使用可变变量来改变变量$a 的名称，最后输出改变名称后的变量值，实例代码如下：（实例位置：光盘\TM\sl\3\16）

```php
<?php
    $a = "b";                   //声明变量$a
    $b = "我喜欢 PHP";           //声明变量$b
    echo $a ;                   //输出变量$a
```

```
        echo "<br>" ;
        echo $$a ;                          //通过可变变量输出$b 的值
?>
```

结果为：b

　　　　我喜欢 PHP

3.5.4　PHP 预定义变量

视频讲解：光盘\TM\lx\3\12 PHP 预定义变量.mp4

PHP 提供了很多非常实用的预定义变量，通过这些预定义变量可以获取用户会话、用户操作系统的环境和本地操作系统的环境等信息。常用的预定义变量如表 3.10 所示。

表 3.10　预定义变量

变量的名称	说　　明
$_SERVER['SERVER_ADDR']	当前运行脚本所在的服务器的 IP 地址
$_SERVER['SERVER_NAME']	当前运行脚本所在服务器主机的名称。如果该脚本运行在一个虚拟主机上，则该名称由虚拟主机所设置的值决定
$_SERVER['REQUEST_METHOD']	访问页面时的请求方法。如 GET、HEAD、POST、PUT 等，如果请求的方式是 HEAD，PHP 脚本将在送出头信息后中止（这意味着在产生任何输出后，不再有输出缓冲）
$_SERVER['REMOTE_ADDR']	正在浏览当前页面用户的 IP 地址
$_SERVER['REMOTE_HOST']	正在浏览当前页面用户的主机名。反向域名解析基于该用户的 REMOTE_ADDR
$_SERVER['REMOTE_PORT']	用户连接到服务器时所使用的端口
$_SERVER['SCRIPT_FILENAME']	当前执行脚本的绝对路径名。注意：如果脚本在 CLI 中被执行，作为相对路径，如 file.php 或者../file.php，$_SERVER['SCRIPT_FILENAME']将包含用户指定的相对路径
$_SERVER['SERVER_PORT']	服务器所使用的端口，默认为 80。如果使用 SSL 安全连接，则这个值为用户设置的 HTTP 端口
$_SERVER['SERVER_SIGNATURE']	包含服务器版本和虚拟主机名的字符串
$_SERVER['DOCUMENT_ROOT']	当前运行脚本所在的文档根目录。在服务器配置文件中定义
$_COOKIE	通过 HTTPCookie 传递到脚本的信息。这些 cookie 多数是由执行 PHP 脚本时通过 setcookie()函数设置的
$_SESSION	包含与所有会话变量有关的信息。$_SESSION 变量主要应用于会话控制和页面之间值的传递
$_POST	包含通过 POST 方法传递的参数的相关信息。主要用于获取通过 POST 方法提交的数据
$_GET	包含通过 GET 方法传递的参数的相关信息。主要用于获取通过 GET 方法提交的数据
$GLOBALS	由所有已定义全局变量组成的数组。变量名就是该数组的索引。它可以称得上是所有超级变量的超级集合

3.6　PHP 运算符

运算符是用来对变量、常量或数据进行计算的符号，它对一个值或一组值执行一个指定的操作。PHP 的运算符主要包括算术运算符、字符串运算符、赋值运算符、位运算符、逻辑运算符、比较运算符、递增或递减运算符和条件运算符，这里只介绍一些常用的运算符。

3.6.1　算术运算符

视频讲解：光盘\TM\lx\3\13 算术运算符.mp4

算术运算（Arithmetic Operators）符是处理四则运算的符号，在数字的处理中应用得最多。常用的算术运算符如表 3.11 所示。

表 3.11　常用的算术运算符

名　称	操　作　符	举　例
加法运算	+	$a + $b
减法运算	-	$a-$b
乘法运算	*	$a * $b
除法运算	/	$a / $b
取余数运算	%	$a % $b

说明

在算术运算符中使用%求余，如果被除数（$a）是负数，那么取得的结果也是一个负值。

【例 3.17】　本例分别使用上述几种算术运算符进行运算，实例代码如下：（**实例位置：光盘\TM\sl\3\17**）

```php
<?php
    $a = -100;                              //声明变量$a
    $b = 50;                                //声明变量$b
    $c = 30;                                //声明变量$c
    echo "\$a = ".$a.",";                   //输出变量$a
    echo "\$b = ".$b.",";                   //输出变量$b
    echo "\$c = ".$c."<p>";                 //输出变量$c
    echo "\$a + \$b = ".($a + $b)."<br>";   //计算变量$a 加$b 的值
    echo "\$a - \$b = ".($a - $b)."<br>";   //计算变量$a 减$b 的值
    echo "\$a * \$b = ".($a * $b)."<br>";   //计算$a 乘$b 的值
    echo "\$a / \$b = ".($a / $b)."<br>";   //计算$a 除以$b 的值
    echo "\$a % \$c = ".($a % $c)."<br>";   //计算$a 和$b 的余数，被除数为-100
?>
```

运行结果如图 3.11 所示。

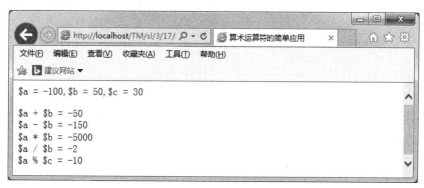

图 3.11　算术运算符的简单应用

3.6.2　字符串运算符

📹 视频讲解：光盘\TM\lx\3\14 字符串运算符.mp4

字符串运算符只有一个，即英文的句号"."，它将两个字符串连接起来，结合成一个新的字符串。使用过 C 或 Java 语言的读者应注意，这里的"+"只用作赋值运算符，而不能用作字符串运算符。

【例 3.18】　本例用于对比"."和"+"两者之间的区别。当使用"."时，变量$m 和$n 两个字符串组成一个新的字符串 3.1415926r*r1；当使用"+"时，PHP 会认为这是一次运算。如果"+"的两边有字符类型，则自动转换为整型；如果是字母，则输出为 0；如果是以数字开头的字符串，则会截取字串头部的数字，再进行运算。实例代码如下：（**实例位置：光盘\TM\sl\3\18**）

```php
<?php
    $n = "3.1415926r*r";          //声明一个字符串变量，以数字开头
    $m = 1;                       //声明一个整型变量
    $nm = $n.$m;                  //使用"."运算符将两个变量连接
    echo $nm."<br>";
    $mn = $n + $m ;               //使用"+"运算符将两个变量连接
    echo $mn . "<br>" ;
?>
```

结果为：3.1415926r*r1
　　　　4.1415926

3.6.3　赋值运算符

📹 视频讲解：光盘\TM\lx\3\15 赋值运算符.mp4

赋值运算符是把基本赋值运算符"="右边的值赋给左边的变量或者常量。在 PHP 中的赋值运算符如表 3.12 所示。

表 3.12　常用赋值运算符

操　作	符　号	举　例	展 开 形 式	意　义
赋值	=	$a=3	$a=3	将右边的值赋给左边
加	+=	$a+= 2	$a=$a+2	将右边的值加到左边
减	-=	$a-= 3	$a=$a-3	将右边的值减到左边
乘	*=	$a*=4	$a=$a * 4	将左边的值乘以右边
除	/=	$a/= 5	$a=$a / 5	将左边的值除以右边
连接字符	.=	$a.= 'b'	$a=$a.'b'	将右边的字符加到左边
取余数	%=	$a%= 5	$a=$a % 5	将左边的值对右边取余数

3.6.4　递增或递减运算符

📹 视频讲解：光盘\TM\lx\3\16 递增或递减运算符.mp4

算术运算符适合在有两个或者两个以上不同操作数的场合使用，但是，当只有一个操作数时，使用算术运算符是没有必要的。这时，就可以使用递增运算符"++"或者递减运算符"--"。

递增或递减运算符有两种使用方法，一种是将运算符放在变量前面，即先将变量作加 1 或减 1 的运算后再将值赋给原变量，叫作前置递增或递减运算符；另一种是将运算符放在变量后面，即先返回变量的当前值，然后变量的当前值作加 1 或减 1 的运算，叫作后置递增或递减运算符。

【例 3.19】　定义两个变量，将这两个变量分别利用递增和递减运算符进行操作，并输出结果。实例代码如下：（实例位置：光盘\TM\sl\3\19）

```php
<?php
    $a = 6;
    $b = 9;
    echo "\$a = $a , \$b = $b<p>";
    echo "\$a++ =  " . $a++ ."<br>" ;       //先返回$a 的当前值，然后$a 的当前值加 1
    echo "运算后\$a 的值:".$a."<p>";
    echo "++\$b = " . ++$b ."<br>" ;         //$b 的当前值先加 1，然后返回新值
    echo "运算后\$b 的值:".$b ;
    echo "<hr><p>";
    echo "\$a-- = " . $a--."<br>" ;           //先返回$n 的当前值，然后$n 的当前值减 1
    echo "运算后\$a 的值:".$a."<p>";
    echo "\$b = " . --$b ."<br>";            //$n 的当前值先减 1，然后返回新值
    echo "运算后\$b 的值:".$b;
?>
```

运行结果如图 3.12 所示。

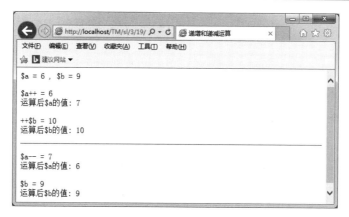

图 3.12　递增和递减运算符

3.6.5　位运算符

🎬 *视频讲解：光盘\TM\lx\3\17 位运算符.mp4*

位逻辑运算符是指对二进制位从低位到高位对齐后进行运算。在 PHP 中的位运算符如表 3.13 所示。

表 3.13　位运算符

符　号	作　用	举　例
&	按位与	$m & $n
|	按位或	$m | $n
^	按位异或	$m ^ $n
~	按位取反	~$m
<<	向左移位	$m << $n
>>	向右移位	$m >> $n

【例 3.20】　下面使用位运算符对变量中的值进行位运算操作。实例代码如下：（实例位置：光盘\
TM\sl\3\20）

```php
<?php
    $m = 8 ;
    $n = 12 ;
    $mn = $m & $n ;              //位与
    echo $mn ." ";
    $mn = $m | $n ;             //位或
    echo $mn ." ";
    $mn = $m ^ $n ;             //位异或
    echo $mn ." ";
    $mn = ~$m ;                 //位取反
    echo $mn ." ";
?>
```

结果为：8　12　4　−9

3.6.6 逻辑运算符

[视频] 视频讲解：光盘\TM\lx\3\18 逻辑运算符.mp4

逻辑运算符用来组合逻辑运算的结果，是程序设计中一组非常重要的运算符。PHP 的逻辑运算符如表 3.14 所示。

表 3.14 PHP 的逻辑运算符

运 算 符	举 例	结 果 为 真
&&或 and（逻辑与）	$m and $n	当$m 和$n 都为真时
||或 or（逻辑或）	$m || $n	当$m 为真或者$n 为真时
xor（逻辑异或）	$m xor $n	当$m 和$n 一真一假时
!（逻辑非）	!$m	当$m 为假时

在逻辑运算符中，逻辑与和逻辑或这两个运算符有 4 种运算符号（&&、and、||和 or），其中属于同一个逻辑结构的两个运算符号（例如&&和 and）之间却有着不同的优先级。

【例 3.21】 本例分别使用逻辑或中的运算符号||和 or 进行相同的判断，因为同一逻辑结构的两个运算符||和 or 的优先级不同，输出的结果也不同。实例代码如下：（实例位置：光盘\TM\sl\3\21）

```php
<?php
    $i = true;              //声明一个布尔型变量$i，赋值为真
    $j = true;              //声明一个布尔型变量$j，赋值也为真
    $z = false;             //声明一个初值为假的布尔变量$z
    if($i or $j and $z)     //用 or 进行判断
        echo "true";        //如果 if 表达式为真，输出 true
    else
        echo "false";       //否则输出 false
    echo "<br>";
    if($i || $j and $z)     //用||进行判断
        echo "true";        //如果表达式为真，输出 true
    else
        echo "false";       //如果表达式为假，输出 false
?>
```

结果为：true
　　　　false

⚡注意

可以看到，两个 if 语句除了 or 和||不同之外，其他完全一样，但最后的结果却正好相反。在实际应用中要多注意一下这样的细节。

3.6.7　比较运算符

视频讲解：光盘\TM\lx\3\19 比较运算符.mp4

比较运算符就是对变量或表达式的结果进行大小、真假等比较，如果比较结果为真，则返回 true，如果为假，则返回 false。PHP 中的比较运算符如表 3.15 所示。

表 3.15　PHP 的比较运算符

运　算　符	说　　明	举　　例
<	小于	$m<$n
>	大于	$m>$n
<=	小于等于	$m<=$n
>=	大于等于	$m>=$n
==	相等	$m==$n
!=	不等	$m!=$n
===	恒等	$m=== $n
!==	非恒等	$m!==$n

其中，不太常见的是===和!==。$a === $b，说明$a 和$b 不只是数值上相等，而且两者的类型也一样。!==和===的意义相近，$a != = $b 就是说$a 和$b 或者数值不等，或者类型不等。

【例 3.22】　本例使用比较运算符对变量中的值进行比较，设置变量$value ="100"，变量的类型为字符串型，将变量$value 与数字 100 进行比较，会发现比较的结果非常有趣。其中使用的 var_dump() 函数是系统函数，作用是输出变量的相关信息。实例代码如下：（**实例位置：光盘\TM\sl\3\22**）

```php
<?php
    $value="100";                   //声明一个字符串变量$value
    echo "$value = \"$value\"";
    echo "<p>\$value==100: ";
    var_dump($value==100);          //结果为:bool(true)
    echo "<p>\$value==ture: ";
    var_dump($value==true);         //结果为:bool(true)
    echo "<p>\$value!=null: ";
    var_dump($value!=null);         //结果为:bool(true)
    echo "<p>\$value==false: ";
    var_dump($value==false);        //结果为:bool(false)
    echo "<p>\$value === 100: ";
    var_dump($value===100);         //结果为:bool(false)
    echo "<p>\$value===true: ";
    var_dump($value===true);        //结果为:bool(true)
    echo "<p>(10/2.0 !== 5): ";
    var_dump(10/2.0 !==5);          //结果为:bool(true)
?>
```

运行结果如图 3.13 所示。

图 3.13　比较运算符的应用

3.6.8　条件运算符

🎬 **视频讲解：光盘\TM\lx\3\20 条件运算符.mp4**

条件运算符（?:），也称为三目运算符，用于根据一个表达式在另外两个表达式中选择一个，而不是用来在两个语句或者程序中选择。条件运算符最好放在括号里使用。

【例 3.23】 下面应用条件运算符实现一个简单的判断功能，如果正确则输出"条件运算"，否则输出"没有该值"。实例代码如下：（**实例位置：光盘\TM\sl\3\23**）

```php
<?php
    $value=100;                                  //声明一个整型变量
    echo ($value==true)?"条件运算": "没有该值";      //对整型变量进行判断
?>
```

结果为：条件运算

3.6.9　运算符的优先级

🎬 **视频讲解：光盘\TM\lx\3\21 运算符的优先级.mp4**

所谓运算符的优先级，是指在应用中哪一个运算符先计算，哪一个后计算，与数学的四则运算遵循的"先乘除，后加减"是一个道理。

PHP 的运算符在运算中遵循的规则是：优先级高的运算先执行，优先级低的操作后执行，同一优先级的操作按照从左到右的顺序执行。也可以像四则运算那样使用小括号，括号内的运算最先执行。表 3.16 从高到低列出了运算符的优先级。同一行中的运算符具有相同优先级，此时它们的结合方向决定求值顺序。

表 3.16　运算符的优先级

运　算　符	描　述
clone new	clone 和 new
[	array()
++, --	递增／递减运算符
~ - (int) (float) (string) (array) (object) (bool) @	类型
instanceof	类型
!	逻辑操作符
* / %	算术运算符
+ - .	算术运算符和字符串运算符
<< >>	位运算符
< <= > >= <>	比较运算符
== != === !==	比较运算符
&	位运算符和引用
^	位运算符
		位运算符
&&.	逻辑运算符
||	逻辑运算符
?:	条件运算符
= += -= *= /= .= %= &= |= ^= <<= >>=	赋值运算符
and	逻辑运算符
xor	逻辑运算符
or	逻辑运算符
,	多处用到

这么多的级别，如果想都记住是不太现实的，也没有必要。如果写的表达式真的很复杂，而且包含了较多的运算符，不妨多使用括号，例如：

```php
<?php
    $a and (($b != $c) or (5 * (50 – $d)))
?>
```

这样就会减少出现逻辑错误的可能。

3.7　PHP 的表达式

视频讲解：光盘\TM\lx\3\22 PHP 的表达式.mp4

表达式是构成 PHP 程序语言的基本元素，也是 PHP 重要的组成元素。在 PHP 语言中，几乎所写的任何对象都是表达式。最基本的表达式形式是常量和变量。如$m=20$，即表示将值 20 赋给变量m。

表达式是 PHP 最重要的基石。简单但却最精确的定义一个表达式的方式就是"任何有值的东西"。

```php
<?php
    12;
    $a = "word" ;
?>
```

这是由两个表达式组成的脚本，即 12 和$a="word"。此外，还可以进行连续赋值，如：

```php
<?php
    $b = $a =5;
?>
```

因为 PHP 赋值操作的顺序是由右到左的，所以变量$b 和$a 都被赋值 5。

在 PHP 的代码中，使用分号 ";" 来区分表达式，表达式也可以包含在括号内。可以这样理解：一个表达式再加上一个分号，就是一条 PHP 语句。

应用表达式能够做很多事情，如调用一个数组，创建一个类，给变量赋值等。

注意

在编写程序时，应该注意表达式后面的分号 ";" 不要漏写。

3.8　PHP 函数

在开发过程中，经常要重复某种操作或处理，如数据查询、字符操作等，如果每个模块的操作都要重新输入一次代码，不仅令程序员头痛不已，而且对于代码的后期维护及运行效果也有着较大的影响，使用 PHP 函数即可让这些问题迎刃而解，下面即介绍这些知识。

3.8.1　定义和调用函数

📹 视频讲解：光盘\TM\lx\3\23 定义和调用函数.mp4

函数，就是将一些重复使用到的功能写在一个独立的代码块中，在需要时单独调用。创建函数的基本语法格式为：

```php
function fun_name($str1,$str2…$strn){
    fun_body;
}
```

其中，function 为声明自定义函数时必须使用到的关键字；fun_name 为自定义函数的名称；$str1，$str2…$strn 为函数的参数；fun_body 为自定义函数的主体，是功能实现部分。

当函数被定义好后，所要做的就是调用这个函数。调用函数的操作十分简单，只需要引用函数名并赋予正确的参数即可完成函数的调用。

【例 3.24】　在本例中定义了一个函数 example()，计算传入的参数的平方，然后连同表达式和结

果全部输出。实例代码如下：（实例位置：光盘\TM\sl\3\24）

```php
<?php
    /*声明自定义函数*/
    function example($num){
        echo "$num * $num = ".$num * $num;          //输出计算后的结果
    }
    example(10);                                     //调用函数
?>
```

结果为：10 * 10 = 100

3.8.2　在函数间传递参数

视频讲解：光盘\TM\lx\3\24 在函数间传递参数.mp4

在调用函数时，需要向函数传递参数，被传入的参数称为实参，而函数定义的参数为形参。参数传递的方式有按值传递、按引用传递和默认参数 3 种。

1．按值传递方式

将实参的值复制到对应的形参中，在函数内部的操作针对形参进行，操作的结果不会影响到实参，即函数返回后，实参的值不会改变。

【例 3.25】　本例首先定义一个函数 example()，功能是将传入的参数值做一些运算后再输出。接着在函数外部定义一个变量$m，也就是要传进来的参数。最后调用函数 example($m)，输出函数的返回值$m 和变量$m 的值。实例代码如下：（实例位置：光盘\TM\sl\3\25）

```php
<?php
    function example( $m ){                //定义一个函数
      $m = $m * 5 + 10;
    echo "在函数内：\$m = ".$m;           //输出形参的值
    }
    $m = 1;
    example( $m );                        //传递值，将$m 的值传递给形参$m
    echo "<p>在函数外  \$m = $m <p>";      //实参的值没有发生变化，输出 m=1
?>
```

运行结果如图 3.14 所示。

2．按引用传递方式

按引用传递就是将实参的内存地址传递到形参中。这时，在函数内部的所有操作都会影响到实参的值，返回后，实参的值会发生变化。引用传递方式就是传值时在原基础上加&即可。

【例 3.26】　仍然使用例 3.25 中的代码，唯一不同的地方就是多了一个&。实例代码如下：（实例位置：光盘\TM\sl\3\26）

```php
<?php
    function example( &$m ){               //定义一个函数，同时传递参数$m 的变量
```

```
        $m = $m * 5 + 10;
        echo "在函数内：\$m = ".$m;              //输出形参的值
    }
    $m = 1;
    example( $m ) ;                            //传递值：将$m 的值传递给形参$m
    echo "<p>在函数外：\$m = $m <p>";           //实参的值发生变化，输出 m=15
?>
```

运行结果如图 3.15 所示。

图 3.14　按值传递方式

图 3.15　按引用传递方式

3. 默认参数（可选参数）方式

还有一种设置参数的方式，即可选参数。可以指定某个参数为可选参数，将可选参数放在参数列表末尾，并且给它指定一个默认值。

【例 3.27】　本例使用可选参数实现一个简单的价格计算功能，设置自定义函数 values() 的参数 $tax 为可选参数，其默认值为空。第一次调用该函数，并且给参数$tax 赋值 0.25，输出价格；第二次调用该函数，不给参数$tax 赋值，输出价格。实例代码如下：（**实例位置：光盘\TM\sl\3\27**）

```
<?php
    function values($price,$tax=0){          //定义一个函数，其中的一个参数初始值为 0
        $price=$price+($price*$tax);         //声明一个变量$price，等于两个参数的运算结果
        echo "价格:$price<br>";               //输出价格
    }
    values(100,0.25);                        //为可选参数赋值 0.25
    values(100);                             //没有给可选参数赋值
?>
```

结果为：价格:125
　　　　价格:100

注意

当使用默认参数时，默认参数必须放在非默认参数的右侧，否则函数可能出错。

说明

从 PHP 5 开始，默认值也可以通过引用传递。

3.8.3 从函数中返回值

📹 **视频讲解：光盘\TM\lx\3\25 从函数中返回值.mp4**

在 3.8.1 节中介绍了如何定义和调用一个函数，并且讲解了如何在函数间传递值，本节将讲解函数的返回值。通常，函数将返回值传递给调用者的方式是使用关键字 return。

return 将函数的值返回给函数的调用者，即将程序控制权返回到调用者的作用域。如果在全局作用域内使用 return 关键字，那么将终止脚本的执行。

【例 3.28】 本例使用 return 关键字返回一个操作数。先定义函数 values()，函数的作用是输入物品的单价、重量，然后计算总金额，最后输出商品的价格。实例代码如下：（**实例位置：光盘\TM\sl\3\28**）

```php
<?php
    function values($price,$weight=0.45){      //定义一个函数，函数中的一个参数有默认值
        $price=$price+($price*$weight);        //计算物品金额
        return $price;                         //返回金额
    }
    echo values(100);                          //调用函数
?>
```

结果为：145

return 语句只能返回一个参数，也即只能返回一个值，不能一次返回多个值。如果要返回多个结果，就要在函数中定义一个数组，将返回值存储在数组中返回。

3.8.4 变量函数

📹 **视频讲解：光盘\TM\lx\3\26 变量函数.mp4**

PHP 支持变量函数。下面通过一个实例来介绍变量函数的具体应用。

【例 3.29】 本例首先定义 3 个函数，接着声明一个变量，通过变量来访问不同的函数。实例代码如下：（**实例位置：光盘\TM\sl\3\29**）

```php
<?php
    function come() {                          //定义 come()函数
        echo "来了<p>";
    }
    function go($name = "jack") {              //定义 go()函数
        echo $name."走了<p>";
    }
    function back($string)                     //定义 back()函数
    {
        echo "又回来了，$string<p>";
    }
    $func = "come";                            //声明一个变量，将变量赋值为 come
```

```
    $func();                              //使用变量函数来调用函数 come()
    $func = "go";                         //重新给变量赋值
    $func("Tom");                         //使用变量函数来调用函数 go()
    $func = "back";                       //重新给变量赋值
    $func("Lily");                        //使用变量函数来调用函数 back()
?>
```

运行结果如图 3.16 所示。

图 3.16　变量函数

可以看到，函数的调用是通过改变变量名来实现的，通过在变量名后面加上一对小括号，PHP 将自动寻找与变量名相同的函数，并且执行它。如果找不到对应的函数，系统将会报错。这个技术可以用于实现回调函数和函数表等。

3.9　PHP 编码规范

视频讲解：光盘\TM\lx\3\27 PHP 编码规范.mp4

很多初学者对编码规范不以为然，认为对程序开发没有什么帮助，甚至因为要遵循规范而影响了学习和开发的进度。或者因为经过一段时间的使用，已经形成了自己的一套风格，所以不愿意去改变。这种想法是很危险的。

举例说明，如今的 Web 开发，不再是一个人就可以全部完成的，尤其是一些大型的项目，要十几人，甚至几十人来共同完成。在开发过程中，难免会有新的开发人员参与进来，那么这个新的开发人员在阅读前任留下的代码时，就会有问题了——这个变量起到什么作用？那个函数实现什么功能？TmpClass 类在哪里被使用到了……诸如此类。这时，编码规范的重要性就体现出来了。

3.9.1　什么是编码规范

以 PHP 开发为例，编码规范就是融合了开发人员长时间积累下来的经验，形成了一种良好统一的编程风格，这种良好统一的编程风格会在团队开发或二次开发时起到事半功倍的效果。编码规范是一种总结性的说明和介绍，并不是强制性的规则。从项目长远的发展以及团队效率来考虑，遵守编码规范是十分必要的。

遵守编码规范的好处如下：

☑　编码规范是对团队开发成员的基本要求。

☑　开发人员可以了解任何代码，理清程序的状况。

☑　提高程序的可读性，有利于相关设计人员交流，提高软件质量。

☑　防止新接触 PHP 的人出于节省时间的需要，自创一套风格并养成终生的习惯。

☑　有助于程序的维护，降低软件成本。

☑　有利于团队管理，实现团队后备资源的可重用。

3.9.2　PHP 书写规则

1．缩进

使用制表符（Tab 键）缩进，缩进单位为 4 个空格左右。如果开发工具的种类多样，则需要在开发工具中统一设置。

2．大括号{}

有两种大括号放置规则是可以使用的：

☑　将大括号放到关键字的下方、同列。

```
if ($expr)
{
    …
}
```

☑　首括号与关键词同行，尾括号与关键字同列。

```
if ($expr){
    …
}
```

两种方式并无太大差别，但多数人都习惯选择第一种方式。

3．关键字、小括号、函数、运算符

☑　尽量不要把小括号和关键字紧贴在一起，要用空格隔开它们。如：

```
if ($expr){              //if 和"("之间有一个空格
    …
}
```

☑　小括号和函数要紧贴在一起。以便区分关键字和函数。如：

```
round($num)              //round 和"("之间没有空格
```

☑　运算符与两边的变量或表达式要有一个空格（字符连接运算符"."除外）。如：

61

```
while ($boo == true){          //$boo 和 "=="，true 和 "==" 之间都有一个空格
    ...
}
```

☑　当代码段较大时，上、下应当加入空白行，两个代码块之间只使用一个空行，禁止使用多行。
☑　尽量不要在 return 返回语句中使用小括号。如：

```
return 1;                      //除非是必要，否则不需要使用小括号
```

3.9.3　PHP 命名规则

就一般约定而言，类、函数和变量的名字应该能够让代码阅读者轻易地知道这些代码的作用，应该避免使用模棱两可的命名。

1．类命名

☑　使用大写字母作为词的分隔，其他的字母均使用小写。
☑　名字的首字母使用大写。
☑　不要使用下划线（_）。

如：Name、SuperMan、BigClassObject。

2．类属性命名

☑　属性命名应该以字符 m 为前缀。
☑　前缀 m 后采用与类命名一致的规则。
☑　m 总是在名字的开头起修饰作用，就像以 r 开头表示引用一样。

如：mValue、mLongString 等。

3．方法命名

方法的作用都是执行一个动作，达到一个目的。所以名称应该说明方法是做什么。一般名称的前缀和后缀都有一定的规律，如：Is（判断）、Get（得到）、Set（设置）。

方法的命名规范和类命名是一致的。如：

```
class StartStudy{              //设置类
    $mLessonOne = "";          //设置类属性
    $mLessonTwo = "";          //设置类属性
    function GetLessonOne(){   //定义方法，得到属性 mLessonOne 的值
    ...
    }
}
```

4．方法中参数命名

☑　第一个字符使用小写字母。

☑　在首字符后的所有字符都按照类命名规则首字符大写。

如以下代码：

```
class EchoAnyWord{
    function EchoWord($firstWord，$secondWord){
    …
    }
}
```

5．变量命名

☑　所有字母都使用小写。

☑　使用"_"作为每个词的分界。

如：$msg_error、$chk_pwd 等。

6．引用变量

引用变量要带有 r 前缀。如：

```
class Example{
    $mExam   = "";
    function SetExam(&$rExam){
        …
    }
    function &rGetExam(){
        …
    }
}
```

7．全局变量

全局变量应该带前缀 g。如：global $gTest、global $g。

8．常量/全局常量

常量/全局常量应该全部使用大写字母，单词之间用"_"来分隔。如：

```
define('DEFAULT_NUM_AVG',90);
define('DEFAULT_NUM_SUM',500);
```

9．静态变量

静态变量应该带前缀 s。如：

```
static $sStatus = 1;
```

10．函数命名

所有的名称都使用小写字母，多个单词使用"_"来分隔。如：

```
function this_good_idea(){
    ...
}
```

以上各种命名规则可以组合一起来使用，如：

```
class OtherExample{
    $msValue = "";                          //该参数既是类属性，又是静态变量
}
```

说明

这里介绍的只是一些简单的书写和名称规则，如果想了解更多的编码规范，可以参考 Zend_Framework 中文参考手册。

3.10 小   结

本章主要介绍了 PHP 语言的基础知识，包括数据类型、常量、变量、运算符、表达式和自定义函数，并详细介绍了各种类型之间的转换、系统预定义的常量、变量、算术优先级和如何使用函数。最后，又介绍了 PHP 编码规范。基础知识是一门语言的核心，希望初学者能静下心来，牢牢掌握本章的知识，这样对以后的学习和发展能起到事半功倍的效果。

3.11 实践与练习

1．动态网页的特点是能够人机交互，但有时却需要限制用户的输入。使用 PHP 函数判断输入（这里先假定一个变量）数据是否符合下列要求：输入必须为全数字，输入数字的长度不允许超过 25，并且输入不允许为空。注：获取字符串长度函数为 strlen(string)。（答案位置：**光盘\TM\sl\3\30**）

2．获取当前访问者的计算机信息，如 IP、端口号等。（答案位置：**光盘\TM\sl\3\31**）

3．PHP 的输出语句有 echo、print、printf、print_r。尝试使用这 4 个语句输出数据，看它们之间有什么不同。（答案位置：**光盘\TM\sl\3\32**）

第 4 章

流程控制语句

（ 📹 视频讲解：1 小时 8 分钟 ）

学习了 PHP 基础后，相信读者对 PHP 语言的基本运算有了一些了解，那么现在试着计算下面几个问题：输出 10 以内的偶数，计算 100 的阶乘，列举 1000 以内的所有素数。本章将学习使用 PHP 语言中的流程控制语句来解决上述问题。

PHP 的控制流程有两种：条件控制和循环控制。合理使用这些控制结构可以使程序流程清晰、可读性强，从而提高工作效率。

通过阅读本章，您可以：

▸▸ 了解 if 语句的使用

▸▸ 了解扩展 if 语句的 else、elseif 关键字

▸▸ 掌握 switch…case 条件判断语句

▸▸ 掌握 while 循环语句

▸▸ 掌握 do…while 循环语句

▸▸ 掌握 for 循环语句

▸▸ 掌握 foreach 循环语句

▸▸ 了解 break/continue 关键字

4.1　条件控制语句

条件控制语句主要有 if、if…else、elseif 和 switch 4 种。下面分别来了解和使用。

4.1.1　if 语句

视频讲解：光盘\TM\lx\4\01 if 语句.mp4

几乎所有的语言（包括 PHP）都有 if 语句，它按照条件选择执行不同的代码片段。PHP 的 if 语句的格式如下：

```
if (表达式)
    语句 ;
```

如果表达式的值为真，那么就顺序执行语句；否则，就会跳过该条语句，再往下执行。如果需要执行的语句不止一条，那么可以使用 "{ }"，在 "{ }" 中的语句被称为语句组，其格式如下：

```
if(表达式){
    语句 1;
    语句 2;
    …
}
```

if 语句的流程控制图如图 4.1 所示。

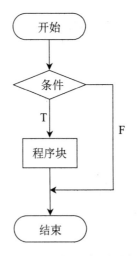

图 4.1　if 语句的流程控制图

【例 4.1】　本例首先使用 rand() 函数生成一个随机数$num，然后判断这个随机数是不是偶数，如

果是，则输出结果。实例代码如下：（实例位置：光盘\TM\sl\4\1）

```php
<?php
    $num = rand(1,31);                    //使用 rand()函数生成一个随机数
    if ($num % 2 == 0){                   //判断变量$num 是否为偶数
        echo "\$num = $num";              //如果为偶数，输出表达式和说明文字
        echo "<br>$num  是偶数。";
    }
?>
```

运行结果如图 4.2 所示。

图 4.2　if 语句的执行结果

说明

　　rand()函数的作用是取得一个随机的整数，该函数的格式如下：

　　int rand(int mix, int max)

　　rand()函数返回 mix～max 之间的一个随机数。如果没有参数，则返回 0～RAND_MAX 之间的随机整数。

4.1.2　if…else 语句

　　📹 视频讲解：光盘\TM\lx\4\02 if…else 语句.mp4

　　大多时候，总是需要在满足某个条件时执行一条语句，而在不满足该条件时执行其他语句。这时可以使用 else 语句，该语句的格式如下：

```
if(表达式){
    语句 1;
}else{
    语句 2;
}
```

　　该语句的含义为：当表达式的值为真时，执行语句 1；如果表达式的值为假，则执行语句 2。if…else 语句的流程控制图如图 4.3 所示。

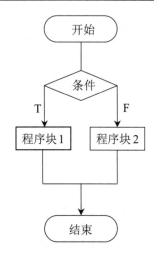

图 4.3　if...else 语句的流程控制图

【例 4.2】　本例以例 4.1 为基础，首先使用 rand()函数生成一个随机数$num，然后判断这个随机数是偶数还是奇数，再根据不同结果显示不同的字符串。实例代码如下：（**实例位置：光盘\TM\sl\4\2**）

```php
<?php
    $num = rand(1,31);                       //使用 rand()函数生成一个随机数
    if ($num % 2 == 0){                      //判断变量$num 是否为偶数
        echo "变量$num 是偶数。";             //如果为偶数
    }else {
        echo "变量$num 为奇数。";             //如果为奇数
    }
?>
```

结果为：变量 17 为奇数。

4.1.3　elseif 语句

　视频讲解：光盘\TM\lx\4\03 elseif 语句.mp4

if...else 语句只能选择两种结果：要么执行真，要么执行假。但有时会出现两种以上的选择，例如：一个班的考试成绩，如果是 90 分以上，则为"优秀"；如果是 60～90 分，则为"良好"；如果低于 60 分，则为"不及格"。这时可以使用 elseif（也可以写作 else if）语句来执行，该语句的格式如下：

```
if(表达式 1){
    语句 1;
}else if(表达式 2){
    语句 2;
}...
else{
    语句 n;
}
```

elseif 语句的流程控制图如图 4.4 所示。

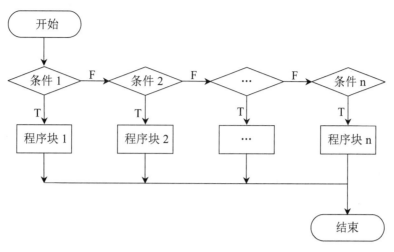

图 4.4 elseif 语句的流程控制图

【例 4.3】 本例通过 elseif 语句，判断今天是否为这个月的上、中、下旬。实例代码如下：（**实例位置：光盘\TM\sl\4\3**）

```php
<?php
    $month = date("n");                              //设置月份变量$month
    $today = date("j");                              //设置日期变量$today
    if ($today >= 1 and $today <= 10){               //判断日期变量是否在 1～10 之间
        echo "今天是".$month."月".$today."日，是本月上旬";//如果是，说明是上旬
    }elseif($today > 10 and $today <= 20){           //否则判断日期变量是否在 11～20 之间
        echo "今天是".$month."月".$today."日，是本月中旬";//如果是，说明是中旬
    }else{                                           //如果上面两个判断都不符合要求，则输出默认值
        echo "今天是".$month."月".$today."日，是本月下旬";//说明是本月的下旬
    }
?>
```

结果为：今天是 6 月 10 日，是本月上旬

注意

if 语句和 elseif 语句的执行条件是表达式的值为真，而 else 执行条件是表达式的值为假。这里的表达式的值不等于变量的值。如：

```php
<?php
    $boo = false;
    if($boo == false)
        echo "true";
    else
        echo "false";
?>
```

该代码段的执行结果为：true

4.1.4　switch 语句

视频讲解：光盘\TM\lx\4\04 switch 语句.mp4

虽然 elseif 语句可以进行多重选择，但使用时十分烦琐。为了避免 if 语句过于冗长，提高程序的可读性，可以使用 switch 分支控制语句。switch 语句的语法格式如下：

```
switch(变量或表达式){
    case  常量表达式 1:
        语句 1;
        break;
    case  常量表达式 2:
    …
    case  常量表达式 n:
        语句 n;
        break;
    default:
        语句 n+1;
}
```

switch 语句根据变量或表达式的值，依次与 case 中的常量表达式的值相比较，如果不相等，继续查找下一个 case；如果相等，就执行对应的语句，直到 switch 语句结束或遇到 break 为止。一般来说，switch 语句最终都有一个默认值 default，如果在前面的 case 中没有找到相符的条件，则输出默认语句，和 else 语句类似。

switch 语句的流程控制图如图 4.5 所示。

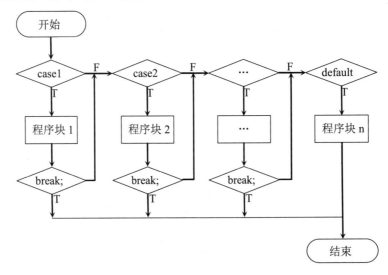

图 4.5　switch 语句的流程控制图

【例 4.4】　本例中应用 switch 语句设计网站的布局，将网站头、尾文件设置为固定不变的板块，导航条也作为固定板块，而在主显示区中，应用 switch 语句根据超链接中传递的值不同，显示不同的

内容。实例代码如下：（实例位置：光盘\TM\sl\4\4）

```php
<?php
    switch(isset($_GET['lmbs'])?$_GET['lmbs']:""){          //获取超链接传递的变量
        case "最新商品":                                      //判断如果变量的值等于"最新商品"
            include "new.php";                               //则执行该语句
            break;                                           //否则跳出循环
        case "热门商品":
            include "jollification.php";
            break;
        case "推荐商品":
            include "commend.php";
            break;
        case "订单查询":
            include "order_form.php";
            break;
        default:                                             //判断当该值等于空时，执行下面的语句
            include "new.php";
            break;
    }
?>
<map name="Map" id="Map">
    <area shape="rect" coords="9,92,65,113" href="#" />
    <area shape="rect" coords="78,89,131,115" href="index.php?lmbs=<?php echo urlencode("最新商品");?>" />
    <area shape="rect" coords="145,92,201,114" href="index.php?lmbs=<?php echo urlencode("推荐商品");?>" />
    <area shape="rect" coords="212,91,268,114" href="index.php?lmbs=<?php echo urlencode("热门商品");?>" />
    <area shape="rect" coords="474,93,529,113" href="index.php?lmbs=<?php echo urlencode("订单查询");?>" />
</map>
```

运行结果如图 4.6 所示。

图 4.6　switch 多重判断语句

71

注意

> 在执行 switch 语句时，即使遇到符合要求的 case 语句段，也会继续往下执行，直到语句结束。为了避免这种浪费时间和资源的行为，一定要在每个 case 语句段后加上 break 语句。这里 break 语句的意思是跳出当前循环，在 4.3.1 节中将详细介绍 break 语句。

4.2　循环控制语句

在 4.1 节中学习了条件判断语句，可以根据条件选择执行不同的语句。但有时需要重复使用某段代码或函数，例如，如果要人工输入"1*2*3*4…*100"，无疑是非常烦琐的，但使用循环控制语句就能快速完成计算，下面来学习循环控制语句：while、do…while、for 和 foreach。

4.2.1　while 循环语句

> **视频讲解：光盘\TM\lx\4\05 while 循环语句.mp4**

While 语句是 PHP 中最简单的循环语句，它的语法格式如下：

```
while (表达式){
    语句;
}
```

当表达式的值为真时，将执行循环体内的 PHP 语句，执行结束后，再返回到表达式继续进行判断。直到表达式的值为假才跳出循环，执行下面的语句。

while 循环语句的流程控制图如图 4.7 所示。

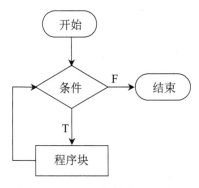

图 4.7　while 语句的流程控制图

【例 4.5】　本例将实现 10 以内偶数的输出。1～10 依次判断是否为偶数，如果是，则输出；如果不是，则继续下一次循环。实例代码如下：（**实例位置：光盘\TM\sl\4\5**）

```
<?php
```

```
    $num = 1;                         //声明一个整型变量$num
    $str = "10 以内的偶数为：";        //声明一个字符变量$str
    while($num <= 10){                //判断变量$num 是否小于 10
        if($num % 2 == 0){           //如果小于 10，则判断$num 是否为偶数
            $str .= $num." ";         //如果当前变量为偶数，则添加到字符变量$str 的后面
        }
        $num++;                       //变量$num 加 1
    }
    echo $str;                        //循环结束后，输出字符串$str
?>
```

结果为：10 以内的偶数为：2 4 6 8 10

4.2.2　do…while 循环语句

▣◀ 视频讲解：光盘\TM\lx\4\06 do…while 循环语句.mp4

while 语句还有另一种形式，即 do…while。两者的区别在于，do…while 要比 while 语句多循环一次。当 while 表达式的值为假时，while 循环直接跳出当前循环；而 do…while 语句则是先执行一遍程序块，然后再对表达式进行判断。do…while 语句的流程控制图如图 4.8 所示。

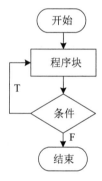

图 4.8　do…while 循环语句的流程控制图

【例 4.6】　下面通过两个语句的运行对比来了解两者的不同。实例代码如下：（**实例位置：光盘\TM\sl\4\6**）

```
<?php
    $num = 1;                         //声明一个整型变量$num
    while($num != 1){                 //使用 while 循环输出
        echo "while 循环";            //这句话不会输出
    }
    do{                               //使用 do…while 循环输出
        echo "do…while 循环";        //这句话会输出
    }while($num != 1);
?>
```

结果为：do…while 循环

4.2.3　for 循环语句

📹 **视频讲解：光盘\TM\lx\4\07 for 循环语句.mp4**

for 循环是 PHP 中最复杂的循环结构，它的语法格式如下：

```
for (初始化表达式; 条件表达式; 迭代表达式){
    语句;
}
```

其中，初始化表达式在第一次循环时无条件取一次值；条件表达式在每次循环开始前求值，如果值为真，则执行循环体里面的语句，否则跳出循环，继续往下执行；迭代表达式在每次循环后被执行。for 循环语句的流程控制图如图 4.9 所示。

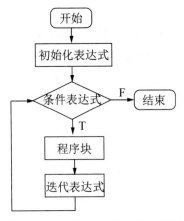

图 4.9　for 循环语句的流程控制图

【例 4.7】 下面通过 for 循环来计算 100 的阶乘。实例代码如下：（实例位置：光盘\TM\sl\4\7）

```php
<?php
    $sum = 1;                           //声明整型变量$sum
    for ($i = 1;$i <=100;$i++){
        $sum *= $i;                     //当$i 小于 100 时，计算阶乘
    }
    echo "100! = ".$sum;
?>
```

结果为：100! = 9.33262154439E+157

📢 **注意**

在 for 语句中无论采用循环变量递增或递减的方式，前提是一定要保证循环能够结束，无期限的循环（死循环）将导致程序的崩溃。

4.2.4　foreach 循环语句

视频讲解：光盘\TM\lx\4\08 foreach 循环语句.mp4

foreach 循环是 PHP 4 引进来的，只能用于数组。在 PHP 5 中，又增加了对对象的支持。该语句的语法格式如下：

```
foreach ($array as $value)
    语句;
```

或

```
foreach ($array as $key => $value)
    语句;
```

foreach 语句将遍历数组$array，每次循环时，将当前数组中的值赋给$value（或$key 和$value），同时，数组指针向后移动直到遍历结束。当使用 foreach 语句时，数组指针将自动被重置，所以不需要手动设置指针位置。

【例 4.8】　在本例中，应用 foreach 语句输出数组中存储的商品信息。实例代码如下：（**实例位置：光盘\TM\sl\4\8**）

```php
<?php
    $name = array("1"=>"智能机器人","2"=>"数码相机","3"=>"天翼 3G 手机","4"=>"瑞士手表");
    $price = array("1"=>"14998 元","2"=>"2588 元","3"=>"2666 元","4"=>"66698 元");
    $counts = array("1"=>1,"2"=>1,"3"=>2,"4"=>1);
    echo '<table width="580" border="1" cellpadding="1" cellspacing="1" bordercolor="#FFFFFF" bgcolor="#c17e50">
        <tr>
            <td width="145" align="center" bgcolor="#FFFFFF"    class="STYLE1">商品名称</td>
            <td width="145" align="center" bgcolor="#FFFFFF"    class="STYLE1">价 格</td>
            <td width="145" align="center" bgcolor="#FFFFFF"    class="STYLE1">数量</td>
            <td width="145" align="center" bgcolor="#FFFFFF"    class="STYLE1">金额</td>
        </tr>';
    foreach($name as $key=>$value){            //以 book 数组做循环，输出键和值
        echo '<tr>
            <td height="25" align="center" bgcolor="#FFFFFF" class="STYLE2">'.$value.'</td>
            <td align="center" bgcolor="#FFFFFF" class="STYLE2">'.$price[$key].'</td>
            <td align="center" bgcolor="#FFFFFF" class="STYLE2">'.$counts[$key].'</td>
            <td align="center" bgcolor="#FFFFFF" class="STYLE2">'.$counts[$key]*$price[$key].'</td>
        </tr>';
}
echo '</table>';
?>
```

运行结果如图 4.10 所示。

图 4.10　使用 foreach 语句输出数组

> **注意**
>
> 当试图使用 foreach 语句用于其他数据类型或者未初始化的变量时会产生错误。为了避免这个问题，最好使用 is_array()函数先来判断变量是否为数组类型。如果是，再进行其他操作。

4.3　跳　转　语　句

视频讲解：光盘\TM\lx\4\09 跳转语句.mp4

在使用循环语句时，有时不确定循环的次数，遇到这样的情况可以使用无限循环，如：

```
while(true){
    …
}
```

或

```
for(;;){
    …
}
```

只有当程序块满足一定条件后才跳出循环，跳出循环使用的关键字是 break 和 continue。

4.3.1　break 语句

break 关键字可以终止当前的循环，包括 while、do…while、for、foreach 和 switch 在内的所有控制语句。下面来看一个实例。

【例 4.9】　本例将使用一个 while 循环，while 后面的判断式的值为 true，即为一个无限循环。在

while 程序块中将声明一个随机数变量$tmp，只有当生成的随机数等于 10 时，使用 break 语句跳出循环。实例代码如下：（**实例位置：光盘\TM\sl\4\9**）

```php
<?php
   while(true){                              //使用 while 循环
       $tmp = rand(1,20);                    //声明一个随机数变量$tmp
       echo $tmp." ";                        //输出随机数
       if($tmp == 10){                       //判断随机数是否等于 10
           echo "<p>变量等于 10，终止循环";
           break;                            //如果等于 10，使用 break 语句跳出循环
       }
   }
?>
```

运行结果如图 4.11 所示。

break 语句不仅可以跳出当前的循环，还可以指定跳出几重循环。格式如下：

```
break $num;
```

其中，$num 指定要跳出几层循环。break 关键字的流程控制图如图 4.12 所示。

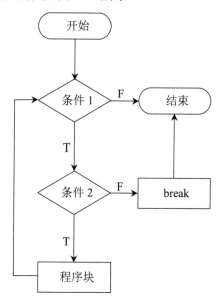

图 4.11　使用 break 语句跳出循环　　　　　图 4.12　break 流程控制图

【**例 4.10**】　本例共有 3 层循环，最外层的 while 循环和中间层的 for 循环是无限循环，最里面并列两个 for 循环：程序首先执行第一个 for 循环，当变量$i 等于 7 时，跳出当前循环（一重循环），继续执行第二个 for 循环，当第二个 for 循环中的变量$j 等于 15 时，将直接跳出最外层循环。实例代码如下：（**实例位置：光盘\TM\sl\4\10**）

```php
<?php
while(true){
    for(;;){
        for($i=0;$i<=10;$i++){
            echo $i." ";
            if($i == 7){
                echo "<p>变量\$i 等于 7，跳出一重循环。<p>";
                break 1;
            }
        }
        for($j = 0; $j < 20; $j++){
            echo $j." ";
            if($j == 15){
                echo "<p>变量\$j 等于 15，跳出最外重循环。";
                break 3;
            }
        }
    }
    echo "这句话不会被执行。";
}
?>
```

运行结果如图 4.13 所示。

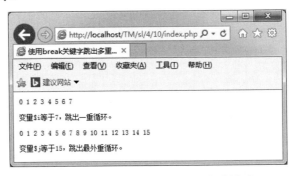

图 4.13　使用 break 关键字跳出多重循环

4.3.2　continue 语句

continue 关键字的作用没有 break 强大，它只能终止本次循环而进入到下一次循环中，也可以指定跳出几重循环。continue 关键字的流程控制图如图 4.14 所示。

【例 4.11】　本例使用 for 循环输出 A～J 的数组变量。如果变量的数组下标为偶数，则只输出一个空行；如果是奇数，则继续输出。在最里面的循环中，判断当前数组下标是否等于 $i，如果不相等，则输出数组变量，否则跳到最外重循环。实例代码如下：（**实例位置：光盘\TM\sl\4\11**）

78

```php
<?php
    $arr = array("A","B","C","D","E","F","G","H","I","J");    //声明一个数组变量$arr
    for($i = 0; $i < 10; $i++){                                //使用 for 循环
        echo "<br>";
        if($i % 2 == 0){                                      //如果$i 的值为偶数，则跳出本次循环
            continue;
        }
        for(;;){                                              //无限循环
            for($j = 0; $j < count($arr); $j++){              //再次使用 for 循环输出数组变量
                if($j == $i){                                 //如果当前输出的数组下标等于$i
                    continue 3;                               //跳出最外重循环
                }else{
                    echo "\$arr[".$j."]=".$arr[$j]." ";       //输出表达式
                }
            }
        }
        echo "这句话永远不会输出";
    }
?>
```

运行结果如图 4.15 所示。

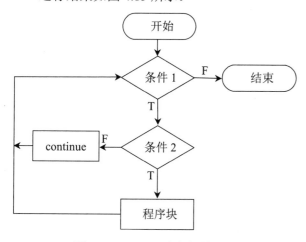

图 4.14　continue 流程控制图

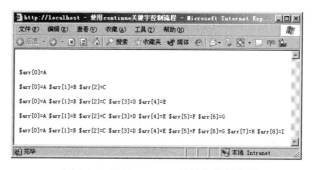

图 4.15　使用 continue 关键字控制流程

4.4　小　　结

　　本章通过几个实例学习了 PHP 的流程控制语句。流程控制语句是程序中必不可少的，也是变化最丰富的技术。无论是入门的数学公式，还是高级的复杂算法，都是通过这几个简单的语句来实现的。希望读者学习完本章之后，通过不断地练习和总结，能够掌握一套自己的方法和技巧。

4.5　实践与练习

1．使用循环语句输出任意一个二维数组。（**答案位置：光盘\TM\sl\4\12**）

2．使用循环语句输出杨辉三角。（**答案位置：光盘\TM\sl\4\13**）

3．使用 while 循环和预定义变量，获取多个参数。参数的个数未定，如：http://localhost/1.php?name=tm&password=111&date=20080424&id=1…。（**答案位置：光盘\TM\sl\4\14**）

第 5 章

字符串操作

（ 📹 视频讲解：57分钟）

在 Web 编程中，总是会大量地生成和处理字符串。正确地使用和处理字符串，对于 PHP 程序员来说越来越重要。本章从最简单的字符串定义引导读者到高层字符串处理技巧，希望广大读者能够通过本章的学习，了解和掌握 PHP 字符串，达到举一反三的目的，为了解和学习其他字符串处理技术奠定良好的基础。

通过阅读本章，您可以：

▶▶ 了解字符串的定义方法

▶▶ 熟悉去除字符串中的空格

▶▶ 熟悉字符串的转义及还原

▶▶ 掌握获取字符串长度的方法

▶▶ 掌握连接和分割字符串的方法

▶▶ 掌握截取字符串技术

▶▶ 掌握检索和替换字符串技术

▶▶ 了解字符串的格式化技术

5.1 字符串的定义方法

📹 视频讲解：光盘\TM\lx\5\01 字符串的定义方法.mp4

字符串最简单的定义方法是使用单引号（' '）或双引号（" "），另外还可以使用定界符指定字符串。

5.1.1 使用单引号或双引号定义字符串

字符串通常以串的整体作为操作对象，一般用双引号或者单引号标识一个字符串。单引号和双引号在使用上有一定区别。

下面分别使用双引号和单引号来定义一个字符串。例如：

```php
<?php
    $str1 = "I Like PHP";          //使用双引号定义一个字符串
    $str2 = 'I Like PHP';          //使用单引号定义一个字符串
    echo $str1;                    //输出双引号中的字符串
    echo $str2;                    //输出单引号中的字符串
?>
```

结果为：I Like PHP

　　　　　I Like PHP

从上面的结果中可以看出，对于定义的普通字符串看不出两者之间的区别。而通过对变量的处理，即可轻松地理解两者之间的区别。例如：

```php
<?php
    $test = "PHP";
    $str = "I Like $test";
    $str1 = 'I Like $test';
    echo $str;                     //输出双引号中的字符串
    echo $str1;                    //输出单引号中的字符串
?>
```

结果为：I Like PHP

　　　　　I Like $test

从以上代码中可以看出，双引号中的内容是经过 PHP 的语法分析器解析过的，任何变量在双引号中都会被转换为它的值进行输出显示；而单引号的内容是"所见即所得"的，无论有无变量，都被当作普通字符串进行原样输出。

✔️ **说明**

> 单引号串和双引号串在 PHP 中的处理是不相同的。双引号串中的内容可以被解释而且替换，而单引号串中的内容被作为普通字符进行处理。

5.1.2　使用定界符定义字符串

定界符（<<<）是从 PHP 4.0 开始支持的。定界符用于定义格式化的大文本，格式化是指文本中的格式将被保留，所以文本中不需要使用转义字符。在使用时后接一个标识符，然后是格式化文本（即字符串），最后是同样的标识符结束字符串。

定界符格式如下：

```
<<<str
    格式化文本
str
```

其中，符号"<<<"是关键字，必须使用；str 为用户自定义的标识符，用于定义文本的起始标识符和结束标识符，前后的标识符名称必须完全相同。

结束标识符必须从行的第一列开始，而且也必须遵循 PHP 中其他任何标签的命名规则：只能包含字母、数字、下划线，而且必须以下划线或非数字字符开始。

例如，应用定界符输出变量中的值，可以看到，它和双引号没什么区别，包含的变量也被替换成实际数值，代码如下：

```php
<?php
    $str="明日科技编程词典";
    echo <<<strmark
<font color="#FF0099"> $str 上市了,详情请关注编程词典网：www.mrbccd.com </font>
    strmark;
?>
```

结果为：明日科技编程词典 上市了，详情请关注编程词典网：www.mrbccd.com

在上面的代码中，值得注意的是，在定界符内不允许添加注释，否则程序将运行出错。结束标识符所在的行不能包含任何其他字符，而且不能被缩进，在标识符分号前后不能有任何空白字符或制表符。如果破坏了这条规则，则程序不会被视为结束标识符，PHP 将继续寻找下去。如果在这种情况下找不到合适的结束标识符，将会导致一个在脚本最后一行出现的语法错误。

说明

定界符中的字符串支持单引号、双引号，无须转义，并支持字符变量替换。

5.2　字符串操作

字符串的操作在 PHP 编程中占有重要的地位，几乎所有 PHP 脚本的输入与输出都会用到字符串。尤其是在 PHP 项目开发过程中，为了实现某项功能，经常需要对某些字符串进行特殊处理，如获取字符串的长度、截取字符串、替换字符串等。在本节中将对 PHP 常用的字符串操作技术进行详细的讲解，并通过具体的实例加深对字符串函数的理解。

5.2.1　去除字符串首尾空格和特殊字符

　视频讲解：光盘\TM\lx\5\02 去除字符串首尾空格和特殊字符.mp4

用户在输入数据时，经常会在无意中输入多余的空格，有些情况下，字符串中不允许出现空格和特殊字符，此时就需要去除字符串中的空格和特殊字符。在 PHP 中提供了 trim()函数去除字符串左右两边的空格和特殊字符，ltrim()函数去除字符串左边的空格和特殊字符，rtrim()函数去除字符串中右边的空格和特殊字符。

1．trim()函数

trim()函数用于去除字符串首尾处的空白字符（或者其他字符）。
语法格式如下：

```
string trim(string str [,string charlist]);
```

其中，str 是要操作的字符串对象；charlist 为可选参数，一般要列出所有希望过滤的字符，也可以使用 ".." 列出一个字符范围。如果不设置该参数，则所有的可选字符都将被删除。如果不指定 charlist 参数，trim()函数将去除表 5.1 中的字符。

表 5.1　不指定 charlist 参数时 trim()函数去除的字符

参　数　值	说　　明
\0	NULL，空值
\t	tab，制表符
\n	换行符
\x0B	垂直制表符
\r	回车符
" "	空格

注意

除了以上默认的过滤字符列表外，也可以在 charlist 参数中提供要过滤的特殊字符。

【例 5.1】　使用 trim()函数去除字符串左右两边的空格及特殊字符 "\r\r(: :)"，实例代码如下：（实例位置：光盘\TM\sl\5\1）

```php
<?php
    $str="\r\r(:@_@ 创图书编撰伟业 展软件开发雄风  @_@:) ";
    echo trim($str);            //去除字符串左右两边的空格
    echo "<br>";                //执行换行
    echo trim($str,"\r\r(: :)"); //去除字符串左右两边的特殊字符 "\r\r(: :)"
?>
```

结果为：(:@_@ 创图书编撰伟业 展软件开发雄风 @_@:)
　　　　@_@ 创图书编撰伟业 展软件开发雄风 @_@

2．ltrim()函数

ltrim()函数用于去除字符串左边的空格或者指定字符串。

语法格式如下：

string **ltrim**(string **str** [,string **charlist**]);

【例 5.2】　使用 ltrim()函数去除字符串左边的空格及特殊字符"(:@_@"，实例代码如下：（实例位置：**光盘\TM\sl\5\2**）

```php
<?php
    $str="  (:@_@  创图书编撰伟业  @_@:)  ";
    echo ltrim($str);              //去除字符串左边的空格
    echo "<br>";                   //执行换行
    echo ltrim($str," (:@_@ "); //去除字符串左边的特殊字符"（：@_@"
?>
```

结果为：(:@_@ 创图书编撰伟业 @_@:)
　　　　创图书编撰伟业 @_@:)

3．rtrim()函数

rtrim()函数用于去除字符串右边的空格或者指定字符串。

语法格式如下：

string **rtrim**(string **str** [,string **charlist**]);

【例 5.3】　使用 rtrim()函数去除字符串右边的空格及特殊字符"@_@:)"，实例代码如下：（实例位置：**光盘\TM\sl\5\3**）

```php
<?php
    $str="  (:@_@  展软件开发雄风  @_@:)  ";
    echo rtrim($str);                   //去除字符串右边的空格
    echo "<br>";                        //执行换行
    echo rtrim($str," @_@:)");          //去除字符串右边的特殊字符"@_@:)"
?>
```

结果为：(:@_@展软件开发雄风 @_@:)
　　　　(:@_@展软件开发雄风

5.2.2　转义、还原字符串数据

视频讲解：**光盘\TM\lx\5\03 转义、还原字符串数据.mp4**

字符串转义、还原的方法有两种：一种是手动转义、还原字符串数据，另一种是自动转义、还原字符串数据。下面分别对这两种方法进行详细讲解。

1. 手动转义、还原字符串数据

字符串可以用单引号（'）、双引号（"）、定界符（<<<）3 种方法定义，而指定一个简单字符串的最简单的方法是用单引号括起来。当使用字符串时，很可能在该串中存在这几种符号与 PHP 脚本混淆的字符，因此必须要做转义语句。这就要在它的前面使用转义符号"\"。

"\"是一个转义符，紧跟在"\"后面的第一个字符将变得没有意义或有特殊意义。如"'"是用来定义字符串，但写为"\'"时就失去了定义字符串的意义，变为普通的单引号。读者可以通过"echo '\'';"输出一个单引号，同时转义字符"\"不会显示。

> **技巧**
>
> 如果要在字符串中表示单引号，则需要用反斜线（\）进行转义。例如，要表示字符串"I'm"，则需要写成"I\'m"。

【例 5.4】 使用转义字符"\"对字符串进行转义，实例代码如下：（**实例位置：光盘\TM\sl\5\4**）

```php
<?php
    echo ' select * from tb_book where bookname = \'PHP5 从入门到精通\' ';
?>
```

结果为：select * from tb_book where bookname = 'PHP5 从入门到精通'

> **技巧**
>
> 对于简单的字符串建议采用手动方法进行字符串转义，而对于数据量较大的字符串，建议采用自动转义函数实现字符串的转义。

2. 自动转义、还原字符串数据

自动转义、还原字符串数据可以应用 PHP 提供的 addslashes()函数和 stripslashes()函数实现。

☑ addslashes()函数

addslashes()函数的作用是使用反斜线引用字符串。

语法格式如下：

string addslashes (string str)

其中，str 为要转义的字符串。

返回值：返回转义后的字符。

返回字符串中，为了数据库查询语句等的需要在某些字符前加上了反斜线。这些字符是单引号（'）、双引号（"）、反斜线（\）与 NUL（NULL 字符）。

☑ stripslashes()函数

stripslashes()函数的作用是反引用一个引用字符串。

语法格式如下：

string **stripslashes**(string **str**);

其中，str 为输入字符串。

返回值：返回一个去除转义反斜线后的字符串（"\'" 转换为 "'" 等）。双反斜线（\\）被转换为单个反斜线（\）。

【例 5.5】 使用自动转义字符 addslashes()函数对字符串进行转义，然后使用 stripslashes()函数进行还原，实例代码如下：（实例位置：光盘\TM\sl\5\5）

```php
<?php
$str = "select * from tb_book where bookname = 'PHP5 从入门到精通'";
echo $str."<br>";                       //输出字符串
$a = addslashes($str);                  //对字符串中的特殊字符进行转义
echo $a."<br>";                         //输出转义后的字符
$b = stripslashes($a);                  //对转义后的字符进行还原
echo $b."<br>";                         //将字符原义输出
?>
```

运行结果如图 5.1 所示。

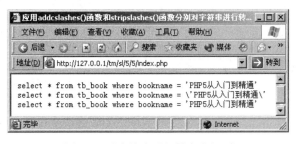

图 5.1　对字符串进行转义和还原

📚**技巧**

　　所有数据在插入数据库之前，有必要应用 addslashes()函数进行字符串转义，以免特殊字符未经转义在插入数据库时出现错误。另外，对于使用 addslashes()函数实现的自动转义字符串可以使用 stripslashes()函数进行还原，但数据在插入数据库之前必须再次进行转义。

以上两个函数实现了对指定字符串进行自动转义和还原。除了上面介绍的方法外，还可以对要转义、还原的字符串进行一定范围的限制，通过使用 addcslashes()函数和 stripcslashes()函数实现对指定范围内的字符串进行自动转义、还原。下面分别对这两个函数进行详细介绍。

☑　addcslashes()函数

实现转义字符串中的字符，即在指定的字符 charlist 前加上反斜线。

语法格式如下：

string **addcslashes** (string **str**, string **charlist**)

其中，str 为将要被操作的字符串；charlist 指定在字符串中的哪些字符前加上反斜线，如果参数

charlist 中包含\n、\r 等字符，将以 C 语言风格转换，而其他非字母数字且 ASCII 码低于 32 以及高于 126 的字符均转换成八进制表示。

注意

在定义参数 charlist 的范围时，需要明确在开始和结束的范围内的字符。

☑ stripcslashes()函数

stripcslashes()函数用来将应用 addcslashes()函数转义的字符串 str 还原。

语法格式如下：

string **stripcslashes** (string **str**)

【例 5.6】 使用 addcslashes()函数对字符串"编程词典网"进行转义，使用 stripcslashes()函数对转义的字符串进行还原，实例代码如下：（**实例位置：光盘\TM\sl\5\6**）

```php
<?php
    $a="编程词典网";                              //对指定范围内的字符进行转义
    echo $a;                                      //输出指定的字符串
    echo "<br>";                                  //执行换行
    $b=addcslashes($a,"编程词典网");              //转义指定的字符串
    echo $b;                                      //输出转义后的字符串
    echo "<br>";                                  //执行换行
    $c=stripcslashes($b);                         //对转义的字符串进行还原
    echo $c;                                      //输出还原后的转义字符串
?>
```

结果为：编程词典网

\261\340\263\314\264\312\265\344\315\370

编程词典网

技巧

在缓存文件中，一般对缓存数据的值采用 addcslashes()函数进行指定范围的转义。

5.2.3 获取字符串的长度

视频讲解：光盘\TM\lx\5\04 获取字符串的长度.mp4

获取字符串的长度使用的是 strlen()函数，下面重点讲解该函数的语法及其应用。

strlen()函数主要用于获取指定字符串 str 的长度。

语法格式如下：

int **strlen**(string **str**)

【例 5.7】 使用 strlen() 函数来获取指定字符串的长度，实例代码如下：（**实例位置：光盘\TM\sl\5\7**）

```php
<?php
    echo strlen("编程词典网:www.mrbccd.com");        //输出指定字符串的长度
?>
```

结果为：25

说明

汉字占两个字符，数字、英文、小数点、下划线和空格占一个字符。

strlen() 函数在获取字符串长度的同时，也可以用来检测字符串的长度。

【例 5.8】 使用 strlen() 函数对提交的用户密码的长度进行检测，如果其长度小于 6，则弹出提示信息。（**实例位置：光盘\TM\sl\5\8**）

具体开发步骤如下：

（1）利用开发工具（如 Dreamweaver）新建一个 PHP 动态页，并将其保存为 index.php。

（2）添加一个表单，将表单的 action 属性设置为 index_ok.php。

（3）应用 HTML 标记设计页面，添加一个"用户名"文本框，命名为 user；添加一个"密码"文本框，命名为 pwd；添加一个图像域，指定源文件位置为 images/btn_dl.jpg。

（4）新建一个 PHP 动态页，保存为 index_ok.php，其代码如下：

```php
<?php
if(strlen($_POST['pwd'])<6){                       //检测用户密码的长度是否小于 6
    echo "<script>alert('用户密码的长度不得少于 6 位!请重新输入'); history.back();</script>";
}
else{
    echo "用户信息输入合法！";                        //用户密码超过 6 位，则弹出该提示信息
}
?>
```

在上面的代码中，通过 POST 方法（关于 POST 方法将在后面的章节中进行详细讲解）接收用户输入的用户密码字符串的值。通过 strlen() 函数来获取用户密码的长度，并使用 if 条件语句对用户密码长度进行判断，如果用户输入的密码没有达到这个长度，就会弹出提示信息。

（5）在 IE 浏览器中输入地址，按 Enter 键，运行结果如图 5.2 所示。

图 5.2　使用 strlen() 函数检测字符串的长度

5.2.4 截取字符串

📹 视频讲解：光盘\TM\lx\5\05 截取字符串.mp4

在 PHP 中有一项非常重要的技术，就是截取指定字符串中指定长度的字符。PHP 对字符串截取可以采用预定义函数 substr() 实现。本节重点介绍字符串的截取技术。

语法格式如下：

string **substr** (string **str**, int **start** [, int **length**])

substr() 函数的参数说明如表 5.2 所示。

表 5.2 substr() 函数的参数说明

参　　数	说　　明
str	指定字符串对象
start	指定开始截取字符串的位置。如果参数 start 为负数，则从字符串的末尾开始截取
length	可选参数，指定截取字符的个数，如果 length 为负数，则表示取到倒数第 length 个字符

📢注意

substr() 函数中参数 start 的指定位置是从 0 开始计算的，即字符串中的第一个字符表示为 0。

【例 5.9】 使用 substr() 函数截取字符串中指定长度的字符，实例代码如下：（实例位置：光盘\TM\sl\5\9）

```php
<?php
    echo substr("She is a well-read girl",0);        //从第 1 个字符开始截取
    echo "<br>";                                      //执行换行
    echo substr("She is a well-read girl",4,14);      //从第 5 个字符开始连续截取 14 个字符
    echo "<br>";                                      //执行换行
    echo substr("She is a well-read girl",-4,4);      //从倒数第 4 个字符开始截取 4 个字符
    echo "<br>";                                      //执行换行
    echo substr("She is a well-read girl",0,-4);      //从第 1 个字符开始截取，截取到倒数第 4 个字符
?>
```

结果为：She is a well-read girl

is a well-read

girl

She is a well-read

在开发 Web 程序时，为了保持整个页面的合理布局，经常需要对一些超长文本进行部分显示。下面通过具体的实例讲解其实现方法。

【例 5.10】 使用 substr() 函数截取超长文本的部分字符串，剩余的部分用 "…" 代替，实例代码如下：（实例位置：光盘\TM\sl\5\10）

```php
<?php
    $text="祝全国程序开发人员在编程之路上一帆风顺二龙腾飞三阳开泰四季平安五福临门六六大顺七星高照
    八方来财九九同心十全十美百事可乐千事顺心万事吉祥 PHP 编程一级棒";
    if(strlen($text)>30){                            //如果文本的字符串长度大于 30
        echo substr($text,0,30)."...";               //输出文本的前 30 个字节，然后输出省略号
    }
    else{                                            //如果文本的字符串长度小于 30
        echo $text;                                  //直接输出文本
    }
?>
```

结果为：祝全国程序开发人员在编程之路上…

技巧

从指定的字符串中按照指定的位置截取一定长度的字符。通过 substr()函数可以获取某个固定格式字符串中的一部分。

5.2.5　比较字符串

📹 **视频讲解：光盘\TM\lx\5\06 比较字符串.mp4**

在 PHP 中，对字符串之间进行比较的方法主要有 3 种，第一种是使用 strcmp()函数按照字节进行比较，第二种是使用 strnatcmp()函数按照自然排序法进行比较，第三种是使用 strncmp()函数指定从源字符串的位置开始比较。下面分别对这 3 种方法进行详细讲解。

1. 按字节进行字符串的比较

按字节进行字符串比较的方法有两种，分别是 strcmp()和 strcasecmp()函数，通过这两个函数即可实现对字符串进行按字节的比较。这两种函数的区别是 strcmp()函数区分字符的大小写，而 strcasecmp()函数不区分字符的大小写。由于这两个函数的实现方法基本相同，这里只介绍 strcmp()函数。

strcmp()函数用来对两个字符串进行比较。

语法格式如下：

```
int strcmp ( string str1, string str2)
```

其中，str1 和 str2 指定要比较的两个字符串。如果 str1 和 str2 相等，则返回 0；如果 str1 大于 str2，则返回值大于 0；如果 str1 小于 str2，则返回值小于 0。

📢 **注意**

strcmp()函数区分字母大小写。

【例 5.11】 使用 strcmp()函数和 strcasecmp()函数分别对两个字符串按字节进行比较，实例代码如下：（实例位置：光盘\TM\sl\5\11）

```php
<?php
    $str1="明日编程词典!";                    //定义字符串常量
    $str2="明日编程词典!";                    //定义字符串常量
    $str3="mrsoft";                          //定义字符串常量
    $str4="MRSOFT";                          //定义字符串常量
    echo strcmp($str1,$str2);                //这两个字符串相等
    echo strcmp($str3,$str4);                //注意该函数区分大小写
    echo strcasecmp($str3,$str4);            //该函数不区分字母大小写
?>
```

结果为：010

技巧

在 PHP 中，对字符串之间进行比较的应用也是非常广泛的。例如，使用 strcmp()函数比较在用户登录系统中输入的用户名和密码是否正确。如果在验证用户名和密码时不使用此函数，那么输入的用户名和密码无论是大写还是小写，只要正确即可登录。使用 strcmp()函数可避免这种情况，即使正确，也必须大小写匹配才可以登录，从而提高了网站的安全性。

2. 按自然排序法进行字符串的比较

在 PHP 中，按照自然排序法进行字符串的比较是通过 strnatcmp()函数来实现的。将字符串中的字符按照从左到右的顺序进行比较。如果是数字与数字比较，则按照自然排序法，其他情况则根据字符的 ASCII 码值进行比较。

语法格式如下：

int **strnatcmp** (string **str1**, string **str2**)

如果字符串 str1 和 str2 相等，则返回 0；如果 str1 大于 str2，则返回值大于 0；如果 str1 小于 str2，则返回值小于 0。Strnatcmp()函数区分字母大小写。

注意

在自然运算法则中，2 比 10 小，而在计算机序列中，10 比 2 小，因为"10"中的第一个数字是"1"，它小于 2。

【例 5.12】 使用 strnatcmp()函数按自然排序法进行字符串的比较，实例代码如下：（实例位置：光盘\TM\sl\5\12）

```php
<?php
    $str1="str2.jpg";                        //定义字符串常量
    $str2="str10.jpg";                       //定义字符串常量
    $str3="mrsoft1";                         //定义字符串常量
    $str4="MRSOFT2";                         //定义字符串常量
    echo strcmp($str1,$str2);                //按字节进行比较，返回 1
    echo " ";
```

```
    echo strcmp($str3,$str4);                    //按字节进行比较，返回 1
    echo " ";
    echo strnatcmp($str1,$str2);                 //按自然排序法进行比较，返回-1
    echo " ";
    echo strnatcmp($str3,$str4);                 //按自然排序法进行比较，返回 1
?>
```

结果为：1 1 -1 1

说明

按照自然运算法进行比较，还可以使用另一个与 strnatcmp()函数作用相同，但不区分大小写的 strnatcasecmp()函数。

3. 指定从源字符串的位置开始比较

strncmp()函数用来比较字符串中的前 n 个字符。

语法格式如下：

int **strncmp**(string **str1**,string **str2**,int **len**)

如果字符串 str1 和 str2 相等，则返回 0；如果 str1 大于 str2，则返回值大于 0；如果 str1 小于 str2，则返回值小于 0。Strncmp()函数区分字母大小写。

strncmp()函数的参数说明如表 5.3 所示。

表 5.3　strncmp()函数的参数说明

参　　数	说　　明
str1	指定参与比较的第一个字符串对象
str2	指定参与比较的第二个字符串对象
len	必要参数，指定每个字符串中参与比较字符的数量

【例 5.13】　使用 strncmp()函数比较字符串的前两个字符是否与源字符串相等，实例代码如下：（**实例位置：光盘\TM\sl\5\13**）

```
<?php
    $str1="I like PHP !";                        //定义字符串常量
    $str2="i am fine !";                         //定义字符串常量
    echo strncmp($str1,$str2,2);                 //比较前两个字符
?>
```

结果为：-1

从上面的代码中可以看出，由于变量$str2 中的字符串的首字母为小写，与变量$str1 中的字符串不匹配，因此比较后的字符串返回值为-1。

5.2.6 检索字符串

视频讲解：光盘\TM\lx\5\07 检索字符串.mp4

在 PHP 中，提供了很多应用于字符串查找的函数，可以像 Word 那样实现对字符串的查找功能。下面讲解常用的字符串检索技术。

1．使用 strstr()函数查找指定的关键字

strstr()函数用于获取一个指定字符串在另一个字符串中首次出现的位置到后者末尾的子字符串。如果执行成功，则返回剩余字符串（存在相匹配的字符）；如果没有找到相匹配的字符，则返回 false。语法格式如下：

string **strstr** (string **haystack**, string **needle**)

strstr()函数的参数说明如表 5.4 所示。

表 5.4 strstr()函数的参数说明

参　数	说　　明
haystack	必要参数，指定从哪个字符串中进行搜索
needle	必要参数，指定搜索的对象。如果该参数是一个数值，那么将搜索与这个数值的 ASCII 值相匹配的字符

注意

strstr()函数区分字母的大小写。

【例 5.14】 使用 strstr()函数获取上传图片的后缀，限制上传图片的格式。实例代码如下：（**实例位置：光盘\TM\sl\5\14**）

```php
<form method="post" action="index.php" enctype="multipart/form-data">
    <input type="hidden" name="action" value="upload" />
    <input type="file" name="u_file"/>
    <input type="submit" value="上传" />
</form>
<?php
    if(isset($_POST['action']) && $_POST['action'] == "upload"){          //判断提交按钮是否为空
    $file_path = "./uploads\\";                              //定义图片在服务器中的存储位置
    $picture_name=$_FILES['u_file']['name'];          //获取上传图片的名称
    $picture_name=strstr($picture_name , ".");          //通过 strstr()函数截取上传图片的后缀
    if($picture_name!= ".jpg"){                          //根据后缀判断上传图片的格式是否符合要求
    echo "<script>alert('上传图片格式不正确,请重新上传'); window.location.href='index.php';</script>";
    }else if($_FILES['u_file']['tmp_name']){
        move_uploaded_file($_FILES['u_file']['tmp_name'],$file_path.$_FILES['u_file']['name']);//执行图片上传
    echo "图片上传成功!";
    }
    else
```

```
    echo "上传图片失败";
    }
?>
```

运行结果如图 5.3 所示。

图 5.3　应用 strstr()函数检索上传图片的后缀

注意

strrchr()函数与其正好相反，该函数是从字符串后序的位置开始检索子串（子字符串）的。

2. 使用 substr_count()函数检索子串出现的次数

substr_count()函数用于获取指定字符在字符串中出现的次数。
语法格式如下：

```
int substr_count(string haystack,string needle)
```

其中，haystack 是指定的字符串，needle 为指定的字符。
【例 5.15】 使用 substr_count()函数获取子串在字符串中出现的次数，实例代码如下：（实例位置：光盘\TM\sl\5\15）

```php
<?php
    $str="明日编程词典";                        //定义字符串常量
    echo substr_count($str,"词");               //输出查询的字符串
?>
```

结果为：1

注意

检索子串出现的次数一般常用于搜索引擎中，针对子串在字符串中出现的次数进行统计，便于用户第一时间掌握子串在字符串中出现的次数。

5.2.7　替换字符串

视频讲解：光盘\TM\lx\5\08 替换字符串.mp4

通过字符串的替换技术可以实现对指定字符串中的指定字符进行替换。字符串的替换技术可以通过以下两个函数实现：str_ireplace()函数和 substr_replace()函数。

1．str_ireplace()函数

使用新的子字符串（子串）替换原始字符串中被指定要替换的字符串。

语法格式如下：

mixed **str_ireplace** (mixed **search**, mixed **replace**, mixed **subject** [, int **&count**])

将所有在参数 subject 中出现的参数 search 以参数 replace 取代，参数&count 表示取代字符串执行的次数。str_ireplace()函数区分大小写。

str_ireplace()函数的参数说明如表 5.5 所示。

表 5.5　str_ireplace()函数的参数说明

参　　数	说　　明
search	必要参数，要搜索的值，可以使用 array 来提供多个值
replace	必要参数，指定替换的值
subject	必要参数，要被搜索和替换的字符串或数组
count	可选参数，执行替换的数量

【例 5.16】　将文本中的指定字符串"某某"替换为"**"，并且输出替换后的结果，实例代码如下：（实例位置：光盘\TM\sl\5\16）

```php
<?php
    $str2="某某";                          //定义字符串常量
    $str1="**";                           //定义字符串常量
    $str=" 某某公司是一家以计算机软件技术为核心的高科技企业，多年来始终致力于行业管理软件开发、
          数字化出版物制作、计算机网络系统综合应用以及行业电子商务网站开发等领域，涉及生产、管理、
          控制、仓储、物流、营销、服务等行业";        //定义字符串常量
    echo str_ireplace($str2,$str1,$str);        //输出替换后的字符串
?>
```

结果为：

**公司是一家以计算机软件技术为核心的高科技企业，多年来始终致力于行业管理软件开发、数字化出版物制作、计算机网络系统综合应用以及行业电子商务网站开发等领域，涉及生产、管理、控制、仓储、物流、营销、服务等行业

注意

str_treplace()函数在执行替换的操作时不区分大小写，如果需要对大小写加以区分，可以使用 str_replace()函数。

字符串替换技术最常用的就是在搜索引擎的关键字处理中，可以使用字符串替换技术将搜索到的字符串中的关键字替换颜色，如查询关键字描红功能，使搜索到的结果更便于用户查看。

注意

查询关键字描红是指将查询关键字以特殊的颜色、字号或字体进行标识。这样可以使浏览者快速检索到所需的关键字，方便浏览者从搜索结果中查找所需内容。查询关键字描红适用于模糊查询。

下面通过具体的实例介绍如何实现查询关键字描红功能。

【例 5.17】　使用 str_ireplace()函数替换查询关键字，当显示所查询的相关信息时，将输出的关键字的字体替换为红色。实例代码如下：（**实例位置：光盘\TM\sl\5\17**）

```php
<?php
    $content="白领女子公寓，温馨街南行 200 米，交通便利，亲情化专人管理，您的理想选择！";
    $str="女子公寓";                                      //定义查询的字符串常量
    echo str_ireplace($str,"<font color='#FF0000'>".$str."</font>",$content);   //替换字符串为红色字体
?>
```

运行结果如图 5.4 所示。

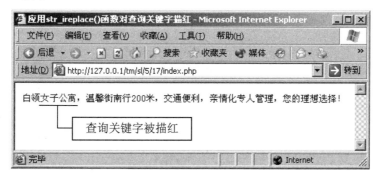

图 5.4　应用 str_ireplace()函数对查询关键字描红

注意

查询关键字描红功能在搜索引擎中被广泛应用，希望读者通过本例的学习，能够举一反三，从而开发出更加灵活、便捷的程序。

2．substr_replace()函数

substr_replace()函数用于对指定字符串中的部分字符串进行替换。

语法格式如下：

mixed **substr_replace**(mixed **string**,mixed **repl**,mixed **start**,[mixed **length**])

substr_replace()函数的参数说明如表 5.6 所示。

表 5.6　substr_replace()函数的参数说明

参　　数	说　　明
string	指定要操作的原始字符串，可以是字符串或数组
repl	指定替换后的新字符串
start	指定替换字符串开始的位置。正数表示替换从字符串的第 start 位置开始；负数表示替换从字符串的倒数第 start 位置开始；0 表示替换从字符串中的第一个字符开始
length	可选参数，指定返回的字符串长度。默认值是整个字符串。正数表示被替换的子字符串的长度；负数表示待替换的子字符串结尾处距离字符串末端的字符个数；0 表示将 repl 插入到 string 的 start 位置处

注意

如果参数 start 设置为负数，而参数 length 数值小于或等于 start 数值，那么 length 的值自动为 0。

【例 5.18】 使用 substr_replace()函数对指定字符串进行替换，实例代码如下：（**实例位置：光盘\TM\sl\5\18**）

```php
<?php
    $str="用今日的辛勤工作，换明日的双倍回报！";          //定义字符串常量
    $replace="百倍";                                //定义要替换的字符串
    echo substr_replace($str,$replace,26,4);         //替换字符串
?>
```

结果为：用今日的辛勤工作，换明日的百倍回报！

在上面的代码中，主要使用 substr_replace()函数实现将字符串"双倍"替换为字符串"百倍"。

5.2.8　格式化字符串

视频讲解：光盘\TM\lx\5\09　格式化字符串.mp4

在 PHP 中，字符串的格式化方式有多种，按照格式化的类型可以分为字符串的格式化和数字的格式化，数字的格式化最为常用，本节将重点讲解数字格式化函数 number_format()。

number_format()函数用来将数字字符串格式化。

语法格式如下：

```
string number_format(float number[,int decimals [,string dec_point[,string thousands_ sep]]])
```

其中，number 为要格式化的数字，decimals 为要保留的小数位数，dec_ point 为指定小数点显示的字符，thousands_sep 为指定千位分隔符显示的字符。

number_format()函数可以有 1 个、2 个或是 4 个参数，但不能是 3 个参数。如果只有 1 个参数 number，number 的小数部分会被去掉，并且每个千位分隔符都是用英文小写逗号","来隔开；如果有 2 个参数，number 将保留小数点后的位数到设定的值，且每一千就会以逗号来隔开；如果有 4 个参数，number 将保留 decimals 个长度的小数部分，小数点被替换为 dec_point，千位分隔符替换为 thousands_sep。

【例 5.19】 使用 number_format()函数对指定的数字字符串进行格式化处理，实例代码如下：（**实例位置：光盘\TM\sl\5\19**）

```php
<?php
    $number = 1868.96;                      //定义数字字符串常量
    echo number_format($number);            //输出格式化后的数字字符串
    echo "<br>";                            //执行换行
    echo number_format($number, 2);         //输出格式化后的数字字符串
    echo "<br>";                            //执行换行
    $number2 = 11886655.760055;             //定义数字字符串常量
    echo number_format($number2, 2, '.', '.');  //输出格式化后的数字字符串
?>
```

结果为：1,869

1,868.96

11.886.655.76

5.2.9　分割、合成字符串

 视频讲解：光盘\TM\lx\5\10 分割、合成字符串.mp4

1．分割字符串

字符串的分割是通过 explode()函数实现的。explode()函数按照指定的规则对一个字符串进行分割，返回值为数组。

语法格式如下：

array **explode**(string **delimiter**,string **str**[,int **limit**])

explode()函数的参数说明如表 5.7 所示。

表 5.7　explode()函数的参数说明

参　　数	说　　明
delimiter	边界上的分隔字符
str	必要参数，指定将要被分割的字符串
limit	可选参数，如果设置了 limit 参数，则返回的数组包含最多 limit 个元素，而最后的元素将包含 str 的剩余部分；如果 limit 参数是负数，则返回除了最后的-limit 个元素外的所有元素。如果 limit 是 0，则会当作 1

【例 5.20】　使用 explode()函数实现字符串分割，实例代码如下：（实例位置：光盘\TM\sl\5\20）

```php
<?php
    $str="PHP 编程词典@NET 编程词典@ASP 编程词典@JSP 编程词典";    //定义字符串常量
    $str_arr=explode("@",$str);                              //应用标识"@"分割字符串
    print_r($str_arr);                                      //输出字符串分割后的结果
?>
```

从上面的代码中可以看出，在分割字符$str 时，以"@"作为分割的标识符进行拆分，分割成 4 个数组元素，最后使用 print_r()输出函数输出数组中的元素。

运行结果如图 5.5 所示。

图 5.5　使用 explode()函数实现字符串分割

注意

在默认情况下，数组的第一个元素的索引为 0。关于数组的相关知识将在后续的章节中进行详细讲解。

输出数组元素除了使用 print_r() 函数外，还可以使用 echo 语句进行输出，两者的区别是，print_r() 函数输出的是一个数组列，而使用 echo 语句输出的是数组中的元素。将 "print_r($str_arr);" 使用如下代码替换即可输出数组中的元素。

```
echo $str_arr[0];                          //输出数组中的第 1 个元素
echo $str_arr[1];                          //输出数组中的第 2 个元素
echo $str_arr[2];                          //输出数组中的第 3 个元素
echo $str_arr[3];                          //输出数组中的第 4 个元素
```

结果为：PHP 编程词典 NET 编程词典 ASP 编程词典 JSP 编程词典

说明

以上两种输出分割字符串的方法在运行结果的表现形式上会稍有不同。

2. 合成字符串

implode() 函数可以将数组的内容组合成一个新字符串。

语法格式如下：

string **implode**(string **glue**, array **pieces**)

其中，glue 是字符串类型，指定分隔符；pieces 是数组类型，指定要被合并的数组。

【例 5.21】 应用 implode() 函数将数组中的内容以 "@" 为分隔符进行连接，从而组合成一个新的字符串，实例代码如下：（**实例位置：光盘\TM\sl\5\21**）

```
<?php
    $str="PHP 编程词典@NET 编程词典@ASP 编程词典@JSP 编程词典";   //定义字符串常量
    $str_arr=explode("@",$str);                          //应用标识 "@" 分割字符串
    $array=implode("@",$str_arr);                        //将数组合成字符串
    echo $array;                                         //输出字符串
?>
```

结果为：PHP 编程词典@NET 编程词典@ASP 编程词典@JSP 编程词典

说明

implode() 函数和 explode() 函数是两个相对的函数，一个用于合成，另一个用于分割。

5.3　小　　结

本章主要对常用的字符串操作技术进行了详细的讲解，其中去除字符串首尾空格、获取字符串的长度、连接和分割字符串、转义字符串、截取字符串和字符串的查找与替换等都是需要重点掌握的技术。同时，这些内容也是作为一个 PHP 程序员必须熟悉和掌握的知识。通过本章的学习，希望读者能够举一反三，对所学知识灵活运用，从而开发实用的 PHP 程序。

5.4　实践与练习

1．尝试开发一个页面，去除字符串"&&　明日编程词典　&&"首尾空格和特殊字符"&&"。（答案位置：光盘\TM\sl\5\22）

2．尝试开发一个页面，验证用户输入的身份证号长度是否正确。（答案位置：光盘\TM\sl\5\23）

3．尝试开发一个页面，对检索到的用户输入的查询关键字进行加粗描红。（答案位置：光盘\TM\sl\5\24）

4．尝试开发一个页面，使用 explode()函数对全国各省会名称以逗号进行分割。（答案位置：光盘\TM\sl\5\25）

第 6 章

正则表达式

(■ 视频讲解：33 分钟)

在新技术层出不穷的今天，让人难忘的、能称得上是伟大的却寥寥无几，其中一定会有正则表达式，然而，最容易被人忽略和让人遗忘的也是正则表达式。一方面，几乎所有的编程语言和文本编辑工具都支持正则表达式；另一方面，关于正则表达式的书籍、资料却少之又少。

通过阅读本章，您可以：

▶▶ 了解正则表达式的相关概念及发展

▶▶ 了解 PHP 中的 PCRE 函数

▶▶ 掌握正则表达式的应用

6.1　什么是正则表达式

📹 **视频讲解：光盘\TM\lx\6\01 什么是正则表达式.mp4**

正则表达式是一种描述字符串结构的语法规则，是一个特定的格式化模式，可以匹配、替换、截取匹配的字串。对于用户来说，可能以前接触过 DOS，如果想匹配当前文件夹下所有的文本文件，可以输入 dir *.txt 命令，按 Enter 键后所有.txt 文件将会被列出来。这里的*.txt 即可理解为一个简单的正则表达式。

在学习正则表达式之前，先来了解一下正则表达式中的几个容易混淆的术语，这对于学习正则表达式有很大的帮助。

☑ grep：最初是 ED 编辑器中的一条命令，用来显示文件中特定的内容，后来成为一个独立的工具。

☑ egrep：grep 虽然不断地更新升级，但仍然无法跟上技术的脚步。为此，贝尔实验室推出了 egrep，意为"扩展的 grep"，这大大增强了正则表达式的能力。

☑ POSIX（Portable Operating System Interface of Unix）：可移植操作系统接口。在 grep 发展的同时，其他一些开发人员也按照自己的喜好开发出了具有独特风格的版本。但问题也随之而来，有的程序支持某个元字符，而有的程序则不支持。因此就有了 POSIX，POSIX 是一系列标准，确保了操作系统之间的可移植性。但 POSIX 和 SQL 一样，没有成为最终的标准而只能作为一个参考。

☑ Perl（Practical Extraction and Reporting Language）：实际抽取与汇报语言。1987 年，Larry Wall 发布了 Perl。在随后的 7 年时间里，Perl 经历了从 Perl1 到现在的 Perl5 的发展，最终 Perl 成为 POSIX 之后的另一个标准。

☑ PCRE：Perl 的成功，让其他开发人员在某种程度上要兼容 Perl，包括 C/C++、Java、Python 等都有自己的正则表达式。1997 年，Philip Hazel 开发了 PCRE 库，这是兼容 Perl 正则表达式的一套正则引擎，其他开发人员可以将 PCRE 整合到自己的语言中，为用户提供丰富的正则功能。许多软件都使用 PCRE，PHP 正是其中之一。

6.2　正则表达式语法规则

📹 **视频讲解：光盘\TM\lx\6\02 正则表达式语法规则.mp4**

一个完整的正则表达式由两部分构成，元字符和文本字符。元字符就是具有特殊含义的字符，如前面提到的"*"和"?"。文本字符就是普通的文本，如字母和数字等。PCRE 风格的正则表达式一般都放置在定界符"/"中间。如"/\w+([-+.']\w+)*@\w+([-.]\w+)*\.\w+([-.]\w+)*/""/^http:\/\/ (www\.)?.+.?$/"。为了便于读者理解，除了个别实例外，本节中的表达式不给出定界符"/"。

6.2.1　行定位符（^和$）

行定位符就是用来描述字串的边界。"^"表示行的开始；"$"表示行的结尾。如：

```
^tm
```

该表达式表示要匹配字串 tm 的开始位置是行头，如 tm equal Tomorrow Moon 就可以匹配，而 Tomorrow Moon equal tm 则不匹配。但如果使用

```
tm$
```

则后者可以匹配而前者不能匹配。如果要匹配的字串可以出现在字符串的任意部分，那么可以直接写成

```
tm
```

这样两个字符串就都可以匹配了。

6.2.2　单词分界符（\b、\B）

继续上面的实例，使用 tm 可以匹配在字符串中出现的任何位置。那么类似 html、utmost 中的 tm 也会被查找出来。但现在需要匹配的是单词 tm，而不是单词的一部分。这时可以使用单词分界符"\b"，表示要查找的字串为一个完整的单词。如：

```
\btm\b
```

还有一个大写的"\B"，意思和"\b"相反，它匹配的字串不能是一个完整的单词，而是其他单词或字串的一部分。如：

```
\Btm\B
```

说明
关于反斜线的用法，请参考 6.2.10 节。

6.2.3　字符类（[ ]）

正则表达式是区分大小写的，如果要忽略大小写可使用方括号表达式"[]"。只要匹配的字符出现在方括号内，即可表示匹配成功。但要注意：一个方括号只能匹配一个字符。例如，要匹配的字串 tm 不区分大小写，那么该表达式应该写作如下格式：

```
[Tt][Mm]
```

这样，即可匹配字串 tm 的所有写法。POSIX 和 PCRE 都使用了一些预定义字符类，但表示方法略有不同。POSIX 风格的预定义字符类如表 6.1 所示。

表 6.1　POSIX 预定义字符类

预定义字符类	说　　明
[:digit:]	十进制数字集合，等同于[0-9]
[[:alnum:]]	字母和数字的集合，等同于[a-zA-Z0-9]
[[:alpha:]]	字母集合，等同于[a-zA-Z]
[[:blank:]]	空格和制表符
[[:xdigit:]]	十六进制数字
[[:punct:]]	特殊字符集合。包括键盘上的所有特殊字符，如 "!" "@" "#" "$" "?" 等
[[:print:]]	所有的可打印字符（包括空白字符）
[[:space:]]	空白字符（空格、换行符、换页符、回车符、水平制表符）
[[:graph:]]	所有的可打印字符（不包括空白字符）
[[:upper:]]	所有大写字母，等同于[A-Z]
[[:lower:]]	所有小写字母，等同于[a-z]
[[:cntrl:]]	控制字符

而 PCRE 的预定义字符类则使用反斜线来表示，请参考 6.2.10 节。

6.2.4　选择字符（|）

还有一种方法可以实现上面的匹配模式，就是使用选择字符（|）。该字符可以理解为 "或"，如上例也可以写成

```
(T|t)(M|m)
```

该表达式的意思是以字母 T 或 t 开头，后面接一个字母 M 或 m。

> **说明**
>
> 使用 "[]" 和使用 "|" 的区别在于，"[]" 只能匹配单个字符，而 "|" 可以匹配任意长度的字串。如果不怕麻烦，上例还可以写为
>
> ```
> TM|tm|Tm|tM
> ```

6.2.5　连字符（-）

变量的命名规则是只能以字母和下划线开头。但这样一来，如果要使用正则表达式来匹配变量名的第一个字母，要写为

```
[a,b,c,d…A,B,C,D…]
```

这无疑是非常麻烦的，正则表达式提供了连字符"-"来解决这个问题。连字符可以表示字符的范围。如上例可以写成

```
[a-zA-Z]
```

6.2.6 排除字符（[^]）

上面的例子是匹配符合命名规则的变量。现在反过来，匹配不符合命名规则的变量，正则表达式提供了"^"字符。这个元字符在 6.2.1 节中出现过，表示行的开始。而这里将会放到方括号中，表示排除的意思。例如：

```
[^a-zA-Z]
```

该表达式匹配的就是不以字母和下划线开头的变量名。

6.2.7 限定符（? * + {n,m}）

经常使用 Google 的用户可能会发现，在搜索结果页的下方，Google 中间字母 o 的个数会随着搜索页的改变而改变。那么要匹配该字串的正则表达式该如何实现呢？

对于这类重复出现字母或字串，可以使用限定符来实现匹配。限定符主要有 6 种，如表 6.2 所示。

表 6.2 限定符的说明和举例

限 定 符	说 明	举 例
?	匹配前面的字符零次或一次	colou?r，该表达式可以匹配 colour 和 color
+	匹配前面的字符一次或多次	go+gle，该表达式可以匹配的范围从 gogle 到 goo…gle
*	匹配前面的字符零次或多次	go*gle，该表达式可以匹配的范围从 ggle 到 goo…gle
{n}	匹配前面的字符 n 次	go{2}gle，该表达式只匹配 google
{n,}	匹配前面的字符最少 n 次	go{2,}gle，该表达式可以匹配的范围从 google 到 goo…gle
{n,m}	匹配前面的字符最少 n 次，最多 m 次	employe{0,2}，该表达式可以匹配 employ、employe 和 employee 3 种情况

可以发现，在表 6.2 中实际已经对字符串进行了匹配，只是还不完善。通过观察发现，当 Google 搜索结果只有一页时，不显示 Google 标志，只有大于等于 2 时，才显示 Google。说明字母 o 最少为两个，最多为 20 个，那么正则表达式为：

```
go{2,20}gle
```

6.2.8　点号字符（.）

如遇到这样的试题：写出 5～10 个以 s 开头、t 结尾的单词，这是有很大难度的。如果考题并不告知第一个字母，而是中间任意一个。无疑难度会更大。

在正则表达式中可以通过点号字符（.）来实现这样的匹配。点号字符（.）可以匹配出换行符外的任意一个字符。注意：是除了换行符外的、任意的一个字符。如匹配以 s 开头、t 结尾、中间包含一个字母的单词。格式如下：

```
^s.t$
```

匹配的单词包括 sat、set、sit 等。再举一个实例，匹配一个单词，它的第一个字母为 r，第 3 个字母为 s，最后一个字母为 t。能匹配该单词的正则表达式为：

```
^r.s.*t$
```

6.2.9　转义字符（\）

正则表达式中的转义字符（\）和 PHP 中的大同小异，都是将特殊字符（如 "."".""?""\" 等）变为普通的字符。举一个 IP 地址的实例，用正则表达式匹配诸如 127.0.0.1 这样格式的 IP 地址。如果直接使用点号字符，格式为：

```
[0-9]{1,3}(.[0-9]{1,3}){3}
```

这显然不对，因为 "." 可以匹配任意一个字符。这时，不仅是 127.0.0.1 这样的 IP，连 127101011 这样的字串也会被匹配出来。所以在使用 "." 时，需要使用转义字符（\）。修改后上面的正则表达式格式为：

```
[0-9]{1,3}(\.[0-9]{1,3}){3}
```

说明

括号在正则表达式中也算是一个元字符，关于括号的作用请参考 6.2.11 节。

6.2.10　反斜线（\）

除了可以做转义字符外，反斜线还有其他一些功能。

☑　反斜线可以将一些不可打印的字符显示出来，如表 6.3 所示。

表 6.3　反斜线显示的不可打印字符

字　　符	说　　明
\a	警报，即 ASCII 中的<BEL>字符（0x07）
\b	退格，即 ASCII 中的<BS>字符（0x08）。注意，在 PHP 中只有在中括号（[ ]）里使用才表示退格
\e	Escape，即 ASCII 中的<ESC>字符（0x1B）
\f	换页符，即 ASCII 中的<FF>字符（0x0C）
\n	换行符，即 ASCII 中的<LF>字符（0x0A）
\r	回车符，即 ASCII 中的<CR>字符（0x0D）
\t	水平制表符，即 ASCII 中的<HT>字符（0x09）
\xhh	十六进制代码
\ddd	八进制代码
\cx	即 control-x 的缩写，匹配由 x 指明的控制字符，其中 x 是任意字符

☑　还可以指定预定义字符集，如表 6.4 所示。

表 6.4　反斜线指定的预定义字符集

预定义字符集	说　　明
\d	任意一个十进制数字，相当于[0-9]
\D	任意一个非十进制数字
\s	任意一个空白字符（空格、换行符、换页符、回车符、水平制表符），相当于[\f\n\r\t]
\S	任意一个非空白字符
\w	任意一个单词字符，相当于[a-zA-Z0-9_]
\W	任意一个非单词字符

☑　反斜线还有一种功能，就是定义断言，其中已经了解过了"\b""\B"，其他如表 6.5 所示。

表 6.5　反斜线定义断言的限定符

限　定　符	说　　明
\b	单词分界符，用来匹配字符串中的某些位置，"\b"是以统一的分界符来匹配
\B	非单词分界符序列
\A	总是能够匹配待搜索文本的起始位置
\Z	表示在未指定任何模式下匹配的字符，通常是字符串的末尾位置，或者是在字符串末尾的换行符之前的位置
\z	只匹配字符串的末尾，而不考虑任何换行符
\G	当前匹配的起始位置

6.2.11　括号字符（()）

通过 6.2.4 节的实例，相信读者已经对小括号的作用有了一定的了解。这里，再通过几个实例来巩固一下对小括号字符的印象。

小括号字符的第一个作用就是可以改变限定符的作用范围，如"|""*""^"等，来看下面的一个表达式。

```
(thir|four)th
```

这个表达式的意思是匹配单词 thirth 或 fourth，如果不使用小括号，那么就变成了匹配单词 thir 和 fourth 了。

小括号的第二个作用是分组，也就是子表达式。如"(\.[0-9]{1,3}){3}"，就是对分组"(\.[0-9]{1,3})"进行重复操作。后面要学到的反向引用和分组有着直接的关系。

6.2.12　反向引用

反向引用，就是依靠子表达式的"记忆"功能来匹配连续出现的字串或字母。如匹配连续两个 it，首先将单词 it 作为分组，然后在后面加上"\1"即可。格式为：

```
(it)\1
```

这就是反向引用最简单的格式。如果要匹配的字串不固定，那么就将括号内的字串写成一个正则表达式。如果使用了多个分组，那么可以用"\1""\2"来表示每个分组（顺序是从左到右）。如：

```
([a-z])([A-Z])\1\2
```

除了可以使用数字来表示分组外，还可以自己来指定分组名称。语法格式如下：

```
(?P<subname>…)
```

如果想要反向引用该分组，使用如下语法：

```
(?P=subname)
```

下面来重写一下表达式([a-z])([A-Z])\1\2。为这两个分组分别命名，并反向引用它们。正则表达式如下：

```
(?P<fir>[a-z])(?P<sec>[A-Z])(?P=fir)(?P=sec)
```

反向引用的知识还可以参考 6.3.4 节。

6.2.13　模式修饰符

模式修饰符的作用是设定模式，也就是规定正则表达式应该如何解释和应用。不同的语言都有自己的模式设置，PHP 中的主要模式如表 6.6 所示。

表 6.6　模式修饰符

修　饰　符	表达式写法	说　　明
i	(?i)…(?-i)、(?i:…)	忽略大小写模式
M	(?m)…(?-m)、(?m:…)	多文本模式。即字串内部有多个换行符时，影响"^"和"$"的匹配

续表

修　饰　符	表达式写法	说　　明
s	(?s)…(?-s)、(?s:…)	单文本模式。在此模式下，元字符点号（.）可以匹配换行符。其他模式则不能匹配换行符
X	(?x)…(?-x)、(?x:…)	忽略空白字符

模式修饰符既可以写在正则表达式的外面，也可以写在表达式内。如忽略大小写模式，可以写为"/tm/i""(?i)tm(?-i)""(?i:tm)"3种格式。

6.3　PCRE 兼容正则表达式函数

视频讲解：光盘\TM\lx\6\03 PCRE 兼容正则表达式函数.mp4

PHP 中提供了两套支持正则表达式的函数库，但是由于 PCRE 函数库在执行效率上要略优于 POSIX 函数库，所以这里只讲解 PCRE 函数库中的函数。实现 PCRE 风格的正则表达式的函数有 7 个，下面就来了解一下这 7 个 PCRE 函数。

6.3.1　preg_grep()函数

函数语法：

array preg_grep (string pattern, array input)

函数功能：使用数组 input 中的元素一一匹配表达式 pattern，最后返回由所有相匹配的元素所组成的数组。

【例 6.1】　在数组$arr 中匹配具有正确格式的电话号（010-1234****等），并保存到另一个数组中。实例代码如下：（**实例位置：光盘\TM\sl\6\1**）

```php
<?php
    $preg = '/\d{3,4}-?\d{7,8}/';                       //国内电话格式表达式
    $arr = array('043212345678','0431-7654321','12345678');   //包含元素的数组
    $preg_arr = preg_grep($preg,$arr);                 //使用 preg_grep()查找匹配元素
    var_dump($preg_arr);                               //查看新数组结构
?>
```

运行结果如图 6.1 所示。

图 6.1　preg_grep()函数

6.3.2　preg_match()和 preg_match_all()函数

函数语法：

```
int preg_match/preg_match_all ( string pattern, string subject [, array matches] )
```

函数功能：在字符串 subject 中匹配表达式 pattern。函数返回匹配的次数。如果有数组 matches，那么每次匹配的结果都将被存储到数组 matches 中。

函数 preg_match()的返回值是 0 或 1。因为该函数在匹配成功后就停止继续查找了。而 preg_match_all()函数则会一直匹配到最后才会停止。参数 array matches 对于 preg_match_all()函数是必须有的，而对前者则可以省略。

【例 6.2】使用 preg_match()函数和 preg_match_all()函数来匹配字串$str，并返回各自的匹配次数。实例代码如下：（实例位置：光盘\TM\sl\6\2）

```php
<?php
    $str = 'This is an example!';
    $preg = '/\b\w{2}\b/';
    $num1 = preg_match($preg,$str,$str1);
    echo $num1.'<br>';
    var_dump($str1);
    $num2 = preg_match_all($preg,$str,$str2);
    echo '<p>'.$num2.'<br>';
    var_dump($str2);
?>
```

运行结果如图 6.2 所示。

图 6.2　preg_match()和 preg_match_all()函数

6.3.3　preg_quote()函数

函数语法：

```
string preg_quote ( string str [, string delimiter] )
```

函数功能：该函数将字符串 str 中的所有特殊字符进行自动转义。如果有参数 delimiter，那么该参数所包含的字串也将被转义。函数返回转义后的字串。

【例 6.3】　输出常用的特殊字符，并且将字母 b 也当作特殊字符输出。实例代码如下：（**实例位置：光盘\TM\sl\6\3**）

```php
<?php
    $str = '!、$、^、*、+、.、[、]、\\、/、b、<、>';
    $str2 = 'b';
    $match_one = preg_quote($str,$str2);
    echo $match_one;
?>
```

结果为：\!、\$、\^、*、\+、\.、\[、\]、\\、/、\b、\<、\>

>
> **注意**
> 这里的特殊字符是指正则表达式中具有一定意义的元字符，其他如 "@" "#" 等则不会被当作特殊字符处理。

6.3.4　preg_replace()函数

函数语法：

```
mixed preg_replace ( mixed pattern, mixed replacement, mixed subject [, int limit] )
```

函数功能：该函数在字符串 subject 中匹配表达式 pattern，并将匹配项替换成字串 replacement。如果有参数 limit，则替换 limit 次。

> **说明**
> 如果参数中调用的是数组，有可能在调用过程中并不是按照数组的 key 值进行替换，所以在调用之前需要使用 ksort()函数对数组重新排列。

【例 6.4】　本例实现一个常见的 UBB 代码转换功能，将输入的 "[b]…[/b]" "[i]…[/i]" 等类似的格式转换为 HTML 能识别的标签。实例代码如下：（**实例位置：光盘\TM\sl\6\4**）

```php
<?php
    $string = '[b]粗体字[/b]';
    $b_rst = preg_replace('/\[b\](.*)\[\/b\]/i','<b>$1</b>',$string);
    echo $b_rst;
?>
```

结果为：粗体字

说明

preg_replace()函数中的字串 "$1" 是在正则表达式外调用分组，按照$1、$2 排列，依次表示从左到右的分组顺序，也就是括号顺序。$0 表示的是整个正则表达式的匹配值。关于反向引用的其他用法，请参考 6.2.12 节。

6.3.5　preg_replace_callback()函数

函数语法：

mixed preg_replace_callback (mixed pattern, callback callback, mixed subject [, int limit])

preg_replace_callback()函数与 preg_replace()函数的功能相同，都用于查找和替换字串。不同的是，preg_replace_callback()函数使用一个回调函数（callback）来代替 replacement 参数。

注意

在 preg_replace_callback()函数的回调函数中，字符串使用 """，这样可以保证字符串中的特殊符号不被转义。

【例 6.5】　本例使用回调函数来实现 UBB 功能。实例代码如下：（实例位置：光盘\TM\sl\6\5）

```php
<?php
    function c_back($str){
        $str = "<font color=$str[1]>$str[2]</font>";
        return $str;
    }
    $string = '[color=blue]字体颜色[/color]';
    echo preg_replace_callback('/\[color=(.*)\](.*)\[\/color\]/U',"c_back",$string);
?>
```

结果为：字体颜色

注意

本例运行结果 "字体颜色" 为蓝色字体，书中看不出效果，请运行本书光盘附带的实例。

6.3.6　preg_split()函数

函数语法：

```
array preg_split ( string pattern, string subject [, int limit ] )
```

函数功能：使用表达式 pattern 来分割字符串 subject。如果有参数 limit，那么数组最多有 limit 个元素。该函数与 ereg_split()函数的使用方法相同，这里不再举例。

6.4　应用正则表达式对用户注册信息进行验证

【例 6.6】　通过正则表达式对用户注册信息的合理性进行判断，对用户输入的邮编、电话号码、邮箱地址和网址的格式进行判断。本例中应用正则表达式和 JavaScript 脚本，判断用户输入信息的格式是否正确。实例代码如下：（**实例位置：光盘\TM\sl\6\6**）

首先，在 index.php 页面中通过 Script 脚本调用 js 脚本文件 check.js，创建 form 表单，实现会员注册信息的提交，并应用 onSubmit 事件调用 chkreg()方法对表单元素中的数据进行验证，将数据提交到 index_ok.php 文件中。index.php 的关键代码如下：

```
<script src="js/check.js"></script>
<form name="reg_check" method="post" action="index_ok.php" onSubmit="return chkreg(reg_check,'all')">
<table width="550" height="270" border="0" align="center" cellpadding="0" cellspacing="0">
    <tr>
        <td height="30"><div align="right">邮政编码：</div></td>
        <td height="30" colspan="2" align="left"> 
            <input type="text" name="postalcode" size="20" onBlur="chkreg(reg_check,2)">
            <div id="check_postalcode" style="color:#F1B000"></div>
        </td>
    </tr>
    <tr>
        <td height="30"><div align="right">E-mail：</div></td>
        <td height="30" colspan="2" align="left"> 
        <input type="text" name="email" size="20" onBlur="chkreg(reg_check,4)">
            <font color="#999999">请务必正确填写您的邮箱</font>
            <div id="check_email" style="color:#F1B000"></div>
        </td>
    </tr>
    <tr>
        <td height="30" align="right">固定电话：</td>
        <td height="30" colspan="2" align="left"> 
            <input type="text" name="gtel" size="20"    onBlur="chkreg(reg_check,6)">
            <font color="#999999"><div id="check_gtel" style="color:#F1B000"></div></font></td>
    </tr>
```

```
<tr>
    <td height="30"><div align="right">移动电话：</div></td>
    <td height="30" colspan="2" align="left"> 
        <input type="text" name="mtel" size="20" onBlur="chkreg(reg_check,5)">
        <div id="check_mtel" style="color:#F1B000"></div></td>
</tr>
<tr>
    <td width="100" height="30"><input type="image"  src="images/bg_09.jpg"></td>
    <td width="340"><img src="images/bg_11.jpg" width="56" height="30" onClick="reg_check.reset()"
style="cursor:hand"/></td>
</tr>
</table>
</form>
```

在 check.js 脚本文件中，创建自定义方法，应用正则表达式对会员注册的电话号码和邮箱进行验证。其关键代码如下：

```
function checkregtel(regtel){
    var str=regtel;
    var Expression=/^13(\d{9})$|^18(\d{9})$|^15(\d{9})$/;          //验证手机号码
    var objExp=new RegExp(Expression);
    if(objExp.test(str)==true){
        return true;
    }else{
        return false;
    }
}
function checkregtels(regtels){
    var str=regtels;
    var Expression=/^(\d{3}-)(\d{8})$|^(\d{4}-)(\d{7})$|^(\d{4}-)(\d{8})$/;     //验证座机号码
    var objExp=new RegExp(Expression);
    if(objExp.test(str)==true){
        return true;
    }else{
        return false;
    }
}
function checkregemail(emails){
    var str=emails;
    var Expression=/\w+([-+.']\w+)*@\w+([-.]\w+)*\.\w+([-.]\w+)*/;          //验证邮箱地址
    var objExp=new RegExp(Expression);
    if(objExp.test(str)==true){
        return true;
    }else{
        return false;
    }
}
```

运行结果如图 6.3 所示。

图 6.3　应用正则表达式对用户注册信息进行验证

注意

在本例中通过正则表达式对表单提交的数据进行验证，在 JavaScript 脚本中，应用 onBlur 事件调用对应的方法对表单提交的数据直接进行验证，并通过 div 标签返回结果。

6.5　小　　结

本章首先介绍了正则表达式的相关概念及发展情况，接着介绍了正则表达式的语法和 PCRE 风格的正则表达式的函数，最后应用正则表达式简单实现了一个用户注册信息验证实例。相信通过本章的学习，读者可以初步掌握正则表达式，并在以后的学习和工作中逐步提高自己的水平。

6.6　实践与练习

1．应用正则表达式实现 UBB 使用帮助。（答案位置：光盘\TM\sl\6\7）
2．使用正则表达式匹配 Email 地址标签。（答案位置：光盘\TM\sl\6\8）
3．使用正则表达式匹配 html 标签。（答案位置：光盘\TM\sl\6\9）

第 7 章

PHP 数组

(▶️ 视频讲解：1 小时 6 分钟)

数组是对大量数据进行有效组织和管理的手段之一，通过数组的强大功能，可以对大量性质相同的数据进行存储、排序、插入及删除等操作，从而可以有效地提高程序开发效率及改善程序的编写方式。PHP 作为市面上最为流行的 Web 开发语言之一，凭借其代码开源、升级速度快等特点，对数组的操作能力更为强大，尤其是 PHP 为程序开发人员提供了大量方便、易懂的数组操作函数，更使 PHP 深受广大 Web 开发人员的青睐。

通过阅读本章，您可以：

▶▶ 了解数组的概念

▶▶ 掌握声明一维数组和二维数组的方法

▶▶ 掌握输出数组的方法

▶▶ 掌握遍历数组的方法

▶▶ 掌握字符串与数组之间的转换方法

▶▶ 熟悉统计数组元素个数的方法

▶▶ 熟悉查询数组中指定元素的方法

▶▶ 掌握获取数组中最后一个元素的方法

▶▶ 掌握向数组中添加元素的方法

▶▶ 掌握删除数组中重复元素的方法

▶▶ 熟悉数组函数在多文件上传中的应用方法

7.1　什么是数组

📹 视频讲解：光盘\TM\lx\7\01 什么是数组.mp4

数组就是一组数据的集合，把一系列数据组织起来，形成一个可操作的整体。PHP 中的数组较为复杂，但比其他许多高级语言中的数组更灵活。数组 array 是一组有序的变量，其中每个变量被称为一个元素。每个元素由一个特殊的标识符来区分，这个标识符称为键（也称为下标）。数组中的每个实体都包含两项：键和值。可以通过键值来获取相应数组元素，这些键可以是数值键或关联键。如果说变量是存储单个值的容器，那么数组就是存储多个值的容器。数组结构如图 7.1 所示。

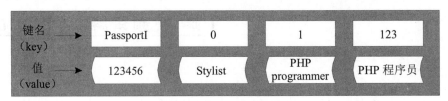

图 7.1　PHP 的数组结构

例如，一个足球队通常会有几十个人，但认识他们时首先会把他们看作是某队的成员，然后再利用他们的号码来区分每一名队员，这时，球队就是一个数组，而号码就是数组的下标，当指明是几号队员时就找到了这名队员。

7.2　声 明 数 组

📹 视频讲解：光盘\TM\lx\7\02 声明数组.mp4

在 PHP 中声明数组的方式主要有两种：一种是应用 array()函数声明数组，另一种是直接通过为数组元素赋值的方式声明数组。其中，应用 array()函数声明数组的方式如下：

```
array array ( [mixed ...])
```

其中，mixed 的语法为 key => value，多个参数 mixed 间用逗号分开，分别定义了索引和值。索引可以是字符串或数字。如果省略了索引，则会自动产生从 0 开始的整数索引。如果索引是整数，则下一个产生的索引将是目前最大的整数索引加 1。如果定义了两个完全一样的索引，则后面一个会覆盖前一个。数组中的各数据元素的数据类型可以不同，也可以是数组类型。当 mixed 是数组类型时，就是二维数组（关于二维数组的声明将在 7.5.2 节进行介绍）。

应用 array()函数声明数组时，数组下标既可以是数值索引，也可以是关联索引。下标与数组元素值之间用 "=>" 进行连接，不同数组元素之间用逗号进行分隔。

应用 array()函数定义数组比较灵活，可以在函数体中只给出数组元素值，而不必给出键值。例如：

```php
<?php
    $array = array ("asp", "php", "jsp");                              //定义数组
    print_r($array);                                                  //输出数组元素
?>
```

结果为：Array ([0] => asp [1] => php [2] => jsp)

注意

可以通过给变量赋予一个没有参数的 array()函数来创建空数组，然后使用方括号语法来添加值。

PHP 提供创建数组的 array()语言结构。在使用其中的数据时，可以直接利用它们在数组中的排列顺序取值，这个顺序称为数组的下标。

```php
<?php
    echo $array[ 1 ];                                                 //输出数组元素的第二个下标值
?>
```

结果为：php

注意

使用这种方式定义数组时，下标默认从 0 开始，而不是 1，然后依次增加 1，所以下标为 2 的元素是指数组的第 3 个元素。

【例 7.1】　本例将通过 array()函数声明数组，实例代码如下：（实例位置：光盘\TM\sl\7\1）

```php
<?php
    $array=array("1"=>"编","2"=>"程","3"=>"词","4"=>"典");            //声明数组
    print_r($array);                                                 //输出数组元素
    echo "<br>";
    echo $array[1];                                                  //输出数组元素的值
    echo $array[2];                                                  //输出数组元素的值
    echo $array[3];                                                  //输出数组元素的值
    echo $array[4];                                                  //输出数组元素的值
?>
```

结果为：Array ([1] => 编 [2] => 程 [3] => 词 [4] => 典)
　　　　编程词典

PHP 中另一种比较灵活的数组声明方式是直接为数组元素赋值。如果在创建数组时不知道所创建数组的大小，或在实际编写程序时数组的大小可能发生改变，采用这种数组创建的方法较好。

【例 7.2】　为了加深读者对这种数组声明方式的理解，本例将对这种数组声明方式进行讲解，实例代码如下：（实例位置：光盘\TM\sl\7\2）

```php
<?php
    $array[1]="编";
    $array[2]="程";
    $array[3]="词";
```

```
$array[4]="典";
print_r($array);                          //输出所创建数组的结构
?>
```

结果为：Array ([1] => 编 [2] => 程 [3] => 词 [4] => 典)

注意

通过直接为数组元素赋值方式声明数组时，要求同一数组元素中的数组名相同。

7.3　数组的类型

视频讲解：光盘\TM\lx\7\03 数组的类型.mp4

PHP 支持两种数组：索引数组（indexed array）和联合数组（associative array），前者使用数字作为键，后者使用字符串作为键。

7.3.1　数字索引数组

PHP 数字索引一般表示数组元素在数组中的位置，它由数字组成，下标从 0 开始，数字索引数组默认索引值从数字 0 开始，不需要特别指定，PHP 会自动为索引数组的键名赋一个整数值，然后从这个值开始自动增量，当然，也可以指定从某个位置开始保存数据。

数组可以构造成一系列键-值（key-value）对，其中每一对都是数组的一个项目或元素（element）。对于列表中的每个项目，都有一个与之关联的键（key）或索引（index），如表 7.1 所示。

表 7.1　数字索引键值

键	值
0	Low
1	Aimee Mann
2	Ani DiFranco
3	Spiritualized
4	Air

例 7.1 中的数组就是一个数字索引数组。

7.3.2　关联数组

关联数组的键名可以是数值和字符串混合的形式，而不像数字索引数组的键名只能为数字。在一个数组中，只要键名中有一个不是数字，那么这个数组就称为关联数组。

关联数组（associative array）使用字符串索引（或键）来访问存储在数组中的值，如表 7.2 所示。关联索引的数组对于数据库层交互非常有用。

表 7.2　关联数组键值

键	值
MD	Maryland
PA	Pennsylvania
IL	Illinois
MO	Missouri
IA	Iowa

【例 7.3】 本例将创建一个关联数组，实例代码如下：（实例位置：光盘\TM\sl\7\3）

```php
<?php
    $newarray = array("first"=>1,"second"=>2,"third"=>3);
    echo $newarray["second"];
    $newarray["third"]=8;
    echo $newarray["third"];
?>
```

结果为：28

技巧

关联数组的键名可以是任何一个整数或字符串。如果键名是一个字符串，则不要忘了给这个键名或索引加上一个定界修饰符——单引号（'）或双引号（"）。对于数字索引数组，为了避免不必要的麻烦，最好也加上定界符。

7.4　输出数组

视频讲解：光盘\TM\lx\7\04 输出数组.mp4

在 PHP 中对数组元素进行输出，可以通过输出语句来实现，如 echo、print 语句等，但使用这种输出方式只能对数组中某一元素进行输出，而通过 print_r()函数可以将数组结构进行输出。

语法格式如下：

```
bool print_r ( mixed expression )
```

如果该函数的参数 expression 为普通的整型、字符型或实型变量，则输出该变量本身。如果该参数为数组，则按一定键值和元素的顺序显示出该数组中的所有元素。

【例 7.4】 本例将简单讲解应用 print_r()函数输出数组的方法，实例代码如下：（实例位置：光盘\TM\sl\7\4）

```php
<?php
 $array=array(1=>"PHP5",2=>"从入门",3=>"到精通");
 print_r($array);
?>
```

结果为：Array([1] => PHP5 [2] => 从入门 [3] => 到精通)

7.5　数组的构造

视频讲解：光盘\TM\lx\7\05 数组的构造.mp4

7.5.1　一维数组

当一个数组的元素是变量时，称这个数组为一维数组。一维数组是最普通的数组，它只保存一列内容。

声明一维数组的一般形式是：

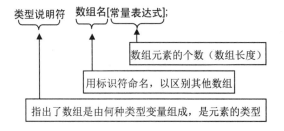

例 7.4 就实现了声明一个一维数组。

7.5.2　二维数组

如果一个数组的元素是一维数组，则称这个数组是二维数组。

【例 7.5】　本例将声明一个二维数组，实例代码如下：（**实例位置：光盘\TM\sl\7\5**）

```php
<?php
  $str = array (
     "书籍"=>array ("文学","历史","地理"),
      "体育用品"=>array ("m"=>"足球","n"=>"篮球"),
      "水果"=>array ("橙子",8=>"葡萄","苹果") );        //声明数组
  print_r ( $str ) ;                                   //输出数组元素
?>
```

结果为：Array ([书籍] => Array ([0] => 文学 [1] => 历史 [2] => 地理) [体育用品] => Array ([m] => 足球 [n] => 篮球) [水果] => Array ([0] => 橙子 [8] => 葡萄 [9] => 苹果))

上面的代码实现了一个二维数组的声明，按照同样的思路，可以创建更高维数的数组，如三维数组。

7.6　遍历数组

视频讲解：光盘\TM\lx\7\06 遍历数组.mp4

遍历数组中的所有元素是常用的一种操作，在遍历的过程中可以完成查询等功能。在生活中，如果想要去商场买一件衣服，就需要在商场中逛一遍，看是否有想要的衣服，逛商场的过程就相当于遍历数组的操作。在 PHP 中遍历数组的方法有多种，下面介绍最常用的两种方法。

1. 使用 foreach 结构遍历数组

遍历数组元素最常用的一种方法是使用 foreach 结构。foreach 结构并非操作数组本身，而是操作数组的一个备份。

【例 7.6】　对于一个存有大量网址的数组变量$url，如果应用 echo 语句一个个地输出，将相当烦琐，而通过 foreach 结构遍历数组则可轻松获取数据信息，实例代码如下：（**实例位置：光盘\TM\sl\7\6**）

```php
<?php
$url = array('编程词典网'=>'www.mrbccd.com',
            '编程体验网'=>'www.bcty365.com',
            '编程资源网'=>'www.bc110.com',
            );                              //声明数组
foreach ( $url as $link ) {                 //遍历数组
    echo $link.'<br>';
}
?>
```

结果为：www.mrbccd.com
　　　　www.bcty365.com
　　　　www.bc110.com

在上面的代码中，PHP 为$url 的每个元素依次执行循环体（each 语句）一次，将$link 赋值给当前元素的值。各元素按数组内部顺序进行处理。

2. 使用 list()函数遍历数组

把数组中的值赋给一些变量。与 array()函数类似，这不是真正的函数，而是语言结构。list()函数仅能用于数字索引的数组，且数字索引从 0 开始。

语法格式如下：

```
void list ( mixed ...)
```

其中，mixed 为被赋值的变量名称。

【例 7.7】 下面通过具体的实例讲解 list()函数和 each()函数的综合应用，获取存储在数组中的用户登录信息。（**实例位置：光盘\TM\sl\7\7**）

具体开发步骤如下：

（1）利用开发工具（如 Dreamweaver）新建一个 PHP 动态页，保存为 index.php。

（2）应用 HTML 标记设计页面。首先建立用户登录表单，用于实现用户登录信息的录入，然后使用 each()函数提取全局数组$_POST 中的内容，最后使用 while 语句循环输出用户所提交的注册信息。代码如下：

```html
<!-- ----------------------------------------------定义用户登录表单---------------------------------------- -->
<form name="form1" method="post">
    <table width="323" border="1" cellpadding="1" cellspacing="1" bordercolor="#66CC33" bgcolor="#FFFFFF">
      <tr>
        <td width="118" height="24" align="right" bgcolor="#CCFF33">用户名：</td>
        <td width="192" height="24" bgcolor="#CCFF33"><input name="user" type="text" class="inputcss" id="user" size="24"></td>
      </tr>
      <tr>
        <td height="24" align="right" bgcolor="#CCFF33">密  码：</td>
        <td height="24" bgcolor="#CCFF33"><input name="pwd" type="password" class="inputcss" id="pwd" size="24"></td>
      </tr>
      <tr align="center" bgcolor="#CCFF33">
        <td height="24" colspan="2"><input name="submit" type="submit"   value="登录"></td>
      </tr>
  </table>
</form>
<?php
//输出用户登录信息
while(list($name,$value)=each($_POST)){
    if($name!="submit"){
        echo "$name=$value<br>";
    }
}
?>
```

（3）在 IE 浏览器中输入地址，按 Enter 键，输入用户名及密码，单击"登录"按钮，运行结果如图 7.2 所示。

图 7.2　应用 list()函数获取用户登录信息

> **说明**
>
> each()函数用于返回当前指针位置的数组值，并将指针推进一个位置。返回的数组包含 4 个键，键 0 和 key 包含键名，而键 1 和 value 包含相应的数据。如果程序在执行 each()函数时指针已经位于数组末尾，则返回 false。

7.7　字符串与数组的转换

视频讲解：光盘\TM\lx\7\07 字符串与数组的转换.mp4

字符串与数组的转换在程序开发过程中经常使用，主要使用 explode()函数和 implode()函数实现，下面分别进行详细讲解。

1．使用 explode()函数将字符串转换成数组

explode()函数将字符串依指定的字符串或字符 separator 切开。

语法格式如下：

array **explode**(string **separator**, string **string**, [int **limit**])

返回由字符串组成的数组，每个元素都是 string 的一个子串，它们被字符串 separator 作为边界点分隔出来。如果设置了 limit 参数，则返回的数组包含最多 limit 个元素，而最后那个元素将包含 string 的剩余部分；如果 separator 为空字符串（""），explode()函数将返回 false；如果 separator 所包含的值在 string 中找不到，那么 explode()函数将返回包含 string 单个元素的数组；如果参数 limit 是负数，则返回除了最后的-limit 个元素外的所有元素。

【例 7.8】 本例使用 explode()函数将"时装、休闲、职业装"字符串按照"、"进行分隔，实例代码如下：（实例位置：光盘\TM\sl\7\8）

```php
<?php
    $str = "时装、休闲、职业装";                    //定义一个字符串
    $strs = explode("、", $str);                   //应用 explode()函数将字符串转换成数组
    print_r($strs);                                //输出数组元素
?>
```

结果为：Array ([0] => 时装 [1] => 休闲 [2] => 职业装)

【例 7.9】 在开发一个投票管理系统时，经常需要在后台添加投票选项到投票系统，以作为投票的内容。下面使用 explode()函数对添加的投票选项通过"*"进行区分，然后使用 while 循环语句分别在页面中输出添加的投票选项。（实例位置：光盘\TM\sl\7\9）

具体开发步骤如下：

（1）利用开发工具（如 Dreamweaver）新建一个 PHP 动态页，保存为 index.php。

（2）使用 HTML 标记设计页面。首先建立投票表单，用于实现添加投票选项，然后使用 each()函数提取全局数组$_POST 中的内容，并最终使用 while 循环输出投票选项内容。代码如下：

```
<!-- -------------------------------------------定义添加投票表单---------------------------------------- -->
<form name="form1" method="post" action="">
  <table width="400" border="1" cellpadding="0" cellspacing="1" bordercolor="#FF9900" bgcolor="#CCFF66">
      <tr align="center">
          <td width="98" height="120">添加投票选项：</td>
          <td width="223" height="120"><p>
              <textarea name="content" cols="30" rows="5" id="content"></textarea>
              <br>
              <span class="style1">注意：每个选项间用*分隔</span></p></td>
          <td width="61" height="120"><input type="Submit" name="Submit" value="提交"></td>
      </tr>
  </table>
</form>
```

（3）添加一个表格，然后在表格的单元格中添加以下代码，用来输出添加的投票选项。

```php
<?php
  if(isset($_POST['Submit']) && $_POST['Submit']!=""){
      $content=$_POST['content'];
      $data=explode("*",$content);
      while(list($name,$value)=each($data)){
          echo '<input type="checkbox" name="checkbox" value="checkbox">';
          echo $value."\n";
      }
  }
?>
```

（4）在 IE 浏览器中输入地址，按 Enter 键，输入投票选项的内容，各选项间用"*"进行分隔，单击"提交"按钮，运行结果如图 7.3 所示。

图 7.3　在投票系统的后台管理中使用 explode()函数

2. 使用 implode()函数将数组转换成一个新字符串

implode()函数用于将数组的内容组合成一个字符串。

语法格式如下：

string **implode**(string **glue**, array **pieces**)

其中，glue 是字符串类型，指要传入的分隔符；pieces 是数组类型，指传入的要合并元素的数组变量名称。

【例 7.10】　使用 implode()函数将数组中的内容以空格作分隔符进行连接，从而组合成一个新的字符串，实例代码如下：（实例位置：光盘\TM\sl\7\10）

```php
<?php
  $str=array("明日","编程词典","网址","www.mrbccd.com","服务电话","0431-84972266");
  echo implode(" ",$str);                          //以空格作为分隔符将数组中的元素组合成一个新字符串
?>
```

结果为：明日 编程词典 网址 www.mrbccd.com 服务电话 0431-84972266

7.8　统计数组元素个数

视频讲解：光盘\TM\lx\7\08 统计数组元素个数.mp4

在 PHP 中，使用 count()函数对数组中的元素个数进行统计。

语法格式如下：

int **count** (mixed **array** [, int **mode**])

count()函数的参数说明如表 7.3 所示。

表 7.3　count()函数的参数说明

参　　数	说　　明
array	必要参数。输入的数组
mode	可选参数。COUNT_RECURSIVE（或 1），如选中此参数，本函数将递归地对数组计数。对计算多维数组的所有单元尤其有用。此参数的默认值为 0

例如，使用 count()函数统计数组元素的个数，实例代码如下：

```php
<?php
  $array = array("PHP 函数参考大全","PHP 程序开发范例宝典","PHP 网络编程自学手册","PHP5 从入门到精通 ");
  echo count($array);                              //统计数组元素的个数，输出结果为 4
?>
```

【例 7.11】　将图书的数据存放在数组中，使用 count()函数递归地统计数组中图书数量并输出，实例代码如下：（实例位置：光盘\TM\sl\7\11）

```php
<?php
  $array = array("php" => array("PHP 函数参考大全","PHP 程序开发范例宝典","PHP 数据库系统开发完全手册"),
          "asp" => array("ASP 经验技巧宝典")
  );                                               //声明一个二维数组
```

```
    echo count($array,COUNT_RECURSIVE);                    //递归统计数组元素的个数
?>
```

结果为：6

注意

　　在统计二维数组时，如果直接使用 count() 函数只会显示到一维数组的个数，所以使用递归的方式来统计二维数组的个数。

7.9　查询数组中指定元素

　　视频讲解：光盘\TM\lx\7\09 查询数组中指定元素.mp4

array_search() 函数用于在数组中搜索给定的值，找到后返回键名，否则返回 false。在 PHP 4.2.0 之前，函数在失败时返回 null 而不是 false。

语法格式如下：

mixed **array_search** (mixed needle, array haystack [, bool strict])

　　其中，needle 指定在数组中搜索的值；haystack 指定被搜索的数组；strict 为可选参数，如果值为 true，还将在数组中检查给定值的类型。

　　【例 7.12】　本例综合应用数组函数实现更新数组中元素的值，实例代码如下：（**实例位置：光盘\TM\sl\7\12**）

```php
<?php
    $name = "智能机器人@数码相机@天翼 3G 手机@瑞士手表";//定义字符串
    $price ="14998@2588@2666@66698";
    $counts = "1@2@3@4";
    $arrayid=explode("@",$name);                          //将商品 ID 的字符串转换到数组中
    $arraynum=explode("@",$price);                        //将商品价格的字符串转换到数组中
    $arraycount=explode("@",$counts);                     //将商品数量的字符串转换到数组中
    if(isset($_POST['Submit']) && $_POST['Submit']==true){
        $id=$_POST['name'];                               //获取要更改的元素名称
        $num=$_POST['counts'];                            //获取更改的值
        $key=array_search($id,$arrayid);                  //在数组中搜索给定的值，如果成功则返回键名
        $arraycount[$key]=$num;                           //更改商品数量
        $counts=implode("@",$arraycount);                 //将更改后的商品数量添加到购物车中
    }
?>
<table width="580" border="1" cellpadding="1" cellspacing="1" bordercolor="#FFFFFF" bgcolor="#c17e50">
    <tr>
        <td width="145" align="center" bgcolor="#FFFFFF"  class="STYLE1">商品名称</td>
        <td width="145" align="center" bgcolor="#FFFFFF"  class="STYLE1">价格</td>
        <td width="145" align="center" bgcolor="#FFFFFF"  class="STYLE1">数量</td>
        <td width="145" align="center" bgcolor="#FFFFFF"  class="STYLE1">金额</td>
    </tr>
```

```php
<?php
    for($i=0;$i<count($arrayid);$i++){                    //for 循环读取数组中的数据
?>
<form name="form1_<?php echo $i;?>" method="post" action="index.php">
    <tr>
        <td height="25" align="center" bgcolor="#FFFFFF" class="STYLE2"><?php echo $arrayid[$i]; ?></td>
        <td align="center" bgcolor="#FFFFFF" class="STYLE2"><?php echo $arraynum[$i]; ?></td>
        <td align="center" bgcolor="#FFFFFF" class="STYLE2">
            <input name="counts" type="text" id="counts" value="<?php echo $arraycount[$i]; ?>" size="8">
            <input name="name" type="hidden" id="name" value="<?php echo $arrayid[$i]; ?>">
            <input type="submit" name="Submit" value="更改"></td>
        <td align="center" class="STYLE2"><?php echo $arraycount[$i]*$arraynum[$i]; ?></td>
    </tr>
</form>
<?php
    }
?>
</table>
```

在本例中，实现对数组中存储的商品数量进行修改，其运行结果如图 7.4 所示。

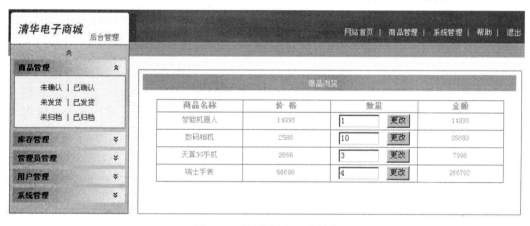

图 7.4　更新数组中元素的值

说明

array_search()函数最常见的应用是购物车，实现对购物车中指定的商品数量的修改和删除。

7.10　获取数组中最后一个元素

📹 **视频讲解：光盘\TM\lx\7\10 获取数组中最后一个元素.mp4**

array_pop()函数获取并返回数组的最后一个元素，并将数组的长度减 1，如果数组为空（或者不是数组）将返回 null。

语法格式如下：

mixed **array_pop** (array array)

其中，array 为输入的数组。

【例 7.13】 本例应用 array_pop()函数获取数组中的最后一个元素，实例代码如下：（实例位置：光盘\TM\sl\7\13）

```php
<?php
    $arr = array ("ASP", "Java", "Java Web", "PHP", "VB");        //定义数组
    $array = array_pop ($arr);                                   //获取数组中最后一个元素
    echo "被弹出的单元是：$array <br />";                          //输出最后一个元素值
    print_r($arr);                                               //输出数组结构
?>
```

结果为：被弹出的单元是：VB

Array ([0] => ASP [1] => Java [2] => Java Web [3] => PHP)

7.11　向数组中添加元素

视频讲解：光盘\TM\lx\7\11 向数组中添加元素.mp4

array_push()函数将数组当成一个栈，将传入的变量压入该数组的末尾，该数组的长度将增加入栈变量的数目，返回数组新的元素总数。

语法格式如下：

int **array_push** (array array, mixed var [, mixed ...])

其中，array 为指定的数组，var 是压入数组中的值。

【例 7.14】 本例应用 array_push()函数向数组中添加元素，实例代码如下：（实例位置：光盘\TM\sl\7\14）

```php
<?php
    $array_push = array ("PHP 从入门到精通", "PHP 范例手册");                      //定义数组
    array_push ($array_push, "PHP 开发典型模块大全","PHP 网络编程自学手册");        //添加元素
    print_r($array_push);                                                      //输出数组结果
?>
```

结果为：Array ([0] => PHP 从入门到精通 [1] => PHP 范例手册 [2] => PHP 开发典型模块大全 [3] => PHP 网络编程自学手册)

7.12 删除数组中重复元素

视频讲解：光盘\TM\lx\7\12 删除数组中重复元素.mp4

array_unique()函数用于将值作为字符串排序，然后对每个值只保留第一个键名，忽略所有后面的键名，即删除数组中重复的元素。

语法格式如下：

array **array_unique** (array array)

其中，array 为输入的数组。

【例 7.15】 本例应用 array_unique()函数删除数组中重复的元素，实例代码如下：（**实例位置：光盘\TM\sl\7\15**）

```php
<?php
  $array_push = array ("PHP 从入门到精通", "PHP 范例手册", "PHP 范例手册","PHP 网络编程自学手册");
                                    //定义数组
  array_push ($array_push, "PHP 开发典型模块大全","PHP 网络编程自学手册");
                                    //添加元素
  print_r($array_push);            //输出数组
  echo "<br>";
  $result=array_unique($array_push);  //删除数组中重复的元素
  print_r($result);                //输出删除后的数组
?>
```

结果为：Array ([0] => PHP 从入门到精通 [1] => PHP 范例手册 [2] => PHP 范例手册
[3] => PHP 网络编程自学手册 [4] => PHP 开发典型模块大全 [5] => PHP 网络编程自学手册)
Array ([0] => PHP 从入门到精通 [1] => PHP 范例手册 [3] => PHP 网络编程自学手册 [4] =>
PHP 开发典型模块大全)

7.13 综合运用数组函数实现多文件上传

【例 7.16】 本例综合运用数组函数，实现同时将任意多个文件上传到服务器的功能。这里文件的上传使用的是 move_uploaded_file()函数，使用 array_push()函数向数组中添加元素，使用 array_unique()函数删除数组中的重复元素，使用 array_pop()函数获取数组中最后一个元素，并将数组长度减 1，使用 count()函数获取数组的元素个数。实例代码如下：（**实例位置：光盘\TM\sl\7\16**）

首先，在 index.php 文件中创建表单，指定使用 post 方法提交数据，设置 enctype="multipart/form-data" 属性，添加表单元素，完成文件的提交操作。

```
<form action="index_ok.php" method="post" enctype="multipart/form-data" name="form1">
    <tr>
        <td width="88" height="30" align="right" class="STYLE1">内容 1：</td>
        <td width="369"><input name="picture[]" type="file" id="picture[]" size="30"></td>
        </tr>
    ...//省略了部分代码
    <tr>
        <td height="30" align="right" class="STYLE1">内容 5：</td>
        <td><input name="picture[]" type="file" id="picture[]" size="30"></td>
        </tr>
    <tr>
        <td><input type="image" name="imageField" src="images/02-03 (3).jpg"></td>
        </tr>
    </form>
```

然后，在 index_ok.php 文件中，通过$_FILES 预定义变量获取表单提交的数据，通过数组函数完成对上传文件元素的计算，最后使用 move_uploaded_file()函数将上传文件添加到服务器指定文件夹下。

```php
<?php
    if(!is_dir("./upfile")){                            //判断服务器中是否存在指定文件夹
        mkdir("./upfile");                              //如果不存在，则创建文件夹
    }
    $array=array_unique($_FILES["picture"]["name"]);    //删除数组中重复的值
    foreach($array as $k=>$v){                          //根据元素个数执行 foreach 循环
        $path="upfile/".$v;                             //定义上传文件存储位置
        if($v){                                         //判断上传文件是否为空
            if(move_uploaded_file($_FILES["picture"]["tmp_name"][$k],$path)){//执行文件上传操作
                $result=true;
            }else{
                $result=false;
            }
        }
    }
    if($result==true){
            echo "文件上传成功，请稍等...";
            echo "<meta http-equiv=\"refresh\" content=\"3; url=index.php\">";
    }else{
            echo "文件上传失败，请稍等...";
            echo "<meta http-equiv=\"refresh\" content=\"3; url=index.php\">";
    }
?>
```

运行结果如图 7.5 所示。

图 7.5　在多文件上传中应用数组函数

注意

通过 POST 方法实现多文件上传，在创建 form 表单时，必须指定 enctype="multipart/form-data" 属性。

7.14　小　　结

本章的重点是数组的常用操作，这些操作会在实际应用中经常用到。另外，PHP 提供了大量的数组函数，完全可以在开发任务中轻松实现所需要的功能。希望通过本章的学习，读者能够举一反三，对所学知识进行灵活运用，开发实用的 PHP 程序。

7.15　实践与练习

1．尝试声明一个一维数组和一个二维数组，并对数组元素进行输出。（答案位置：光盘\TM\sl\7\17）

2．尝试开发一个页面，使用 list()函数和 each()函数获取存储在数组中的图书名称和作者。（答案位置：光盘\TM\sl\7\18）

3．尝试开发一个页面，使用 explode()函数以"*"为分隔符实现添加多选题功能。（答案位置：光盘\TM\sl\7\19）

4．尝试开发一个页面，使用 sort()函数对指定的数组进行升序排序。（答案位置：光盘\TM\sl\7\20）

第 8 章

PHP 与 Web 页面交互

（ 📹 视频讲解：1 小时 7 分钟 ）

　　PHP 与 Web 页面交互是学习 PHP 语言编程的基础。在 PHP 中提供了两种与 Web 页面交互的方法，一种是通过 Web 表单提交数据，另一种是通过 URL 参数传递。本章将详细讲解 PHP 与 Web 页面交互的相关知识，为以后学习 PHP 语言编程做好铺垫。

　　通过阅读本章，您可以：

▶▶ 　了解表单及表单元素

▶▶ 　熟悉在 Web 页中插入表单的过程

▶▶ 　了解获取表单数据的两种方法

▶▶ 　掌握 PHP 传递参数的常用方法

▶▶ 　掌握对 URL 传递参数编码和解码技术

▶▶ 　掌握在 Web 页中插入 PHP 脚本的方法

▶▶ 　熟练掌握获取各种表单数据的操作

▶▶ 　掌握 PHP 与 Web 表单的综合应用

8.1　表　　单

Web 表单的功能是让浏览者和网站有一个互动的平台。Web 表单主要用来在网页中发送数据到服务器，例如，提交注册信息时需要使用表单。当用户填写完信息后做提交（submit）操作，于是将表单的内容从客户端的浏览器传送到服务器端，经过服务器上的 PHP 程序进行处理后，再将用户所需要的信息传递回客户端的浏览器上，从而获得用户信息，使 PHP 与 Web 表单实现交互。

8.1.1　创建表单

视频讲解：光盘\TM\lx\8\01 创建表单.mp4

使用<form>标记，并在其中插入相关的表单元素，即可创建一个表单。

表单结构：

```
<form name="form_name" method="method" action="url" enctype="value" target="target_win">
…                      //省略插入的表单元素
</form >
```

<form>标记的属性如表 8.1 所示。

表 8.1　<form>标记的属性

属　　性	说　　明
name	表单的名称
method	设置表单的提交方式，GET 或者 POST 方法
action	指向处理该表单页面的 URL（相对位置或者绝对位置）
enctype	设置表单内容的编码方式
target	设置返回信息的显示方式，target 的属性值如表 8.2 所示

表 8.2　target 属性值

属　性　值	描　　述
_blank	将返回信息显示在新的窗口中
_parent	将返回信息显示在父级窗口中
_self	将返回信息显示在当前窗口中
_top	将返回信息显示在顶级窗口中

说明

GET 方法是将表单内容附加在 URL 地址后面发送；POST 方法是将表单中的信息作为一个数据块发送到服务器上的处理程序中，在浏览器的地址栏不显示提交的信息。method 属性默认方法为 GET 方法。

例如，创建一个表单，再以 POST 方法提交到数据处理页 check_ok.php，代码如下：

```
<form name="form1" method="post" action="check_ok.php">
</form>
```

以上代码中的<form>标记的属性是最基本的使用方法。需要注意的是，在使用 form 表单时，必须指定其行为属性 action，它指定表单在提交时将内容发往何处进行处理。

8.1.2　表单元素

视频讲解：光盘\TM\lx\8\02 表单元素.mp4

表单（form）由表单元素组成。常用的表单元素有以下几种标记：输入域标记<input>、选择域标记<select>和<option>、文字域标记<textarea>等。

1．输入域标记<input>

输入域标记<input>是表单中最常用的标记之一。常用的文本框、按钮、单选按钮、复选框等构成了一个完整的表单。

语法格式如下：

```
<form>
  <input name="file_name"  type="type_name">
</form>
```

其中，name 是指输入域的名称，type 是指输入域的类型。在<input type="">标记中一共提供了 10 种类型的输入区域，用户所选择使用的类型由 type 属性决定。type 属性取值及举例如表 8.3 所示。

表 8.3　type 属性取值及举例

值	举　例	说　明	运行结果
text	<input name="user" type="text" value="纯净水" size="12" maxlength="1000">	name 为文本框的名称，value 是文本框的默认值，size 指文本框的宽度（以字符为单位），maxlength 指文本框的最大输入字符数	添加一个文本框： 纯净水
password	<input name="pwd" type="password"value="666666" size="12" maxlength="20">	密码域，用户在该文本框中输入的字符将被替换显示为*，以起到保密作用	添加一个密码域： ******
file	<input name="file" type="file"enctype="multipart/form-data"size="16" maxlength="200">	文件域，当文件上传时，可用来打开一个模式窗口以选择文件，然后将文件通过表单上传到服务器，如上传 Word 文件等。必须注意的是，上传文件时需要指明表单的属性 enctype="multipart/form-data"才可以实现上传功能	添加一个文件域： 浏览...
image	<input name="imageField" type="image" src="images/banner.gif" width="120"height="24" border="0">	图像域是指可以用在提交按钮位置上的图片，这幅图片具有按钮的功能	添加一个图像域：

续表

值	举　例	说　　明	运 行 结 果
radio	\<input name="sex" **type="radio"** value= "1" **checked**>男 \<input name="sex" **type="radio"** value= "0">女	单选按钮,用于设置一组选项,用户只能选择一项。checked 属性用来设置该单选按钮默认被选中	添加一组单选按钮(例如,您的性别为:) ⊙ 男 ○ 女
checkbox	\<input name="checkbox" type="checkbox" value="1" **checked**> 封面 \<input name="checkbox" type="checkbox" value="1" **checked**> 正文内容 \<input name="checkbox" type="checkbox" value="0">价　格	复选框,允许用户选择多个选项。checked 属性用来设置该复选框默认被选中。例如,收集个人信息时,要求在个人爱好的选项中进行多项选择等	添加一组复选框,(例如,影响您购买本书的因素:) ☑ 封面 ☑ 正文内容 ☐ 价　格
submit	\<input **type="submit"**name="Submit"value= "提交">	将表单的内容提交到服务器端	添加一个提交按钮: 提交
reset	\<input **type="reset"** name="Submit" value= "重置">	清除与重置表单内容,用于清除表单中所有文本框的内容,并使选择菜单项恢复到初始值	添加一个重置按钮: 重置
button	\<input **type="button"** name="Submit" value= "按钮">	按钮可以激发提交表单的动作,可以在用户需要修改表单时,将表单恢复到初始的状态,还可以依照程序的需要发挥其他作用。普通按钮一般是配合 JavaScript 脚本进行表单处理的	添加一个普通按钮: 按钮
hidden	\<input **type="hidden"** name="bookid">	隐藏域,用于在表单中以隐含方式提交变量值。隐藏域在页面中对于用户是不可见的,添加隐藏域的目的在于通过隐藏的方式收集或者发送信息。浏览者单击"发送"按钮发送表单时,隐藏域的信息也被一起发送到 action 指定的处理页	添加一个隐藏域:

2. 选择域标记\<select>和\<option>

通过选择域标记\<select>和\<option>可以建立一个列表或者菜单。菜单的使用是为了节省空间,正常状态下只能看到一个选项,单击右侧的下三角按钮打开菜单后才能看到全部的选项。列表可以显示一定数量的选项,如果超出了这个数量,会自动出现滚动条,浏览者可以通过拖动滚动条来查看各选项。

语法格式如下:

```
<select name="name" size="value" multiple>
  <option value="value" selected>选项 1</option>
  <option value="value">选项 2</option>
  <option value="value">选项 3</option>
```

```
    ...
</select>
```

其中，name 表示选择域的名称；size 表示列表的行数；value 表示菜单选项值；multiple 表示以菜单方式显示数据，省略则以列表方式显示数据。

选择域标记<select>和<option>的显示方式及举例如表 8.4 所示。

表 8.4　选择域标记<select>和<option>的显示方式及举例

显 示 方 式	举　　　例	说　　　明	运 行 结 果

列表方式	`<select name="spec" id="spec">`
	　`<option value="0" selected>网络编程</option>`
	　`<option value="1">办公自动化</option>`
	　`<option value="2">网页设计</option>`
	　`<option value="3">网页美工</option>`
	`</select>`
		下拉列表框，通过选择域标记<select>和<option>建立一个列表，列表可以显示一定数量的选项，如果超出了这个数量，会自动出现滚动条，浏览者可以通过拖动滚动条来查看各选项。selected 属性用来设置该菜单时默认被选中	请选择所学专业：网络编程 办公自动化 网页设计 网页美工

菜单方式	`<select name="spec" id="spec" multiple >`
	　`<option value="0" selected>网络编程</option>`
	　`<option value="1">办公自动化</option>`
	　`<option value="2">网页设计</option>`
	　`<option value="3">网页美工</option>`
	`</select>`
		multiple 属性用于下拉列表<select>标记中，指定该选项用户可以使用 Shift 和 Ctrl 键进行多选	请选择所学专业：网络编程 办公自动化 网页设计 网页美工

说明

在表 8.4 中给出了静态菜单项的添加方法，而在 Web 程序开发过程中，也可以通过循环语句动态添加菜单项。

3．文字域标记<textarea>

文字域标记<textarea>用来制作多行的文字域，可以在其中输入更多的文本。

语法格式如下：

```
<textarea name="name" rows=value cols=value value="value" warp="value">
    ...//文本内容
</textarea>
```

其中，name 表示文字域的名称；rows 表示文字域的行数；cols 表示文字域的列数（这里的 rows 和 cols 以字符为单位）；value 表示文字域的默认值；warp 用于设定显示和送出时的换行方式，值为 off 表示不自动换行，值为 hard 表示自动硬回车换行，换行标记一同被发送到服务器，输出时也会换行，值为 soft 表示自动软回车换行，换行标记不会被发送到服务器，输出时仍然为一列。

文字域标记<textarea>的值及举例如表 8.5 所示。

表 8.5　文字域标记<textarea>的值及举例

值	举　　例	说　　明	运 行 结 果
textarea	**<textarea** name="remark" cols="20" rows= "4" id="remark">　请输入您的建议! **</textarea>**	文字域，也称多行文本框，用于多行文字的编辑 warp 属性默认为自动换行方式	请发表您的建议： 请输入您的建议!

【例8.1】　了解 warp 属性的 hard 和 soft 换行标记的区别，实例代码如下:（**实例位置:光盘\TM\sl\8\1**）

```
<form name="form1" method="post" action="index.php">
  <textarea name="a" cols="20" rows="3" wrap="soft">我使用的是软回车！我输出后不换行！</textarea>
  <textarea name="b" cols="20" rows="3" wrap="hard">我使用的是硬回车！我输出后自动换行！</textarea>
  <input type="submit" name="Submit" value="提交">
</form>
<?php
  if(isset($_POST['Submit']) && $_POST['Submit']!=""){
      echo nl2br($_POST['a'])."<br>";
      echo nl2br($_POST['b']);
  }
?>
```

HTML 标记在获取多行编辑框中的字符串时，并不会显示换行标记。在上面的代码中使用了 nl2br() 函数将换行符"\n"替换成"
"换行标识，并应用 echo 语句进行输出。运行结果如图 8.1 所示。

图 8.1　soft 和 hard 换行标记的区别

注意

　　hard 和 soft 换行标记的使用效果在浏览器上是看不出来的，只有在提交表单后选择 IE 浏览器的"查看"/"源文件"命令，才能看出执行换行标记后的效果，或者通过 nl2br()函数进行转换后查看。

8.2　在普通的 Web 页中插入表单

　　视频讲解：光盘\TM\lx\8\03 在普通的 Web 页中插入表单.mp4

【例 8.2】　在普通的 Web 页中插入表单的操作步骤如下：（**实例位置：光盘\TM\sl\8\2**）

（1）在 HTML 的<body>…</body>标记中添加一个表单。

（2）在表单中添加表单元素，代码如下：

```html
<form action="index.php" method="post" name="form1" enctype="multipart/form-data">
  <table width="405" border="1" cellpadding="1" cellspacing="1" bordercolor="#FFFFFF" bgcolor="#999999">
    <tr bgcolor="#FFCC33">
      <td width="103" height="25" align="right">姓名: </td>
      <td width="144" height="25"><input name="user" type="text" id="user" size="20" maxlength="100"></td>
    </tr>
    <tr bgcolor="#FFCC33">
      <td height="25" align="right">性别：</td>
      <td height="25" colspan="2" align="left"><input name="sex" type="radio" value="男" checked>男
        <input type="radio" name="sex" value="女">女</td>
    </tr>
    <tr bgcolor="#FFCC33">
      <td width="103" height="25" align="right">密码：</td>
      <td width="289" height="25" colspan="2" align="left"><input name="pwd" type="password" id="pwd" size="20" maxlength="100"></td>
    </tr>
    <tr bgcolor="#FFCC33">
      <td height="25" align="right">学历：</td>
      <td height="25" colspan="2" align="left"><select name="select">
        <option value="专科">专科</option>
        <option value="本科" selected>本科</option>
      </select></td>
    </tr>
    <tr bgcolor="#FFCC33">
      <td height="25" align="right">爱好：</td>
      <td height="25" colspan="2" align="left">
        <input name="fond[]" type="checkbox" id="fond[]" value="音乐">音乐
        <input name="fond[]" type="checkbox" id="fond[]" value="其他">其他
      </td>
    </tr>
    <tr bgcolor="#FFCC33">
      <td height="25" align="right">个人写真： </td>
      <td height="25" colspan="2"><input name="photo" type="file" size="20" maxlength="1000" id="photo"></td>
    </tr>
    <tr bgcolor="#FFCC33">
      <td height="25" align="right">个人简介： </td>
      <td height="25" colspan="2"><textarea name="intro" cols="28" rows="4" id="intro"></textarea></td>
    </tr>
    <tr align="center" bgcolor="#FFCC33">
      <td height="25" colspan="3"><input type="submit" name="submit" value="提交">
        <input type="reset" name="submit2" value="重置"></td>
    </tr>
  </table>
</form>
```

（3）将该文件保存为 index.php 页。

注意

　　由于该页未使用 PHP 脚本，因此该文件属于静态页，可以将其保存为.html 格式，然后直接使用浏览器打开该文件查看运行结果即可。

（4）在 IE 浏览器中输入地址，按 Enter 键，运行结果如图 8.2 所示。

图 8.2　在普通的 Web 页中插入表单

8.3　获取表单数据的两种方法

　📹 **视频讲解：光盘\TM\lx\8\04　获取表单数据的两种方法.mp4**

　　获取表单元素提交的值是表单应用中最基本的操作，表单数据的传递方法有两种，即 POST 方法和 GET 方法。采用哪种方法是由 form 表单的 method 属性所指定的，下面讲解这两种方法在 Web 表单中的应用。

8.3.1　使用 POST 方法提交表单

　　应用 POST 方法时，只需将 form 表单中的属性 method 设置成 POST 即可。POST 方法不依赖于 URL，不会显示在地址栏。POST 方法可以没有限制地传递数据到服务器，所有提交的信息在后台传输，用户在浏览器端是看不到这一过程的，安全性高。所以 POST 方法比较适合用于发送一个保密的（如信用卡号）或者容量较大的数据到服务器。

　　【例 8.3】 本例将使用 POST 方法发送文本框信息到服务器，实例代码如下：（**实例位置：光盘\TM\sl\8\3**）

```
<form name="form1" method="post" action="index.php">
```

```
<table width="300" border="0" cellpadding="0" cellspacing="0">
  <tr>
  <td height="30">  订单号：
     <input type="text" name="user" size="20" >
     <input type="submit" name="submit" value="提交">
  </td>
  </tr>
</table>
</form>
```

在上面的代码中，form 表单的 method 属性指定了 POST 方法的传递方式，并通过 action 属性指定了数据处理页为 index.php，因此，当单击"提交"按钮后，即提交文本框的信息到服务器。运行结果如图 8.3 所示。

图 8.3 使用 POST 方法提交表单

8.3.2 使用 GET 方法提交表单

GET 方法是 form 表单中 method 属性的默认方法。使用 GET 方法提交的表单数据被附加到 URL 后，并作为 URL 的一部分发送到服务器端。在程序的开发过程中，由于 GET 方法提交的数据是附加到 URL 上发送的，因此，在 URL 的地址栏中将会显示"URL+用户传递的参数"。

GET 方法的传参格式如下：

其中，url 为表单响应地址（如 127.0.0.1/index.php），name1 为表单元素的名称，value1 为表单元素的值。url 和表单元素之间用"?"隔开，而多个表单元素之间用"&"隔开，每个表单元素的格式都是 name=value，固定不变。

注意

若要使用 GET 方法发送表单，URL 的长度应限制在 1MB 字符以内。如果发送的数据量太大，数据将被截断，从而导致意外或失败的处理结果。

【例 8.4】 本例创建一个表单来实现应用 GET 方法提交用户名和密码，并显示在 URL 地址栏中。

添加一个文本框，命名为 user，添加一个密码域，命名为 pwd，将表单的 method 属性设置为 GET 方法，实例代码如下：（实例位置：光盘\TM\sl\8\4）

```
<form name="form1" method="get" action="index.php">
  <table width="500" border="0" cellpadding="0" cellspacing="0">
    <tr>
      <td width="500" height="30">   用户名：
        <input name="user" type="text" size="12" >
        密码：
        <input name="pwd" type="password" id="pwd" size="12">
        <input type="submit" name="submit" value="提交">
      </td>
    </tr>
  </table>
</form>
```

运行本例，在文本框中输入用户名和密码，单击"提交"按钮，文本框内的信息就会显示在 URL 地址栏中，如图 8.4 所示。

图 8.4　使用 GET 方法提交表单

显而易见，这种方法会将参数暴露。如果用户传递的参数是非保密性的参数（如 id=8），那么采用 GET 方法传递数据是可行的，如果用户传递的是保密性的参数（如密码），这种方法就会不安全。解决该问题的方法是将表单的 method 属性指定的 GET 方法改为 POST 方法。

8.4　PHP 参数传递的常用方法

PHP 参数传递常用的方法有 3 种：$_POST[]、$_GET[]、$_SESSION[]，分别用于获取表单、URL 与 Session 变量的值。

8.4.1　$_POST[]全局变量

视频讲解：光盘\TM\lx\8\05 $_POST[]全局变量.mp4

使用 PHP 的$_POST[]预定义变量可以获取表单元素的值，格式为：

```
$_POST[name]
```

例如，建立一个表单，设置 method 属性为 POST，添加一个文本框，命名为 user，获取表单元素的代码如下：

```php
<?php
  $user=$_POST["user"];                          //应用$_POST[]全局变量获取表单元素中文本框的值
?>
```

说明

在某些 PHP 版本中直接写$user 即可调用表单元素的值，这和 php.ini 的配置有关系。在 php.ini 文件中检索到 register_globals=ON/OFF 这行代码，如果为 ON，就可以直接写成$user，反之则不可以。虽然直接应用表单名称十分方便，但也存在一定的安全隐患。此处推荐使用 register globals=OFF。

8.4.2 $_GET[]全局变量

视频讲解：光盘\TM\lx\8\06 $_GET[]全局变量.mp4

PHP 使用$_GET[]预定义变量获取通过 GET 方法传过来的值，使用格式为：

$_GET[name]

这样就可以直接使用名字为 name 的表单元素的值了。

例如，建立一个表单，设置 method 属性为 GET，添加一个文本框，命名为 user，获取表单元素的代码如下：

```php
<?php
  $user=$_GET["user"];                           //应用$_GET[]全局变量获取表单元素中文本框的值
?>
```

注意

PHP 可以应用$_POST[]或$_GET[]全局变量来获取表单元素的值。但值得注意的是，获取的表单元素名称区别字母大小写。如果读者在编写 Web 程序时疏忽了字母大小写，那么在程序运行时将获取不到表单元素的值或弹出错误提示信息。

8.4.3 $_SESSION[]变量

视频讲解：光盘\TM\lx\8\07 $_SESSION[]变量.mp4

使用$_SESSION[]变量可以获取表单元素的值，格式为：

$_SESSION[name]

例如，建立一个表单，添加一个文本框，命名为 user，获取表单元素的代码如下：

```
$user=$_SESSION["user"]
```

使用$_SESSION[]传参的方法获取的变量值，保存之后任何页面都可以使用。但这种方法很耗费系统资源，建议读者慎重使用。关于$_SESSION 变量将在第 11 章进行详细讲解。

8.5　在 Web 页中嵌入 PHP 脚本

视频讲解：光盘\TM\lx\8\08 在 Web 页中嵌入 PHP 脚本.mp4

在 Web 页中嵌入 PHP 脚本的方法有两种，一种是直接在 HTML 标记中添加 PHP 标记符<?php ?>，写入 PHP 脚本，另一种是对表单元素的 value 属性进行赋值。

8.5.1　在 HTML 标记中添加 PHP 脚本

在 Web 编码过程中，可以随时添加 PHP 脚本标记<?php ?>，两个标记之间的所有文本都会被解释成 PHP，而标记之外的任何文本都会被认为是普通的 HTML。

例如，在<body>标记中添加 PHP 标识符，使用 include 语句调用外部文件 top.php，代码如下：

```php
<?php
    include(" top.php ");                              //引用外部文件
?>
```

8.5.2　对表单元素的 value 属性进行赋值

在 Web 程序开发过程中，通常需要对表单元素的 value 属性进行赋值，以获取该表单元素的默认值。例如，为表单元素隐藏域进行赋值，只需要将所赋的值添加到 value 属性后即可，代码如下：

```php
<?php
 $hidden="yg0025";                                //为变量$hidden 赋值
?>
隐藏域的值:<input type="hidden" name="ID" value="<?php echo $hidden;?>" >
```

从上面的代码中可以看出，首先为变量$hidden 赋予一个初始值，然后将变量$hidden 的值赋给隐藏域。在程序开发过程中，经常使用隐藏域存储一些无须显示的信息或需传送的参数。

8.6　在 PHP 中获取表单数据

视频讲解：光盘\TM\lx\8\09 在 PHP 中获取表单数据.mp4

获取表单元素提交的值是表单应用中最基本的操作方法。本节中定义 POST 方法提交数据，对获取表单元素提交的值进行详细讲解。

8.6.1 获取文本框、密码域、隐藏域、按钮、文本域的值

获取表单数据，实际上就是获取不同的表单元素的数据。<form>标签中的 name 是所有表单元素都具备的属性，即为这个表单元素的名称，在使用时需要使用 name 属性来获取相应的 value 属性值。所以，添加的所有控件必须定义对应的 name 属性值，另外，控件在命名上尽可能不要重复，以免获取的数据出错。

在程序开发过程中，获取文本框、密码域、隐藏域、按钮以及文本域的值的方法是相同的，都是使用 name 属性来获取相应的 value 属性值。本节仅以获取文本框中的数据信息为例，讲解获取表单数据的方法。希望读者能够举一反三，自行完成其他控件值的获取。

【例 8.5】 下面使用登录实例来学习如何获取文本框的信息。在下面的实例中，如果用户单击"登录"按钮，则获取用户名和密码。（**实例位置：光盘\TM\sl\8\5**）

具体开发步骤如下：

（1）利用开发工具（如 Dreamweaver）新建一个 PHP 动态页，并将其保存为 index.php。

（2）添加一个表单，添加一个文本框和一个提交按钮，代码如下：

```
<form name="form1" method="post" action="">
  <table width="509" border="0">
    <tr>
      <td>用户名：</td>
      <td><input type="text" name="user" size="20" ></td>
      <td> 密  码：</td>
      <td><input name="pwd" type="password" id="pwd" size="20" ></td>
      <td><input name="submit" type="submit" id="submit" value="登录" /></td>
    </tr>
  </table>
</form>
```

（3）在<form>表单元素外的任意位置添加 PHP 标记符，使用 if 条件语句判断用户是否提交了表单，如果条件成立，则使用 echo 语句输出使用$_POST[]方法获取的用户名和密码，代码如下：

```
<?php
  if(isset($_POST["submit"]) && $_POST["submit"]=="登录"){          //判断提交的按钮名称是否为"登录"
    //使用 echo 语句输出使用$_POST[]方法获取的用户名和密码
    echo "您输入的用户名为：".$_POST['user']."  密码为：".$_POST['pwd'];
  }
?>
```

> **注意**
>
> 在应用文本框传值时，一定要正确地书写文本框的名称，其中不应该有空格；在获取文本框的提交值时，书写的文本框名称一定要与提交文本框页中设置的名称相同，否则将不能获取文本框的值。

（4）在 IE 浏览器中输入地址，按 Enter 键，运行结果如图 8.5 所示。

图 8.5　获取文本框、密码域的值

8.6.2　获取单选按钮的值

radio（单选按钮）一般是成组出现的，具有相同的 name 值和不同的 value 值，在一组单选按钮中，同一时间只能有一个被选中。

【例 8.6】　本例中有两个 name="sex"的单选按钮，选中其中一个并单击"提交"按钮，将会返回被选中的单选按钮的 value 值。（实例位置：光盘\TM\sl\8\6）

具体开发步骤如下：

（1）利用开发工具（如 Dreamweaver）新建一个 PHP 动态页，并将其保存为 index.php。

（2）添加一个表单，添加一组单选按钮和一个提交按钮，代码如下：

```
<form action="" method="post" name="form1">
    性别：
    <input name="sex" type="radio" value="1" checked>男
    <input name="sex" type="radio" value="0">女
    <input type="submit" name="Submit" value="提交">
</form>
```

说明

checked 属性是默认选中的意思。当表单页面被初始化时，有 checked 属性的表单元素为选中状态。

（3）在<form>表单元素外的任意位置添加 PHP 标记符，然后应用$_POST[]全局变量获取单选按钮组的值，最后通过 echo 语句进行输出，代码如下：

```
<?php
    if(isset($_POST["sex"]) && $_POST["sex"] != ""){
        echo "您选择的性别为：".$_POST["sex"];
    }
?>
```

（4）在 IE 浏览器中输入地址，按 Enter 键，运行结果如图 8.6 所示。

图 8.6　获取单选按钮的 value 值

8.6.3 获取复选框的值

复选框能够进行项目的多项选择。浏览者填写表单时，有时需要选择多个项目，例如，在线听歌中需要同时选取多个歌曲等，就会用到复选框。复选框一般都是多个同时存在，为了便于传值，name 的名字可以是一个数组形式，格式为：

```
<input type="checkbox" name="chkbox[]" value="chkbox1">
```

在返回页面可以使用 count()函数计算数组的大小，结合 for 循环语句输出选择的复选框的值。

【例 8.7】 本例提供一组信息供用户选择，其中 name 值为 mrbook[]的数组变量。在处理页中显示出用户所选信息，如果数组为空，则返回"您没有选择"，实例代码如下：（**实例位置：光盘\TM\sl\8\7**）

具体开发步骤如下：

（1）新建一个 index.php 页面，创建 form 表单，添加一组复选框和一个提交按钮，代码如下：

```
<form name="form1" method="post" action="index.php">
<table width="440" cellpadding="0" cellspacing="0">
  <tr>
    <td width="400" height="25" align="center" valign="top">
        您喜欢的图书类型：
            <input type="checkbox" name="mrbook[]" value="入门类">
        入门类
        <input type="checkbox" name="mrbook[]" value="案例类">
        案例类
        <input type="checkbox" name="mrbook[]" value="讲解类">
        讲解类
        <input type="checkbox" name="mrbook[]" value="典型实例类">实例类
        </td>
    <td width="40" align="center" valign="top"><input type="submit" name="submit" value="提交"></td>
  </tr>
</table>
</form>
```

（2）在<form>表单元素外的任意位置添加 PHP 标记符，然后使用$_POST[]全局变量获取复选框的值，最后通过 echo 语句进行输出，代码如下：

```
<?php
if(isset($_POST['mrbook']) && $_POST['mrbook']!= null){      //判断复选框，如果不为空，则执行下面操作
    echo "您选择的结果是："；                                //输出字符串
    for($i = 0;$i<count($_POST['mrbook']);$i++)             //通过 for 循环语句输出选中复选框的值
        echo $_POST['mrbook'][$i]."  ";          //循环输出用户选择的图书类别
}
?>
```

（3）在 IE 浏览器中输入地址，按 Enter 键，运行结果如图 8.7 所示。

图 8.7　获取复选框的值

8.6.4　获取下拉列表框/菜单列表框的值

列表框有下拉列表框和菜单列表框两种形式，它们基本的语法都一样。在进行网站程序设计时，下拉列表框和菜单列表框的应用非常广泛。可以通过下拉列表框和菜单列表框实现对条件的选择。

1．获取下拉列表框的值

获取下拉列表框的值的方法非常简单，与获取文本框的值类似，首先需要定义下拉列表框的 name 属性值，然后应用$_POST[]全局变量进行获取。

【例 8.8】　本例是在下拉列表框中选择用户指定的条件，单击"提交"按钮，输出用户选择的条件值。（**实例位置：光盘\TM\sl\8\8**）

具体开发步骤如下：

（1）新建 index.php 页面，创建一个 form 表单，添加一个下拉列表框和一个提交按钮，实例代码如下：

```
<form name="form1" method="post" action="">
<table width="280" border="0" cellpadding="0" cellspacing="0">
    <tr>
        <td width="80" height="20" align="center"><span class="style2">意见主题：</span></td>
        <td width="194">
            <select name="select" size="1">
                <option value="公司发展" selected>公司发展</option>
                <option value="管理制度">管理制度</option>
                <option value="后勤服务">后勤服务</option>
                <option value="员工薪资">员工薪资</option>
        </select>   
        <input type="submit" name="submit" value="提交">
        </td>
    </tr>
</table>
</form>
```

说明

在本例的代码中，在<select>标记中设置 size 属性，size 属性的值为 1，表示为下拉列表框；如果该值大于 1，则表示为列表框，以指定值的大小显示列表中的元素。如果列表中的元素大于 size 属性设置值，则自动添加垂直滚动条。

（2）编写 PHP 语句，通过$_POST[]全局变量获取下拉列表框的值，使用 echo 语句进行输出，代码如下：

```php
<?php
  if(isset($_POST['submit']) && $_POST['submit']=="提交"){
    echo "您选择的意见主题为：".$_POST['select'];
  }
?>
```

（3）在 IE 浏览器中输入地址，按 Enter 键，运行结果如图 8.8 所示。

图 8.8　获取下拉列表框的值

2．获取菜单列表框的值

当<select>标记设置了 multiple 属性，则为菜单列表框，可以选择多个条件。由于菜单列表框一般都是多个值同时存在，为了便于传值，<select>标记的命名通常采用数组形式，格式为：

```html
<input type="checkbox" name="chkbox[]" multiple>
```

在返回页面可以使用 count()函数计算数组的大小，结合 for 循环语句输出选择的菜单项。

【例 8.9】　本例将设置一个菜单列表框，供用户选择喜欢的 PHP 类图书，单击"提交"按钮，输出选择的条件值。（实例位置：光盘\TM\sl\8\9）

具体开发步骤如下：

（1）新建一个 index.php 动态页，创建一个 form 表单，添加一个菜单列表框<select>，命名为 select []的数组变量，添加一个"提交"按钮，实例代码如下：

```html
<form name="form1" method="post" action="index.php">
  <table width="300" border="0" cellpadding="0" cellspacing="0">
    <tr>
      <td height="30" align="center" valign="middle">请选择您喜欢的 PHP 类图书</td>
    </tr>
    <tr>
      <td align="center" valign="middle"><select name="select[]" size="5" multiple>
        <option value="PHP 数据库系统开发完全手册">PHP 数据库系统开发完全手册</option>
        <option value="PHP 编程宝典">PHP 编程宝典</option>
        <option value="PHP 程序开发范例宝典">PHP 程序开发范例宝典</option>
        <option value="PHP 5 从入门到精通">PHP 5 从入门到精通</option>
        <option value="PHP 函数参考大全">PHP 函数参考大全</option>
      </select></td>
```

```
    </tr>
    <tr>
      <td height="30" align="center" valign="middle"><input type="submit" name="Submit" value="提交"></td>
    </tr>
  </table>
</form>
```

 说明

在本例的代码中，在<select>标记中设置 multiple 属性，因此，size 属性的值与<option>标记的总数是对应的。

（2）编写 PHP 语句，通过$_POST[]全局变量获取菜单列表框的值，使用 echo 语句进行输出，代码如下：

```php
<?php
  if(isset($_POST['select']) && $_POST['select'] != ""){
      echo "结果:";
      for($i = 0; $i < count($_POST['select']); $i++)
          echo $_POST['select'][$i]."  ";        //循环输出多选列表框的值
  }
?>
```

（3）在 IE 浏览器中输入地址，按 Enter 键，运行结果如图 8.9 所示。

图 8.9　获取菜单列表框的值

技巧

读者可以按住 Shift 键或者 Ctrl 键并单击，来选中多个菜单项。

8.6.5　获取文件域的值

文件域的作用是实现文件或图片的上传。文件域有一个特有的属性 accept，用于指定上传的文件类型，如果需要限制上传文件的类型，则可以通过设置该属性完成。

【例 8.10】 在本例中，选择需要上传的文件，单击"上传"按钮，就会在上方显示要上传文件的名称。（实例位置：光盘\TM\sl\8\10）

具体开发步骤如下：

（1）新建 index.php 动态页，创建一个 form 表单，添加一个文件域和一个"上传"按钮，代码如下：

```
<form name="form1" method="post" action="index.php">
  <input type="file" name="file" size="15" >
  <input type="submit" name="upload" value="上传" >
</form>
```

说明

本例实现的是获取上传文件的名称，并没有实现图片的上传，因此不需要设置<form>表单元素的"enctype="multipart/form-data""属性。

（2）编写 PHP 代码，通过$_POST[]全局变量获取上传文件的名称，并通过 echo 语句进行输出，代码如下：

```php
<?php
  if(isset($_POST['file']) && $_POST['file']!=""){
      echo $_POST['file'];                    //输出要上传文件的名称
  }
?>
```

（3）在 IE 浏览器中输入地址，按 Enter 键，运行结果如图 8.10 所示。

图 8.10　获取上传文件的名称

8.7　对 URL 传递的参数进行编/解码

视频讲解：光盘\TM\lx\8\10　对 URL 传递的参数进行编/解码.mp4

8.7.1　对 URL 传递的参数进行编码

使用 URL 参数传递数据，就是在 URL 地址后面加上适当的参数。URL 实体对这些参数进行处理。使用方法如下：

http://**url?name1=value1&**name2=value2…

URL 传递的参数（也称为查询字符串）

显而易见，这种方法会将参数暴露，因此，本节针对该问题讲述一种 URL 编码方式，对 URL 传递的参数进行编码。

URL 编码是一种浏览器用来打包表单输入数据的格式，是对用地址栏传递参数进行的一种编码规则。如在参数中带有空格，则传递参数时就会发生错误，而用 URL 编码后，空格转换成 "%20"，这样错误就不会发生了，对中文进行编码也是同样的情况，最主要的一点就是对传递的参数起到了隐藏的作用。

在 PHP 中对查询字符串进行 URL 编码，可以通过 urlencode()函数实现，该函数的语法如下：

string **urlencode**(string **str**)

urlencode()函数实现对字符串 str 进行 URL 编码。

【例 8.11】　本例应用 urlencode()函数对 URL 传递的参数值 "编程词典" 进行编码，显示在 IE 地址栏中的字符串是 URL 编码后的字符串，实例代码如下：（**实例位置：光盘\TM\sl\8\11**）

```
<a href="index.php?id=<?php echo urlencode("编程词典");?>">编程词典</a>
```

运行结果如图 8.11 所示。

图 8.11　对 URL 传递的参数进行编码

说明

对于服务器而言，编码前后的字符串并没有什么区别，服务器能够自动识别。这里主要是为了讲解 URL 编码的使用方法。在实际应用中，对一些非保密性的参数不需要进行编码，读者可根据实际情况有选择地使用。

8.7.2　对 URL 传递的参数进行解码

对于 URL 传递的参数直接使用$_GET[]方法即可获取。而对于进行 URL 加密的查询字符串，则需要通过 urldecode()函数对获取后的字符串进行解码，该函数的语法如下：

string **urldecode**(string **str**)

urldecode()函数可将 URL 编码后的 str 查询字符串进行解码。

【例 8.12】 在例 8.11 中应用 urlencode()函数实现了对字符串"编码词典"进行编码，将编码后的字符串传给变量 id，本例将应用 urldecode()函数对获取的变量 id 进行解码，将解码后的结果输出到浏览器，实例代码如下：（**实例位置：光盘\TM\sl\8\12**）

```
<a href="index.php?id=<?php echo urlencode("编程词典");?>">编程词典</a>
<?php
    if(isset($_GET['id'])){
        echo "您提交的查询字符串的内容是:".urldecode($_GET['id']);
    }
?>
```

运行结果如图 8.12 所示。

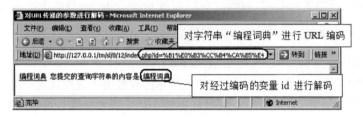

图 8.12　对 URL 传递的参数进行解码

8.8　PHP 与 Web 表单的综合应用

📹 视频讲解：光盘\TM\lx\8\11 PHP 与 Web 表单的综合应用.mp4

表单是实现动态网页的一种主要的外在形式，使用表单可以收集客户端提交的信息。表单是网站互动功能的重要组成部分。

【例 8.13】 本例将综合前面范例中介绍的有关表单中的各组件，实现各个组件的综合应用。本例主要在例 8.2 的基础上，实现获取表单元素的值。通过 POST 方法将各个组件的值提交到本页，再通过 $_POST 来获取提交的值。（**实例位置：光盘\TM\sl\8\13**）

具体开发步骤如下：

（1）表单的设计步骤可参见例 8.2 的开发步骤（1）～（3）。

（2）对表单提交的数据进行处理，输出各组件提交的数据，代码如下：

```
<?php
  if(isset($_POST['submit']) && $_POST['submit']!=""){    //如果提交了表单
    echo "您的个人简历内容是: ";                          //输出字符串
    echo " 姓名:".$_POST['user'];                          //输出用户名
    echo " 性别:".$_POST['sex'];                           //输出性别
    echo " 密码:".$_POST['pwd'];                           //输出密码
    echo " 学历:".$_POST['select'];                        //输出学历
    echo " 爱好: ";                                        //输出字符串
```

```
//获取"爱好"复选框的值
for($i=0;$i<count($_POST['fond']);$i++)
    echo $_POST['fond'][$i]."  ";
    //实现文件上传功能，将上传的文件存储在 upfiles 文件夹中
    $path = './upfiles/'. $_FILES['photo']['name'];              //指定上传的路径及文件名
    move_uploaded_file($_FILES['photo']['tmp_name'],$path);      //上传文件
    echo " 个人写真："."$path;                                    //输出个人写真的路径
    echo " 个人简介："."$_POST['intro'];                          //输出个人简历
}
?>
```

说明

关于上传图片或文件的内容将在第 13 章进行详细讲解。

（3）在本例的根目录下建立一个 upfiles 文件夹，用来存储上传的文件。

（4）在 IE 浏览器中输入地址，按 Enter 键，运行结果如图 8.13 所示。

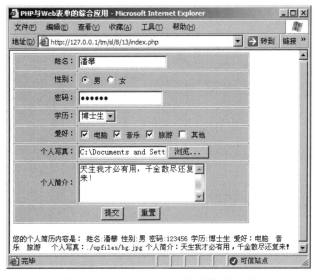

图 8.13　PHP 与 Web 表单的综合应用

8.9　小　　结

本章主要介绍了创建表单及表单元素、获取各种不同类型的表单数据方法，以及对 URL 传参的编码和解码。相信读者在学习完本章后，可以对表单应用自如，从而轻松实现"人机互交"。掌握了本章的技术要点，就意味着已经有了开发动态页的能力，为下一步的深入学习奠定良好的基础。

8.10　实践与练习

1．尝试创建一个表单，在表单中添加各个常用的元素，并为表单元素命名。（答案位置：光盘\TM\sl\8\14）

2．开发一个简单的搜索引擎页面，并获取输入的关键字。（答案位置：光盘\TM\sl\8\15）

3．开发一个页面，实现对 GET 方法传递的参数进行编码，然后对编码的字符串进行解码并输出。（答案位置：光盘\TM\sl\8\16）

4．开发一个用户注册页面，并输出用户的注册信息。（答案位置：光盘\TM\sl\8\17）

第 9 章

PHP 与 JavaScript 交互

（ 📹 视频讲解：1 小时 5 分钟 ）

JavaScript 是一种可以嵌入在 HTML 代码中由客户端浏览器运行的脚本语言。在网页中使用 JavaScript 代码，不仅可以实现网页特效，还可以响应用户请求，实现动态交互的功能。在 PHP 动态网页中灵活运用 JavaScript，可以实现更强大的功能。本章将介绍 JavaScript 脚本语言的基础知识，使读者在掌握基础内容的前提下能够熟练运用 JavaScript 制作 Web 页面。

通过阅读本章，您可以：

▶▶ 了解 JavaScript 的概念

▶▶ 了解 JavaScript 的功能

▶▶ 了解 JavaScript 脚本语言的基础

▶▶ 灵活运用 JavaScript 实现自定义函数

▶▶ 熟练使用 JavaScript 条件控制语句

▶▶ 熟练使用 JavaScript 循环控制语句

▶▶ 熟练调用 JavaScript 跳转语句

▶▶ 掌握在网页中执行 JavaScript、调用自定义函数和引用 JS 文件的方法

▶▶ 了解解决浏览器不支持 JavaScript 语言的方法

▶▶ 掌握在 PHP 动态页中调用 JavaScript 脚本的方法

9.1　了解 JavaScript

📹 视频讲解：光盘\TM\lx\9\了解 JavaScript.exe

JavaScript 是脚本编程语言，支持 Web 应用程序的客户端和服务器端构件的开发，在 Web 系统中得到了非常广泛的应用。下面对 JavaScript 进行简单的介绍。

9.1.1　什么是 JavaScript

JavaScript 是由 Netscape Communication Corporation（网景公司）开发的，是一种基于对象和事件驱动并具有安全性能的解释型脚本语言。它不但可用于编写客户端的脚本程序，由 Web 浏览器解释执行，而且还可以编写在服务器端执行的脚本程序，在服务器端处理用户提交的信息并动态地向浏览器返回处理结果。

9.1.2　JavaScript 的功能

JavaScript 是比较流行的一种制作网页特效的脚本语言，它由客户端浏览器解释执行，可以应用在 PHP、ASP、JSP 和 ASP.NET 网站中，目前比较热门的 Ajax 就是以 JavaScript 为基础，由此可见，熟练掌握并应用 JavaScript 对于网站开发人员非常重要。

JavaScript 主要应用于以下几个方面：

- ☑ 在网页中加入 JavaScript 脚本代码，可以使网页具有动态交互的功能，便于网站与用户间的沟通，及时响应用户的操作，对提交的表单做即时检查，如验证表单元素是否为空，验证表单元素是否为数值型，检测表单元素是否输入错误等。
- ☑ 应用 JavaScript 脚本制作网页特效，如动态的菜单、浮动的广告等，为页面增添绚丽的动态效果，使网页内容更加丰富、活泼。
- ☑ 应用 JavaScript 脚本建立复杂的网页内容，如打开新窗口载入网页。
- ☑ 应用 JavaScript 脚本可以对用户的不同事件产生不同的响应。
- ☑ 应用 JavaScript 制作各种各样的图片、文字、鼠标、动画和页面的效果。
- ☑ 应用 JavaScript 制作一些小游戏。

9.2　JavaScript 语言基础

📹 视频讲解：光盘\TM\lx\9\JavaScript 语言基础.exe

JavaScript 脚本语言与其他语言一样，有其自身的基本数据类型、表达式和运算符以及程序的基本框架结构。通过本节的学习，读者可以掌握更多的 JavaScript 脚本语言的基础知识。

9.2.1　JavaScript 数据类型

JavaScript 主要有 6 种数据类型，如表 9.1 所示。

表 9.1　JavaScript 数据类型

数 据 类 型	说　明	举　例
字符串型	使用单引号或双引号括起来的一个或多个字符	如"PHP"、"I like study PHP"等
数值型	包括整数或浮点数（包含小数点的数或科学记数法的数）	如-128、12.9、6.98e6 等
布尔型	布尔型常量只有两种状态，即 true 或 false	如 event.returnValue=false
对象型	用于指定 JavaScript 程序中用到的对象	如网页表单元素
Null 值	可以通过给一个变量赋 null 值来清除变量的内容	如 a=null
Undefined	表示该变量尚未被赋值	如 var a

9.2.2　JavaScript 变量

变量是指程序中一个已经命名的存储单元，它的主要作用就是为数据操作提供存放信息的容器。在使用变量前，必须明确变量的命名规则、变量的声明方法及变量的作用域。

1. 变量的命名规则

JavaScript 变量的命名规则如下：
☑ 必须以字母或下划线开头，中间可以是数字、字母或下划线。
☑ 变量名不能包含空格或加号、减号等符号。
☑ JavaScript 的变量名是严格区分大小写的。例如，User 与 user 代表两个不同的变量。
☑ 不能使用 JavaScript 中的关键字。JavaScript 的关键字如表 9.2 所示。

表 9.2　JavaScript 的关键字

abstract	continue	finally	instanceof	private	this
boolean	default	float	int	public	throw
break	do	for	interface	return	typeof
byte	double	function	long	short	true
case	else	goto	native	static	var
catch	extends	implements	new	super	void
char	false	import	null	switch	while
class	final	in	package	synchronized	with

说明

虽然 JavaScript 的变量可以任意命名，但为了在编程时使代码更加规范，最好使用便于记忆且有意义的变量名称，以增加程序的可读性。

2. 变量的声明与赋值

在 JavaScript 中，一般使用变量前需要先声明变量，但有时变量可以不必先声明，在使用时根据变量的实际作用来确定其所属的数据类型。所有的 JavaScript 变量都由关键字 var 声明。

语法如下：

```
var variable;
```

在声明变量的同时也可以对变量进行赋值：

```
var variable=11;
```

技巧

建议读者在使用变量前就对其声明，因为声明变量的最大好处就是能及时发现代码中的错误。由于 JavaScript 是采用动态编译的，而动态编译是不易于发现代码中的错误的，特别是变量命名方面的错误。

声明变量时所遵循的规则如下：

可以使用一个关键字 var 同时声明多个变量，例如：

```
var i,j;
```

可以在声明变量的同时对其赋值，即为初始化，例如：

```
var i=1;j=100;
```

如果只是声明了变量，并未对其赋值，则其值默认为 undefined。

注意

在 JavaScript 中，可以使用分号代表一个语句的结束，如果每个语句都在不同的行中，那么分号可以省略；如果多个语句在同一行中，那么分号就不能省略。建议读者不省略分号，以养成良好的编程习惯。

如声明 3 个不同数据类型的变量，代码如下：

```
var i=100;                              //定义变量 i 为数值型
var str="有一条路，走过了总会想起";        //定义变量 str 为字符串型
var content=true;                        //定义变量 content 为布尔型
```

注意

在程序开发过程中，可以使用 var 语句多次声明同一个变量，如果重复声明的变量已经有一个初始值，那么此时的声明变量就相当于对变量重新赋值。

9.2.3　JavaScript 注释

视频讲解：光盘\TM\lx\9\JavaScript 注释.exe

在 JavaScript 中，采用的注释方法有两种。

1．单行注释

单行注释使用"//"进行标识。"//"符号后面的文字都不被程序解释执行。例如：

```
//这里是程序代码的注释
```

2．多行注释

多行注释使用"/*…*/"进行标识。"/*…*/"符号中的文字不被程序解释执行。例如：

```
/*
这里是多行程序注释
*/
```

注意

多行注释"/*…*/"中可以嵌套单行注释"//"，但不能嵌套多行注释"/*…*/"。因为第一个"/*"会与其后面第一个"*/"相匹配，从而使后面的注释不起作用，甚至引起程序出错。

另外，JavaScript 还能识别 HTML 注释的开始部分"<!--"，JavaScript 会将其看作单行注释结束，如使用"//"一样。但 JavaScript 不能识别 HTML 注释的结尾部分"-->"。

这种现象存在的主要原因是：在 JavaScript 中，如果第一行以"<!--"开始，最后一行以"-->"结束，那么其间的程序就包含在一个完整的 HTML 注释中，会被不支持 JavaScript 的浏览器忽略掉，不能被显示。如果第一行以"<!--"开始，最后一行以"//-->"结束，JavaScript 会将两行都忽略掉，而不会忽略这两行之间的部分。用这种方式可以针对那些无法理解 JavaScript 的浏览器而隐藏代码，而对那些可以理解 JavaScript 的浏览器则不必隐藏。

9.3　自定义函数

视频讲解：光盘\TM\lx\9\自定义函数.exe

自定义函数就是由用户自己命名并编写的能实现特定功能的程序单元。用户使用的自定义函数必须事先声明，不能直接使用没有声明过的自定义函数。

JavaScript 用 function 来定义函数，语法格式如下：

```
function 函数名([参数]){        函
    return var;               数
}                             体
```

自定义函数的调用方法是：

```
函数名();
```

其中的括号一定不能省略。

【例 9.1】　本例将自定义一个 calculate()函数，实现两个数的乘积，然后在函数体外调用自定义函数 calculate()，向自定义函数中传递两个参数，最后应用 document.write()对象输出结果，实例代码如下：（实例位置：光盘\TM\sl\9\1）

```
<script language="javascript">
    function calculate(a,b){            //自定义一个 calculate()函数
        return a*b;                     //返回两个参数的乘积
    }
    document.write(calculate(15,15));   //调用 calculate()函数并传递参数，输出结果
</script>
```

结果为：225

注意

在同一个页面中不能定义名称相同的函数。另外，当用户自定义函数后，需要对该函数进行引用，否则自定义的函数将失去意义。

9.4　JavaScript 流程控制语句

　　视频讲解：光盘\TM\lx\9\JavaScript 流程控制语句.exe

流程控制语句就是对语句中不同条件的值进行判断，从而根据不同的条件执行不同的语句。在 JavaScript 中，流程控制语句可以分为条件语句、循环语句和跳转语句。

9.4.1　条件语句

条件语句主要包括两种：一种是 if 条件语句，另一种是 switch 多分支语句。

在 JavaScript 中，可以使用单一的 if 条件语句，也可以使用两个或者多重选择的 if 条件语句。

1．if 条件语句

if 语句是最基本、最常用的条件控制语句。通过判断条件表达式的值为 true 或者 false，来确定是否执行某一条语句。

语法格式如下：

```
if(条件表达式){
    语句块
}
```

在 if 语句中，只有当条件表达式的值为 true 时，才会执行语句块中的语句，否则将跳过语句块，执行其他程序语句。其中，大括号"{}"的作用是将多条语句组成一个语句块，作为一个整体进行处理。如果语句块中只有一条语句，也可以省略大括号。一般情况下，建议不要省略大括号，养成使用大括号的习惯，以免出现程序错误。

例如，首先定义一个变量，并且设置变量的值为空，然后使用 if 语句判断变量的值，如果值等于空，则弹出提示信息"变量的内容为空！"，否则没有任何信息输出。代码如下：

```
var form="";
if(form==""){
    alert("变量的内容为空！");
}
```

运行结果：变量的内容为空！

下面通过具体的实例讲解在页面中嵌入 JavaScript 脚本代码，从而及时响应用户的操作。

【例 9.2】　创建一个表单元素，添加一个下拉列表框，命名为 year，在<input>标记的属性中添加 onclick 事件，调用自定义函数 check()，在该函数中使用 if 条件语句判断指定的年份是否为闰年，实例代码如下：（**实例位置：光盘\TM\sl\9\2**）

```
<form name="form1" method="post" action="">
  <span class="style2">检测闰年：</span>
  <select name="year">
    <option value="2000">2000 年</option>
    ...                                      <!-- 省略了部分表单元素代码 -->
    <option value="2008" selected>2008 年</option>
  </select>
  <input type="submit" name="Submit" value="检测" onclick="check();">
</form>
```

在<body>标记外，添加 JavaScript 脚本自定义的函数 check()，在 if 语句中通过给出的表达式判断变量 year 所代表的年份是否为闰年，即如果变量值能够被 4 整除并且不能被 100 整除，则说明为闰年。代码如下：

```
<script language="javascript">
function check(){
    var year1=form1.year.value;              //定义变量 year1，并获取提交的表单元素的值
    //如果变量 year1 能够被 4 整除，而同时不能被 100 整除，则执行下面的语句
    if((year1%4)==0 && (year1%100)!=0){
```

```
            alert(year1+"年是闰年！");                //如果 year1 变量满足条件，则输出此年份为闰年
        }
    }
}
</script>
```

在 IE 浏览器中输入地址，按 Enter 键，在下拉列表框中选择"2008 年"，单击"检测"按钮，运行结果如图 9.1 所示。

图 9.1　应用 if 条件语句判断指定的年份是否为闰年

除了上面讲解的标准的 if 单一条件语句外，if…else 语句也是 if 语句的标准形式，是双分支条件语句。语法格式如下：

```
if(条件表达式)
条
件   {
为        语句块 1;
真   }
else
条
件   {
为        语句块 2;
假   }
```

在 if…else 语句中，当条件表达式的值为 true 时，将执行语句块 1 中的语句；当条件表达式的值为 false 时，将跳过语句块 1 而执行语句块 2 中的语句。

在例 9.2 中，可以使用 if…else 语句对提交的年份进行判断，如果是闰年则弹出某年是闰年的提示；如果不是闰年，则弹出某年是平年的提示。更改后的代码如下：

```
<script language="javascript">
function check(){
    var year1=form1.year.value;                //定义变量 year1，并获取提交的表单元素的值
    //如果变量 year1 能够被 4 整除，而同时不能被 100 整除，则执行下面的语句
    if((year1%4)==0 && (year1%100)!=0){
        alert(year1+"年是闰年！");                //如果 year1 变量满足条件，则输出此年份为闰年
    }else{
        alert(year1+"年是平年!");                //如果 year1 变量不满足条件，则输出此年份为平年
    }
}
</script>
```

代码中加粗的部分为 if 条件语句的分支部分。

2．switch 分支语句

虽然使用 if 语句可以实现多分支的条件语句，但在选择分支比较多的情况下，使用 if 多分支条件语句就会降低程序的执行效率。JavaScript 中的 switch 语句可以针对给出的表达式或者变量的不同值来选择执行的语句块，从而提高程序运行速度。

语法格式如下：

```
switch(表达式或变量){
    case  常量表达式 1:
        语句块 1;
        break;
    case 常量表达式 2:
        语句块 2;
        break;
    …
    case 常量表达式 n:
        语句块 n;
        break;
    default:
        语句块 n+1;
        break;
}
```

在 switch 语句中，首先计算表达式或变量的值，然后将此值与常量表达式 1 进行比较，如果两个值相等，则执行语句块 1 中的语句，然后执行 break 语句并跳出 switch 语句；如果此值与常量表达式 1 不相等，则将此值与常量表达式 2 进行比较，如果相等，则执行语句块 2 中的语句，并执行 break 语句跳出 switch 语句；如果与常量表达式 2 不相等，则继续与后面的常量表达式进行比较。如果表达式或变量的值与所有 case 语句后的常量表达式都不相等，则执行 default 中的语句块 n+1。

【例 9.3】　本例将创建一个表单，添加一组单选按钮，命名为 book，在<input>标记中添加 onclick 事件，调用自定义函数 check()，并将单选按钮的值传到自定义函数中，实例代码如下：（**实例位置：光盘\TM\sl\9\3**）

```
<form name="form1" method="post" action="">
    <span class="style2">您最喜爱的图书类别：</span>
    <input name="book" type="radio" value="生活类" onclick="check(this.value);">生活类
    <input name="book" type="radio"value="电脑类" onclick="check(this.value);">电脑类
    <input name="book" type="radio" value="科技类" onclick="check(this.value);">科技类
    <input name="book" type="radio"value="体育类" onclick="check(this.value);">体育类
</form>
```

在<body>标记外，添加 JavaScript 脚本自定义的函数 check()，应用 switch 语句判断变量的值与 case 标签的值是否匹配，如果对比的值匹配，则输出 case 标签后的内容，代码如下：

```
<script language="javascript">
  function check(books){
    switch(books){
        case "生活类":
            alert("您最喜爱的图书类别是:"+books);
```

```
            break;
        case "电脑类":
            alert("您最喜爱的图书类别是:"+books);
            break;
        case "科技类":
            alert("您最喜爱的图书类别是:"+books);
            break;
        case "体育类":
            alert("您最喜爱的图书类别是:"+books);
            break;
    }
}
</script>
```

在 IE 浏览器中输入地址，按 Enter 键，选中"电脑类"单选按钮，即可弹出用户选择的结果，如图 9.2 所示。

图 9.2　应用 switch 语句输出选择条件

9.4.2　循环语句

循环语句的主要功能是在满足条件的情况下反复地执行某一个操作。循环语句主要包括 while 循环语句和 for 循环语句。

1．while 循环语句

while 语句是基本的循环语句，也是条件判断语句。在 JavaScript 中，while 循环语句的应用比较广泛。语法格式如下：

```
while(条件表达式){
    语句块
}
```

在 while 语句中，首先判断条件表达式的值，如果值为 true 则执行大括号内的语句块，执行完毕后再次判断条件表达式的值，如果值仍为 true，则重复执行大括号内的语句块。这样一直循环，直到条件表达式的值为 false 时结束，执行 while 语句后面的其他代码。

注意

在 while 语句的循环体中应包含改变条件表达式值的语句，否则条件表达式的值总为 true，会造成死循环。

【例 9.4】　应用 while 循环语句输出变量 i 的值，实例代码如下：（实例位置：光盘\TM\sl\9\4）

```
<script language="javascript" type="text/javascript">
    var i=3;                                    //定义变量 i，并赋初始值
    while (i>0){                                 //定义 while 语句中的逻辑表达式为 i>0
        document.write("-"+i);                   //调用 document 对象的 write 方法输出变量 i 的值
        i--;                                     //执行 i--运算，变量 i 的值逐次减 1
    }
</script>
```

结果为：-3-2-1

2. for 循环语句

for 语句是一种常用的循环控制语句。在 for 语句中，可以应用循环变量来明确循环的次数和具体的循环条件。for 语句通常使用一个变量作为计数器来执行循环的次数，这个变量就称为循环变量。

语法格式如下：

```
for (初始化循环变量;循环条件;确定循环变量的改变值){
    语句块;
}
```

在 for 语句的小括号中包含 3 部分内容：

- ☑ 初始化循环变量：该表达式的作用是声明循环变量并进行初始化赋值。在 for 语句之前也可以对循环变量进行声明和赋值。
- ☑ 循环条件：该表达式是基于循环变量的一个条件表达式，如果条件表达式的返回值为 true，则执行循环体内的语句块。循环体内的语句执行完毕后将重新判断此表达式，直到条件表达式的返回值为 false 时终止循环。
- ☑ 确定循环变量的改变值：该条件表达式用于操作循环变量的改变值。每次执行完循环体内的语句后，在判断循环条件之前，都将执行此表达式。

注意

for 语句可以使用 break 语句来终止循环语句的执行。break 语句默认情况下是终止当前的循环语句。

【例 9.5】　使用 for 循环语句输出变量 i 叠加相乘的表达式及结果值，实例代码如下：（实例位置：光盘\TM\sl\9\5）

```
<script language="javascript">
    for(i=1;i<=9;i++){                          //初始化变量 i，定义循环条件，变量 i 递增
        document.write(i+"*"+i+ "="+i*i+"  ");  //输出变量 i 叠加相乘的表达式及结果
    }
</script>
```

上面的代码中，在 for 语句中定义了变量 i 和变量 i 的初始值；定义循环条件为 i<=9，即在 i<=9

的情况下执行循环体中的语句；定义变量 i 的值为每循环一次累加 1。在循环体中，通过调用 document 对象的 write 方法输出变量 i 叠加相乘的表达式与结果。

在 IE 浏览器中输入地址，按 Enter 键，运行结果如图 9.3 所示。

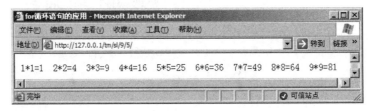

图 9.3　for 循环语句的应用

9.4.3　跳转语句

跳转语句是在循环控制语句的循环体中的指定位置或是满足一定条件的情况下直接退出循环。 JavaScript 跳转语句分为 break 语句和 continue 语句。

1．break 语句

break 语句用来终止执行其后面的程序并跳出循环，或者结束 switch 语句。
语法格式如下：

```
break;
```

【例 9.6】　在 for 循环语句中，当循环变量 i 的值大于 10 时退出 for 循环，实例代码如下：（**实例位置：光盘\TM\sl\9\6**）

```
<script language="javascript" >
  for( i=0;i<20;i++ ){        //在 for 语句中初始化循环变量，定义循环条件，定义每次循环后变量 i 的值累加 1
    if(i>10){
        break;               //如果 i>10 就会立即跳出循环
    }
    document.write(i+"-");    //输出 i 的值
  }
</script>
```

在上面的代码中，当变量 i 的值大于 10 时调用 break 语句，这时程序将跳出 for 循环而不再执行下面的循环。如果未使用 break 语句，程序将执行 for 循环语句中的循环体，直到变量 i 的值不满足条件 i<20。

注意

在嵌套的循环语句中使用 break 语句时，break 语句只能跳出最近的一层循环，而不是跳出所有的循环。

结果为：0-1-2-3-4-5-6-7-8-9-10-

2. continue 语句

continue 语句与 break 语句的作用不同。continue 语句只跳出本次循环并立即进入下一次循环；break 语句则跳出循环后结束整个循环。

语法格式如下：

```
continue;
```

【例 9.7】 输出指定范围内的奇数，实例代码如下：（**实例位置：光盘\TM\sl\9\7**）

```
<script language="javascript">
    var str="20 以内的偶数有：";          //定义变量 str
    var i=1;                              //定义变量 i
    while(i<20){                          //应用 while 语句，定义循环条件为 i<10
        if(i%2!=0){                       //如果变量 i 能被 2 整除，则执行下面的语句
            i++;                          //在退出本次循环之前使变量 i 的值累加 1，默认该语句将导致死循环
            continue;                     //调用 continue 语句
        }
        str=str+i+" ";                    //拼接字符串 str，以获取变量 i 的值
        i++;                              //使变量 i 的值累加 1
    }
    document.write(str);                  //输出变量 str 的值
</script>
```

在上面的代码中，首先初始化变量 i；然后在 while 循环语句中先使用 if 语句判断变量 i 是否能被 2 整除，如果不能被 2 整除（说明此值为奇数），则使变量 i 的值累加 1，并调用 continue 语句跳出本次循环进入下一个循环，如果变量 i 能被 2 整除（说明此值为偶数），则获取变量 i 的值，并使变量 i 的值累加 1；当变量 i 的值不满足条件 i<20 时将结束 while 循环。

结果为：20 以内的偶数有：2 4 6 8 10 12 14 16 18

9.5 JavaScript 事件

📹 **视频讲解：光盘\TM\lx\9\JavaScript 事件.exe**

JavaScript 是基于对象的语言，它的一个最基本的特征就是采用事件驱动。事件是某些动作发生时产生的信号，这些事件随时都可能发生。引起事件发生的动作称为触发事件，例如，当鼠标指针经过某个按钮、用户单击了某个链接、用户选中了某个复选框、用户在文本框中输入某些信息等，都会触发相应的事件。

为了便于读者查找 JavaScript 中的常用事件，下面以表格的形式对各事件进行说明，如表 9.3 所示。

表 9.3　JavaScript 中的常用事件

状　态	事　件	说　明
鼠标键盘事件	onclick	鼠标单击时触发此事件
	ondblclick	鼠标双击时触发此事件
	onmousedown	按下鼠标时触发此事件
	onmouseup	鼠标按下后释放鼠标时触发此事件
	onmouseover	当鼠标移动到某对象范围的上方时触发此事件
	onmousemove	鼠标移动时触发此事件
	onmouseout	当鼠标离开某对象范围时触发此事件
	onkeypress	当键盘上的某个按键被按下并且释放时触发此事件
	onkeydown	当键盘上的某个按键被按下时触发此事件
	onkeyup	当键盘上的某个按键被按下后释放时触发此事件
页面相关事件	onabort	图片在下载时被用户中断触发此事件
	onload	页面内容完成时触发此事件（也就是页面加载事件）
	onresize	当浏览器的窗口大小被改变时触发此事件
	onunload	当前页面将被改变时触发此事件
表单相关事件	onblur	当前元素失去焦点时触发此事件
	onchange	当前元素失去焦点并且元素的内容发生改变时触发此事件
	onfocus	当某个元素获得焦点时触发此事件
	onreset	当表单中 reset 的属性被激活时触发此事件
	onsubmit	一个表单被提交时触发此事件
滚动字幕事件	onbounce	当 Marquee 内的内容移动至 Marquee 显示范围之外时触发此事件
	onfinish	当 Marquee 元素完成需要显示的内容后触发此事件
	onstart	当 Marquee 元素开始显示内容时触发此事件

 说明

在 PHP 中应用 JavaScript 脚本中的事件调用自定义函数是程序开发过程中经常使用的方法。

9.6　调用 JavaScript 脚本（JavaScript 脚本嵌入方式）

视频讲解：光盘\TM\lx\9\调用 JavaScript 脚本.exe

9.6.1　在 HTML 中嵌入 JavaScript 脚本

JavaScript 作为一种脚本语言，可以使用<script>标记嵌入到 HTML 文件中。

语法格式如下：

```
<script language="javascript">
…
</script>
```

应用<script>标记是直接执行 JavaScript 脚本最常用的方法，大部分含有 JavaScript 的网页都采用这种方法，其中，通过 language 属性可以设置脚本语言的名称和版本。

注意

如果在<script>标记中未设置 language 属性，IE 浏览器和 Netscape 浏览器将默认使用 JavaScript 脚本语言。

【例 9.8】　本例将实现在 HTML 中嵌入 JavaScript 脚本，这里直接在<script>和</script>标记中间写入 JavaScript 代码，用于弹出一个提示对话框，实例代码如下：（**实例位置：光盘\TM\sl\9\8**）

```
<html>
  <head>
    <title>在 HTML 中嵌入 JavaScript 脚本</title>
  </head>
  <body>
    <script language="javascript">
      alert("我很想学习 PHP 编程，请问如何才能学好这门语言!");
    </script>
  </body>
</html>
```

在上面的代码中，<script>与</script>标记之间调用 JavaScript 脚本语言 window 对象的 alert 方法，向客户端浏览器弹出一个提示对话框。这里需要注意的是，JavaScript 脚本通常写在<head>…</head>标记和<body>…</body>标记之间。写在<head>标记中间的一般是函数和事件处理函数；写在<body>标记中间的是网页内容或调用函数的程序块。

在 IE 浏览器中打开 HTML 文件，运行结果如图 9.4 所示。

图 9.4　在 HTML 中嵌入 JavaScript 脚本

在 HTML 中通过“javascript:”可以调用 JavaScript 的方法。例如，在页面中插入一个按钮，在该按钮的 onclick 事件中应用“javascript:”调用 window 对象的 alert 方法，弹出一个警告提示框，代码如下：

```
<input type="submit" name="Submit" value="单击这里" onClick="javascript:alert('您单击了这个按钮！')">
```

9.6.2 应用 JavaScript 事件调用自定义函数

在 Web 程序开发过程中，经常需要在表单元素相应的事件下调用自定义函数。例如，在按钮的单击事件下调用自定义函数 check() 来验证表单元素是否为空，代码如下：

```
<input type="submit" name="Submit" value="检测" onClick="check();">
```

然后在该表单的当前页中编写一个 check() 自定义函数即可。自定义函数在 9.3 节已经详细介绍过，这里不再赘述。另外，关于 JavaScript 的常用事件请参见 9.5 节。

9.6.3 在 PHP 动态网页中引用 JS 文件

在网页中，除了可在<script>与</script>标记之间编写 JavaScript 脚本代码，还可以通过<script>标记中的 src 属性指定外部的 JavaScript 文件（即 JS 文件，以.js 为扩展名）的路径，从而引用对应的 JS 文件。

语法格式如下：

```
<script src＝url   language="Javascript"></script>
```

其中，url 是 JS 文件的路径，"language="Javascript""可以省略，因为<script>标记默认使用的就是 JavaScript 脚本语言。

JavaScript 脚本不仅可以与 HTML 结合使用，同时也可以与 PHP 动态网页结合使用，其引用的方法是相同的。使用外部 JS 文件的优点如下：

- ☑ 使用 JS 文件可以将 JavaScript 脚本代码从网页中独立出来，便于代码的阅读。
- ☑ 一个外部 JS 文件，可以同时被多个页面调用。当共用的 JavaScript 脚本代码需要修改时，只需要修改 JS 文件中的代码即可，便于代码的维护。
- ☑ 通过<script>标记中的 src 属性不但可以调用同一个服务器上的 JS 文件，还可以通过指定路径来调用其他服务器上的 JS 文件。

【例 9.9】 本例将在网页中通过<script>标记的 src 属性引用外部 JS 文件，用于弹出一个提示对话框。index.php 文件中的代码如下：（实例位置：光盘\TM\sl\9\9）

```
<html>
  <head>
    <meta http-equiv="Content-Type" content="text/html; charset=gb2312">
    <title>在 PHP 动态网页中引用 JS 文件</title>
  </head>
  <script src="script.js"></script>
  <body>
  </body>
</html>
```

在同级目录下创建一个 script.js 文件，代码如下：

```
alert("恭喜您，成功调用了 script.js 外部文件!");
```

从上面的代码可以看出，在 index.php 文件中通过设定<script>标记中的 src 属性，引用了同级目录下的 script.js 文件。在 script.js 文件中调用 JavaScript 脚本语言 window 对象的 alert 方法，在客户端浏览器弹出一个提示对话框。

在 IE 浏览器中输入地址，按 Enter 键，运行结果如图 9.5 所示。

图 9.5　在 PHP 动态网页中引用 JS 文件

在网页中引用 JS 文件需要注意的事项如下：

☑ 在 JS 文件中，只能包含 JavaScript 脚本代码，不能包含<script>标记和 HTML 代码。读者可参考例 9.9 中 script.js 文件的代码。

☑ 在引用 JS 文件的<script>与</script>标记之间不应存在其他的 JavaScript 代码，即使存在，浏览器也会忽略此脚本代码，而只执行 JS 文件中的 JavaScript 脚本代码。

9.6.4　解决浏览器不支持 JavaScript 的问题

虽然大多数浏览器都支持 JavaScript 脚本，但仍有少部分浏览器不支持。如果遇到不支持 JavaScript 脚本的浏览器，网页会达不到预期效果或出现错误。解决这个问题可以使用以下 3 种方法。

1．开启 IE 浏览器对 JavaScript 的支持

目前有些支持 JavaScript 的浏览器出于安全考虑关闭了对 JavaScript 的支持。这时，浏览者可以启用对 JavaScript 脚本的支持来解决这一问题。具体操作步骤如下：

（1）启动 IE 浏览器，选择"工具"/"Internet 选项"命令，打开"Internet 选项"对话框，选择"安全"选项卡，选择 Internet 安全设置项，单击"自定义级别"按钮，打开如图 9.6 所示的对话框。

（2）将对话框中的"Java 小程序脚本"和"活动脚本"两个选项设置为启用状态。单击"确定"按钮，即可开启 IE 浏览器支持 JavaScript 脚本的功能。

2．开启 IE 浏览器对本地 JavaScript 的支持

IE 浏览器将网页分为 Internet、本地 Intranet、受信任的站点和受限制的站点 4 个区域，但不包括本地网页。通常在 Windows XP 操作系统中，在 IE 浏览器中打开包含 JavaScript 脚本的网页时，会弹出如图 9.7 所示的安全提示对话框。

图 9.6　启用 JavaScript 脚本功能　　　　　　图 9.7　安全提示对话框

如果用户要继续执行网页中包含的 JavaScript 脚本，可以右击安全提示区域，在弹出的快捷菜单中选择"允许阻止的内容"命令，如图 9.7 所示，即可成功运行本网站。但此选项仅针对当前网页，若要永久地消除 IE 浏览器的这种安全提示，需要对 IE 浏览器做如下设置：

在 IE 浏览器中选择"工具"/"Internet 选项"命令，打开"Internet 选项"对话框。选择"高级"选项卡，在安全设置区选中"允许活动内容在我的计算机上的文件中运行"和"允许来自 CD 的活动内容在我的计算机上运行"复选框（此选项仅适用于 Windows XP 操作系统），单击"确定"按钮，即可成功解决上述问题。

3．应用注释符号验证浏览器是否支持 JavaScript 脚本功能

如果用户不能确定自己的浏览器是否支持 JavaScript 脚本，那么可以使用 HTML 提供的注释符号进行验证。HTML 注释符号是以"<!--"开始，以"-->"结束的。如果在此注释符号内编写 JavaScript 脚本，对于不支持 JavaScript 的浏览器，将会把编写的 JavaScript 脚本作为注释处理。

【例 9.10】　使用 JavaScript 脚本在页面中输出一个字符串，将 JavaScript 脚本编写在 HTML 注释中，如果浏览器支持 JavaScript 则输出此字符串；如果不支持则不输出此字符串。实例代码如下：（**实例位置：光盘\TM\sl\9\10**）

```html
<html>
  <head>
    <title>应用注释符号验证浏览器是否支持 JavaScript 脚本功能</title>
  </head>
  <body>
    <script type="text/javascript" >
    <!--
    document.write("您的浏览器支持 JavaScript 脚本！ ");
    -->
    </script>
  </body>
</html>
```

在 IE 浏览器中输入地址，按 Enter 键，运行结果如图 9.8 所示。

图 9.8　应用注释符号验证浏览器是否支持 JavaScript 脚本

4．应用<noscript>标记验证浏览器是否支持 JavaScript 脚本

如果用户不能确定浏览器是否支持 JavaScript 脚本，可以使用<noscript>标记进行验证。

如果当前浏览器支持 JavaScript 脚本，那么该浏览器将会忽略<noscript>…</noscript>标记之间的任何内容。如果浏览器不支持 JavaScript 脚本，那么浏览器将会把<noscript>…</noscript>标记之间的内容显示出来。通过此标记可以提醒浏览者当前使用的浏览器是否支持 JavaScript 脚本。

【例 9.11】 使用 JavaScript 脚本在页面中输出一个字符串，并使用<noscript>标记提醒浏览者当前浏览器是否支持 JavaScript 脚本。实例代码如下：（**实例位置：光盘\TM\sl\9\11**）

```html
<html>
  <head>
    <title>应用&lt;noscript&gt;标记验证浏览器是否支持 JavaScript 脚本</title>
  </head>
  <body>
    <script language="javascript">
      document.write("您的浏览器支持 JavaScript 脚本");
    </script>
    <noscript>
      您的浏览器不支持 JavaScript 脚本
    </noscript>
  </body>
</html>
```

在 IE 浏览器中输入地址，按 Enter 键，运行结果如图 9.9 所示。

图 9.9　应用<noscript>标记验证浏览器是否支持 JavaScript 脚本

技巧

当解释程序遇到</script>标记时会终止当前脚本。要显示"</script>"本身，可将"<"改写为"<"，将">"改写为">"。若要使用 document.write 输出<script>…</script>标记，需要将闭合标记通过反斜线进行转义，如<script>…<\/script>。

9.7　在 PHP 中调用 JavaScript 脚本

视频讲解：光盘\TM\lx\9\在 PHP 中调用 JavaScript 脚本.exe

9.7.1　应用 JavaScript 脚本验证表单元素是否为空

在程序开发过程中，经常要应用 JavaScript 脚本来判断表单提交的数据是否为空，或者判断提交的数据是否符合标准等。

【例 9.12】　本例主要通过 if 语句和 form 对象的相关属性验证表单元素是否为空。（**实例位置：光盘\TM\sl\9\12**）

具体开发步骤如下：

（1）设计表单页，添加一个表格并设置表格的背景图片路径为 images/bg.jpg，添加一个用户名文本框并命名为 user，添加一个密码域并命名为 pwd，代码如下：

```
<form name="myform" method="post" action="">
  <table width="532" height="183" align="center" cellpadding="0" cellspacing="0" bgcolor="#CCFF66" background=
"images/bg.jpg">
    <tr><td height="71" colspan="2" align="center"> </td></tr>
    <tr>
      <td width="281" align="left">
        用户名：<input name="user" type="text" id="user" size="20"> <br><br>
        密  码：<input name="pwd" type="password" id="pwd" size="20">
      </td>
    </tr>
    <tr>
      <td height="43" align="center">
        <input type="submit" name="submit" onClick="return mycheck();" value="登录"> 
        <input type="reset" name="Submit2" value="重置">
      </td>
    </tr>
  </table>
</form>
```

（2）在上面的代码中，在"登录"按钮的表单元素中添加了一个 onclick 鼠标单击事件，调用自定义函数 mycheck()，代码如下：

```
<input type="submit" name="submit" onClick="return mycheck();" value="登录">
```

（3）在<form>表单元素外应用 function 定义一个函数 mycheck()，用来验证表单元素是否为空。在 mycheck()函数中，应用 if 条件语句判断表单提交的用户名和密码是否为空，如果为空，则弹出提示信息，自定义函数如下：

```
<script language="javascript">
   function mycheck(){                                           //定义一个函数
      if(myform.user.value==""){                                //通过if语句判断用户名是否为空
          alert("用户名称不能为空！！");myform.user.focus();return false;   //返回表单元素位置
      }
      if(myform.pwd.value==""){                                 //通过 if 语句判断密码是否为空
          alert("用户密码不能为空！！");myform.pwd.focus();return false;    //返回表单元素位置
      }
   }
</script>
```

（4）在 IE 浏览器中输入地址，按 Enter 键，单击"登录"按钮，运行结果如图 9.10 所示。

图 9.10　应用 JavaScript 脚本验证表单元素是否为空

说明

　　本例中介绍的只是通过 JavaScript 脚本验证表单元素是否为空，还可以通过 JavaScript 脚本验证表单元素值的格式是否正确，例如验证电话号码的格式、邮箱地址的格式等，类似的实例可以参考 6.4 节的内容。

9.7.2　应用 JavaScript 脚本制作二级导航菜单

　　应用 JavaScript 脚本不仅可以用来验证表单元素，而且可以制作各式各样的网站导航菜单。本节以网站开发中最常用的二级导航菜单为例，讲解其实现方法。

　　【例 9.13】　本例主要应用 JavaScript 的 switch 语句确定要显示的二级菜单的内容。（实例位置：光盘\TM\sl\9\13）

　　具体开发步骤如下：

　　（1）在网页中适当的位置添加一级导航菜单，本例中的一级导航菜单是由一系列空的超链接组成，这些空的超链接执行的操作是调用自定义的 JavaScript 函数 Lmenu()显示对应的二级菜单，在调用时需要传递一个标记，即主菜单项的参数，代码如下：

```
<table width="761" height="20" border="0" cellpadding="0" cellspacing="0">
  <tr>
      <td width="67" align="center"><a href="index.php">首 页</a></td>
      <td width="75" align="center"><a href="#" onMouseMove="Lmenu('新品')">新品上架</a></td>
      <td width="75" align="center"><a href="#" onMouseMove="Lmenu('购物')">购物车</a></td>
      <td width="74" align="center"><a href="#" onMouseMove="Lmenu('会员')">会员中心</a></td>
      <td width="61" align="center"><a href="index.php">在线帮助</a></td>
  </tr>
</table>
```

（2）在网页中要显示二级菜单的位置添加一个名为 submenu 的 div 层，代码如下：

```
<div id="submenu" class="word_yellow"> </div>
```

（3）编写自定义的 JavaScript 函数 Lmenu()，用于在鼠标移动到某个一级菜单时，根据传递的参数值在页面中指定的位置显示对应的二级菜单，并设置二级菜单的名称及链接文件，代码如下：

```
<script language="javascript">
function Lmenu(value){
  switch (value){
      case "新品":
        submenu.innerHTML="<a href='#'>商品展示</a>|<a href='#'>销售排行榜</a>|<a href='#'>商品查询</a>";
        break;
      case "购物":
        submenu.innerHTML=" <a href='#'>添加商品</a>|<a href='#'>移出指定商品</a>|<a href='#'>清空购物车
</a>|<a href='#'>查询购物车</a>|<a href='#'>填写订单信息</a> ";
         break;
      case "会员":
        submenu.innerHTML="<a href='#'>注册会员</a>|<a href='#'>修改会员</a>|<a href='#'>账户查询</a>";
        break;
  }
}
</script>
```

在自定义函数 Lmenu()中，首先计算 switch 语句括号内表达式的值，当此表达式的值与某个 case 后面的常数表达式的值相等时，就执行此 case 后的语句，从而实现二级菜单。当执行某个 case 后的语句时，如果遇到 break 语句，则结束这条 switch 语句的执行，转去执行这条 switch 语句之后的语句。

注意

通常情况下，应该在 switch 语句的每个分支后面都加上 break，使 JavaScript 只执行匹配的分支。

（4）在 IE 浏览器中输入地址并按 Enter 键，当鼠标指针移动到一级菜单"购物车"超链接上时，在页面的指定位置显示"添加商品""移出指定商品""清空购物车""查询购物车""填写订单信息"等购物车的二级子菜单，运行结果如图 9.11 所示。

图 9.11　应用 JavaScript 脚本制作二级导航菜单

9.7.3　应用 JavaScript 脚本控制文本域和复选框

在动态网站的开发过程中，经常需要对文本域中的内容进行清空或者修改，选中多个复选框进行提交等操作。这里介绍一种通过 JavaScript 脚本控制文本域内容和复选框勾选的方法。

【例 9.14】　在本例中，通过 JavaScript 脚本实现清空文本域中的值、复选框的全选、反选和不选。（实例位置：光盘\TM\sl\9\14）

具体开发步骤如下：

（1）创建一个 form 表单，添加文本域和多个复选框。在文本域后添加一个超链接，应用 onClick 事件调用 JavaScript 脚本中 document.getElementById 标记，为文本域赋值为空，清空文本域；添加图像域，通过 onClick 事件调用不同的方法，实现复选框的全选、反选和不选。

```
<form method="post" name="form1" id="form1" action="">
 <table width="547" border="1" cellpadding="1" cellspacing="1" bordercolor="#FFFFFF" bgcolor="#FBA720">
   <tr>
       <td height="35" colspan="5" bgcolor="#FFFFFF"><span class="STYLE1">订单管理</span></td>
   </tr>
   <tr>
       <td width="77" align="right" bgcolor="#FFFFFF">说明：</td>
       <td width="389" ><textarea name="readme" cols="50" rows="10" id="readme"></textarea></td>
       <td width="63" height="33" bgcolor="#FFFFFF" class="STYLE2">
           <a href="#" onClick="javascript:document.getElementById('readme').value='';return false;">
<img src="images/_14.jpg" width="60" height="25" border="0" /></a>
       </td>
   </tr>
   <tr>
       <td rowspan="6" align="right" bgcolor="#FFFFFF">操作：</td>
       <td height="30" colspan="2" align="left" bgcolor="#FFFFFF"><input name="PHP3" type="checkbox"
id="PHP3" value="PHP" />C++编程词典全能版
       </td>
   </tr>
```

179

```
    <tr>
        <td colspan="5" align="center" bgcolor="#FFFFFF">
            <img src="images/_01.jpg" onclick="checkAll(form1,status)" width="60" height="25" />
            <img src="images/_08.jpg" onclick="switchAll(form1,status)" width="60" height="25" />
            <img src="images/_11.jpg" width="60" height="25" onclick="uncheckAll(form1,status)" />
        </td>
    </tr>
  </table>
</form>
```

（2）编写 JavaScript 脚本，定义 3 个函数：checkAll()、switchAll()和 uncheckAll()，用于实现复选框的全选、反选和不选。代码如下：

```
<script language="javascript">
function checkAll(form1,status){                             //全选
    var elements = form1.getElementsByTagName('input');     //获取 input 标签
    for(var i=0; i<elements.length; i++){                    //根据标签的长度执行循环
        if(elements[i].type == 'checkbox'){                  //判断对象中元素的类型，如果类型为 checkbox
            if(elements[i].checked==false){                  //判断当 checked 的值为 false 时
                elements[i].checked=true;                    //为 checked 赋值为 true
            }
        }
    }
}
function switchAll(form1,status){                            //反选
    var elements = form1.getElementsByTagName('input');
    for(var i=0; i<elements.length; i++){
        if(elements[i].type == 'checkbox'){
            if(elements[i].checked==true){
                elements[i].checked=false;
            }else if(elements[i].checked==false){
                elements[i].checked=true;
            }
        }
    }
}
function uncheckAll(form1,status){                           //不选
    var elements = form1.getElementsByTagName('input');     //获取 input 标签
    for(var i=0; i<elements.length; i++){                   //根据标签的长度执行循环
        if(elements[i].type == 'checkbox'){                 //判断对象中元素的类型，如果类型为 checkbox
            if(elements[i].checked==true){                  //判断当 checked 的值为 true 时
                elements[i].checked=false;                  //为 checked 赋值为 false
            }
        }
    }
}
</script>
```

运行结果如图 9.12 所示。

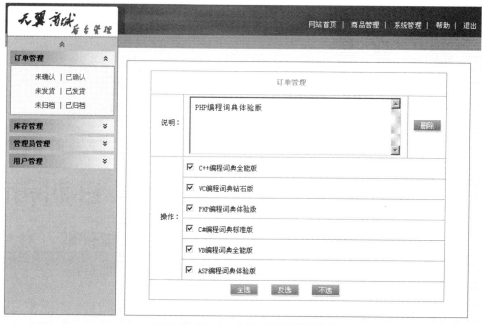

图 9.12　应用 JavaScript 脚本控制文本域和复选框

9.8　小　　结

通过本章的学习，读者可以了解到 JavaScript 是什么、能做什么以及 JavaScript 语言的基础。本章重点介绍了在 HTML 静态页和 PHP 动态页中调用 JavaScript 脚本的不同方法，以及如何自定义函数和灵活运用 JavaScript 流程控制语句。在熟悉和掌握了各个知识点后，相信读者能够举一反三，在 PHP 与 JavaScript 脚本语言的交互下开发出更实用的网络程序。

9.9　实践与练习

1．创建一个 PHP 动态页面，添加以"博客"为主题的各表单元素，当用户单击"发表"按钮时，调用自定义函数 check()，验证各表单元素是否为空。（答案位置：光盘\TM\sl\9\15）

2．在 PHP 动态页中引用 JS 文件来动态显示系统的当前时间。（答案位置：光盘\TM\sl\9\16）

3．应用 JavaScript 脚本控制输入字符串的长度。（答案位置：光盘\TM\sl\9\17）

第10章

日期和时间

(▶ 视频讲解：31 分钟)

在 Web 开发中对日期和时间的使用与处理是必不可少的。例如，在电子商务网站上查看最新商品、在论坛中查看最新主题、定时删除 Session 等。这些都是和时间密不可分的。在世界上各个地区对时间的表示也不尽相同，如英语中的 Sunday，汉语表示为星期日，韩语则为일요일等，如果都要手动来处理是不现实的，在 PHP 中提供了本地化日期和时间的概念。

通过阅读本章，您可以：

▶▶ 掌握系统的时区设置方法

▶▶ 掌握获取本地时间戳的方法

▶▶ 掌握获取当前日期和时间的方法

▶▶ 掌握获取日期信息的方法

▶▶ 掌握将日期和时间解析为 UNIX 时间戳的方法

▶▶ 熟悉比较两个时间的大小

▶▶ 熟悉倒计时功能

▶▶ 了解计算页面运行时间的方法

10.1　系统时区设置

📀 视频讲解：光盘\TM\lx\10\系统时区设置.exe

10.1.1　时区划分

整个地球分为 24 个时区，每个时区都有自己的本地时间。同一时间，每个时区的本地时间相差 1～23 个小时，例如，英国伦敦本地时间与北京本地时间相差 8 个小时。在国际无线电通信领域，使用一个统一的时间，称为通用协调时间（Universal Time Coordinated，UTC），UTC 与格林尼治标准时间（Greenwich Mean Time，GMT）相同，都与英国伦敦的本地时间相同。

10.1.2　时区设置

由于 PHP 5 对 data()函数进行了重写，因此，目前的日期时间函数比系统时间少 8 个小时。在 PHP 语言中默认设置的是标准的格林尼治时间（即采用的是零时区），所以要获取本地当前的时间必须更改 PHP 语言中的时区设置。

更改 PHP 语言中的时区设置有两种方法：

（1）修改 php.ini 文件中的设置，找到[date]下的“;date.timezone =”选项，将其修改为“date.timezone = Asia/Hong_Kong”，然后重新启动 Apache 服务器。

（2）在应用程序中，在使用时间日期函数之前添加如下函数：

```
date_default_timezone_set(timezone);
```

参数 timezone 为 PHP 可识别的时区名称，如果时区名称 PHP 无法识别，则系统采用 UTC 时区。在 PHP 手册中提供了各时区名称列表，其中，设置我国北京时间可以使用的时区包括：PRC（中华人民共和国）、Asia/Chongqing（重庆）、Asia/Shanghai（上海）或者 Asia/Urumqi（乌鲁木齐），这几个时区名称是等效的。

设置完成后，date()函数便可以正常使用，不会再出现时差问题。

📢 **注意**

> 如果将程序上传到空间中，那么对系统时区设置时，不能修改 php.ini 文件，只能使用 date_default_timezone_set()函数对时区进行设置。

10.2　PHP 日期和时间函数

📹 视频讲解：光盘\TM\lx\10\PHP 日期和时间函数.exe

PHP 提供了大量的内置函数，使开发人员在日期和时间的处理上游刃有余，大大提高了工作效率。在本节中，将介绍一些常用的 PHP 日期和时间函数及实际应用的实例。

10.2.1　获得本地化时间戳

PHP 应用 mktime()函数将一个时间转换成 UNIX 的时间戳值。

mktime()函数根据给出的参数返回 UNIX 时间戳。时间戳是一个长整数，包含了从 UNIX 纪元（1970年 1 月 1 日）到给定时间的秒数。其参数可以从右向左省略，任何省略的参数会被设置成本地日期和时间的当前值。该函数的语法格式如下：

int mktime(int hour, int minute, int second, int month, int day, int year, int [is_dst])

mktime()函数的参数说明如表 10.1 所示。

表 10.1　mktime()函数的参数说明

参　　数	说　　明
hour	小时数
minute	分钟数
second	秒数（一分钟之内）
month	月份数
day	天数
year	年份数，可以是两位或 4 位数字，0～69 对应于 2000～2069，70～100 对应于 1970～2000
is_dst	参数 is_dst 在夏令时可以被设置为 1，如果不是则设置为 0；如果不确定是否为夏令时则设置为 −1（默认值）

📢注意

　　有效的时间戳典型范围是格林威治时间 1901 年 12 月 13 日 20:45:54～2038 年 1 月 19 日 03:14:07（此范围符合 32 位有符号整数的最小值和最大值）。在 Windows 系统中此范围限制为 1970 年 1月 1 日～2038 年 1 月 19 日。

【例 10.1】　本例使用 mktime()函数获取指定的时间，由于返回的是时间戳，还要通过 date()函数对其进行格式化，才能够输出日期和时间，实例代码如下：（实例位置：光盘\TM\sl\10\1）

```php
<?php
echo "指定时间的时间戳：".mktime(12,23,56,12,10,2012)."<p>";          //输出指定时间的时间戳
```

```
   echo "指定日期为：".date("Y-m-d",mktime(12,23,56,12,10,2012))."<p>"; //使用 date()函数输出格式化后的日期
   echo "指定时间为：".date("H:i:s",mktime(12,23,56,12,10,2012));        //使用 date()函数输出格式化后的时间
?>
```

运行结果如图 10.1 所示。

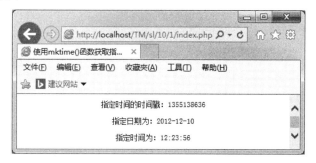

图 10.1　使用 mktime()函数获取指定的时间

10.2.2　获取当前时间戳

PHP 通过 time()函数获取当前的 UNIX 时间戳，返回值为从 UNIX 纪元（格林尼治时间 1970 年 1 月 1 日 00:00:00）到当前时间的秒数。

语法格式如下：

```
int time (void)
```

【例 10.2】　本例中使用 time()函数获取当前时间戳，并将时间戳格式化输出。实例代码如下：（实例位置：光盘\TM\sl\10\2）

```
<?php
   $nextWeek = time() + (7 * 24 * 60 * 60);        //7 days; 24 hours; 60 mins; 60secs
   echo 'Now: '. date('Y-m-d') ."<p>";             //输出当前日期
   echo 'Next Week: '. date('Y-m-d', $nextWeek);   //输出变量 NextWeek 的日期
?>
```

运行结果如图 10.2 所示。

图 10.2　使用 time()函数获取当前时间戳

10.2.3　获取当前日期和时间

在 PHP 中通过 date()函数获取当前的日期和时间。date()函数的语法如下：

```
date(string format,int timestamp)
```

date()函数将返回参数 timestamp 按照指定格式而产生的字符串。其中的参数 timestamp 是可选的，如果省略，则使用当前时间。format 参数可以使开发人员按其指定的格式输出日期时间，关于 format 参数的格式化选项将在 10.2.6 节进行介绍，这里给出几个预定义常量，如表 10.2 所示，这几个常量提供了标准的日期表达方法，可用于日期格式函数。

表 10.2　关于时间日期的预定义常量

函　　数	说　　明
DATE_ATOM	原子钟格式
DATE_COOKIE	HTTP Cookie 格式
DATE_ISO8601	ISO8601 格式
DATE_RFC822	RFC822 格式
DATE_RFC850	RFC850 格式
DATE_RSS	RSS 格式
DATE_W3C	World Wide Web Consortium 格式

【例 10.3】　本例将比较各个常量的输出有什么区别。实例代码如下：（实例位置：光盘\TM\sl\10\3）

```php
<?php
    echo "DATE_ATOM = ".date(DATE_ATOM);               //输出 ATOM 格式的日期
    echo "<p>DATE_COOKIE = ".date(DATE_COOKIE);        //输出 HTTP Cookie 格式的日期
    echo "<p>DATE_ISO8601 = ".date(DATE_ISO8601);      //输出 ISO8601 格式的日期
    echo "<p>DATE_RFC822 = ".date(DATE_RFC822);        //输出 RFC822 格式的日期
    echo "<p>DATE_RFC850 = ".date(DATE_RFC850);        //输出 RFC850 格式的日期
    echo "<p>DATE_RSS = ".date(DATE_RSS);              //输出 RSS 格式的日期
    echo "<p>DATE_W3C = ".date(DATE_W3C);              //输出 W3C 格式的日期
?>
```

运行结果如图 10.3 所示。

图 10.3　预定义常量

> **注意**
>
> 也许有的读者得到的时间和系统时间并不相同，这是因为在 PHP 语言中默认设置的是标准的格林威治时间，而不是北京时间。如果出现了时间不符的情况，可参考 10.1 节的系统时区设置。

10.2.4　获取日期信息

日期是数据处理中经常使用到的信息之一。本节主要应用 getdate()函数获取日期指定部分的相关信息。getdate()函数的语法如下：

```
array getdate(int timestamp)
```

getdate()函数返回数组形式的日期和时间信息，如果没有时间戳，则以当前时间为准。该函数返回的关联数组元素的说明如表 10.3 所示。

表 10.3　getdate()函数返回的关联数组元素说明

函　　数	说　　明
seconds	秒，返回值为 0～59
minutes	分钟，返回值为 0～59
hours	小时，返回值为 0～23
mday	月份中第几天，返回值为 1～31
wday	星期中第几天，返回值为 0（表示星期日）～6（表示星期六）
mon	月份数字，返回值为 1～12
year	4 位数字表示的完整年份，返回的值如 2000 或 2008
yday	一年中第几天，返回值为 0～365
weekday	星期几的完整文本表示，返回值为 Sunday～Saturday
month	月份的完整文本表示，返回值为 January～December
0	返回从 UNIX 纪元开始的秒数

【例 10.4】　下面使用 getdate()函数获取系统当前的日期信息，并输出该函数的返回值，实例代码如下：（实例位置：光盘\TM\sl\10\4）

```php
<?php
    $arr = getdate();                                            //使用 getdate()函数将当前信息保存
    echo $arr['year']."-".$arr['mon']."-".$arr['mday']." ";      //返回当前的日期信息
    echo $arr['hours'].":".$arr['minutes'].":".$arr['seconds']." ".$arr['weekday'];   //返回当前的时间信息
    echo "<p>";
    echo "Today is the $arr[yday]th of year";                    //输出今天是一年中的第几天
?>
```

运行结果如图 10.4 所示。

图 10.4　getdate()函数获取时间日期信息

10.2.5　检验日期的有效性

一年有 12 个月，一个月有 31 天（或 30 天，2 月有 28 天，闰年为 29 天），一星期有 7 天……这些常识人人皆知。但计算机并不能自己分辨数据的对与错，只是依靠开发者提供的功能去执行或检查。PHP 中内置了日期检查函数，就是 checkdate()函数。checkdate()函数的语法如下：

```
bool checkdate(int month,int day,int year)
```

其中，month 的有效值为 1～12；day 的有效值为当月的最大天数，如 1 月为 31 天，2 月为 29 天（闰年）；year 的有效值为 1～32767。

【例 10.5】　本例将观察使用 checkdate()函数的返回值，一个为正确的日期，一个为错误的日期，实例代码如下：（实例位置：光盘\TM\sl\10\5）

```php
<?php
    $year = 2008;                              //年份
    $month = 2;                                //月份
    $day1 = 29;                                //每月份的第几天
    $day2 = 30;                                //每月份的天数
    var_dump(checkdate($month,$day1,$year));   //查看第一种情况的返回结果
    var_dump(checkdate($month,$day2,$year));   //查看第二种情况的返回结果
?>
```

运行结果如图 10.5 所示。

图 10.5　使用 checkdate()函数验证日期

10.2.6　输出格式化的日期和时间

格式化时间函数 date() 的语法在 10.2.3 节中已经讲解过，这里重点讲解 date() 函数的参数 format 的格式化选项，如表 10.4 所示。

表 10.4　参数 format 的格式化选项

参　　数	说　　明
a	小写的上午和下午值，返回值 am 或 pm
A	大写的上午和下午值，返回值 AM 或 PM
B	Swatch Internet 标准时间，返回值为 000～999
d	月份中的第几天，有前导零的两位数字，返回值为 01～31
D	星期中的第几天，文本格式，3 个字母，返回值为 Mon～Sun
F	月份，完整的文本格式，返回值为 January～December
h	小时，12 小时格式，没有前导零，返回值为 1～12
H	小时，24 小时格式，没有前导零，返回值为 0～23
i	有前导零的分钟数，返回值为 00～59
I	判断是否为夏令时，返回值如果是夏令时为 1，否则为 0
j	月份中的第几天，没有前导零，返回值为 1～31
l（L 的小写）	星期数，完整的文本格式，返回值为 Sunday～Saturday
L	判断是否为闰年，如果是闰年，为返回值 1，否则为 0
m	数字表示的月份，有前导零，返回值为 01～12
M	3 个字母缩写表示的月份，返回值为 Jan～Dec
n	数字表示的月份，没有前导零，返回值为 1～12
O	与格林威治时间相差的小时数，如 +0200
r	RFC 822 格式的日期，如 Thu, 21 Dec 2000 16:01:07 +0200
s	秒数，有前导零，返回值为 00～59
S	每月天数后面的英文后缀，两个字符，如 st、nd、rd 或者 th。可以和 j 一起使用
t	指定月份所应有的天数，为 28～31
T	本机所在的时区
U	从 UNIX 纪元（January 1 1970 00:00:00 GMT）开始至今的秒数
w	星期中的第几天，数字表示，返回值为 0～6
W	ISO8601 格式年份中的第几周，每周从星期一开始
y	两位数字表示的年份，返回值如 88 或 08
Y	4 位数字完整表示的年份，返回值如 1998、2008
z	年份中的第几天，返回值为 0～366
Z	时差偏移量的秒数。UTC 西边的时区偏移量总是负的，UTC 东边的时区偏移量总是正的，返回值为 -43200～43200

【例 10.6】date() 函数可以对 format 选项随意地组合。在本例中，既有单独输出一个参数的情况，也有输出多个参数的情况，最后还输出了转义字符。实例代码如下：（**实例位置：光盘\TM\sl\10\6**）

```php
<?php
    echo "输出单个变量：".date("Y")."-".date("m")."-".date("d");          //输出单个参数
    echo "<p>";
    echo "输出组合变量：".date("Y-m-d");                                  //输出组合参数
    echo "<p>";
    echo "输出更详细的日期及时间：".date("Y-m-d H:i:s");                  //输出详细的日期和时间参数
    echo "<p>";
    echo "还可以更详细吗？？ ";
    echo date("l Y-m-d H:i:s T");                                        //除了时间，再输出星期及所在时区
    echo "<p>";
    echo "输出转义字符：";
    echo date("\T\o\d\a\y \i\s \t\h\\e jS \o\\f \y\\e\a\\r");            //输出转义字符
?>
```

运行结果如图 10.6 所示。

图 10.6　输出格式化的时间日期

10.2.7　显示本地化的日期和时间

不同的国家和地区，使用不同的时间、日期、货币的表示法和不同的字符集。如例 10.4 中的星期，在大多数西方国家都使用 Friday，但在以汉语为主的国家中都使用星期五，虽然都是同一个含义，但表示的方式却不尽相同，这时就需要设置本地化环境。这里将使用 setlocale()函数和 strftime()函数来设置本地化环境和格式化输出日期和时间。下面分别对这两个函数进行介绍。

1. setlocale()函数

setlocale()函数可以改变 PHP 默认的本地化环境。

语法格式如下：

```
string setlocale(string category, string locale)
```

参数 category 的选项如表 10.5 所示。

表 10.5　category 参数选项及说明

参　　数	说　　明
LC_ALL	包含了下面所有的设置本地化规则
LC_COLLATE	字符串比较
LC_CTYPE	字符串分类和转换，如转换大小写
LC_MONETARY	本地化环境的货币形式
LC_NUMERIC	本地化环境的数值形式
LC_TIME	本地化环境的时间形式

参数 locale 如果为空，就会使用系统环境变量的 locale 或 lang 的值，否则就会应用 locale 参数所指定的本地化环境。如 en_US 为美国本地化环境，chs 则指简体中文，cht 为繁体中文。

说明

对于 Windows 平台的用户，可以登录 http://msdn.microsoft.com 来获取语言和国家（地区）的编码列表。如果是 UNIX/Linux 系统，则可以使用命令 locale–a 来确定所支持的本地化环境。

2．strftime()函数

strftime()函数根据本地化环境设置来格式化输出日期和时间。

语法格式如下：

```
string strftime(string format, int timestamp)
```

该函数返回用给定的字符串对参数 timestamp 进行格式化后输出的字符串。如果没有给出时间戳，则用本地时间。月份、星期以及其他和语言有关的字符串写法和 setlocale()函数设置的当前区域有关。format 参数识别的转换标记如表 10.6 所示。

表 10.6　参数 format 识别的转换标记

参　　数	说　　明
%a	星期的简写
%A	星期的全称
%b	月份的简写
%B	月份的全称
%c	当前区域首选的日期时间表达
%C	世纪值（年份除以 100 后取整，范围为 00～99）
%d	月份中的第几天，十进制数字（范围为 01～31）
%D	和%m/%d/%y 一样
%e	月份中的第几天，十进制数字，一位的数字前会加上一个空格（范围为 1～31）
%g	和%G 一样，但没有世纪值
%G	4 位数的年份，符合 ISO 星期数（参见%V）。与%V 的格式和值一样，不同的是，如果 ISO 星期数属于前一年或者后一年，则使用那一年
%h	和%b 一样

参　数	说　明
%H	24 小时制的十进制小时数（范围为 00～23）
%I	12 小时制的十进制小时数（范围为 00～12）
%j	年份中的第几天，十进制数（范围为 001～366）
%m	十进制月份（范围为 01～12）
%M	十进制分钟数
%n	换行符
%p	根据给定的时间值为 am 或 pm，或者当前区域设置中的相应字符串
%r	用 a.m 和 p.m 符号的时间
%R	24 小时符号的时间
$S	十进制秒数
%t	制表符
%T	当前时间，和%H:%M:%S 一样
%u	星期几的十进制数表达[1,7]，1 表示星期一
%U	本年的第几周，从第一周的第一个星期天作为第一天开始
%V	本年第几周的 ISO8601:1988 格式，范围为 01～53，第一周是本年第一个至少还有 4 天的星期，星期一作为每周的第一天（用%G 或者%g 作为指定时间戳相应周数的年份组成）
%W	本年的第几周数，从第一周的第一个星期一作为第一天开始
%w	星期中的第几天，星期天为 0
%x	当前区域首选的时间表示法，不包括时间
%X	当前区域首选的时间表示法，不包括日期
%y	没有世纪数的十进制年份（范围为 00～99）
%Y	包括世纪数的十进制年份
%Z（或%z）	时区名或缩写
%%	文字上的%字符

说明

　　对于 strftime()函数，可能不是所有的转换标记都被 C 库文件支持，这种情况下 PHP 的 strftime()也不支持。此外，不是所有的平台都支持负的时间戳，因此日期的范围可能限定在不早于 UNIX 纪元。这意味着，%e，%T，%R 和%D（可能更多）以及早于 Jan 1, 1970 的时间在 Windows、Linux 以及其他几个操作系统中无效。对于 Windows 系统，所支持的转换标记可在 MSDN 网站找到。

　　【例 10.7】 本例分别使用 en_US、chs 和 cht 来输出今天是星期几，实例代码如下：（**实例位置：光盘\TM\sl\10\7**）

```php
<?php
    setlocale(LC_ALL,"en_US");
    echo "美国格式：".strftime("Today is %A");
    echo "<p>";
    setlocale(LC_ALL,"chs");
```

```
echo "中文简体格式：".strftime("今天是%A");
echo "<p>";
setlocale(LC_ALL,"cht");
echo "<p>";
echo "繁体中文格式：".strftime("今天是%A");
?>
```

运行结果如图 10.7 所示。

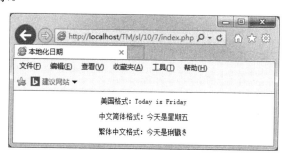

图 10.7　本地化日期

说明

　　因为本页面中的编码格式为 GB2312，所以最后繁体中文显示的日期为乱码，如果将编码格式改为 big5，繁体中文将显示出来，但其他文字则变为乱码。可以选择"查看" / "编码"命令，在弹出的菜单中选择"繁体中文(big5)"选项查看效果。

注意

　　如果在系统中没有安装各自的区域设置，是无法工作的。

10.2.8　将日期和时间解析为 UNIX 时间戳

　　PHP 中应用 strtotime()函数可将任何英文文本的日期和时间解析为 UNIX 时间戳，其值相对于 now 参数给出的时间，如果没有提供此参数则用系统当前时间。
　　strtotime()函数的语法如下：

`int strtotime (string time [, int now] )`

　　该函数有两个参数。如果参数 time 的格式是绝对时间，则 now 参数不起作用；如果参数 time 的格式是相对时间，那么其对应的时间就是参数 now 来提供的，如果没有提供参数 now，对应的时间就为当前时间。如果解析失败，则返回 false。在 PHP 5.1.0 之前，本函数在失败时返回-1。
　　【例 10.8】　本例应用 strtotime()函数获取英文格式日期时间字符串的 UNIX 时间戳，并将部分时间输出。实例代码如下：（**实例位置：光盘\TM\sl\10\8**）

```php
<?php
    echo strtotime ("now"), "\n";                                          //当前时间的时间戳
    echo "输出时间:".date("Y-m-d H:i:s",strtotime ("now")),"<br>";         //输出当前时间
    echo strtotime ("21 May 2009"), "\n";                                  //输出指定日期的时间戳
    echo "输出时间:".date("Y-m-d H:i:s",strtotime ("21 May 2009")),"<br>"; //输出指定日期的时间
    echo strtotime ("+3 day"), "\n";
    echo "输出时间:".date("Y-m-d",strtotime ("+3 day")),"<br>";
    echo strtotime ("+1 week")."<br>";
    echo strtotime ("+1 week 2 days 3 hours 4 seconds")."<br>";
    echo strtotime ("next Thursday")."<br>";
    echo strtotime ("last Monday"), "\n";
?>
```

运行结果如图 10.8 所示。

图 10.8　使用 strtotime()函数将日期和时间解析为 UNIX 时间戳

10.3　日期和时间的应用

📹 视频讲解：光盘\TM\lx\10\日期和时间的应用.exe

本节将介绍几个日期和时间的常用方法。

10.3.1　比较两个时间的大小

在实际开发中经常会对两个时间的大小进行判断，PHP 中的时间是不可以直接进行比较的。所以，首先要将时间解析为时间戳的格式，然后再进行比较。在 10.2.8 节中介绍的 strtotime()函数即可完成该操作。

【例 10.9】 本例先声明两个时间变量，然后使用 strtotime()函数对两个变量进行解析，再求差，最后根据差值输出结果。实例代码如下：（**实例位置：光盘\TM\sl\10\9**）

```php
<?php
    $time1 = date("Y-m-d H:i:s");           //获取当前时间
    $time2 = "2008-2-3 16:30:00";           //给变量$time2 设置一个时间
```

194

```
        echo "变量\$time1 的时间为："".$time1."<br>";          //输出两个时间变量
        echo "变量\$time2 的时间为："".$time2."<p>";
        if(strtotime($time1) - strtotime($time2) < 0){          //对两个时间进行运算
            echo "\$time1 早于\$time2 ";                         //如果 time1 - time2<0，说明 time1 的时间在前
        }else{
            echo "\$time2 早于$time1";                           //否则，说明 time2 的时间在前
        }
?>
```

运行结果如图 10.9 所示。

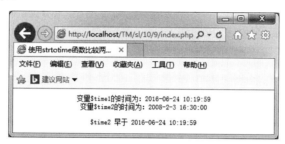

图 10.9　使用 strtotime()函数比较两个时间的大小

10.3.2　实现倒计时功能

【例 10.10】　除了可以比较两个日期的大小，还可以精确地计算出两个日期的差值。这里仍然使用 strtotime()函数，开发一个倒计时的小程序。实例代码如下：（**实例位置：光盘\TM\sl\10\10**）

```
<?PHP
        $time1 = strtotime(date( "Y-m-d H:i:s"));               //当前的系统时间
        $time2 = strtotime("2016-10-1 00:00:00");               //放假的时间
        $time3 = strtotime("2017-1-1");                         //2017 年元旦
        $sub1 = ceil(($time2 - $time1) / 3600);                 //(60 秒*60 分)秒/小时
        $sub2 = ceil(($time3 - $time1) / 86400);                //(60 秒*60 分*24 小时)秒/天
        echo "离放假还有<font color=red> $sub1 </font>小时!!!" ;
        echo "<p>";
        echo "离 2017 年元旦还有<font color=red>$sub2 </font>天!!!";
?>
```

说明

　　ceil()函数的格式为 float ceil(float value)，该函数为取整函数，返回不小于参数 value 值的最小整数。如果有小数部分，则进一位。应注意该函数的返回类型为 float 型，而不是整型。

运行结果如图 10.10 所示。

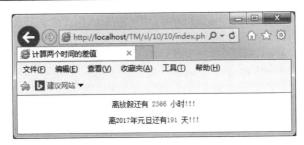

图 10.10　计算两个时间的差值

10.3.3　计算页面脚本的运行时间

在浏览网站时，经常会用到搜索引擎，在搜索信息时，细心的用户会发现，在搜索结果的最下方，一般都有"搜索时间为×秒"的字样。

这里使用到了 microtime() 函数，该函数返回当前 UNIX 时间戳和微秒数。返回格式为 msec sec 的字符串，其中 sec 是当前的 UNIX 时间戳，msec 为微秒数。

语法格式如下：

```
string microtime(void)
```

【例 10.11】　下面就来计算一下例 10.10 的运行时间。首先声明一个函数 run_time()，该函数返回当前的时间，精确到微秒。在 PHP 代码段运行之前先运行一次该函数，同时保存到变量 $start_time 中，随后运行 PHP 代码段。当代码段运行完毕后再次调用 run_time() 函数，同时保存到变量 $end_time 中，这两个变量的差值就是该 PHP 代码段运行的时间。实例代码如下：（**实例位置：光盘\TM\sl\10\11**）

```php
<?php
/*    声明 run_time 函数    */
function run_time(){
    list($msec, $sec) = explode(" ", microtime());    //使用 explode()函数返回两个变量
    return ((float)$msec + (float)$sec);              //返回两个变量的和
}
    $start_time = run_time();                          //第一次运行 run_time()函数
/*    运行 PHP 代码段    */

    $time1 = strtotime(date( "Y-m-d H:i:s"));          //当前的系统时间
    $time2 = strtotime("2016-10-1 00:00:00");          //放假的时间
    $time3 = strtotime("2017-1-1");                    //2017 年元旦
    $sub1 = ceil(($time2 - $time1) / 3600);            //(60 秒*60 分)秒/小时
    $sub2 = ceil(($time3 - $time1) / 86400);           //(60 秒*60 分*24 小时)秒/天
    echo "离放假还有<font color=red> $sub1 </font>小时!!!" ;
    echo "<p>";
    echo "离 2017 年元旦还有<font color=red>$sub2 </font>天!!!";
    $end_time = run_time();                            //再次运行 run_time()函数
?>
<p>
```

```
<!--  输出差值 -->
该示例的运行时间为<font color=blue> <?php echo ($end_time - $start_time); ?> </font>秒
```

代码说明：

☑　explode()函数。函数格式为 array explode(string separator, string string)。该函数的作用是将字符串（string）依照指定的字符串或字符（separator）切开，如果 separator 为空（""），那么函数将返回 false；如果 separator 所包含的值在 string 中找不到，那么函数将返回 string 单个元素的数组。

☑　list()函数。函数格式为 void list(mixed…)。该函数的作用是将数组中的值赋给一些变量（mixed）。

运行结果如图 10.11 所示。

图 10.11　计算页面的运行时间

10.4　小　　结

本章介绍了 PHP 中常用的处理日期和时间的函数，主要分 3 个方面。首先介绍了系统的时区设置，然后介绍了 PHP 中内置的日期和时间函数，最后介绍了日期和时间的常用方法。希望通过本章的学习，读者可以熟练地使用 PHP 中的日期和时间函数，举一反三，实现更简单、更精妙的功能。

10.5　实践与练习

1．获取指定任意一天的时间，格式为 YYYY-MM-DD HH:MM:SS。（答案位置：光盘\TM\sl\10\12）
2．使用多种方法计算两个时间的差。（答案位置：光盘\TM\sl\10\13）

第 **2** 篇

核心技术

　　本篇介绍了 Cookie 与 Session、图形图像处理技术、文件系统、面向对象、PHP 加密技术、MySQL 数据库基础、phpMyAdmin 图形化管理工具、PHP 操作 MySQL 数据库、PDO 数据库抽象层、ThinkPHP 框架等。掌握本篇内容后，能够开发数据库应用程序和一些中小型的热点模块。

第11章

Cookie 与 Session

（ 📹 视频讲解：1 小时 9 分钟 ）

　　Cookie 和 Session 是两种不同的存储机制，前者是从一个 Web 页到下一个页面的数据传递方法，存储在客户端；后者是让数据在页面中持续有效的方法，存储在服务器端。可以说，掌握 Cookie 和 Session 技术，对于 Web 网站页面间信息传递的安全性是必不可少的。

　　通过阅读本章，您可以：

▶▶ 了解 Cookie 的概念及功能

▶▶ 掌握创建 Cookie 的方法

▶▶ 掌握读取 Cookie 的方法

▶▶ 掌握删除 Cookie 的方法

▶▶ 了解 Cookie 的生命周期

▶▶ 了解 Session 的概念及功能

▶▶ 掌握启动会话、注册会话、使用会话、删除会话的方法

▶▶ 掌握 Session 的高级应用

11.1　Cookie 管理

视频讲解：光盘\TM\lx\11\Cookie 管理.exe

Cookie 是在 HTTP 协议下，服务器或脚本可以维护客户工作站上信息的一种方式。Cookie 的使用很普遍，许多提供个人化服务的网站都是利用 Cookie 来区别不同用户，以显示与用户相应的内容，如 Web 接口的免费 E-mail 网站，就需要用到 Cookie。有效地使用 Cookie 可以轻松完成很多复杂任务。下面对 Cookie 的相关知识进行详细介绍。

11.1.1　了解 Cookie

本节首先简单介绍 Cookie 是什么以及 Cookie 能做什么。希望读者通过本节的学习对 Cookie 有一个明确的认识。

1．什么是 Cookie

Cookie 是一种在远程浏览器端存储数据并以此来跟踪和识别用户的机制。简单地说，Cookie 是 Web 服务器暂时存储在用户硬盘上的一个文本文件，并随后被 Web 浏览器读取。当用户再次访问 Web 网站时，网站通过读取 Cookies 文件记录这位访客的特定信息（如上次访问的位置、花费的时间、用户名和密码等），从而迅速做出响应，如在页面中不需要输入用户的 ID 和密码即可直接登录网站等。

文本文件的命令格式如下：

用户名@网站地址[数字].txt

举个简单的例子，如果用户的系统盘为 C 盘，操作系统为 Windows 2000/XP/2003，当使用 IE 浏览器访问 Web 网站时，Web 服务器会自动以上述命令格式生成相应的 Cookies 文本文件，并存储在用户硬盘的指定位置，如图 11.1 所示。

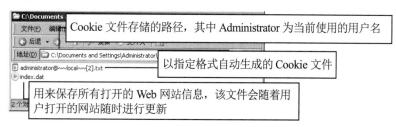

图 11.1　Cookie 文件的存储路径

注意

在 Cookies 文件夹下，每个 Cookie 文件都是一个简单而又普通的文本文件，而不是程序。Cookies 中的内容大多都经过了加密处理，因此，表面看来只是一些字母和数字组合，而只有服务器的 CGI 处理程序才知道它们真正的含义。

2．Cookie 的功能

Web 服务器可以应用 Cookies 包含信息的任意性来筛选并经常性维护这些信息，以判断在 HTTP 传输中的状态。Cookie 常用于以下 3 个方面：

☑ 记录访客的某些信息。如可以利用 Cookie 记录用户访问网页的次数，或者记录访客曾经输入过的信息，另外，某些网站可以使用 Cookie 自动记录访客上次登录的用户名。

☑ 在页面之间传递变量。浏览器并不会保存当前页面上的任何变量信息，当页面被关闭时页面上的所有变量信息将随之消失。如果用户声明一个变量 id=8，要把这个变量传递到另一个页面，可以把变量 id 以 Cookie 形式保存下来，然后在下一页通过读取该 Cookie 来获取变量的值。

☑ 将所查看的 Internet 页存储在 Cookies 临时文件夹中，可以提高以后浏览的速度。

注意

一般不要用 Cookie 保存数据集或其他大量数据。并非所有的浏览器都支持 Cookie，并且数据信息是以明文文本的形式保存在客户端计算机中，因此最好不要保存敏感的、未加密的数据，否则会影响网络的安全性。

11.1.2 创建 Cookie

在 PHP 中通过 setcookie() 函数创建 Cookie。在创建 Cookie 之前必须了解的是，Cookie 是 HTTP 头标的组成部分，而头标必须在页面其他内容之前发送，它必须最先输出。若在 setcookie() 函数前输出一个 HTML 标记或 echo 语句，甚至一个空行都会导致程序出错。

语法格式如下：

```
bool setcookie(string name[,string value[,int expire[, string path[,string domain[,int secure]]]]])
```

setcookie() 函数的参数说明如表 11.1 所示。

表 11.1 setcookie() 函数的参数说明

参　数	说　　明	举　　例
name	Cookie 的变量名	可以通过 $_COOKIE["cookiename"] 调用变量名为 cookiename 的 Cookie
value	Cookie 变量的值，该值保存在客户端，不能用来保存敏感数据	可以通过 $_COOKIE["values"] 获取名为 values 的值
expire	Cookie 的失效时间，expire 是标准的 UNIX 时间标记，可以用 time() 函数获取，单位为秒	如果不设置 Cookie 的失效时间，那么 Cookie 将永远有效，除非手动将其删除
path	Cookie 在服务器端的有效路径	如果该参数设置为 "/"，则它在整个 domain 内有效，如果设置为 "/11"，它在 domain 下的 /11 目录及子目录内有效。默认是当前目录

续表

参　数	说　明	举　例
domain	Cookie 有效的域名	如果要使 Cookie 在 mrbccd.com 域名下的所有子域都有效，应该设置为 mrbccd.com
secure	指明 Cookie 是否仅通过安全的 HTTPS，值为 0 或 1	如果值为 1，则 Cookie 只能在 HTTPS 连接上有效；如果值为默认值 0，则 Cookie 在 HTTP 和 HTTPS 连接上均有效

【例 11.1】　使用 setcookie()函数创建 Cookie，实例代码如下：（实例位置：光盘\TM\sl\11\1）

```php
<?php
    setcookie("TMCookie",'www.mrbccd.com');
    setcookie("TMCookie", 'www.mrbccd.com', time()+60);            //设置 Cookie 有效时间为 60 秒
    //设置有效时间为 60 秒，有效目录为 "/tm/"，有效域名为 mrbccd.com 及其所有子域名
    setcookie("TMCookie", 'www.mrbccd.com', time()+3600, "/tm/",". mrbccd.com", 1);
?>
```

运行本例，在 Cookies 文件夹下会自动生成一个 Cookie 文件，名为 administrator@1[1].txt，Cookie 的有效期为 60 秒，在 Cookie 失效后，Cookies 文件自动删除。

11.1.3　读取 Cookie

在 PHP 中可以直接通过超级全局数组$_COOKIE[]来读取浏览器端的 Cookie 值。

【例 11.2】　使用 print_r()函数读取 Cookie 变量，实例代码如下：（实例位置：光盘\TM\sl\11\2）

```php
<?php
 if(!isset($_COOKIE["visittime"])){                         //检测 Cookie 文件是否存在，如果不存在
    setcookie("visittime",date("y-m-d H:i:s"));             //设置一个 Cookie 变量
    echo "欢迎您第一次访问网站！";                          //输出字符串
 }else{                                                     //如果 Cookie 存在
    setcookie("visittime",date("y-m-d H:i:s"),time()+60);   //设置保存 Cookie 失效时间的变量
    echo "您上次访问网站的时间为：".$_COOKIE["visittime"];   //输出上次访问网站的时间
    echo "<br>";                                            //输出回车符
 }
    echo "您本次访问网站的时间为：  ".date("y-m-d H:i:s");   //输出当前的访问时间
?>
```

在上面的代码中，首先使用 isset()函数检测 Cookie 文件是否存在，如果不存在，则使用 setcookie() 函数创建一个 Cookie，并输出相应的字符串；如果 Cookie 文件存在，则使用 setcookie()函数设置 Cookie 文件失效的时间，并输出用户上次访问网站的时间。最后在页面输出本次访问网站的当前时间。

首次运行本例，由于没有检测到 Cookie 文件，运行结果如图 11.2 所示。如果用户在 Cookie 设置 到期时间（本例为 60 秒）前刷新或再次访问该例，运行结果如图 11.3 所示。

图 11.2　第一次访问网页的运行结果　　　　图 11.3　刷新或再次访问本网页后的运行结果

注意

　　如果未设置 Cookie 的到期时间，则在关闭浏览器时自动删除 Cookie 数据。如果为 Cookie 设置了到期时间，浏览器将会记住 Cookie 数据，即使用户重启计算机，只要没到期，再访问网站时也会获得如图 11.3 所示的数据信息。

11.1.4　删除 Cookie

　　当 Cookie 被创建后，如果没有设置它的失效时间，其 Cookie 文件会在关闭浏览器时被自动删除。如果要在关闭浏览器之前删除 Cookie 文件，方法有两种：一种是使用 setcookie() 函数删除，另一种是在浏览器中手动删除 Cookie。下面分别进行介绍。

1. 使用 setcookie() 函数删除 Cookie

　　删除 Cookie 和创建 Cookie 的方式基本类似，删除 Cookie 也使用 setcookie() 函数。删除 Cookie 只需要将 setcookie() 函数中的第二个参数设置为空值，将第三个参数 Cookie 的过期时间设置为小于系统的当前时间即可。

　　例如，将 Cookie 的过期时间设置为当前时间减 1 秒，代码如下：

```
setcookie("name", "", time()-1);
```

　　在上面的代码中，time() 函数返回以秒表示的当前时间戳，把过期时间减 1 秒就会得到过去的时间，从而删除 Cookie。

注意

　　把过期时间设置为 0，可以直接删除 Cookie。

2. 在浏览器中手动删除 Cookie

　　在使用 Cookie 时，Cookie 自动生成一个文本文件存储在 IE 浏览器的 Cookies 临时文件夹中。在浏览器中删除 Cookie 文件是非常便捷的方法。具体操作步骤如下：

　　启动 IE 浏览器，选择"工具"/"Internet 选项"命令，打开"Internet 选项"对话框，如图 11.4 所示。在"常规"选项卡中单击"删除 Cookies"按钮，将弹出如图 11.5 所示的"删除 Cookies"对话框，单击"确定"按钮，即可成功删除全部 Cookie 文件。

图 11.4　"Internet 选项"对话框　　　　　图 11.5　"删除 Cookies"对话框

11.1.5　Cookie 的生命周期

如果 Cookie 不设定时间，就表示它的生命周期为浏览器会话的期间，只要关闭 IE 浏览器，Cookie 就会自动消失。这种 Cookie 被称为会话 Cookie，一般不保存在硬盘上，而是保存在内存中。

如果设置了过期时间，那么浏览器会把 Cookie 保存到硬盘中，再次打开 IE 浏览器时会依然有效，直到它的有效期超时。

虽然 Cookie 可以长期保存在客户端浏览器中，但也不是一成不变的。因为浏览器最多允许存储 300 个 Cookie 文件，而且每个 Cookie 文件支持最大容量为 4KB；每个域名最多支持 20 个 Cookie，如果达到限制时，浏览器会自动地随机删除 Cookies。

11.2　Session 管理

视频讲解：光盘\TM\lx\11\Session 管理.exe

对比 Cookie，会话文件中保存的数据是在 PHP 脚本中以变量的形式创建的，创建的会话变量在生命周期（20 分钟）中可以被跨页的请求所引用。另外，Session 是存储在服务器端的会话，相对安全，并且不像 Cookie 那样有存储长度的限制。

11.2.1　了解 Session

1. 什么是 Session

Session 译为"会话"，其本义是指有始有终的一系列动作/消息，如打电话时从拿起电话拨号到挂断电话这一系列过程可以称为一个 Session。

在计算机专业术语中，Session 是指一个终端用户与交互系统进行通信的时间间隔，通常指从注册进入系统到注销退出系统所经过的时间。因此，Session 实际上是一个特定的时间概念。

2．Session 工作原理

当启动一个 Session 会话时，会生成一个随机且唯一的 session_id，也就是 Session 的文件名，此时 session_id 存储在服务器的内存中，当关闭页面时此 id 会自动注销，重新登录此页面，会再次生成一个随机且唯一的 id。

3．Session 的功能

Session 在 Web 技术中非常重要。由于网页是一种无状态的连接程序，因此无法得知用户的浏览状态。通过 Session 则可记录用户的有关信息，以供用户再次以此身份对 Web 服务器提交要求时作确认。例如，在电子商务网站中，通过 Session 记录用户登录的信息，以及用户所购买的商品，如果没有 Session，那么用户每进入一个页面都需要登录一次用户名和密码。

另外，Session 会话适用于存储信息量比较少的情况。如果用户需要存储的信息量相对较少，并且对存储内容不需要长期存储，那么使用 Session 把信息存储到服务器端比较合适。

11.2.2 创建会话

创建一个会话需要通过以下步骤：启动会话→注册会话→使用会话→删除会话。

1．启动会话

启动 PHP 会话的方式有两种：一种是使用 session_start()函数，另一种是使用 session_register()函数，为会话登录一个变量来隐含地启动会话。

注意

通常，session_start()函数在页面开始位置调用，然后会话变量被登录到数据$_SESSION。

在 PHP 中有两种方法可以创建会话。

☑ 通过 session_start()函数创建会话。

语法格式如下：

```
bool session_start(void) ;
```

说明

使用 session_start()函数之前浏览器不能有任何输出，否则会产生类似于如图 11.6 所示的错误。

```
在session_start()函数前输出字符串，产生如下错误：
Warning: session_start() [function.session-start]: Cannot send session
cookie - headers already sent by (output started at F:\AppServ\www\TM\SL\11\4
\default.php:2) in F:\AppServ\www\TM\SL\11\4\default.php on line 3
```

图 11.6　在使用 session_start()函数前输出字符串产生的错误

使用 session_register()函数时，不需要调用 session_start()函数，PHP 会在注册变量之后隐含地调用 session_start()函数。

2．注册会话

会话变量被启动后，全部保存在数组$_SESSION 中。通过数组$_SESSION 创建一个会话变量很容易，只要直接给该数组添加一个元素即可。

例如，启动会话，创建一个 Session 变量并赋予空值，代码如下：

```php
<?php
    session_start();                              //启动 Session
    $_SESSION["admin"] = null;                    //声明一个名为 admin 的变量，并赋空值
?>
```

3．使用会话

首先需要判断会话变量是否有一个会话 ID 存在，如果不存在，就创建一个，并且使其能够通过全局数组$_SESSION 进行访问。如果已经存在，则将这个已注册的会话变量载入以供用户使用。

例如，判断存储用户名的 Session 会话变量是否为空，如果不为空，则将该会话变量赋给$myvalue，代码如下：

```php
<?php
    if ( !empty ( $_SESSION['session_name']))     //判断用于存储用户名的 Session 会话变量是否为空
        $myvalue = $_SESSION['session_name'] ;    //将会话变量赋给一个变量$myvalue
?>
```

4．删除会话

删除会话的方法主要有删除单个会话、删除多个会话和结束当前会话 3 种，下面分别进行介绍。

（1）删除单个会话

删除会话变量，同数组的操作一样，直接注销$_SESSION 数组的某个元素即可。

例如，注销$_SESSION['user']变量，可以使用 unset()函数，代码如下：

```php
unset ( $_SESSION['user'] ) ;
```

使用 unset()函数时，要注意$_SESSION 数组中某元素不能省略，即不可以一次注销整个数组，这样会禁止整个会话的功能，如 unset($_SESSION) 函数会将全局变量$_SESSION 销毁，而且没有办法将其恢复，用户也不能再注册$_SESSION 变量。如果要删除多个或全部会话，可采用下面的两种方法。

（2）删除多个会话

如果想要一次注销所有的会话变量，可以将一个空的数组赋值给$_SESSION，代码如下：

```
$_SESSION = array() ;
```

（3）结束当前会话

如果整个会话已经结束，首先应该注销所有的会话变量，然后使用 session_destroy()函数清除结束当前的会话，并清空会话中的所有资源，彻底销毁 Session，代码如下：

```
session_destroy() ;
```

11.2.3　Session 设置时间

在大多数论坛中都可在登录时对登录时间进行选择，如保存一个星期、保存一个月等。这时就可以通过 Cookie 设置登录的失效时间。

1. 客户端没有禁止 Cookie

（1）使用 session_set_cookie_params()设置 Session 的失效时间，此函数是 Session 结合 Cookie 设置失效时间，如要让 Session 在 1 分钟后失效，实例关键代码如下：

```php
<?php
    $time = 1 * 60;                              //设置 Session 失效时间
    session_set_cookie_params($time);           //使用函数
    session_start();                            //初始化 Session
    $_SESSION[username] = 'mr';
?>
```

> **注意**
>
> session_set_cookie_params()必须在 session_start()之前调用。

> **说明**
>
> 不推荐使用 session_set_cookie_params()函数，此函数在一些浏览器上会出现问题。所以一般手动设置失效时间。

（2）使用 setcookie()函数可对 Session 设置失效时间，如让 Session 在 1 分钟后失效，实例关键代码如下：

```php
<?php
    session_start();
    $time = 1 * 60;                                              //给出 Session 失效时间
    setcookie(session_name(),session_id(),time()+$time,"/");     //使用 setcookie()手动设置 Session 失效时间
    $_SESSION['user'] = "mr";
?>
```

说明

session_name 是 Session 的名称，session_id 是判断客户端用户的标识，因为 session_id 是随机产生的唯一名称，所以 Session 是相对安全的。失效时间和 Cookie 的失效时间一样，最后一个参数为可选参数，是放置 Cookie 的路径。

2. 客户端禁止 Cookie

当客户端禁用 Cookie 时，Session 页面间传递会失效，可以将客户端禁止 Cookie 想象成一家大型连锁超市，如果在其中一家超市内办理了会员卡，但是超市之间并没有联网，那么会员卡就只能在办理的那家超市使用。解决这个问题有 4 种方法：

（1）在登录之前提醒用户必须打开 Cookie，这是很多论坛的做法。

（2）设置 php.ini 文件中的 session.use_trans_sid = 1，或者编译时打开 -enable-trans-sid 选项，让 PHP 自动跨页面传递 session_id。

（3）通过 GET 方法，隐藏表单传递 session_id。

（4）使用文件或者数据库存储 session_id，在页面传递中手动调用。

第 2 种情况不作详细讲解，因为用户不能修改服务器中的 php.ini 文件。第 3 种情况我们就不可以使用 Cookie 设置保存时间，但是登录情况没有变化。第 4 种也是最为重要的一种，在开发企业级网站时，如果遇到 Session 文件使服务器速度变慢，就可以使用。在 Session 高级应用中会作详细解说。

第 3 种情况使用 GET 方式传输，实例关键代码如下：

```
<form id="form1" name="form1" method="post" action="common.php?<?=session_ name();?>= <?=session_id(); ?>">
```

接收页面头部详细代码：

```php
<?php
    $sess_name = session_name();              //取得 Session 名称
    $sess_id = $_GET[$sess_name];             //取得 session_id GET 方式
    session_id($sess_id);                     //关键步骤
    session_start();
    $_SESSION['admin'] = 'mrsoft';
?>
```

运行结果如图 11.7 所示。

图 11.7　使用 GET 方式传递 session_id

📝 **说明**

Session 原理为请求该页面之后会产生一个 session_id，如果这个时候禁止了 Cookie 就无法传递 session_id，在请求下一个页面时将会重新产生一个 session_id，这样就造成了 Session 在页面间传递失效。

11.2.4　通过 Session 判断用户的操作权限

在大多数网站的开发过程中，需要对管理员和普通用户操作网站的权限进行划分。下面通过具体的实例进行讲解。

首先通过用户登录页面提交的用户名来验证用户操作网站的权限。

【例 11.3】　本例通过 Session 技术实现如何判断用户的操作权限。（**实例位置：光盘\TM\sl\11\3**）

具体开发步骤如下：

（1）设计登录页面，添加一个表单 form1，应用 POST 方法进行传参，action 指向的数据处理页为 default.php，添加一个用户名文本框并命名为 user，添加一个密码域文本框并命名为 pwd，关键代码如下：

```
<form name="form1" method="post" action="default.php">
  <table width="521" height="394" border="0" cellpadding="0" cellspacing="0">
    <tr>
      <td valign="top" background="images/login.jpg">
        <table width="521" border="0" cellspacing="0" cellpadding="0">
          <tr>
            <td height="24" align="right">用户名：</td>
            <td height="24" align="left"><input name="user" type="text" id="user" size="20"></td>
          </tr>
          <tr>
            <td height="24" align="right">密  码：</td>
            <td height="24" align="left"><input name="pwd" type="password" id="pwd" size="20"></td>
          </tr>
          <tr align="center">
            <td height="24" colspan="2"><input type="submit" name="Submit" value="提交" onClick=
"return check(form);"><input type="reset" name="Submit2" value="重填"></td>
          </tr>
          <tr>
            <td height="76" align="right"><span class="style1">超级用户：tsoft<br>
密    码：111  </span></td>
            <td><span class="style1">普通用户：zts<br>密    码：000</span></td>
          </tr>
        </table>
      </td>
    </tr>
  </table>
</form>
```

（2）在"提交"按钮的单击事件下，调用自定义函数 check() 来验证表单元素是否为空。自定义函数 check() 的代码如下：

```
<script language="javascript">
    function check(form){
        if(form.user.value==""){
            alert("请输入用户名");form.user.focus();return false;
        }
        if(form.pwd.value==""){
            alert("请输入密码");form.pwd.focus();return false;
        }
        form.submit();
    }
</script>
```

（3）提交表单元素到数据处理页 default.php，首先使用 session_start() 函数初始化 Session 变量，然后通过 POST 方法接收表单元素的值，将获取的用户名和密码分别赋给 Session 变量，代码如下：

```
<?php
    session_start();
    $_SESSION['user']=$_POST['user'];
    $_SESSION['pwd']=$_POST['pwd'];
?>
```

（4）为了防止其他用户非法登录本系统，使用 if 条件语句对 Session 变量值进行判断，代码如下：

```
<?php
    if($_SESSION['user']==""){                        //如果用户名为空，则弹出提示，并跳转到登录页
        echo "<script language='javascript'>alert('请通过正确的途径登录本系统！');history.back();</script>";
    }
?>
```

（5）在数据处理页 default.php 的导航栏处添加如下代码：

```
<TABLE align="center" cellPadding=0 cellSpacing=0 >
    <TR align="center" valign="middle">
        <TD style="WIDTH: 140px; COLOR: red;">当前用户: 
        <!-- -----------------------------------------------输出当前登录的用户级别----------------------------------------------- -->
        <?php if($_SESSION['user']=="tsoft" && $_SESSION['pwd']=="111"){echo "管理员";}else{echo "普通用户";}
?>  
        </TD>
        <TD width="70"><a href="default.php">博客首页</a></TD>
        <TD width="70">| <a href="default.php" >我的文章</a></TD>
        <TD width="70">| <a href="default.php" >我的相册</a></TD>
        <TD width="70">| <a href="default.php">音乐在线</a></TD>
        <TD width="70">| <a href="default.php">修改密码</a></TD>
        <?php
        if($_SESSION['user']=="tsoft" && $_SESSION['pwd']=="111"){        //如果当前用户是管理员
        ?>
```

```
<!-- --------------------------------如果当前用户是管理员，则输出"用户管理"链接-------------------------------- -->
<TD width="70">| <a href="default.php">用户管理</a></TD>
<?php
    }
?>
</TR>
</TABLE>
```

（6）在 default.php 页面添加"注销用户"超链接页 safe.php，该页代码如下：

```php
<?php
    session_start();                    //初始化 Session
    unset($_SESSION['user']);           //删除用户名会话变量
    unset($_SESSION['pwd']);            //删除密码会话变量
    session_destroy();                  //删除当前所有的会话变量
    header("location:index.php");       //跳转到博客用户登录页
?>
```

（7）运行本例，在博客用户登录页面输入用户名和密码，以超级用户的身份登录网站，运行结果如图 11.8 所示。以普通用户身份登录网站的运行结果如图 11.9 所示。

图 11.8　超级用户登录网站的运行结果

图 11.9　普通用户登录网站的运行结果

11.3　Session 高级应用

 视频讲解：光盘\TM\lx\11\Session 高级应用.exe

11.3.1　Session 临时文件

在服务器中，如果将所有用户的 Session 都保存到临时目录中，会降低服务器的安全性和效率，打开服务器存储的站点会非常慢。

【例 11.4】　使用 PHP 函数 session_save_path()存储 Session 临时文件，可缓解因临时文件的存储导致服务器效率降低和站点打开缓慢的问题。实例代码如下：（**实例位置：光盘\TM\sl\11\4**）

```php
<?php
    $path = './tmp/';                       //设置 Session 存储路径
    session_save_path($path);
    session_start();                        //初始化 Session
    $_SESSION['username'] = true;
?>
```

注意

session_save_path()函数应在 session_start()函数之前调用。

11.3.2　Session 缓存

Session 的缓存是将网页中的内容临时存储到 IE 客户端的 Temporary Internet Files 文件夹下，并且可以设置缓存的时间。当第一次浏览网页后，页面的部分内容在规定的时间内就被临时存储在客户端的临时文件夹中，这样在下次访问这个页面时，就可以直接读取缓存中的内容，从而提高网站的浏览效率。

Session 缓存的完成使用的是 session_cache_limiter()函数，其语法如下：

string **session_cache_limiter** ([string cache_limiter])

其中，cache_limiter 为 public 或 private。同时，Session 缓存并不是指在服务器端而是客户端缓存，在服务器中没有显示。

缓存时间的设置使用的是 session_cache_expire()函数，其语法如下：

int **session_cache_expire** ([int new_cache_expire])

其中，new_cache_expire 是 Session 缓存的时间数字，单位是分钟。

注意

这两个 Session 缓存函数必须在 session_start()调用之前使用，否则会出错。

【例 11.5】 了解 Session 缓存页面过程，实例代码如下：（实例位置：**光盘\TM\sl\11\5**）

```php
<?php
    session_cache_limiter('private');
    $cache_limit = session_cache_limiter();              //开启客户端缓存
    session_cache_expire(30);
    $cache_expire = session_cache_expire();              //设定客户端缓存时间
    session_start();
?>
```

运行结果如图 11.10 所示。

图 11.10　Session 客户端缓存

11.3.3　Session 数据库存储

虽然通过改变 Session 存储文件夹使 Session 不至于将临时文件夹填满而造成站点瘫痪，但是可以计算一下如果一个大型网站一天登录 1000 人，一个月登录了 30000 人，这时站点中存在 30000 个 Session 文件，要在这 30000 个文件中查询一个 session_id 应该不是件轻松的事情，那么这时就可以应用 Session 数据库存储，也就是 PHP 中的 session_set_save_handler()函数。

语法格式如下：

bool **session_set_save_handler** (string open, string close, string read, string write, string destroy, string gc)

session_set_save_handler()函数的参数说明如表 11.2 所示。

表 11.2　session_set_save_handler()函数的参数说明

参　　数	说　　明
open(save_path,session_name)	找到 Session 存储地址，取出变量名称
close()	不需要参数，关闭数据库
read(key)	读取 Session 键值，key 对应 session_id
write(key,data)	其中 data 对应设置的 Session 变量

续表

参　　　数	说　　　明
destroy(key)	注销 Session 对应 Session 键值
gc(expiry_time)	清除过期 Session 记录

　　一般应用参数直接使用变量，但是此函数中参数为 6 个函数，而且在调用时只是调用函数名称的字符串。下面将分别讲解这 6 个参数（函数），最后把这些封装进类中，等学习完面向对象编程后就会有一个非常清晰的印象。

　　（1）封装_session_open()函数，连接数据库，代码如下：

```php
function _session_open($save_path,$session_name)
{
    global $handle;
    $handle = mysql_connect('localhost','root','root') or die('数据库连接失败');      //连接 MySQL 数据库
    mysql_select_db('db_database11',$handle) or die('数据库中没有此库名');      //找到数据库
    return(true);
}
```

说明

　　这里并没有用到$save_path 和$session_name，可以将它们去掉，但还是建议读者输入，因为一般使用时都是存在这两个变量的，应该养成一个好的习惯。

　　（2）封装_session_close()函数，关闭数据库连接，代码如下：

```php
function _session_close()
{
    global $handle;
    mysql_close($handle);
    return(true);
}
```

说明

　　在这个函数中不需要任何参数，所以不论是 Session 存储到数据库还是文件中，只需返回 true 即可。但是如果是 MySQL 数据库，最好是将数据库关闭，以保证以后不会出现麻烦。

　　（3）封装_session_read()函数，在函数中设定当前时间的 UNIX 时间戳，根据$key 值查找 Session 名称及内容，代码如下：

```php
function _session_read($key)
{
    global $handle;                          //全局变量$handle 连接数据库
    $time = time();                          //设定当前时间
    $sql = "select session_data from tb_session where session_key = '$key' and session_time > $time";
    $result = mysql_query($sql,$handle);
    $row = mysql_fetch_array($result);
```

```
if ($row){
        return($row['session_data']);                         //返回 Session 名称及内容
    }else{
        return(false);
    }
}
```

存储进数据库中的 session_expiry 是 UNIX 时间戳。

（4）封装_session_write()函数，函数中设定 Session 失效时间，查找到 Session 名称及内容，如果查询结果为空，则将页面中的 Session 根据 session_id、session_name、失效时间插入数据库；如果查询结果不为空，则根据$key 修改数据库中 Session 的存储信息，返回执行结果，代码如下：

```
function _session_write($key,$data)
{
    global $handle;
    $time = 60*60;                                             //设置失效时间
    $lapse_time = time() + $time;                              //得到 UNIX 时间戳
    $handle = mysqli_connect('localhost','root','111') or die('数据库连接失败');    //连接 MySQL 数据库
    mysqli_select_db($handle,'db_database11') or die('数据库中没有此库名');         //找到数据库
    $sql = "select session_data from tb_session where session_key = '$key' and session_time > $lapse_time";
    $result = mysql_query($sql,$handle);
    if (mysql_num_rows($result) == 0 ) {                       //没有结果
        $sql = "insert into tb_session values('$key','$data',$lapse_time)";    //插入数据库 SQL 语句
        $result = mysql_query($sql,$handle);
    }else{
        $sql = "update tb_session set session_key = '$key',session_data = '$data',session_time =
$lapse_time where session_key = '$key'";                      //修改数据库 SQL 语句
        $result = mysql_query($sql,$handle);
    }
    return($result);
}
```

（5）封装_session_destroy()函数，根据$key 值将数据库中的 Session 删除，代码如下：

```
function _session_destroy($key)
{
    global $handle;
    $sql = "delete from tb_session where session_key = '$key'";        //删除数据库 sql 语句
    $result = mysql_query($sql,$handle);
    return($result);
}
```

（6）封装_session_gc()函数，根据给出的失效时间删除过期 Session，代码如下：

```
function _session_gc()
{
    global $handle;
    $lapse_time = time();                                     //将参数$lapse_time 赋值为当前时间戳
```

```
$sql = "delete from tb_session where session_time < $lapse_time";  //删除数据库 SQL 语句
$result = mysql_query($sql,$handle);
return($result);
}
```

以上为 session_set_save_handler()函数的 6 个参数（函数）。

【例 11.6】 下面通过函数 session_set_save_handler()实现 Session 存储数据库。实例代码如下：（实例位置：光盘\TM\sl\11\6）

```
session_set_save_handler('_session_open','_session_close','_session_read','_session_write','_session_destroy',
'_session_gc');
session_start();
//下面为我们定义的 Session
$_SESSION['user'] = 'mr';
$_SESSION['pwd'] = 'mrsoft';
```

现在可以查看数据库中表 Session 的内容，如图 11.11 所示。

←T→	▼	session_key	session_data	session_time
□ ✎编辑 ⅲ✐复制 ⊖删除		5292pi12k6tqkvak1ph3o6t3v2	user|s:2:"mr";pwd|s:6:"mrsoft";	1467284897

图 11.11　数据库存储 Session

11.4　小　　结

本章通过简短的篇幅让读者了解 Cookie 及 Session 是什么、能做些什么。下面总结了 Session 和 Cookie 有什么不同。

Session 和 Cookie 最大的区别是：Session 是将 Session 的信息保存在服务器上，并通过一个 Session ID 来传递客户端的信息，同时服务器接收到 Session ID 后，根据这个 ID 来提供相关的 Session 信息资源；Cookie 是将所有的信息以文本文件的形式保存在客户端，并由浏览器进行管理和维护。

由于 Session 为服务器存储，所以远程用户无法修改 Session 文件的内容。而 Cookie 为客户端存储，所以 Session 要比 Cookie 安全得多。当然，使用 Session 还有很多优点，如控制容易，可以按照用户自定义存储等（存储于数据库）。

11.5　实践与练习

1. 开发一个"试用版学习资源网"，当用户登录后，使用 Cookie 限制用户访问网站的时间，在页面停留 30 秒后，网站将提示"您在本网站停留的时间已经超过我们限制的时间，系统将在 5 秒钟后退出登录!!谢谢!请稍等…"。（答案位置：光盘\TM\sl\11\10）

2. 使用 Session 技术实现聊天室换肤功能。（答案位置：光盘\TM\sl\11\11）

第**12**章

图形图像处理技术

(📹 视频讲解：46分钟）

由于有 GD 库的强大支持，PHP 的图像处理功能可以说是 PHP 的一个强项，便捷易用、功能强大。另外，PHP 图形化类库——Jpgraph 也是一款非常好用和强大的图形处理工具，可以绘制各种统计图和曲线图，也可以自定义设置颜色和字体等元素。

图像处理技术中的经典应用是绘制饼形图、柱形图和折线图，这是对数据进行图形化分析的最佳方法。本章将分别对 GD2 函数及 Jpgraph 类库进行详细讲解。

通过阅读本章，您可以：

▸▸ 了解和熟悉 GD 库的加载

▸▸ 掌握 Jpgraph 的安装与配置

▸▸ 熟练使用 GD2 函数创建图像

▸▸ 熟练使用 Jpgraph 类库创建柱形图

▸▸ 熟练使用 Jpgraph 类库创建折线图

▸▸ 熟练使用 Jpgraph 类库创建 3D 饼形图

12.1　在 PHP 中加载 GD 库

视频讲解：光盘\TM\lx\12\在 PHP 中加载 GD 库.exe

GD 库是一个开放的动态创建图像、源代码公开的函数库，可以从官方网站 http://www.boutell.com/gd 处下载。目前，GD 库支持 GIF、PNG、JPEG、WBMP 和 XBM 等多种图像格式，用于对图像的处理。

GD 库在 PHP 5 中是默认安装的，但要激活 GD 库，必须修改 php.ini 文件。将该文件中的 ";extension=php_gd2.dll" 选项前的分号 ";" 删除，如图 12.1 所示，保存修改后的文件并重新启动 Apache 服务器即可生效。

在成功加载 GD2 函数库后，可以通过 phpinfo() 函数来获取 GD2 函数库的安装信息，验证 GD 库是否安装成功。

在 IE 浏览器的地址栏中输入 "127.0.0.1/phpinfo.php" 并按 Enter 键，在打开的页面中检索到如图 12.2 所示的 GD 库的安装信息，即说明 GD 库安装成功。

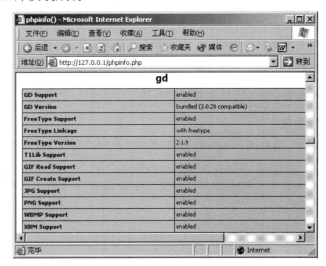

图 12.1　加载 GD2 函数库　　　　　　图 12.2　GD2 函数库的安装信息

说明

如果使用集成化安装包来配置 PHP 的开发环境，就不必担心这个问题，因为在集成化安装包中，默认 GD2 函数库已经被加载。

说明

Linux 和 Windows 系统下都可以使用 GD 库，函数也是完全一致，但是图形的坐标会发生偏移，如果两个系统互相移植，则必须重新查看界面。

12.2　Jpgraph 的安装与配置

视频讲解：光盘\TM\lx\12\Jpgraph 的安装与配置.exe

Jpgraph 这个强大的绘图组件能根据用户的需要绘制任意图形。只需要提供数据，就能自动调用绘图函数的过程，把处理的数据输入自动绘制。Jpgraph 提供了多种方法创建各种统计图，包括折线图、柱形图和饼形图等。Jpgraph 是一个完全使用 PHP 语言编写的类库，并可以应用在任何 PHP 环境中。

12.2.1　Jpgraph 的安装

Jpgraph 可以从其官方网站 http://www.aditus.nu/jpgraph/下载。注意 Jpgraph 支持 PHP 4.3.1 以上和 PHP 5 版本的图形库，应选择合适的 Jpgraph 版本下载。

Jpgraph 的安装方法非常简单，文件下载后，安装步骤如下：

（1）将压缩包下的全部文件解压到一个文件夹中，如 E:\wamp\www\jpgraph。

（2）打开 PHP 的安装目录，编辑 php.ini 文件并修改其中的 include_path 参数，在其后增加前面的文件夹名，如"include_path = ".;E:\wamp\www\jpgraph""。

（3）重新启动 Apache 服务器即可生效。

注意

Jpgraph 需要 GD 库的支持。如果用户希望 Jpgraph 类库仅对当前站点有效，只需将 Jpgraph 压缩包下的 src 文件夹中的全部文件复制到网站所在目录的文件夹中，使用时调用 src 文件夹下的指定文件即可。这些内容在后面的典型实例中将具体讲解。

12.2.2　Jpgraph 的配置

Jpgraph 提供了一个专门用于配置 Jpgraph 类库的文件 jpg-config.inc.php。在使用 Jpgraph 前，可以通过修改文本文件来完成 Jpgraph 的配置。

jpg-config.inc.php 文件的配置需修改以下两项。

☑　支持中文的配置

Jpgraph 支持的中文标准字体可以通过修改 CHINESE_TTF_FONT 的设置来完成。

```
DEFINE('CHINESE_TTF_FONT','bkai00mp.ttf');
```

☑　默认图片格式的配置

根据当前 PHP 环境中支持的图片格式来设置默认的生成图片的格式。Jpgraph 默认图片格式的配置可以通过修改 DEFAULT_GFORMAT 的设置来完成。默认值 auto 表示 Jpgraph 将依次按照 PNG、GIF 和 JPEG 的顺序来检索系统支持的图片格式。

```
DEFINE("DEFAULT_GFORMAT","auto");
```

注意

如果用户使用的是 Jpgraph 2.3 版本，那么不需要重新进行配置。

12.3　图形图像的典型应用

视频讲解：光盘\TM\lx\12\图形图像的典型应用.exe

网页中如果没有丰富多彩的图形图像总是缺少生气，漂亮的图形图像能让整个网页看起来更富有吸引力，使许多文字难以表达的思想一目了然，并且可以清晰地表达出数据之间的关系。下面对图形图像处理的各种技术进行讲解。

12.3.1　创建一个简单的图像

使用 GD2 函数库可以实现各种图形图像的处理。创建画布是使用 GD2 函数库来创建图像的第一步，无论创建什么样的图像，首先都需要创建一个画布，其他操作都将在这个画布上完成。在 GD2 函数库中创建画布，可以通过 imagecreate()函数实现。

【例 12.1】 使用 imagecreate()函数创建一个宽 200 像素、高 60 像素的画布，并且设置画布背景颜色 RGB 值为（30，30，30），最后输出一个 GIF 格式的图像。实例代码如下：（**实例位置：光盘\TM\sl\12\1**）

```php
<?php
    $im = imagecreate(200,60);                      //创建一个画布
    $white = imagecolorallocate($im, 30,30,30);     //设置画布的背景颜色为灰色
    imagegif($im);                                  //输出图像
?>
```

在上面的代码中，主要使用 imagecreate()函数创建一个基于普通调色板的画布，通常支持 256 色，其中 200 和 60 分别为图像的宽度和高度，单位为像素（pixel）。

运行结果如图 12.3 所示。

图 12.3　创建一个简单的图像

12.3.2　使用 GD2 函数在照片上添加文字

PHP 中的 GD 库支持中文，但必须要以 UTF-8 格式的参数来进行传递，如果使用 imageString()函数直接绘制中文字符串就会显示乱码，这是因为 GD2 对中文只能接收 UTF-8 编码格式，并且默认使用英文字体，所以要输出中文字符串，必须对中文字符串进行转码，并设置中文字符使用的字体。否则，输出的只能是乱码。

【例 12.2】 使用 imageTTFText()函数将文字"长白山天池"以 TTF（True Type Fonts）字体输出到图像中。（**实例位置：光盘\TM\sl\12\2**）

程序开发步骤如下：

（1）通过 header()函数定义输出图像类型。

（2）通过 imagecreatefromjpeg()函数载入照片。

（3）通过 imagecolorallocate()设置输出字体颜色。

（4）定义输出的中文字符串所使用的字条。

（5）通过 iconv()函数对输出的中文字符串的编码格式进行转换。

（6）通过 imageTTFText()函数向照片中添加文字。

（7）创建图像，并释放资源。

代码如下：

```php
<?php
    header("content-type:image/jpeg");                              //定义输出为图像类型
    $im=imagecreatefromjpeg("images/photo.jpg");                    //载入照片
    $textcolor=imagecolorallocate($im,56,73,136);                   //设置字体颜色为蓝色，值为 RGB 颜色值
    $fnt="c:/windows/fonts/simhei.ttf";                             //定义字体
    $motto=iconv("gb2312","utf-8","长白山天池");                     //定义输出字体串
    imageTTFText($im,220,0,480,340,$textcolor,$fnt,$motto);         //写 TTF 文字到图中
    imagejpeg($im);                                                 //建立 JPEG 图形
    imagedestroy($im);                                              //结束图形，释放内存空间
?>
```

在上面的代码中，主要使用 imageTTFText()函数输出文字到照片中。其中，$im 指照片，220 是字体的大小，0 是文字的水平方向，480、340 是文字的坐标值，$textcolor 是文字的颜色，$fnt 是字体，$motto 是照片文字。

本例运行前后的效果如图 12.4 和图 12.5 所示。

图 12.4　照片原图

图 12.5　添加文字后的照片

技巧

应用该方法还可以制作电子相册。

12.3.3　使用图像处理技术生成验证码

验证码功能的实现方法很多，有数字验证码、图形验证码和文字验证码等。在本节中介绍一种使

用图像处理技术生成的验证码。

【例 12.3】　使用图像处理技术生成验证码。（**实例位置：光盘\TM\sl\12\3**）

程序的开发步骤如下：

（1）创建一个 checks.php 文件，在该文件中使用 GD2 函数创建一个 4 位的验证码，并且将生成的验证码保存在 Session 变量中，代码如下：

```php
<?php
    session_start();                                      //初始化 Session 变量
    header("content-type:image/png");                     //设置创建图像的格式
    $image_width=70;                                      //设置图像宽度
    $image_height=18;                                     //设置图像高度
    srand(microtime()*100000);                            //设置随机数的种子
    $new_number="";                                       //初始化变量
    for($i=0;$i<4;$i++){                                  //循环输出一个 4 位的随机数
        $new_number.=dechex(rand(0,15));
    }
    $_SESSION['check_checks']=$new_number;                //将获取的随机数验证码写入 Session 变量中
    $num_image=imagecreate($image_width,$image_height);`  //创建一个画布
    imagecolorallocate($num_image,255,255,255);           //设置画布的颜色
    for($i=0;$i<strlen($_SESSION['check_checks']);$i++){  //循环读取 Session 变量中的验证码
        $font=mt_rand(3,5);                               //设置随机的字体
        $x=mt_rand(1,8)+$image_width*$i/4;                //设置随机字符所在位置的 X 坐标
        $y=mt_rand(1,$image_height/4);                    //设置随机字符所在位置的 Y 坐标
        $color=imagecolorallocate($num_image,mt_rand(0,100),mt_rand(0,150),mt_rand(0,200)); //设置字符的颜色
        imagestring($num_image,$font,$x,$y,$_SESSION['check_checks'][$i],$color); //水平输出字符
    }
    imagepng($num_image);                                 //生成 PNG 格式的图像
    imagedestroy($num_image);                             //释放图像资源
?>
```

在上面的代码中，对验证码进行输出时，每个字符的位置、颜色和字体都是通过随机数来获取的，可以在浏览器中生成各式各样的验证码，还可以防止恶意用户攻击网站系统。

（2）创建一个用户登录的表单，并调用 checks.php 文件，在表单页中输出图像的内容，提交表单信息，使用 if 条件语句判断输入的验证码是否正确。如果用户填写的验证码与随机产生的验证码相等，则提示"用户登录成功！"，代码如下：

```php
<?php
    session_start();                                      //初始化 Session
    if(isset($_POST["Submit"]) && $_POST["Submit"]!=""){
    $checks=$_POST["checks"];                             //获取验证码文本框的值
    if($checks==""){                                      //如果验证码的值为空，则弹出提示信息
    echo "<script> alert('验证码不能为空');window.location.href='index.php';</script>";
    }
    //如果用户输入验证码的值与随机生成的验证码的值相等，则弹出登录成功提示
    if($checks==$_SESSION['check_checks']){
        echo "<script> alert('用户登录成功!');window.location.href='index.php';</script>";
    }else{                                                //否则弹出验证码不正确的提示信息
```

```
        echo "<script> alert('您输入的验证码不正确!');window.location.href='index.php';</script>";
    }
    }
?>
```

（3）在 IE 地址栏中输入地址，按 Enter 键，输入用户名和密码，在"验证码"文本框中输入验证码信息，单击"登录"按钮，对验证码的值进行判断，运行结果如图 12.6 所示。

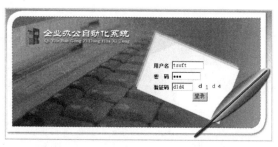

图 12.6　使用图像处理技术生成验证码

12.3.4　使用柱形图统计图书月销售量

柱形图的使用在 Web 网站中非常广泛，它可以直观地显示数据信息，使数据对比和变化趋势一目了然，从而可以更加准确、直观地表达信息和观点。

【例 12.4】　使用 Jpgraph 类库实现柱形图统计图书月销售情况。（**实例位置：光盘\TM\sl\12\4**）

创建柱形分析图的详细步骤如下：

（1）使用 include 语句引用 jpgraph.php 文件。

（2）采用柱形图进行统计分析，需要创建 BarPlot 对象，BarPlot 类在 jpgraph_bar.php 中定义，需要使用 include 语句调用该文件。

（3）定义一个 12 个元素的数组，分别表示 12 个月中的图书销量。

（4）创建 Graph 对象，生成一个 600×300 像素大小的画布，设置统计图所在画布的位置以及画布的阴影、淡蓝色背景等。

（5）创建一个矩形的对象 BarPlot，设置其柱形图的颜色，在柱形图上方显示图书销售数据，并格式化数据为整型。

（6）将绘制的柱形图添加到画布中。

（7）添加标题名称和 X 轴坐标，并分别设置其字体。

（8）输出图像。

本例的完整代码如下：

```php
<?php
    include ("jpgraph/jpgraph.php");
    include ("jpgraph/jpgraph_bar.php");                              //引用柱形图对象所在的文件
    $datay=array(160,180,203,289,405,488,489,408,299,166,187,105);   //定义数组
    $graph = new Graph(600,300,"auto");                              //创建画布
    $graph->SetScale("textlin");
```

```
$graph->yaxis->scale->SetGrace(20);
$graph->SetShadow();                                        //创建画布阴影
//设置统计图所在画布的位置，左边距 40、右边距 30、上边距 30、下边距 40，单位为像素
$graph->img->SetMargin(40,30,30,40);
$bplot = new BarPlot($datay);                               //创建一个矩形的对象
$bplot->SetFillColor('orange');                            //设置柱形图的颜色
$bplot->value->Show();                                     //设置显示数字
$bplot->value->SetFormat('%d');                            //在柱形图中显示格式化的图书销量
$graph->Add($bplot);                                       //将柱形图添加到图像中
$graph->SetMarginColor("lightblue");                       //设置画布背景色为淡蓝色
$graph->title->Set("《PHP 从入门到精通》2009 年销量统计");    //创建标题
//设置 X 坐标轴文字
$a=array("1 月","2 月","3 月","4 月","5 月","6 月","7 月","8 月","9 月","10 月","11 月","12 月");
$graph->xaxis->SetTickLabels($a);                          //设置 X 轴
$graph->title->SetFont(FF_SIMSUN);                         //设置标题的字体
$graph->xaxis->SetFont(FF_SIMSUN);                         //设置 X 轴的字体
$graph->Stroke();                                          //输出图像
?>
```

本例的运行结果如图 12.7 所示。

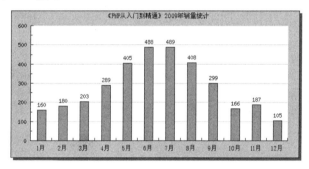

图 12.7　应用柱形图统计图书月销量

12.3.5　使用折线图统计图书月销售额

折线图的使用同样十分广泛，如商品的价格走势、股票在某一时间段的涨跌等，都可以使用折线图来分析。

【例 12.5】 使用 Jpgraph 类库实现折线图统计图书月销售额情况。（**实例位置：光盘\TM\sl\12\5**）

创建折线分析图的详细步骤如下：

（1）使用 include 语句引用 jpgraph_line.php 文件。

（2）采用折线图进行统计分析，需要创建 LinePlot 对象，而 LinePlot 类在 jpgraph_line.php 中定义，需要应用 include 语句调用该文件。

（3）定义一个 12 个元素的数组，分别表示 12 个月中的图书月销售额。

（4）创建 Graph 对象，生成一个 600×300 像素大小的画布，设置统计图所在画布的位置，以及画布的阴影、淡蓝色背景等。

（5）创建一个折线图的对象 BarPlot，设置其折线图的颜色。

（6）将绘制的折线图添加到画布中。

（7）添加标题名称和 X 轴坐标，并分别设置其字体。

（8）输出图像。

本例的完整代码如下：

```php
<?php
  include ("jpgraph/jpgraph.php");
  include ("jpgraph/jpgraph_line.php");                          //引用折线图 LinePlot 类文件
  $datay = array(8320,9360,14956,17028,13060,15376,25428,16216,28548,18632,22724,28460);  //定义数组
  $graph = new Graph(600,300,"auto");                            //创建画布
  //设置统计图所在画布的位置，左边距 50、右边距 40、上边距 30、下边距 40，单位为像素
  $graph->img->SetMargin(50,40,30,40);
  $graph->img->SetAntiAliasing();                               //设置折线的平滑状态
  $graph->SetScale("textlin");                                  //设置刻度样式
  $graph->SetShadow();                                          //创建画布阴影
  $graph->title->Set("2009 年《PHP 从入门到精通》图书月销售额折线图"); //设置标题
  $graph->title->SetFont(FF_SIMSUN,FS_BOLD);                    //设置标题字体
  $graph->SetMarginColor("lightblue");                          //设置画布的背景颜色为淡蓝色
  $graph->yaxis->title->SetFont(FF_SIMSUN,FS_BOLD);             //设置 Y 轴标题的字体
  $graph->xaxis->SetPos("min");
  $graph->yaxis->HideZeroLabel();
  $graph->ygrid->SetFill(true,'#EFEFEF@0.5','#BBCCFF@0.5');
  $a=array("1 月","2 月","3 月","4 月","5 月","6 月","7 月","8 月","9 月","10 月","11 月","12 月");//X 轴
  $graph->xaxis->SetTickLabels($a);                            //设置 X 轴
  $graph->xaxis->SetFont(FF_SIMSUN);                           //设置 X 坐标轴的字体
  $graph->yscale->SetGrace(20);
  $p1 = new LinePlot($datay);                                  //创建折线图对象
  $p1->mark->SetType(MARK_FILLEDCIRCLE);                       //设置数据坐标点为圆形标记
  $p1->mark->SetFillColor("red");                             //设置填充的颜色
  $p1->mark->SetWidth(4);                                     //设置圆形标记的直径为 4 像素
  $p1->SetColor("blue");                                      //设置折线颜色为蓝色
  $p1->SetCenter();                                           //在 X 轴的各坐标点中心位置绘制折线
  $graph->Add($p1);                                          //在统计图上绘制折线
  $graph->Stroke();                                          //输出图像
?>
```

本例的运行结果如图 12.8 所示。

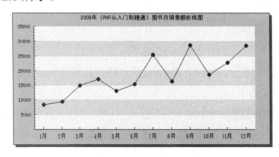

图 12.8　应用折线图统计图书月销售额

12.3.6　使用 3D 饼形图统计各类商品的年销售额比率

饼形图是一种非常实用的数据分析技术，可以清晰地表达出数据之间的关系。在调查某类商品的市场占有率时，最好的显示方式就是使用饼形图，通过饼形图可以直观地看到某类产品的不同品牌在市场中的占有比例。

【例 12.6】　使用 3D 饼形图统计各类商品的年销售额比率。（实例位置：光盘\TM\sl\12\6）

创建 3D 饼形图的详细步骤如下：

（1）使用 include 语句引用 jpgraph_line.php 文件。

（2）绘制饼形图需要引用 jpgraph_pie.php 文件。

（3）绘制 3D 效果的饼形图需要创建 PiePlot3D 类对象，PiePlot3D 类在 jpgraph_line.php 中定义，需要应用 inlcude 语句调用该文件。

（4）定义一个 6 个元素的数组，分别表示 6 种不同的商品类别。

（5）创建 Graph 对象，生成一个 540×260 像素大小的画布，设置统计图所在画布的位置以及画布的阴影。

（6）设置标题的字体以及图例的字体。

（7）设置饼形图所在画布的位置。

（8）将绘制的 3D 饼形图添加到图像中。

（9）输出图像。

创建 3D 饼形图的程序完整代码如下：

```php
<?php
    include_once ("jpgraph/jpgraph.php");
    include_once ("jpgraph/jpgraph_pie.php");
    include_once ("jpgraph/jpgraph_pie3d.php");            //引用 3D 饼形图 PiePlot3D 对象所在的类文件

    $data = array(266036,295621,335851,254256,254254,685425); //定义数组
    $graph = new PieGraph(540,260,'auto');                 //创建画布
    $graph->SetShadow();                                   //设置画布阴影

    $graph->title->Set("应用 3D 饼形图统计 2009 年商品的年销售额比率");//创建标题
    $graph->title->SetFont(FF_SIMSUN,FS_BOLD);             //设置标题字体
    $graph->legend->SetFont(FF_SIMSUN,FS_NORMAL);          //设置图例字体

    $p1 = new PiePlot3D($data);                            //创建 3D 饼形图对象
    $p1->SetLegends(array("IT 数码","家电通讯","家居日用","服装鞋帽","健康美容","食品烟酒"));
    $targ=array("pie3d_csimex1.php?v=1","pie3d_csimex1.php?v=2","pie3d_csimex1.php?v=3",
                "pie3d_csimex1.php?v=4","pie3d_csimex1.php?v=5","pie3d_csimex1.php?v=6");
    $alts=array("val=%d","val=%d","val=%d","val=%d","val=%d","val=%d");
    $p1->SetCSIMTargets($targ,$alts);

    $p1->SetCenter(0.4,0.5);                               //设置饼形图所在画布的位置
    $graph->Add($p1);                                      //将 3D 饼形图添加到图像中
    $graph->StrokeCSIM();                                  //输出图像到浏览器
?>
```

代码的加粗部分是需要特别注意的地方，这两行代码分别用于设置标题的字体以及图例的字体。本实例的运行结果如图 12.9 所示。

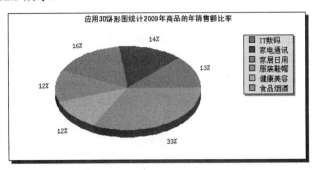

图 12.9　应用 3D 饼形图统计 2009 年各类商品的年销售额比率

12.4　小　　结

本章首先介绍了 GD2 函数库的安装方法，以及应用 GD2 函数创建图像，使读者对 GD2 函数有一个初步的认识。接着介绍了一个专门用于绘制统计图的类库——Jpgraph。通过讲解 Jpgraph 类库的安装、配置到实际的应用过程，指导读者熟练使用该类库，完成更复杂的图形图像的开发。

12.5　实践与练习

1. 使用柱形图统计 2009 年液晶电视、电冰箱的月销量，要求使用 Jpgraph 类库实现，效果如图 12.10 所示。（**答案位置：光盘\TM\sl\12\7**）

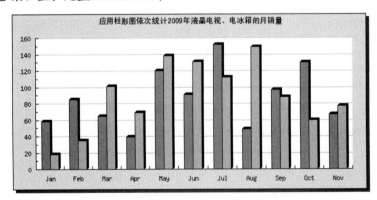

图 12.10　使用柱形图统计 2009 年液晶电视、电冰箱的月销量

2. 使用折线图统计 2009 年轿车的月销量，要求使用 Jpgraph 类库实现，效果如图 12.11 所示。（**答案位置：光盘\TM\sl\12\8**）

图 12.11　使用折线图统计 2009 年轿车的月销量

3．使用饼形图统计 2006 年、2007 年、2008 年、2009 年农产品的产量比率，要求使用 Jpgraph 类库实现，效果如图 12.12 所示。（**答案位置：光盘\TM\sl\12\9**）

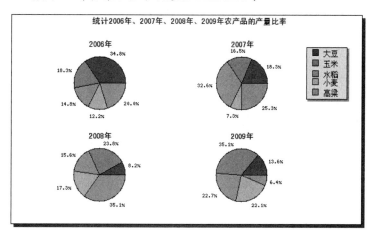

图 12.12　使用饼形图统计 2006 年、2007 年、2008 年、2009 年农产品的产量比率

第13章

文件系统

（ 视频讲解：50分钟 ）

文件是用来存取数据的方式之一。相对于数据库来说，文件在使用上更方便、直接。如果数据较少、较简单，使用文件无疑是最合适的方法。PHP 能非常好地支持文件上传功能，可以通过配置文件和函数来修改上传功能。

通过阅读本章，您可以：

▶▶ 了解读、写文件的方法

▶▶ 了解操作文件的方法

▶▶ 掌握目录的处理方法

▶▶ 掌握文件指针的应用方法

▶▶ 掌握锁定文件的方法

▶▶ 掌握文件上传的方法

13.1 文 件 处 理

📹 视频讲解：光盘\TM\lx\13\文件处理.exe

文件处理包括读取、关闭、重写等，掌握文件的处理需要读者理清思路，掌握文件处理的关键步骤和常用函数，完全可以运用自如。

例如，访问一个文件需要 3 步：打开文件、读写文件和关闭文件。其他的操作要么是包含在读写文件中（如显示内容、写入内容等），要么与文件自身的属性有关系（如文件遍历、文件改名等）。本节将对常用的文件处理技术进行详细讲解。

13.1.1 打开/关闭文件

打开/关闭文件使用 fopen()函数和 fclose()函数。打开文件应格外认真，一不小心就有可能将文件内容全部删掉。

1. 打开文件

对文件进行操作时首先要打开文件，这是进行数据存取的第一步。在 PHP 中使用 fopen()函数打开文件，fopen()函数的语法如下：

```
resource fopen (string filename, string mode [, bool use_include_path]);
```

其中，filename 是要打开的包含路径的文件名，可以是相对路径，也可以是绝对路径，如果没有任何前缀则表示打开的是本地文件；mode 是打开文件的方式，可取的值如表 13.1 所示；use_include_path 是可选的，该参数在配置文件 php.ini 中指定一个路径，如 E:\wamp\ www\mess.php，如果希望服务器在这个路径下打开所指定的文件，可以设置为 1 或 true。

表 13.1 fopen()中参数 mode 的取值列表

mode	模 式 名 称	说 明
r	只读	读模式——进行读取，文件指针位于文件的开头
r+	只读	读写模式——进行读写，文件指针位于文件的开头。在现有文件内容的末尾之前进行写入就会覆盖原有内容
W	只写	写模式——进行写入文件，文件指针指向头文件。如果该文件存在，则所有文件内容被删除；否则函数将创建这个文件
w+	只写	写模式——进行读写，文件指针指向头文件。如果该文件存在，则所有文件的内容被删除；否则函数将创建这个文件
x	谨慎写	写模式打开文件，从文件头开始写。如果文件已经存在，则该文件将不会被打开，函数返回 false，PHP 将产生一个警告
x+	谨慎写	读/写模式打开文件，从文件头开始写。如果文件已经存在，则该文件将不会被打开，函数返回 false，PHP 将产生一个警告

续表

mode	模式名称	说明
a	追加	追加模式打开文件，文件指针指向尾文件。如果该文件已有内容，则将从文件末尾开始追加；如果该文件不存在，则函数将创建这个文件
a+	追加	追加模式打开文件，文件指针指向头文件。如果该文件已有内容，则从文件末尾开始追加或者读取；如果该文件不存在，则函数将创建这个文件
b	二进制	二进制模式——用于与其他模式进行连接。如果文件系统能够区分二进制文件和文本文件，可能会使用它。Windows 可以区分；UNIX 则不区分。推荐使用这个选项，便于获得最大限度的可移植性。它是默认模式
t	文本	用于与其他模式的结合。这个模式只是 Windows 下的一个选项

2．关闭文件

对文件的操作结束后应该关闭这个文件，否则可能引起错误。在 PHP 中使用 fclose()函数关闭文件，该函数的语法如下：

```
bool fclose(resource handle);
```

该函数将参数 handle 指向的文件关闭，如果成功，返回 true，否则返回 false。其中的文件指针必须是有效的，并且是通过 fopen()函数成功打开的文件。例如：

```php
<?php
    $f_open =fopen("../file.txt.","rb");            //打开文件
    …                                              //对文件进行操作
    fclose($f_open)                                //操作完成后关闭文件
?>
```

13.1.2　读写文件

相对打开和关闭文件来说，读写文件更复杂一些。这里主要从读取数据和写入数据两方面讲解。

1．从文件中读取数据

从文件中读取数据，可以读取一个字符、一行字串或整个文件，还可以读取任意长度的字串。

1）读取整个文件：readfile()、file()和 file_get_contents()

（1）readfile()函数

readfile()函数用于读入一个文件并将其写入到输出缓冲，如果出现错误则返回 false。函数语法如下：

```
int readfile(string filename)
```

使用 readfile()函数，不需要打开/关闭文件，不需要 echo/print 等输出语句，直接写出文件路径即可。

（2）file()函数

file()函数也可以读取整个文件的内容，只是 file()函数将文件内容按行存放到数组中，包括换行符

在内，如果失败则返回 false。函数语法如下：

```
array file(string filename)
```

（3）file_get_contents()函数

该函数将文件内容（filename）读入一个字符串。如果有 offset 和 maxlen 参数，将在参数 offset 所指定的位置开始读取长度为 maxlen 的内容。如果失败，返回 false。函数语法如下：

```
string file_get_contents(string filename[,int offset[,int maxlen]])
```

该函数适用于二进制对象，是将整个文件的内容读入到一个字符串中的首选方式。

【例 13.1】 本例使用 readfile()函数、file()函数和 file_get_contents()函数分别读取文件 tm.txt 的内容，实例代码如下：（实例位置：光盘\TM\sl\13\1）

```html
<table width="500" border="1" cellspacing="0" cellpadding="0">
  <tr>
    <td width="253" height="100" align="right" valign="middle" scope="col">使用 readfile()函数读取文件内容：
    </td>
    <td width="241" height="100" align="center" valign="middle" scope="col">
    <!--  使用 readfile()函数读取 tm.txt 文件的内容  -->
    <?php readfile('tm.txt'); ?></td>
    <!--  -------------------------------------------------  -->
  </tr>
  <tr>
    <td height="100" align="right" valign="middle">使用 file()函数读取文件内容：</td>
    <td height="100" align="center" valign="middle">
    <!--  使用 file()函数读取 tm.txt 文件的内容  -->
    <?php
        $f_arr = file('tm.txt');
        foreach($f_arr as $cont){
            echo $cont."<br>";
        }
    ?></td>
    <!--  -----------------------------------------  -->
  </tr>
  <tr>
    <td width="250" height="25" align="right" valign="middle" scope="col">使用 file_get_contents()函数读取文件内容：</td>
    <td height="25" align="center" valign="middle" scope="col">
    <!--  使用 file_get_contents()函数读取 tm.txt 文件的内容  -->
    <?php
        $f_chr = file_get_contents('tm.txt');
        echo $f_chr;
    ?></td>
    <!--  -----------------------------------------------------------  -->
  </tr>
</table>
```

运行结果如图 13.1 所示。

图 13.1　读取整个文件

2）读取一行数据：fgets()和 fgetss()

（1）fgets()函数

fgets()函数用于一次读取一行数据。函数语法如下：

```
string fgets( int handle [, int length] )
```

其中，handle 是被打开的文件，length 是要读取的数据长度。函数能够实现从 handle 指定文件中读取一行并返回长度最大值为 length-1 个字节的字符串。在遇到换行符、EOF 或者读取了 length-1 个字节后停止。如果忽略 length 参数，那么读取数据直到行结束。

（2）fgetss()函数

fgetss()函数是 fgets()函数的变体，用于读取一行数据，同时，fgetss()函数会过滤掉被读取内容中的 HTML 和 PHP 标记。函数语法如下：

```
string fgetss ( resource handle [, int length [, string allowable_tags]] )
```

该函数能够从读取的文件中过滤掉任何 HTML 和 PHP 标记。可以使用 allowable_tags 参数来控制哪些标记不被过滤掉。

【例 13.2】　使用 fgets()函数与 fgetss()函数分别读取 fun.php 文件并显示出来，观察它们有什么区别。实例代码如下：（实例位置：光盘\TM\sl\13\2）

```
<table border="1" cellspacing="0" cellpadding="0">
  <tr>
    <td align="right" valign="middle" scope="col">使用 fgets 函数：</td>
    <td align="center" valign="middle" scope="col">
<!--  使用 fgets 函数读取.php 文件   -->
<?php
    $fopen = fopen('fun.php','rb');
    while(!feof($fopen)){                        //feof()函数测试指针是否到了文件结束的位置
        echo fgets($fopen);                      //输出当前行
    }
    fclose($fopen);
?>
<!--  -------------------------------------   -->
    </td>
```

234

```
    </tr>
    <tr>
     <td align="right" valign="middle">使用 fgetss 函数：</td>
     <td align="center" valign="middle">
<!--  使用 fgetss 函数读取.php 文件   -->
     <?php
        $fopen = fopen('fun.php','rb');
        while(!feof($fopen)){                 //使用 feof()函数测试指针是否到了文件结束的位置
             echo fgetss($fopen);             //输出当前行
        }
        fclose($fopen);
        ?>
     </td>
    </tr>
</table>
```

运行结果如图 13.2 所示。

图 13.2　fgets()函数和 fgetss()函数的区别

3）读取一个字符：fgetc()

在对某一个字符进行查找、替换时，需要有针对性地对某个字符进行读取，在 PHP 中可以使用 fgetc() 函数实现此功能。函数语法如下：

string fgetc (resource handle)

该函数返回一个字符，该字符从 handle 指向的文件中得到。遇到 EOF 则返回 false。

【例 13.3】　在本例中，使用 fgetc()函数逐个字符读取文件 03.txt 的内容并输出。实例代码如下：（实例位置：光盘\TM\sl\13\3）

```
<pre>
  <?php
     $fopen = fopen('03.txt','rb');                 //创建文件资源
     while(false !== ($chr = fgetc($fopen))){       //使用 fgetc()函数取得一个字符，判断是否为 false
         echo $chr;                                 //如果不是，输出该字符
     }
     fclose($fopen);                                //关闭文件资源
  ?>
</pre>
```

运行结果如图 13.3 所示。

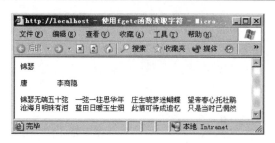

图 13.3 使用 fgetc()函数读取字符

4）读取任意长度的字串：fread()

fread()可以从文件中读取指定长度的数据，函数语法如下：

```
string fread ( int handle, int length )
```

其中，handle 为指向的文件资源，length 是要读取的字节数。当函数读取 length 个字节或到达 EOF 时停止执行。

【例 13.4】 使用 fread()函数读取文件 04.txt 的内容。实例代码如下：（**实例位置：光盘\TM\sl\13\4**）

```php
<?php
    $filename = "04.txt";                    //要读取的文件
    $fp = fopen($filename,"rb");             //打开文件
    echo fread($fp,32);                      //使用 fread()函数读取文件内容的前 32 个字节
    echo "<p>";
    echo fread($fp,filesize($filename));     //输出其余的文件内容
?>
```

运行结果如图 13.4 所示。

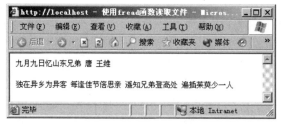

图 13.4 使用 fread()函数读取文件

2．将数据写入文件

写入数据也是 PHP 中常用的文件操作，在 PHP 中使用 fwrite()和 file_put_contents()函数向文件中写入数据。fwrite()函数也称为 fputs()，它们的用法相同。fwrite()函数的语法如下：

```
int fwrite ( resource handle, string string [, int length] )
```

该函数把内容 string 写入文件指针 handle 处。如果指定了长度 length，则写入 length 个字节后停止。如果文件内容长度小于 length，则会输出全部文件内容。

file_put_contents()函数是 PHP 5 新增的函数，其语法为：

```
int file_put_contents ( string filename, string data [, int flags])
```

☑ filename 为写入数据的文件。

☑ data 为要写入的数据。

☑ flags 可以是 FILE_USE_INCLUDE_PATH、FILE_APPEND 或 LOCK_EX，LOCK_EX 为独占
锁定，在 13.3.3 节锁定文件中将会介绍。

使用 file_put_contents()函数和依次调用 fopen()、fwrite()、fclose()函数的功能一样。下面通过实例
比较一下该函数的优越性。

【例 13.5】 本例首先使用 fwrite()函数向 05.txt 文件写入数据，再使用 file_put_contents()函数写入
数据。实例代码如下：（**实例位置：光盘\TM\sl\13\5**）

```php
<?php
    $filepath = "05.txt";
    $str = "此情可待成追忆    只是当时已惘然<br>";
    echo "用 fwrite 函数写入文件：";
    $fopen = fopen($filepath,'wb') or die('文件不存在');
    fwrite($fopen,$str);
    fclose($fopen);
    readfile($filepath);
    echo "<p>用 file_put_contents 函数写入文件：";
    file_put_contents($filepath,$str);
    readfile($filepath);
?>
```

运行结果如图 13.5 所示。

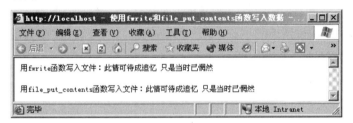

图 13.5　使用 fwrite()和 file_put_contents()函数写入数据

13.1.3　操作文件

除了可以对文件内容进行读写，对文件本身同样也可以进行操作，如复制、重命名、查看修改日
期等。PHP 内置了大量的文件操作函数，常用的文件函数如表 13.2 所示。

表 13.2　常用的文件操作函数

函 数 原 型	函 数 说 明	举 例
bool copy(string path1, string path2)	将文件从 path1 复制到 path2。如果成功，返回 true，失败则返回 false	copy('tm.txt','../tm.txt')
bool rename(string filename1,string filename2)	把 filename1 重命名为 filename2	rename('1.txt','tm.txt')

续表

函 数 原 型	函 数 说 明	举 例
bool unlink(string filename)	删除文件，成功返回 true，失败则返回 false	unlink('./tm.txt')
int fileatime(string filename)	返回文件最后一次被访问的时间，时间以 UNIX 时间戳的方式返回	fileatime('1.txt')
int filemtime(string filename)	返回文件最后一次被修改的时间，时间以 UNIX 时间戳的方式返回	date('Y-m-d H:i:s', filemtime('1.txt'))
int filesize(string filename)	取得文件 filename 的大小（bytes）	filesize('1.txt')

array pathinfo(string name [, int options])	返回一个数组，包含文件 name 的路径信息。有 dirname、basename 和 extension。可以通过 option 设置要返回的信息，有 PATHINFO_DIRNAME、PATHINFO_BASENAME 和 PATHINFO_EXTENSION。默认为返回全部	$arr = pathinfo('/tm/sl/12/5/1.txt');
		foreach($arr as $method => $value){
		    echo $method.": ".$value."
		";
		}

string realpath (string filename)	返回文件 filename 的绝对路径, 如 c:\tmp\…\1.txt	realpath('1.txt')

array stat (string filename)	返回一个数组，包括文件的相关信息，如上面提到的文件大小、最后修改时间等	$arr = stat('1.txt');
		foreach($arr as $method => $value){
		    echo $method.": ".$value."
		";
		}

说明

在读写文件时，除了 file()、readfile() 等少数几个函数外，其他操作必须要先使用 fopen() 函数打开文件，最后用 fclose() 函数关闭文件。文件的信息函数（如 filesize、filemtime 等）则都不需要打开文件，只要文件存在即可。

13.2　目　录　处　理

视频讲解：光盘\TM\lx\13\目录处理.exe

目录是一种特殊的文件。要浏览目录下的文件，首先要打开目录，浏览完毕后，同样要关闭目录。目录处理包括打开目录、浏览目录和关闭目录。

13.2.1　打开/关闭目录

打开/关闭目录和打开/关闭文件类似，但打开的文件如果不存在，就自动创建一个新文件，而打开的文件路径如果不正确，则一定会报错。

1．打开目录

PHP 使用 opendir()函数来打开目录，函数语法如下：

```
resource opendir ( string path)
```

函数 opendir()的参数 path 是一个合法的目录路径，成功执行后返回目录的指针。如果 path 不是一个合法的目录或者因为权限或文件系统错误而不能打开目录，则返回 false 并产生一个 E_WARNING 级别的错误信息。可以在 opendir()前面加上"@"符号来抑制错误信息的输出。

2．关闭目录

PHP 使用 closedir()函数关闭目录，函数语法如下：

```
void closedir ( resource handle )
```

参数 handle 为使用 opendir()函数打开的一个目录指针。

下面为打开和关闭目录的流程代码：

```php
<?php
    $path = "E:\\wamp\\www\\tm\\sl\\13" ;
    if (is_dir($path)){                              //检测是否为一个目录
        if ($dire = opendir($path))                  //判断打开目录是否成功
            echo $dire;                              //输出目录指针
    }else{
        echo '路径错误';
        exit();
    }
    …                                                //其他操作
    closedir($dire);                                 //关闭目录
?>
```

is_dir()函数判断当前路径是否为一个合法的目录。如果合法，返回 true，否则返回 false。

13.2.2　浏览目录

在 PHP 中浏览目录中的文件使用的是 scandir()函数，函数语法如下：

```
array scandir ( string directory [, int sorting_order ])
```

该函数返回一个数组，包含 directory 中的所有文件和目录。参数 sorting_order 指定排序顺序，默认按字母升序排序，如果添加了该参数，则变为降序排序。

【例 13.6】　本例将查看 E:\wamp\www\TM\sl\13 目录下的所有文件。实例代码如下：（**实例位置：光盘\TM\ sl\13\6**）

```php
<?php
    $path = 'E:\wamp\www\TM\sl\13';                  //要浏览的目录
    if(is_dir($path)){                               //判断文件名是否为目录
        $dir = scandir($path);                       //使用 scandir()函数取得所有文件及目录
```

```
            foreach($dir as $value){                          //使用 foreach 循环
                echo $value."<br>";                           //循环输出文件及目录名称
            }
        }else{
            echo "目录路径错误！";
        }
    ?>
```

运行结果如图 13.6 所示。

图 13.6　浏览目录

13.2.3　操作目录

目录是特殊的文件，也就是说，对文件的操作处理函数（如重命名）多数同样适用于目录。但还有一些特殊的函数只是针对目录的，表 13.3 列举了一些常用的目录操作函数。

表 13.3　常用的目录操作函数

函 数 原 型	函 数 说 明	举 例
bool mkdir (string pathname)	新建一个指定的目录	mkdir('temp')
bool rmdir (string dirname)	删除所指定的目录,该目录必须是空的	rmdir('tmp')
string getcwd (void)	取得当前工作的目录	getcwd()
bool chdir (string directory)	改变当前目录为 directory	echo getcwd() . " "; chdir('../'); echo getcwd() . " ";
float disk_free_space (string directory)	返回目录中的可用空间（bytes）。被检查的文件必须通过服务器的文件系统访问	disk_free_space('E:\\wamp')
float disk_total_space(string directory)	返回目录的总空间大小（bytes）	disk_total_space('E:\\wamp')

string readdir (resource handle)	返回目录中下一个文件的文件名（使用此函数时，目录必须是使用 opendir() 函数打开的）。在 PHP 5 之前，都是使用这个函数来浏览目录的	while(false!==($path=readdir($handle))){
		echo $path;
		}

void rewinddir (resource handle)	将指定的目录重新指定到目录的开头	rewinddir($handle)

13.3　文件处理的高级应用

📹 **视频讲解：光盘\TM\lx\13\文件处理的高级应用.exe**

在 PHP 中，除了可以对文件进行基本的读写操作外，还可以对文件指针进行查找、定位，对正在读取的文件进行锁定等，本节将进一步学习文件处理的高级技术。

13.3.1　远程文件的访问

PHP 支持 URL 格式的文件调用，只要在 php.ini 文件中配置一下即可。在 PHP 中找到 allow_url_fopen，将该选项设为 ON，重启服务器后即可使用 HTTP 或 FTP 的 URL 格式。如：

```
fopen('http://127.0.0.1/tm/sl/index.php','rb');
```

13.3.2　文件指针

PHP 可以实现文件指针的定位及查询，从而实现所需信息的快速查询。文件指针函数有 rewind()、fseek()、feof()和 ftell()。

1．rewind()函数

该函数将文件 handle 的指针设为文件流的开头，语法如下：

```
bool rewind ( resource handle )
```

📢**注意**

> 如果将文件以附加模式（"a"）打开，写入文件的任何数据总是会被附加在后面，不论文件指针的位置在何处。

2．fseek()函数

fseek()函数实现文件指针的定位，语法如下：

```
int fseek ( resource handle, int offset [, int whence] )
```

- ☑ handle 为要打开的文件。
- ☑ offset 为指针位置或相对 whence 的偏移量，可以是负值。
- ☑ whence 的值包括以下 3 种：
  - ➤ SEEK_SET，位置等于 offset 字节。

> ➤ SEEK_CUR，位置等于当前位置加上 offset 字节。

> ➤ SEEK_END，位置等于文件尾加上 offset 字节。

如果忽略 whence，系统默认为 SEEK_SET。

3．feof()函数

该函数判断文件指针是否在文件尾，语法如下：

```
bool feof ( resource handle )
```

如果文件指针到了文件结束的位置，就返回 true，否则返回 false。

4．ftell()函数

ftell()函数返回当前指针的位置，语法如下：

```
int ftell ( resource handle )
```

【例 13.7】 下面使用 4 个指针函数来输出文件 07.txt 中的内容，实例代码如下：（**实例位置：光盘\TM\sl\13\7**）

```php
<?php
  $filename = "07.txt";                                              //指定文件路径及文件名
  if(is_file($filename)){                                            //判断文件是否存在
      echo "文件总字节数：".filesize($filename)."<br>";                 //输出总字节数
      $fopen = fopen($filename,'rb');                                 //打开文件
      echo "初始指针位置是：".ftell($fopen)."<br>";                      //输出指针位置
      fseek($fopen,33);                                              //移动指针
      echo "使用 fseek()函数后指针位置：".ftell($fopen)."<br>";           //输出移动后的指针位置
      echo "输出当前指针后面的内容：".fgets($fopen)."<br>";                //输出从当前指针到行尾的内容
      if(feof($fopen))                                               //判断指针是否指向文件末尾
             echo "当前指针指向文件末尾：".ftell($fopen)."<br>";           //如果指向了文件尾，则输出指针位置
      rewind($fopen);                                               //使用 rewind()函数
      echo "使用 rewind()函数后指针的位置：".ftell($fopen)."<br>";         //查看使用 rewind()函数后指针的位置
      echo "输出前 33 个字节的内容：".fgets($fopen,33);                    //输出前 33 个字节的内容
      fclose($fopen);                                               //关闭文件
  }else{
      echo "文件不存在";
  }
?>
```

运行结果如图 13.7 所示。

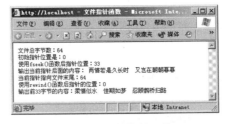

图 13.7　文件指针函数

13.3.3 锁定文件

在向一个文本文件写入内容时，需要先锁定该文件，以防止其他用户同时修改此文件内容。在 PHP 中锁定文件的函数为 flock()，语法如下：

```
bool flock ( int handle, int operation)
```

handle 为一个已经打开的文件指针，operation 的参数值如表 13.4 所示。

表 13.4　operation 的参数值

参 数 值	说 明
LOCK_SH	取得共享锁定（读取程序）
LOCK_EX	取得独占锁定（写入程序）
LOCK_UN	释放锁定
LOCK_NB	防止 flock() 在锁定时堵塞

【例 13.8】 本例使用 flock() 函数锁定文件，然后再写入数据，最后解除锁定，关闭文件。实例代码如下：（**实例位置：光盘\TM\sl\13\8**）

```php
<?php
    $filename = '08.txt';                       //声明要打开的文件名称
    $fd = fopen($filename,'w');                  //以 w 形式打开文件
    flock($fd, LOCK_EX);                         //锁定文件（独占共享）
    fwrite($fd, "hightman1");                    //向文件中写入数据
    flock($fd, LOCK_UN);                         //解除锁定
    fclose($fd);                                 //关闭文件指针
    readfile($filename);                         //输出文件内容
?>
```

在向文件写入数据时，使用"w"或"w+"选项来打开文件。这时如果使用了 LOCK_EX，则同一时间访问此文件的其他用户无法得到文件的大小，也不能进行写操作。

13.4　文 件 上 传

视频讲解：光盘\TM\lx\13\文件上传.exe

文件上传可以通过 HTTP 协议来实现。要使用文件上传功能，首先要在 php.ini 配置文件中对上传做一些设置，然后了解预定义变量 $_FILES，通过 $_FILES 的值对上传文件做一些限制和判断，最后使用 move_uploaded_file() 函数实现上传。

13.4.1　配置 php.ini 文件

要想顺利地实现上传功能，首先要在 php.ini 文件中开启文件上传，并对其中的一些参数作出合理的设置。找到 File Uploads 项，可以看到下面有 3 个属性值，表示含义如下。

- ☑　file_uploads：如果值是 on，说明服务器支持文件上传；如果为 off，则不支持。
- ☑　upload_tmp_dir：上传文件临时目录。在文件被成功上传之前，文件首先存放到服务器端的临时目录中。如果想要指定位置，可在这里设置，否则使用系统默认目录即可。
- ☑　upload_max_filesize：服务器允许上传的文件的最大值，以 MB 为单位。系统默认为 2MB，用户可以自行设置。

除了 File Uploads 项，还有几个属性也会影响到上传文件的功能。

- ☑　max_execution_time：PHP 中一个指令所能执行的最大时间，单位是秒。
- ☑　memory_limit：PHP 中一个指令所分配的内存空间，单位是 MB。

说明

如果使用集成化的安装包来配置 PHP 的开发环境，上述介绍的这些配置信息默认已经配置好了。

注意

如果要上传超大的文件，需要对 php.ini 文件进行修改。包括 upload_max_filesize 的最大值，max_execution_time 一个指令所能执行的最大时间和 memory_limit 一个指令所分配的内存空间。

13.4.2　预定义变量$_FILES

$_FILES 变量存储的是上传文件的相关信息，这些信息对于上传功能有很大的作用。该变量是一个二维数组。保存的信息如表 13.5 所示。

表 13.5　预定义变量$_FILES 元素

元　素　名	说　明
$_FILES[filename][name]	存储了上传文件的文件名，如 exam.txt、myDream.jpg 等
$_FILES[filename][size]	存储了文件大小。单位为字节
$_FILES[filename][tmp_name]	文件上传时，首先在临时目录中被保存成一个临时文件。该变量为临时文件名
$_FILES[filename][type]	上传文件的类型
$_FILES[filename][error]	存储了上传文件的结果。如果返回 0，说明文件上传成功

【**例 13.9**】　本例创建一个上传文件域，通过 $_FILES 变量输出上传文件的资料。实例代码如下：
（**实例位置：光盘\TM\sl\13\9**）

```
<table width="500" border="0" cellspacing="0" cellpadding="0">
<!--   上传文件的 form 表单，必须有 enctype 属性   -->
<form action="" method="post" enctype="multipart/form-data">
  <tr>
    <td width="150" height="30" align="right" valign="middle">请选择上传文件：</td>
    <!--   上传文件域，type 类型为 file   -->
    <td width="250"><input type="file" name="upfile"/></td>
    <!--   提交按钮   -->
    <td width="100"><input type="submit" name="submit" value="上传" /></td>
  </tr>
</form>
</table>
<?php
<!--   处理表单返回结果   -->
    if(!empty($_FILES)){                          //判断变量$_FILES 是否为空
        foreach($_FILES['upfile'] as $name => $value)   //使用 foreach 循环输出上传文件信息的名称和值
            echo $name.' = '.$value.'<br>';
    }
?>
```

运行结果如图 13.8 所示。

图 13.8　$_FILES 预定义变量

13.4.3　文件上传函数

PHP 中使用 move_uploaded_file()函数上传文件。该函数的语法如下：

bool move_uploaded_file (**string filename**, **string destination**)

move_uploaded_file()函数将上传文件存储到指定的位置。如果成功，则返回 true，否则返回 false。参数 filename 是上传文件的临时文件名，即$_FILES[tmp_name]；参数 destination 是上传后保存的新的路径和名称。

【**例 13.10**】　本例创建一个上传表单，允许上传 1000KB 以下的文件。实例代码如下：（**实例位置：光盘\TM\sl\13\10**）

```
<!--  上传表单，有一个上传文件域  -->
<form action="" method="post" enctype="multipart/form-data" name="form">
    <input name="up_file" type="file" />
    <input type="submit" name="submit" value="上传" />
</form>
<!--  ----------------------------------------  -->
<?php
/*  判断是否有上传文件  */
    if(!empty($_FILES['up_file']['name'])){
/*  将文件信息赋给变量$fileinfo  */
        $fileinfo = $_FILES['up_file'];
/*  判断文件大小  */
        if($fileinfo['size'] < 1000000 && $fileinfo['size'] > 0){
/*  上传文件  */
            move_uploaded_file($fileinfo['tmp_name'],$fileinfo['name']);
            echo '上传成功';
        }else{
            echo '文件太大或未知';
        }
    }
?>
```

运行结果如图 13.9 所示。

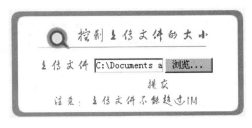

图 13.9　单文件上传

注意

使用 move_uploaded_file() 函数上传文件时，在创建 form 表单时，必须设置 form 表单的 "enctype="multipart/form-data"" 属性。

13.4.4　多文件上传

PHP 支持同时上传多个文件，只需要在表单中对文件上传域使用数组命名即可。

【例 13.11】　本例有 4 个文件上传域，文件域的名字为 u_file[]，提交后上传的文件信息都被保存到 $_FILES[u_file] 中，生成多维数组。读取数组信息，并上传文件。实例代码如下：（**实例位置：光盘\TM\sl\13\11**）

246

请选择要上传的文件
```
<!--  上传文件表单  -->
<form action="" method="post" enctype="multipart/form-data">
<table id="up_table" border="1" bgcolor="f0f0f0" >
     <tbody id="auto">
        <tr id="show" >
          <td>上传文件  </td>
           <td><input name="u_file[]" type="file"></td>
             </tr>
         <tr>
          <td>上传文件  </td>
           <td><input name="u_file[]" type="file"></td>
            </tr></tbody>
             <tr><td colspan="4"><input type="submit" value="上传" /></td></tr> </table> </form>
<?php
<!--  判断变量$_FILES 是否为空  -->
if(!empty($_FILES[u_file][name])){
    $file_name = $_FILES[u_file][name];                             //将上传文件名另存为数组
    $file_tmp_name = $_FILES[u_file][tmp_name];                     //将上传的临时文件名存为数组
    for($i = 0; $i < count($file_name); $i++){                     //循环上传文件
     if($file_name[$i] != ''){                                     //判断上传文件名是否为空
        move_uploaded_file($file_tmp_name[$i],$i.$file_name[$i]);
        echo '文件'.$file_name[$i].'上传成功。更名为'.$i.$file_name[$i].'<br>';

    }
}
?>
```

运行结果如图 13.10 所示。

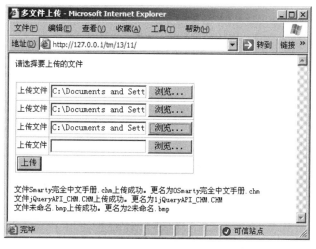

图 13.10　多文件上传

13.5　小　　结

本章首先介绍了对文件的基本操作，然后学习目录的基本操作，接下来介绍了文件的高级处理技术，最后介绍了 PHP 的文件上传技术，这是一个网站必不可少的组成部分。希望读者能够深入理解本章的重点知识，牢固掌握常用函数。

13.6　实践与练习

1. 通过文本文件统计页面访问量。（答案位置：光盘\TM\sl\13\12）
2. 控制上传文件大小。（答案位置：光盘\TM\sl\13\13）

第**14**章

面向对象

(📹 视频讲解：27分钟)

  面向对象是一种计算机编程架构，比面向过程编程具有更强的灵活性和扩展性。面向对象编程也是一个程序员发展的"分水岭"，很多初学者和略有成就的开发者，就是因为无法理解"面向对象"而放弃。这里想提醒一下初学者：要想在编程这条路上走得比别人远，就一定要掌握面向对象编程技术。

  通过阅读本章，您可以：

▸▸ 了解面向对象的概念

▸▸ 了解 PHP 中的面向对象

▸▸ 了解类的定义及实例化

▸▸ 掌握声明类成员

▸▸ 了解继承和多态的实现

▸▸ 了解抽象类的实现

▸▸ 掌握接口的使用

▸▸ 了解魔术方法

▸▸ 熟悉面向对象的基本应用

14.1　面向对象的基本概念

视频讲解：光盘\TM\lx\14\面向对象的基本概念.exe

这里所指的面向对象，准确地说应该叫作面向对象编程（OOP），是面向对象的一部分。面向对象包括 3 个部分：面向对象分析（Object Oriented Analysis，OOA）、面向对象设计（Object Oriented Design，OOD），以及面向对象编程（Object Oriented Programming，OOP）。面向对象编程的两个重点概念是类和对象。

14.1.1　类

世间万物都具有其自身的属性和方法，通过这些属性和方法可以将不同物质区分开来。例如，人具有身高、体重和肤色等属性，还可以进行吃饭、学习、走路等能动活动，这些活动可以说是人具有的功能。可以把人看作程序中的一个类，那么人的身高可以看作类中的属性，走路可以看作类中的方法。也就是说，类是属性和方法的集合，是面向对象编程方式的核心和基础，通过类可以将零散的用于实现某项功能的代码进行有效管理。例如，创建一个运动类，包括 5 个属性：姓名、身高、体重、年龄和性别，定义 4 个方法：踢足球、打篮球、举重和跳高，如图 14.1 所示。

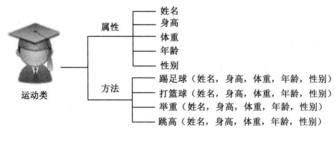

图 14.1　运动类

14.1.2　对象

类只是具备某项功能的抽象模型，实际应用中还需要对类进行实例化，这样就引入了对象的概念。对象是类进行实例化后的产物，是一个实体。仍然以人为例，"黄种人是人"这句话没有错误，但反过来说"人是黄种人"这句话一定是错误的。因为除了有黄种人，还有黑人、白人等。那么"黄种人"就是"人"这个类的一个实例对象。可以这样理解对象和类的关系：对象实际上就是"有血有肉的，能摸得到、看得到的"一个类。

这里实例化 14.1.1 节中创建的运动类，调用运动类中的打篮球方法，判断提交的实例对象是否符合打篮球的条件，如图 14.2 所示。

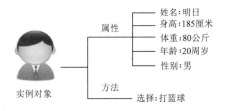

图 14.2　实例化对象

这里根据实例化对象，调用打篮球方法，并向其中传递参数（明日，185 厘米，80 公斤，20 周岁，男），在打篮球方法中判断这个对象是否符合打篮球的条件。

14.1.3　面向对象编程的三大特点

面向对象编程的三大特点就是封装性、继承性和多态性。

1．封装性

封装性，也可以称为信息隐藏，就是将一个类的使用和实现分开，只保留有限的接口（方法）与外部联系。对于用到该类的开发人员，只要知道这个类该如何使用即可，而不用去关心这个类是如何实现的。这样做可以让开发人员更多地把精力集中起来专注别的事情，同时也避免了程序之间的相互依赖而带来不便。

2．继承性

继承性就是派生类（子类）自动继承一个或多个基类（父类）中的属性与方法，并可以重写或添加新的属性或方法。继承这个特性简化了对象和类的创建，增加了代码的可重用性。继承分单继承和多继承，PHP 所支持的是单继承，也就是说，一个子类有且只有一个父类。

3．多态性

多态性是指同一个类的不同对象，使用同一个方法可以获得不同的结果，这种技术称为多态性。多态性增强了软件的灵活性和重用性。

14.2　PHP 与对象

📹 视频讲解：光盘\TM\lx\14\PHP 与对象.exe

14.2.1　类的定义

和很多面向对象的语言一样，PHP 也是通过 class 关键字加类名来定义类的。类的格式如下：

```php
<?php
  class SportObject{                    //定义运动类
    …
    }
?>
```

上述大括号中间的部分是类的全部内容，如上述 SportObject 就是一个最简单的类。SportObject 类仅有一个类的骨架，什么功能都没有实现，但这并不影响它的存在。

注意

一个类，即一对大括号之间的全部内容都要在一段代码段中，即一个"<?php … ?>"之间不能分割成多块，例如：

```php
<?php
class SportObject{                    //定义运动类
    …
?>
<?php
    …
}
?>
```

这种格式是不允许的。

14.2.2   成员方法

类中的函数被称为成员方法。函数和成员方法唯一的区别就是，函数实现的是某个独立的功能，而成员方法是实现类中的一个行为，是类的一部分。

下面就创建在图 14.1 中编写的运动类，并添加成员方法。将类命名为 SportObject 类，并添加打篮球的成员方法 beatBasketball()。代码如下：

```php
<?php
  class SportObject{
    function beatBasketball()($name,$height,$avoirdupois,$age,$sex){   //声明成员方法
      echo "姓名：".$name;                                              //方法实现的功能
      echo "身高：".$height;                                            //方法实现的功能
      echo "年龄：".$age;                                               //方法实现的功能
    }
  }
?>
```

该方法的作用是输出申请打篮球人的基本信息，包括姓名、身高和年龄。这些信息是通过方法的参数传进来的。

14.2.3　类的实例化

类的方法已经添加，接下来就使用方法，但使用方法不像使用函数那么简单。首先要对类进行实例化，实例化是通过关键字 new 来声明一个对象。然后使用如下格式来调用要使用的方法：

对象名 -> 成员方法

在 14.1 节中已经讲过，类是一个抽象的描述，是功能相似的一组对象的集合。如果想用到类中的方法或变量，首先就要把它具体落实到一个实体，也就是对象上。

【例 14.1】　以 SportObject 类为例，实例化一个对象并调用方法 beatBasketball。实例代码如下：（实例位置：光盘\TM\sl\14\1）

```php
<?php
    class SportObject{
        function beatBasketball($name,$height,$avoirdupois,$age,$sex){     //声明成员方法
            if($height>180 and $avoirdupois<=100){
                return $name."，符合打篮球的要求!";                        //方法实现的功能
            }else{
                return $name."，不符合打篮球的要求!";                      //方法实现的功能
            }
        }
    }
    $sport=new SportObject();
    echo $sport->beatBasketball('明日','185','80','20 周岁','男');
?>
```

结果为：明日，符合打篮球的要求!

说明

实例 14.1 创建了图 14.1 中的运动类，同时也完成了图 14.2 中对类的实例化操作，最终输出方法判断的结果。

14.2.4　成员变量

类中的变量，也称为成员变量（也有称为属性或字段的）。成员变量用来保存信息数据，或与成员方法进行交互来实现某项功能。

定义成员变量的格式为：

关键字　成员变量名

说明

关键字可以使用 public、private、protected、static 和 final 中的任意一个。在 14.2.9 节之前，所有的实例都使用 public 来修饰。对于关键字的使用，将在 14.2.9 节和 14.2.10 节中进行介绍。

访问成员变量和访问成员方法是一样的。只要把成员方法换成成员变量即可，格式为：

对象名 -> 成员变量

【例 14.2】 以图 14.1 和图 14.2 中描述的类和类的实例化为例，将其通过代码实现。首先定义运动类 SportObject，声明 3 个成员变量$name、$height 和$avoirdupois。然后定义一个成员方法 bootFootBall，用于判断申请的运动员是否适合这个运动项目。最后，实例化类，通过实例化返回对象调用指定的方法，根据运动员填写的参数，判断申请的运动员是否符合要求。实例代码如下：（实例位置：光盘\TM\sl\14\2）

```php
<?php
    class SportObject{
        public $name;                                        //定义成员变量
        public $height;                                      //定义成员变量
        public $avoirdupois;                                 //定义成员变量

        public function bootFootBall($name,$height,$avoirdupois){   //声明成员方法
            $this->name=$name;
            $this->height=$height;
            $this->avoirdupois=$avoirdupois;
            if($this->height<185 and $this->avoirdupois<85){
                return $this->name.", 符合踢足球的要求!";      //方法实现的功能
            }else{
                return $this->name.", 不符合踢足球的要求!";    //方法实现的功能
            }
        }
    }
    $sport=new SportObject();                                 //实例化类，并传递参数
    echo $sport->bootFootBall('明日','185','80');             //执行类中的方法
?>
```

结果为：明日，不符合踢足球的要求!

说明

"$this->"的作用是调用本类中的成员变量或成员方法，这里只要知道含义即可，在 14.2.8 节中将介绍相关的知识。

注意

无论是使用"$this->"还是使用"对象名->"的格式，后面的变量是没有$符号的，如"$this->beatBasketBall""$sport-> beatBasketBall"。这是一个出错概率很高的错误。

14.2.5　类常量

既然有变量，当然也会有常量。常量就是不会改变的量，是一个恒值。圆周率是众所周知的一个常量。定义常量使用关键字 const，如：

```
const PI= 3.14159;
```

【例 14.3】　本例先声明一个常量，再声明一个变量，实例化对象后分别输出两个值。实例代码如下：（实例位置：光盘\TM\sl\14\3）

```php
<?php
  class SportObject{
      const BOOK_TYPE = '计算机图书';           //声明常量 BOOK_TYPE
      public $object_name;                     //声明变量，用来存放商品名称
      function setObjectName($name){           //声明方法 setObjectName
          $this -> object_name = $name;        //设置成员变量值
      }
      function getObjectName(){                 //声明方法 getObjectName
          return $this -> object_name;
      }
  }
  $c_book = new SportObject();                  //实例化对象
  $c_book -> setObjectName("PHP 类");          //调用方法 setObjectName
  echo SportObject::BOOK_TYPE." -> ";          //输出常量 BOOK_TYPE
  echo $c_book -> getObjectName();             //调用方法 getObjectName
?>
```

结果为：计算机图书 -> PHP 类

可以发现，常量的输出和变量的输出是不一样的。常量不需要实例化对象，直接由"类名+常量名"调用即可。常量输出的格式为：

```
类名::常量名
```

说明

类名和常量名之间的两个冒号 "::" 称为作用域操作符，使用这个操作符可以在不创建对象的情况下调用类中的常量、变量和方法。关于作用域操作符，将在 14.2.8 节中进行介绍。

14.2.6　构造方法和析构方法

1. 构造方法

当一个类实例化一个对象时，可能会随着对象初始化一些成员变量。如例 14.2 中的 SportObject 类，现在再添加一些成员变量，类的形式如下：

```
class SportObject{
    public $name;                           //定义姓名成员变量
    public $height;                         //定义身高成员变量
    public $avoirdupois;                    //定义体重成员变量
    public $age;                            //定义年龄成员变量
    public $sex;                            //定义性别成员变量
}
```

声明一个 SportObject 类的对象，并对这个类的一些成员变量赋初值。代码如下：

```
$sport=new SportObject('明日','185','80','20','男');   //实例化类，并传递参数
$sport ->name="明日 ";                  //为成员变量赋值
$sport ->height=185;                    //为成员变量赋值
$sport ->avoirdupois=80;                //为成员变量赋值
$sport ->age=20;                        //为成员变量赋值
$sport ->sex="男";                      //为成员变量赋值
echo $sport->bootFootBall();            //执行方法
```

可以看到，如果赋初值比较多，写起来就比较麻烦。为此，PHP 引入了构造方法。构造方法是生成对象时自动执行的成员方法，作用就是初始化对象。该方法可以没有参数，也可以有多个参数。构造方法的格式如下：

```
void __construct([mixed args [,...]])
```

注意

函数中的 "__" 是两条下划线 "_"。

【例 14.4】 本例重写了 SportObject 类和 bootFootBall 成员方法，下面通过具体实例查看重写后的对象在使用上有哪些不一样。实例代码如下：（实例位置：光盘\TM\sl\14\4）

```
<?php
  class SportObject{
    public $name;                           //定义成员变量
    public $height;                         //定义成员变量
    public $avoirdupois;                    //定义成员变量
    public $age;                            //定义成员变量
    public $sex;                            //定义成员变量
    public function __construct($name,$height,$avoirdupois,$age,$sex){   //定义构造方法
        $this->name=$name;                  //为成员变量赋值
        $this->height=$height;              //为成员变量赋值
        $this->avoirdupois=$avoirdupois;    //为成员变量赋值
        $this->age=$age;                    //为成员变量赋值
        $this->sex=$sex;                    //为成员变量赋值
    }
    public function bootFootBall(){         //声明成员方法
        if($this->height<185 and $this->avoirdupois<85){
            return $this->name."，符合踢足球的要求!";   //方法实现的功能
        }else{
```

```
            return $this->name.", 不符合踢足球的要求!";      //方法实现的功能
        }
    }
}
$sport=new SportObject('明日','185','80','20','男');      //实例化类，并传递参数
echo $sport->bootFootBall();                              //执行类中的方法
?>
```

结果为：明日，不符合踢足球的要求！

可以看到，重写后的类，在实例化对象时只需一条语句即可完成赋值。

说明

构造方法是初始化对象时使用的。如果类中没有构造方法，那么 PHP 会自动生成一个。自动生成的构造方法没有任何参数，没有任何操作。

2．析构方法

析构方法的作用和构造方法正好相反，是对象被销毁时被调用的，作用是释放内存。析构方法的格式为：

void **__destruct** (void)

【例 14.5】 本例首先声明一个对象 car，然后再销毁对象。可以看出，使用析构方法十分简单。实例代码如下：（**实例位置：光盘\TM\sl\14\5**）

```
<?php
class SportObject{
    public $name;                                         //定义姓名成员变量
    public $height;                                       //定义身高成员变量
    public $avoirdupois;                                  //定义体重成员变量
    public $age;                                          //定义年龄成员变量
    public $sex;                                          //定义性别成员变量
    public function __construct($name,$height,$avoirdupois,$age,$sex){  //定义构造方法
        $this->name=$name;                                //为成员变量赋值
        $this->height=$height;                            //为成员变量赋值
        $this->avoirdupois=$avoirdupois;                  //为成员变量赋值
        $this->age=$age;                                  //为成员变量赋值
        $this->sex=$sex;                                  //为成员变量赋值
    }
    public function bootFootBall(){                        //声明成员方法
        if($this->height<185 and $this->avoirdupois<85){
            return $this->name.", 符合踢足球的要求!";      //方法实现的功能
        }else{
            return $this->name.", 不符合踢足球的要求!";    //方法实现的功能
        }
    }
    function __destruct(){                                 //析构方法
```

```
        echo "<p><b>对象被销毁，调用析构方法。</b></p>";
    }
}
$sport=new SportObject('明日','185','80','20','男');        //实例化类，并传递参数
//unset($sport);
?>
```

结果为：对象被销毁，调用析构方法。

说明

　　PHP 使用的是一种"垃圾回收"机制，自动清除不再使用的对象，释放内存。就是说即使不使用 unset()函数，析构方法也会自动被调用，这里只是明确一下析构函数在何时被调用。一般情况下是不需要手动创建析构方法的。

14.2.7　继承和多态的实现

　　继承和多态最根本的作用就是完成代码的重用。下面就来介绍 PHP 的继承和多态。

1．继承

　　子类继承父类的所有成员变量和方法，包括构造函数，当子类被创建时，PHP 会先在子类中查找构造方法。如果子类有自己的构造方法，PHP 会先调用子类中的方法。当子类中没有时，PHP 则去调用父类中的构造方法，这就是继承。

　　例如，在 14.1 节中通过图片展示了一个运动类，在这个运动类中包含很多个方法，代表不同的体育项目，各种体育项目的方法中有公共的属性。例如，姓名、性别、年龄……但还会有许多不同之处，例如，篮球对身高的要求、举重对体重的要求……如果都由一个 SportObject 类来生成各个对象，除了那些公共属性外，其他属性和方法则需自己手动来写，工作效率得不到提高。这时，可以使用面向对象中的继承来解决这个难题。

　　下面来看如何通过 PHP 中的继承来解决上述问题。继承是通过关键字 extends 来声明的，继承的格式如下：

```
class subClass extends superClass{
    …
}
```

说明

　　subClass 为子类名称，superClass 为父类名称。

　　【例 14.6】　本例用 SportObject 类生成了两个子类：BeatBasketBall 和 WeightLifting，两个子类使用不同的构造方法实例化了两个对象 beatbasketball 和 weightlifting，并输出信息。实例代码如下：（实例位置：光盘\TM\sl\14\6）

```php
<?php
    /*  父类  */
    class SportObject{
        public $name;                                              //定义姓名成员变量
        public $age;                                               //定义年龄成员变量
        public $avoirdupois;                                       //定义体重成员变量
        public $sex;                                               //定义性别成员变量
        public function __construct($name,$age,$avoirdupois,$sex){  //定义构造方法
            $this->name=$name;                                     //为成员变量赋值
            $this->age=$age;                                       //为成员变量赋值
            $this->avoirdupois=$avoirdupois;                       //为成员变量赋值
            $this->sex=$sex;                                       //为成员变量赋值
        }
        function showMe(){                                         //在父类中定义方法
            echo '这句话不会显示。';
        }
    }
    /*  子类 BeatBasketBall  */
    class BeatBasketBall extends SportObject{                      //定义子类，继承父类
        public $height;                                            //定义身高成员变量
        function __construct($name,$height){                       //定义构造方法
            $this -> height = $height;                             //为成员变量赋值
            $this -> name = $name;                                 //为成员变量赋值
        }
        function showMe(){                                         //定义方法
            if($this->height>185){
                return $this->name."，符合打篮球的要求!";            //方法实现的功能
            }else{
                return $this->name."，不符合打篮球的要求!";          //方法实现的功能
            }
        }
    }
    /*  子类 WeightLifting  */
    class WeightLifting extends SportObject{                       //继承父类
        function showMe(){                                         //定义方法
            if($this->avoirdupois<85){
                return $this->name."，符合举重的要求!";              //方法实现的功能
            }else{
                return $this->name."，不符合举重的要求!";            //方法实现的功能
            }
        }
    }
//实例化对象
$beatbasketball = new BeatBasketBall('科技','190');               //实例化子类
$weightlifting = new WeightLifting('明日','185','80','20','男');
echo $beatbasketball->showMe()."<br>";                           //输出结果
echo $weightlifting->showMe()."<br>";
?>
```

运行结果如图 14.3 所示。

图 14.3　继承的实现

2. 多态

多态好比有一个成员方法让大家去游泳，这个时候有的人带游泳圈，有的人拿浮板，还有的人什么也不带。虽是同一种方法，却产生了不同的形态，就是多态。

多态存在两种形式：覆盖和重载。

（1）所谓覆盖就是在子类中重写父类的方法，而在两个子类的对象中虽然调用的是父类中相同的方法，但返回的结果是不同的。例如，在例 14.6 中，在两个子类中都调用了父类中的方法 showMe，但是返回的结果却不同。

（2）重载，是类的多态的另一种实现。函数重载指一个标识符被用作多个函数名，且能够通过函数的参数个数或参数类型将这些同名的函数区分开来，调用不发生混淆。其好处是可实现代码重用，不用为了对不同的参数类型或参数个数而写多个函数。

多个函数使用同一个名字，但参数个数、参数数据类型不同。调用时，虽然方法名称相同，但根据参数个数或者参数数据类型不同自动调用对应的函数。

下面看一个重载的简单实例，根据传递的参数个数不同，调用不同的方法，返回不同的值。

```php
<?php
    class C{
        function __call($name,$num){              //调用不存在的方法
            echo "方法名称：" . $name . "<p>";       //输出方法名
            echo "参数存在个数：" . count($num) . "<p>";  //输出参数个数
            if (count($num) == 1){                //根据参数个数调用不同的方法
                echo $this->list1($a);
            }
            if (count($num) == 2){                //根据参数个数调用不同的方法
                echo $this->list2($a,$b);
            }
        }
        public function list1($a){                //定义方法
            return "这是 list1 函数";
        }
        public function list2($a,$b){             //定义方法
            return "这是 list2 函数";
        }
    }
    $a = new C;                                   //类的实例化
    $a->listshow(1,2);                            //调用方法，传递参数
?>
```

260

14.2.8 "$this ->" 和 "::" 的使用

通过例 14.6 可以发现，子类不仅可以调用自己的变量和方法，也可以调用父类中的变量和方法，那么对于其他不相关的类成员同样可以调用。

PHP 是通过伪变量 "$this ->" 和作用域操作符 "::" 来实现这些功能的，这两个符号在前面的学习中都有过简单的介绍。本节将详细讲解两者的使用。

1. "$this->"

在 14.2.3 节 "类的实例化" 中，对如何调用成员方法有了基本的了解，那就是用对象名加方法名，格式为 "对象名->方法名"。但在定义类时（如 SportObject 类），根本无法得知对象的名称是什么。这时如果想调用类中的方法，就要用伪变量 "$this->"。$this 的意思就是本身，所以 "$this->" 只可以在类的内部使用。

【例 14.7】 当类被实例化后，$this 同时被实例化为本类的对象，这时对$this 使用 get_class()函数，将返回本类的类名。实例代码如下：（**实例位置：光盘\TM\sl\14\7**）

```php
<?php
    class example{                                  //创建类 example
        function exam(){                            //创建成员方法
            if(isset($this)){                       //判断变量$this 是否存在
                echo '$this 的值为：'.get_class($this);   //如果存在，输出$this 所属类的名字
            }else{
                echo '$this 未定义';
            }
        }
    }
    $class_name = new example();                    //实例化对象$class_name
    $class_name->exam();                            //调用方法 exam
?>
```

结果为：$this 的值为：example

说明

get_class()函数返回对象所属类的名字，如果不是对象，则返回 false。

2. 操作符 "::"

相比伪变量$this 只能在类的内部使用，操作符 "::" 更为强大。操作符 "::" 可以在没有声明任何实例的情况下访问类中的成员方法或成员变量。使用 "::" 操作符的通用格式为：

关键字::变量名/常量名/方法名

这里的关键字分为以下 3 种情况。

☑ parent：可以调用父类中的成员变量、成员方法和常量。

☑ self：可以调用当前类中的静态成员和常量。

☑ 类名：可以调用本类中的变量、常量和方法。

【例 14.8】 本例依次使用了类名、parent 和 self 关键字来调用变量和方法。读者可以观察输出的结果。实例代码如下：（实例位置：光盘\TM\sl\14\8）

```php
<?php
  class Book{
     const NAME = 'computer';                            //常量 NAME
     function __construct(){                              //构造方法
         echo '本月图书类冠军为：'.Book::NAME.' ';         //输出默认值
     }
  }
  class l_book extends Book{                              //Book 类的子类
     const NAME = 'foreign language';                    //声明常量
     function __construct(){                              //子类的构造方法
         parent::__construct();                          //调用父类的构造方法
         echo '本月图书类冠军为：'.self::NAME.' ';          //输出本类中的默认值
     }
  }
  $obj = new l_book();                                   //实例化对象
?>
```

结果为：本月图书类冠军为：computer 本月图书类冠军为：foreign language

说明

关于静态变量（方法）的声明及使用可参考 14.2.10 节相关内容。

14.2.9 数据隐藏

细心的读者看到这里，一定会有一个疑问：面向对象编程的特点之一是封装性，即数据隐藏。可在前面的学习中并没有突出这一点。对象中的所有变量和方法可以随意调用，甚至不用实例化也可以使用类中的方法、变量。这就是面向对象吗？

这当然不算是真正的面向对象。如果读者是从本章第一节来开始学习的，一定还会记得在 14.2.4 节讲成员变量时所提到的那几个关键字：public、private、protected、static 和 final。这就是用来限定类成员（包括变量和方法）的访问权限的。本节先来学习前 3 个。

说明

成员变量和成员方法在关键字的使用上都是一样的。这里只以成员变量为例说明几种关键字的不同用法。对于成员方法同样适用。

1．public（公共成员）

顾名思义，就是可以公开的、没有必要隐藏的数据信息。可以在程序中的任何位置（类内、类外）

被其他的类和对象调用。子类可以继承和使用父类中所有的公共成员。

在本章的前半部分，所有的变量都被声明为 public，而所有的方法在默认状态下也是 public。所以对变量和方法的调用显得十分混乱。为了解决这个问题，就需要使用第二个关键字 private。

2．private（私有成员）

被 private 关键字修饰的变量和方法，只能在所属类的内部被调用和修改，不可以在类外被访问。在子类中也不可以。

【例 14.9】 在本例中，对私有变量 $name 的修改与访问，只能通过调用成员方法来实现。如果直接调用私有变量，将会发生错误。实例代码如下：（**实例位置：光盘\TM\sl\14\9**）

```php
<?php
  class Book{
      private $name = 'computer';                    //声明私有变量$name
      public function setName($name){                 //设置私有变量方法
          $this -> name = $name;
      }
      public function getName(){                      //读取私有变量方法
          return $this -> name;
      }
  }
  class LBook extends Book{                            //Book 类的子类
  }
  $lbook = new LBook();                               //实例化对象
  echo '正确操作私有变量的方法：';                    //正确操作私有变量
  $lbook -> setName("PHP5 从入门到应用开发");
  echo $lbook -> getName();
  echo '<br>直接操作私有变量的结果：';               //错误操作私有变量
  echo Book::$name;
?>
```

运行结果如图 14.4 所示。

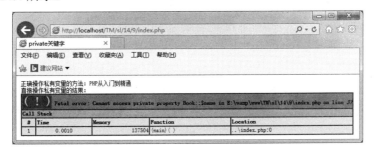

图 14.4 private 关键字

说明

对于成员方法，如果没有写关键字，那么默认就是 public。从本节开始，以后所有的方法及变量都会带上关键字，这是一种良好的书写习惯。

3．protected（保护成员）

private 关键字可以将数据完全隐藏起来，除了在本类外，其他地方都不可以调用，子类也不可以。对于有些变量希望子类能够调用，但对另外的类来说，还要做到封装。这时，就可以使用 protected。

被 protected 修饰的类成员，可以在本类和子类中被调用，其他地方则不可以被调用。

【例 14.10】 本例首先声明一个 protected 变量，然后使用子类中的方法调用一次，最后在类外直接调用一次，观察一下运行结果。实例代码如下：（**实例位置：光盘\TM\sl\14\10**）

```php
<?php
  class Book{
      protected $name = 'computer';                    //声明保护变量$name
  }
  class LBook extends Book{                             //Book 类的子类
      public function showMe(){
          echo '对于 protected 修饰的变量，在子类中是可以直接调用的。如：$name = '.$this -> name;
      }
  }
  $lbook = new LBook();                                 //实例化对象
  $lbook -> showMe();
  echo '<p>但在其他的地方是不可以调用的，否则：';          //对私有变量进行操作
  $lbook -> name = 'history';
?>
```

运行结果如图 14.5 所示。

图 14.5　protected 关键字

说明

虽然 PHP 中没有对修饰变量的关键字做强制性的规定和要求，但从面向对象的特征和设计方面考虑，一般使用 private 或 protected 关键字来修饰变量，以防止变量在类外被直接修改和调用。

14.2.10　静态变量（方法）

不是所有的变量（方法）都要通过创建对象来调用。可以通过给变量（方法）加上 static 关键字来直接调用。调用静态成员的格式为：

关键字::静态成员

关键字可以是：

☑ self，在类内部调用静态成员时所使用。

☑ 静态成员所在的类名，在类外调用类内部的静态成员时所用。

注意

在静态方法中，只能调用静态变量，不能调用普通变量，而普通方法则可以调用静态变量。

使用静态成员，除了可以不需要实例化对象，另一个作用就是在对象被销毁后，仍然保存被修改的静态数据，以便下次继续使用。这个概念比较抽象，下面结合一个实例说明。

【例 14.11】 本例首先声明一个静态变量$num，声明一个方法，在方法的内部调用静态变量，然后给变量加 1。依次实例化这个类的两个对象，并输出方法。可以发现两个对象中的方法返回的结果有了一些联系。直接使用类名输出静态变量，看有什么效果。实例代码如下：（**实例位置：光盘\TM\sl\14\11**）

```php
<?php
 class Book{                                    //Book 类
     static $num = 0;                           //声明一个静态变量$num，初值为 0
     public function showMe(){                  //声明一个方法
         echo '您是第'.self::$num.'位访客';       //输出静态变量
         self::$num++;                          //将静态变量加 1
     }
 }
 $book1 = new Book();                           //实例化对象$book1
 $book1 -> showMe();                            //调用对象$book1 的 showMe 方法
 echo "<br>";
 $book2 = new Book();                           //实例化对象$book2
 $book2 -> showMe();                            //调用对象$book2 的 showMe 方法
 echo "<br>";
 echo '您是第'.Book::$num.'位访客';              //直接使用类名调用静态变量
?>
```

运行结果如图 14.6 所示。

图 14.6 静态变量的使用

如果将程序代码中的静态变量改为普通变量，如"private $num = 0;"，那么结果就不一样了。读者可以动手试一试。

说明

> 静态成员不用实例化对象，当类第一次被加载时就已经分配了内存空间，所以直接调用静态成员的速度要快一些。但如果静态成员声明得过多，空间一直被占用，反而会影响系统的功能。这个尺度只能通过实践积累，才能真正地掌握。

14.3　面向对象的高级应用

视频讲解：光盘\TM\lx\14\面向对象的高级应用.exe

经过 14.2 节的学习，相信读者对 PHP 的面向对象已经有了一定的了解。下面来学习一些面向对象的高级应用。

14.3.1　final 关键字

final，中文含义是"最终的""最后的"。被 final 修饰过的类和方法就是"最终的版本"。

如果有一个类的格式为：

```
final class class_name{
…
}
```

说明该类不可以再被继承，也不能再有子类。

如果有一个方法的格式为：

```
final function method_name()
```

说明该方法在子类中不可以进行重写，也不可以被覆盖。

【例 14.12】　本例为 SportObject 类设置关键字 final，并生成一个子类 MyBook。可以看到程序报错，无法执行。实例代码如下：（实例位置：光盘\TM\sl\14\12）

```php
<?php
    final class SportObject{                          //final 类 SportObject
        function __construct(){                        //构造方法
            echo 'initialize object';
        }
    }
    class MyBook extends SportObject{                 //创建 SportObject 类的子类 Mybook
        static function exam(){                        //子类中的方法
            echo "You can't see me";
        }
    }
```

```
    MyBook::exam();                                        //调用子类方法
?>
```

结果为: **Fatal error**: Class MyBook may not inherit from final class (SportObject) in **E:\wamp\www\ TM\sl\14\12\index.php** on line **30**

14.3.2 抽象类

抽象类是一种不能被实例化的类,只能作为其他类的父类来使用。抽象类使用 abstract 关键字来声明,格式为:

```
abstract class AbstractName{
…
}
```

抽象类和普通类相似,包含成员变量、成员方法。两者的区别在于,抽象类至少要包含一个抽象方法。抽象方法没有方法体,其功能的实现只能在子类中完成。抽象方法也是使用 abstract 关键字来修饰的,它的格式为:

```
abstract function abstractName();
```

注意

在抽象方法后面要有分号";"。

抽象类和抽象方法主要应用于复杂的层次关系中,这种层次关系要求每一个子类都包含并重写某些特定的方法。举一个例子,中国的美食是多种多样的,有吉菜、鲁菜、川菜、粤菜等。每种菜系使用的都是煎、炒、烹、炸等手法,只是在具体的步骤上各有各的不同。如果把中国美食当作一个大类 Cate,下面的各大菜系就是 Cate 的子类,而煎、炒、烹、炸则是每个类中都有的方法。每个方法在子类中的实现都是不同的,在父类中无法规定。为了统一规范,不同子类的方法要有一个相同的方法名: decoct(煎)、stir_fry(炒)、cook(烹)、fry(炸)。

【例 14.13】 下面实现一个商品抽象类 CommodityObject,该抽象类包含一个抽象方法 service。为抽象类生成两个子类 MyBook 和 MyComputer,分别在两个子类中实现抽象方法。最后实例化两个对象,调用实现后的抽象方法,输出结果。实例代码如下:(**实例位置:光盘\TM\sl\14\13**)

```
<?php
    abstract class CommodityObject{                        //定义抽象类
        abstract function service($getName,$price,$num);   //定义抽象方法
    }
    class MyBook extends CommodityObject{                  //定义子类,继承抽象类
        function service($getName,$price,$num){            //定义方法
            echo '您购买的商品是'.$getName.', 该商品的价格是:'.$price.' 元。';
            echo '您购买的数量为:'.$num.' 本。';
            echo '如发现缺页,损坏请在 3 日内更换。';
        }
    }
```

```
class MyComputer extends CommodityObject{              //定义子类继承父类
    function service($getName,$price,$num){            //定义方法
        echo '您购买的商品是'.$getName.'，该商品的价格是：'.$price.' 元。';
        echo '您购买的数量为：'.$num.' 台。';
        echo '如发生非人为质量问题，请在 3 个月内更换。';
    }
}
$book = new MyBook();                                  //实例化子类
$computer = new MyComputer();                          //实例化子类
$book -> service('《PHP 从入门到精通》',85,3);          //调用方法
echo '<p>';
$computer -> service('XX 笔记本',8500,1);              //调用方法
?>
```

运行结果如图 14.7 所示。

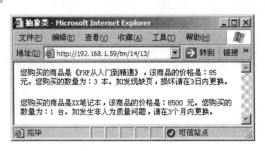

图 14.7　抽象类

14.3.3　接口的使用

继承特性简化了对象、类的创建，增加了代码的可重性。但 PHP 只支持单继承。如果想实现多重继承，就要使用接口。PHP 可以实现多个接口。

接口类通过 interface 关键字来声明，并且类中只能包含未实现的方法和一些成员变量，格式如下：

```
interface InterfaceName{
    function interfaceName1();
    function interfaceName2();
    …
}
```

注意

不要用 public 以外的关键字来修饰接口中的类成员，对于方法，不写关键字也可以。这是一个接口类自身的属性决定的。

子类是通过 implements 关键字来实现接口的，如果要实现多个接口，那么每个接口之间应使用逗号 "," 连接。而且所有未实现的方法需要在子类中全部实现，否则 PHP 将会出现错误。格式如下：

```
class SubClass implements InterfaceName1, InterfaceName2{
```

```
function interfaceName1(){
    …//功能实现
}
function interfaceName2(){
    …//功能实现
}
…
}
```

【例 14.14】 本例首先声明了两个接口 MPopedom 和 MPurview，接着声明了两个类 Member 和 Manager，其中 Member 类继承了 MPopedom 接口，Manager 继承了 MPopedom 和 MPurview 接口。分别实现各自的成员方法后，实例化两个对象$member 和$manager。最后调用实现后的方法。实例代码如下：（**实例位置：光盘\TM\sl\14\14**）

```php
<?php
    /*  声明接口 MPopedom   */
    interface MPopedom{
        function popedom();
    }
    /*  声明接口 MPurview   */
    interface MPurview{
        function purview();
    }
    /*  创建子类 Member，实现一个接口 MPurview   */
    class Member implements MPurview{
        function purview(){
            echo '会员拥有的权限。';
        }
    }
    /*  创建子类 Manager，实现多个接口 MPurview 和 MPopedom   */
    class Manager implements MPurview,MPopedom{
        function purview(){
            echo '管理员拥有会员的全部权限。';
        }
        function popedom(){
            echo '管理员还有会员没有的权限';
        }
    }
    $member = new Member();                    //类 Member 实例化
    $manager = new Manager();                  //类 Manager 实例化
    $member -> purview();                      //调用$member 对象的 purview 方法
    echo '<p>';
    $manager -> purview();                     //调用$manager 对象的 purview 方法
    $manager ->popedom();                      //调用$manager 对象的 popedom 方法
?>
```

运行结果如图 14.8 所示。

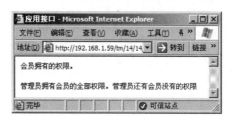

图 14.8　应用接口

通过上面的实例可以发现，抽象类和接口实现的功能十分相似。抽象类的优点是可以在抽象类中实现公共的方法，而接口则可以实现多继承。至于何时使用抽象类和接口就要看具体实现了。

14.3.4　克隆对象

1．关键字 clone

在 PHP 4 中，对象被当作普通的数据类型来使用。如果想引用对象，需要使用"&"来声明，否则会按照 PHP 4 的默认方式来按值传递对象。下面结合实例说明。

【例 14.15】　本例首先实例化一个 SportObject 类的对象$book1，$book1 的默认值为 book，然后将对象$book1 使用普通数据类型的赋值方式给对象$book2 赋值。改变$book2 的值为 computer，再输出对象$book1 的值。实例代码如下：（实例位置：光盘\TM\sl\14\15）

```php
<?php
  class SportObject{                              //类 SportObject
      private $object_type = 'book';              //声明私有变量$object_type，并赋初值为 book
      public function setType($type){             //声明成员方法 setType，为变量$object_type 赋值
          $this -> object_type = $type;
      }
      public function getType(){                  //声明成员方法 getType，返回变量$object_type 的值
          return $this -> object_type;
      }
  }
  $book1 = new SportObject();                     //实例化对象$book1
  $book2 = $book1;                                //使用普通数据类型的方法给对象$book2 赋值
  $book2 -> setType('computer');                  //改变对象$book2 的值
  echo '对象$book1 的值为：'.$book1 -> getType();  //输出对象$book1 的值
?>
```

上面的实例在 PHP 5 中的返回值为"对象$book1 的值为：computer"，因为$book2 只是$book1 的一个引用；而在 PHP 4 中的返回值是"对象$book1 的值为：book"，因为对象$book2 是$book1 的一个备份。

在 PHP 5 中如果需要将对象复制，也就是克隆一个对象，需要使用关键字 clone 来实现。克隆对象的格式为：

```php
$object1 = new ClassName();
$object2 = clone $object1;
```

将例 14.15 中的$book2=$book1 修改为$book2=clone $book1，其他不变，即可返回 PHP 4 中的结果。

2.　__clone 方法

有时除了单纯地克隆对象外，还需要克隆出来的对象可以拥有自己的属性和行为。这时就可以使用__clone 方法来实现。__clone 方法的作用是：在克隆对象的过程中，调用__clone 方法，可以使克隆出来的对象保持自己的一些行为及属性。

【例 14.16】 本例将例 14.15 的代码做一些修改。在对象$book1 中创建__clone 方法，该方法实现的功能是将变量$object_type 的默认值从 book 修改为 computer。使用对象$book1 克隆出对象$book2，输出$book1 和$book2 的$object_type 值，查看最终的结果。实例代码如下：**(实例位置：光盘\TM\sl\14\16)**

```php
<?php
  class SportObject{                            //类 SportObject
      private $object_type = 'book';            //声明私有变量$object_type，并赋初值为 book
      public function setType($type){           //声明成员方法 setType，为变量$object_type 赋值
          $this -> object_type = $type;
      }
      public function getType(){                //声明成员方法 getType，返回变量$object_type 的值
          return $this -> object_type;
      }
      public function __clone(){                //声明__clone 方法
          $this ->object_type = 'computer';     //将变量$object_type 的值修改为 computer
      }
  }
  $book1 = new SportObject();                   //实例化对象$book1
  $book2 = clone $book1;                        //使用普通数据类型的方法给对象$book2 赋值
  echo '对象$book1 的变量值为：'.$book1 -> getType(); //输出对象$book1 的值
  echo '<br>';
  echo '对象$book2 的变量值为：'.$book2 -> getType();
?>
```

运行结果如图 14.9 所示。

图 14.9　__clone 方法

不难看出，对象$book2 克隆了对象$book1 的全部行为及属性，也拥有了属于自己的成员变量值。

14.3.5　对象比较

通过克隆对象，相信读者已经理解表达式$Object2 = $Object1 和$Object2 = clone $Object1 所表示的

不同含义。但在实际开发中，还需判断两个对象之间的关系是克隆还是引用，这时可以使用比较运算符 "==" 和 "==="。两个等号 "==" 是比较两个对象的内容，3 个等号 "===" 是比较对象的引用地址。

【例 14.17】 本例首先实例化一个对象$book，然后分别创建一个克隆对象和引用，使用 "==" 和 "===" 判断它们之间的关系，最后输出结果。实例代码如下：（**实例位置：光盘\TM\sl\14\17**）

```php
<?php
/*  SportObject 类  */
    class SportObject{
        private $name;
        function __construct($name){
            $this -> name = $name;
        }
    }
/*********************/
    $book = new SportObject('book');              //实例化一个对象$book
    $cloneBook = clone $book;                     //克隆对象$cloneBook
    $referBook = $book;                           //引用对象$referBook
    if($cloneBook == $book){                      //使用==比较克隆对象和原对象
        echo '两个对象的内容相等<br>';
    }
    if($referBook === $book){                     //使用===比较引用对象和原对象
        echo '两个对象的引用地址相等<br>';
    }
?>
```

结果为：两个对象的内容相等
　　　　两个对象的引用地址相等

14.3.6　对象类型检测

instanceof 操作符可以检测当前对象属于哪个类。一般格式为：

```
ObjectName instanceof ClassName
```

【例 14.18】 本例首先创建两个类，一个基类（SportObject）与一个子类（MyBook）。实例化一个子类对象，判断对象是否属于该子类，再判断对象是否属于基类。实例代码如下：（**实例位置：光盘\TM\sl\14\18**）

```php
<?php
  class SportObject{}                         //创建空类 SportObject
  class MyBook extends SportObject{           //创建子类 MyBook
      private $type;
  }
  $cBook = new MyBook();                       //实例化对象$cBook
  if($cBook instanceof MyBook)                //判断对象是否属于类 MyBook
```

```
        echo '对象$cBook 属于 MyBook 类<br>';
    if($cBook instanceof SportObject)                               //判断对象是否属于类 SportObject
        echo '对象$Book 属于 SportObject 类<br>';
?>
```

结果为：对象$cBook 属于 MyBook 类

　　　　　对象$cBook 属于 SportObject 类

14.3.7　魔术方法

PHP 中有很多以两个下划线开头的方法，如前面已经介绍过的__construct、__destruct 和__clone，这些方法被称为魔术方法。本节中将会学习到其他一些魔术方法。

> **注意**
>
> PHP 中保留了所有以"__"开头的方法，所以只能使用在 PHP 文档中已有的这些方法，不要自己创建。

1.　__set 和__get 方法

这两个魔术方法的作用分别为：

- ☑ 当程序试图写入一个不存在或不可见的成员变量时，PHP 就会执行__set 方法。__set 方法包含两个参数，分别表示变量名称和变量值，两个参数不可省略。
- ☑ 当程序调用一个未定义或不可见的成员变量时，可以通过__get 方法来读取变量值。__get 方法有一个参数，表示要调用的变量名。

> **注意**
>
> 如果希望 PHP 调用这些魔术方法，首先必须在类中进行定义，否则 PHP 不会执行未创建的魔术方法。

【例 14.19】　本例首先声明类 SportObject，在类中创建一个私有变量$type 和两个魔术方法__set、__get，接着实例化一个对象$MyComputer，先对已存在的私有变量进行赋值和调用，再对未声明的变量$name 进行调用，最终查看输出结果。实例代码如下：（**实例位置：光盘\TM\sl\14\19**）

```
<?php
 class SportObject{                                    //类 SportObject
    private $type = ' ';                               //私有变量$type
    public function __get($name){                      //声明魔术方法__get
        if(isset($this ->$name)){                      //判断变量是否被声明
            echo '变量'.$name.'的值为：'.$this -> $name.'<br>';
        }else{
            echo '变量'.$name.'未定义，初始化为 0<br>';
            $this -> $name = 0;                         //如果未被声明，则对变量初始化
        }
```

273

```
        }
        public function __set($name, $value){                          //声明魔术方法__set
            if(isset($this -> $name)){                                  //判断变量是否定义
                $this -> $name = $value;
                echo '变量'.$name.'赋值为：'.$value.'<br>';
            }else{
                $this -> $name = $value;                                //如果未定义，继续对变量进行赋值
                echo '变量'.$name.'被初始化为：'.$value.'<br>';          //输出警告信息
            }
        }
    }
    $MyComputer = new SportObject();                                    //实例化对象$MyComputer
    $MyComputer -> type = 'DIY';                                        //给变量赋值
    $MyComputer -> type;                                                //调用变量$type
    $MyComputer -> name;                                                //调用变量$name
?>
```

运行结果如图 14.10 所示。

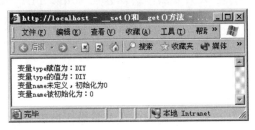

图 14.10 __set 和__get 方法

> **注意**
>
> 魔术方法均用 public 关键字修饰。

2. __call 方法

__call 方法的作用是：当程序试图调用不存在或不可见的成员方法时，PHP 会先调用__call 方法来存储方法名及其参数。__call 方法包含两个参数，即方法名和方法参数。其中，方法参数是以数组形式存在的。

【例 14.20】 本例声明一个类 SportObject，类中包含两个方法，即 myDream 和__call。实例化对象$MyLife 需调用两个方法，一个是类中存在的 myDream 方法，一个是不存在的 mDream 方法。实例代码如下：（实例位置：光盘\TM\sl\14\20）

```
<?php
    /*  类 SportObject  */
    class SportObject{
        public function myDream(){                                     //方法 myDream
            echo '调用的方法存在，直接执行此方法。<p>';
        }
```

```php
    public function __call($method, $parameter) {            //__call 方法
        echo '如果方法不存在，则执行__call()方法。<br>';
        echo '方法名为：'.$method.'<br>';                    //输出第一个参数，即方法名
        echo '参数有：';
        var_dump($parameter);                               //输出第二个参数，是一个参数数组
    }
}
$exam = new SportObject();                                  //实例化对象$exam
$exam->myDream();                                           //调用存在的方法 myDream
$exam -> mDream('how','what','why');                        //调用不存在的方法 mDream
?>
```

运行结果如图 14.11 所示。

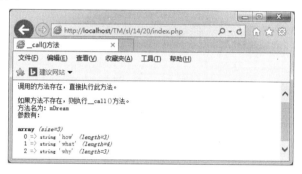

图 14.11　__call 方法

3. __sleep 和__wakeup 方法

使用 serialize()函数可以实现序列化对象。就是将对象中的变量全部保存下来，对象中的类则只保存类名。在使用 serialize()函数时，如果实例化的对象包含__sleep 方法，则会先执行__sleep 方法。该方法可以清除对象并返回一个该对象中所有变量的数组。使用__sleep 方法的目的是关闭对象可能具有的数据库连接等类似的善后工作。

unserialize()函数可以重新还原一个被 serialize()函数序列化的对象，__wakeup 方法则是恢复在序列化中可能丢失的数据库连接及相关工作。

【例 14.21】本例首先声明一个类 SportObject，类中有两个方法，即__sleep 和__wakeup。实例化对象$myBook，使用 serialize()函数将对象序列化为一个字串$i，最后再使用 unserialize()函数将字串$i 还原为一个新对象。实例代码如下：（实例位置：光盘\TM\sl\14\21）

```php
<?php
/*   创建类 SportObject   */
class SportObject{
    private $type = 'DIY';                          //声明私有变量$type，初值为 DIY
    public function getType(){                       //声明 getType 方法，用来调用私有变量$type
        return $this -> type;                       //返回变量值
    }
    public function __sleep(){                       //声明魔术方法__sleep
        echo '使用 serialize()函数将对象保存起来，可以存放到文本文件、数据库等地方<br>';
        return array('type');
```

```
        }
        public function __wakeup(){                        //声明魔术方法__wakeup
            echo '当需要该数据时，使用 unserialize()函数对已序列化的字符串进行操作，将其转换回对象<br>';
        }
    }
    $myBook = new SportObject();                           //实例化对象$myBook
    $i = serialize($myBook);                               //序列化对象
    echo '序列化后的字符串：'.$i.'<br>';                     //输出字串$i
    $reBook = unserialize($i);                             //将字串$i 重新转换为对象$reBook
    echo '还原后的成员变量：'.$reBook -> getType();           //调用新对象$reBook 的 getType 方法
?>
```

运行结果如图 14.12 所示。

图 14.12   __sleep 和__wakeup 方法

4．__toString 方法

魔术方法__toString 的作用是：当使用 echo 或 print 输出对象时，将对象转化为字符串。

【例 14.22】 本例输出类 SportObject 的对象$myComputer，输出的内容为__toString 方法返回的内容。实例代码如下：（实例位置：光盘\TM\sl\14\22）

```
<?php
    class SportObject{                                     //类 SportObject
        private $type = 'DIY';                             //声明私有变量$type
        public function __toString(){                      //声明__toString 方法
            return $this -> type;                          //方法返回私有变量$type 的值
        }
    }
    $myComputer = new SportObject();                       //实例化对象$myComputer
    echo '对象$myComputer 的值为：';
    echo $myComputer;                                      //输出对象$myComputer
?>
```

结果为：对象$myComputer 的值为：DIY

📢**注意**

（1）如果没有__toString 方法，直接输出对象将会发生致命错误（fatal error）。

（2）输出对象时应注意，echo 或 print 后面直接跟要输出的对象，中间不要加多余的字符，否则__toString 方法不会被执行，如 "echo '字串'.$myComputer" "echo ' '.$myComputer" 等都不可以，一定要注意。

5．__autoload 方法

将一个独立、完整的类保存到一个 PHP 页中，并且文件名和类名保持一致，这是每个开发人员都需要养成的良好习惯。这样，在下次重复使用某个类时即能很轻易地找到它。但还有一个问题是让开发人员头疼不已的，如果要在一个页面中引进很多的类，需要使用 include_once()函数或 require_once()函数一个个地引入。

PHP 5 解决了这个问题，__autoload 方法可以自动实例化需要使用的类。当程序要用到一个类，但该类还没有被实例化时，PHP 5 将使用__autoload 方法，在指定的路径下自动查找和该类名称相同的文件。如果找到，程序则继续执行；否则，报告错误。

【例 14.23】　本例首先创建一个类文件 SportObject.class.php，该文件包含类 SportObject。再创建 index.php 文件，在文件中先创建__autoload 方法，手动实现查找的功能，如果查找成功，则使用 require_once()函数将文件动态引入。index.php 文件的最后实例化对象参见输出结果。（**实例位置：光盘\TM\sl\14\23**）

类文件 SportObject.class.php 的代码如下：

```php
<?php
  class SportObject{                                //声明类 SportObject
      private $cont;                                //声明私有变量$cont
      public function __construct($cont){           //创建构造方法
          $this -> cont = $cont;
      }
      public function __toString(){                 //创建__toString 方法
          return $this -> cont;
      }
  }
?>
```

index.php 文件的代码如下：

```php
<?php
    function __autoload($class_name){                         //创建__autoload 方法
        $class_path = $class_name.'.class.php';               //类文件路径
        if(file_exists($class_path)){                         //判断类文件是否存在
            include_once($class_path);                        //动态包含类文件
        }else
            echo '类路径错误。';
    }
    $myBook = new SportObject("江山代有人才出　各领风骚数百年");  //实例化对象
    echo $myBook;                                             //输出类内容
?>
```

结果为：江山代有人才出　各领风骚数百年

14.4　面向对象的应用——中文字符串的截取类

本节将实现理论与实践的结合，将面向对象技术应用到实际的程序开发中。

为了确保程序页面整洁美观，经常需要对输出的字符串进行截取。在截取英文字符串时，可以使用 substr()函数来完成。但是当遇到中文字符串时，如果仍使用 substr()函数，那么就有可能出现乱码的情况，因为一个汉字是由两个字节组成的，所以当截取的内容出现单数时，就有可能将一个汉字拆分，从而导致输出一个不完整的汉字，也就是乱码。

【例 14.24】 本例编写 MsubStr 类，定义 csubstr 方法，实现对中文字符串的截取，避免在截取中文字符串时出现乱码的问题。实例代码如下：（**实例位置：光盘\TM\sl\14\24**）

```php
<?php
  class MsubStr{
      function csubstr($str, $start, $len) {   //$str 指定字符串，$start 指的是字符串的起始位置，$len 指的是长度
      $strlen = $start + $len;                 //$strlen 字符串的总长度（从字符串的起始位置到字符串的总长度）
      $tmpstr = "";                            //初始化变量
      for($i = 0; $i < $strlen; $i ++) {       //通过 for 循环语句，循环读取字符串
          if (ord ( substr ( $str, $i, 1 ) ) > 0xa0) {   //如果字符串中首个字节的 ASCII 序数值大于 0xa0，则表示为汉字
              $tmpstr .= substr ( $str, $i, 2 );   //每次取出两位字符赋给变量$tmpstr，即等于一个汉字
              $i ++;                               //变量自加 1
          } else {                                 //如果不是汉字，则每次取出一位字符赋给变量$tmpstr
              $tmpstr .= substr ( $str, $i, 1 );
          }
      }
      return $tmpstr;                          //输出字符串
      }
  }
  $mc=new MsubStr();                           //类的实例化
?>
<table width="204" height="195" border="0" cellpadding="0" cellspacing="0" background="images/bg.JPG">
  <tr>
    <td><?php
            $string="关注明日科技，关注 PHP 从入门到精通改版！";
            if(strlen($string)>10){                      //判断字符串的长度
                echo substr($string,0,12)."...";         //截取字符串中 9 个字符
            }else{
                echo $string;
            }
        ?>
    </td>
  </tr>
  <tr>
    <td>
        <?php
            $strs="关注明日科技，关注 PHP 从入门到精通改版！";   //定义字符串
            if(strlen($string)>10){                         //判断字符串长度
                echo $mc ->csubstr($strs, "0" , "9")."...";  //应用类中的方法截取字符串
            }else{
                echo $strs;                                  //输出字符串
            }
        ?>
    </td>
```

```
    </tr>
    <tr>
      <td><?php
            $strs="关注 PHP 编程词典！";
            if(strlen($string)>30){
                echo $mc ->csubstr($strs, "0" , "20")."...";
            }else{
                echo $strs;
            }
        ?>
      </td>
    </tr>
</table>
```

本例不但应用类中的方法对字符串进行了截取，而且还使用 substr()函数对字符串进行了截取，与类中的方法进行对比，运行结果如图 14.13 所示。

图 14.13　通过类中的方法截取中文字符串

14.5　小　　结

本章主要介绍了面向对象的概念、特点和 **PHP 5** 中的新特性，如抽象类、接口、克隆等。想真正明白面向对象思想，必须要多动手实践、多动脑思考、注意平时积累等。希望读者通过自己的努力，能有所突破。

14.6　实践与练习

1．PHP 显示中文时，经常会出现乱码，编写一个编码转换类，从而实现编码的自动转换。（**答案位置：光盘\TM\sl\14\25**）

2．做 Web 开发时，需要对各种情况做出处理，并输出相应的信息。编写一个输出类，根据不同的情况，输出不同的处理结果。（**答案位置：光盘\TM\sl\14\26**）

第15章

PHP 加密技术

（ 🎥 视频讲解：23分钟 ）

　　随着网络的普及，网上购物已经成为人们的主要消费方式之一，因此对于个人账号、密码等敏感数据的保护也越来越重要。原来只有在侦探小说中才听说过的加密、解密也出现在现实生活中。其实，加密技术本没有那么神秘，它就是一种相对比较复杂的算法。对于普通的开发者来说，可以使用一些已有的、比较有名气的加密算法，如使用 MD5、SHA 等自己创建加密函数。

　　通过阅读本章，您可以：

▶▶　**熟练掌握 PHP 内置加密函数的使用方法**

▶▶　**熟练掌握单向加密函数的使用方法**

▶▶　**熟练掌握 PHP 加密扩展库的使用方法**

15.1　PHP 加密函数

 视频讲解：光盘\TM\lx\15\PHP 加密函数.exe

数据加密的基本原理就是对原来为明文的文件或数据按某种算法进行处理，使其成为不可读的一段代码，通常称为"密文"，通过这样的途径来达到保护数据不被非法窃取和阅读的目的。

在 PHP 中能对数据进行加密的函数主要有 crypt()、md5()和 sha1()，还有加密扩展库 Mcrypt 和 Mash。这里主要介绍其中的 3 种：crypt()函数、md5()函数和 sha1()函数。

15.1.1　使用 crypt()函数进行加密

crypt()函数可以完成单向加密功能，语法如下：

```
string crypt(string str[, string salt]);
```

其中，str 是需要加密的字符串，salt 为加密时使用的干扰串。如果省略掉第二个参数，则会随机生成一个干扰串。crypt()函数支持 4 种算法和 salt 参数的长度，如表 15.1 所示。

表 15.1　crypt()函数支持的 4 种算法和 salt 参数的长度

算　　法	salt 长度
CRYPT_STD_DES	2-character（默认）
CRYPT_EXT_DES	9-character
CRYPT_MD5	12-character（以1开头）
CRYPT_BLOWFISH	16-character（以2开头）

说明

默认情况下，PHP 使用一个或两个字符的 DES 干扰串，如果系统使用的是 MD5，则会使用 12 个字符。可以通过 CRYPT_SALT_LENGTH 变量来查看当前所使用的干扰串的长度。

【例 15.1】　首先声明一个字符串变量$str，赋值为"This is an example!"，然后使用 crypt()函数进行加密并输出。实例代码如下：（**实例位置：光盘\TM\sl\15\1**）

```php
<?php
    $str = 'This is an example!';              //声明字符串变量$str
    echo '加密前$str 的值为：'.$str;
    $crypttostr = crypt($str);                 //对变量$str 加密
    echo '<p>加密后$str 的值为：'.$crypttostr;   //输出加密后的变量
?>
```

运行结果如图 15.1 所示。

图 15.1　使用 crypt() 函数进行加密

按 F5 键刷新，会发现每次生成的加密结果都不相同，那么该如何对加密后的数据进行判断呢？crypt() 函数是单向加密的，密文不可还原成明码，而每次加密后的数据还不相同，这就是 salt 参数要解决的问题。crypt() 函数用 salt 参数对明文进行加密，判断时，对输出的信息再次使用相同的 salt 参数进行加密，对比两次加密后的结果来进行判断。

【例 15.2】　本例对输入的用户名进行检测，如果该用户存在，显示"用户名已存在。"；否则显示"恭喜您：用户名可以使用!"。实例代码如下：（**实例位置：光盘\TM\sl\15\2**）

```php
<?php
    /*    连接数据库    */
    $conn = mysqli_connect("localhost","root","111") or die("数据库连接错误".mysql_error());
    mysqli_select_db($conn,"db_database15") or die("数据库访问错误".mysql_error());
    mysqli_query($conn,"set names gb2312");
?>
<form id="form1" name="form1" method="post" action="">
    <td><input name="username" type="text" id="username" size="15" /></td>
    <td><input type="submit" name="Submit" value="检查" id="Submit" /></td>
</form>
<?php
    if(isset($_POST['username']) && trim($_POST['username']) != ""){      //trim()函数去掉字符串两边的空格
        $usr = crypt(trim($_POST['username']),"tm");                      //对用户名进行加密
        $sql = "select * from tb_user where user = '".$usr."'";           //生成查询语句
        $rst = mysqli_query($conn,$sql);                                  //执行语句，返回结果集
        if(mysqli_num_rows($rst) > 0){                                    //如果结果集大于 0
            echo "<font color='red'>用户名已存在。</font>";              //说明用户名存在
        }else{                                                           //否则说明该用户名可用
            echo "<font color='green'>恭喜您：用户名可以使用!</font>";
        }
    }
?>
```

运行结果如图 15.2 所示。

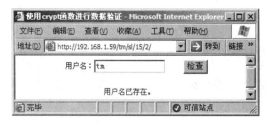

图 15.2　使用 crypt() 函数进行数据验证

> **注意**
>
> 　　实例代码中加粗显示的函数为数据库操作函数，如果读者对 PHP 连接 MySQL 数据库不了解，可以先参考第 16 章 MySQL 数据库基础，然后再回来学习本实例。

15.1.2　使用 md5()函数进行加密

md5()函数使用 MD5 算法。MD5 的全称是 Message-Digest Algorithm 5（信息-摘要算法），它的作用是把不同长度的数据信息经过一系列的算法计算成一个 128 位的数值，就是把一个任意长度的字节串变换成一定长的大整数。注意这里是"字节串"而不是"字符串"，因为这种变换只与字节的值有关，与字符集或编码方式无关。md5()函数的格式如下：

```
string md5 ( string str [, bool raw_output] );
```

其中，字符串 str 为要加密的明文，raw_output 如果设为 true，则函数返回一个二进制形式的密文，该参数默认为 false。

很多网站注册用户的密码都是先使用 MD5 加密，然后再保存到数据库中的。用户登录时，程序把用户输入的密码计算成 MD5 值，然后再去和数据库中保存的 MD5 值进行比较。在这个过程中，程序自身都不会"知道"用户的真实密码，从而保证注册用户的个人隐私，提高安全性。

【例 15.3】　本例实现会员注册和登录的功能，将会员注册的密码通过 md5()进行加密后保存到数据库中。（**实例位置：光盘\TM\sl\15\3**）

其操作步骤如下：

（1）创建 conn.php 文件，完成与 db_database15 数据库的连接。其代码如下：

```php
<?php
    $conn=mysqli_connect("localhost","root","111") or die("数据库连接失败".mysql_error());   //连接服务器
    mysqli_select_db($conn,"db_database15");                                                //连接数据库
    mysqli_query($conn,"set names gb2312");                                                 //设置编码格式
?>
```

（2）创建会员注册页面，即 register.php 文件。在该文件中，创建 form 表单，通过 register 方法对表单元素值进行验证；添加表单元素，完成会员名和密码的提交；将表单中的数据提交到 register_ok.php 文件中，通过面向对象的方法完成会员注册信息的提交操作。其注册页面如图 15.3 所示。

图 15.3　会员注册页面

（3）创建 register_ok.php 文件，获取表单中提交的数据，通过 md5()函数对密码进行加密，使用面向对象的方法完成会员注册信息的提交。其代码如下：

```php
<?php
  class chkinput {                                     //定义 chkinput 类
    var $name;                                         //定义成员变量
    var $pwd;                                          //定义成员变量
    function chkinput($x, $y) {                        //定义成员方法
      $this->name = $x;                                //为成员变量赋值
      $this->pwd = $y;                                 //为成员变量赋值
    }
    function checkinput() {                            //定义方法，完成用户注册
      include "conn/conn.php";                         //通过 include 调用数据库连接文件
      $info = mysqli_query ($conn,"insert into tb_user(user,password)value('" . $this->name . "','" . $this->pwd .
"')" );
      if ($info == false) {                            //根据添加操作的返回结果，给出提示信息
        echo "<script language='javascript'>alert('会员注册失败！');history.back();</script>";
        exit ();
      } else {
        $_SESSION['admin_name'] = $this->name;         //注册成功后，将用户名赋给 SESSION 变量
        echo "<script language='javascript'>alert('恭喜您，注册成功！');window.location.href='index.php';
</script>";
      }
    }
  }
  $obj = new chkinput (trim($_POST['name']),trim(md5($_POST['pwd'])));//实例化类
  $obj->checkinput ();                                 //根据返回对象调用方法执行注册操作
?>
```

（4）创建 index.php 和 index_ok.php 文件，实现会员登录的功能，具体代码可参考光盘中的内容，这里不作讲解。

在会员注册成功后，可以查看一下存储在数据库中的数据，通过 MD5 加密后的密码如图 15.4 所示。

←T→			id	user	password
□	✎	✗	1	asNtMq.2LUyM6	asNtMq.2LUyM6
□	✎	✗	2	tm	698d51a19d8a121ce581499d7b701668

图 15.4　MD5 加密后的密码

15.1.3　使用 sha1()函数进行加密

和 MD5 类似的还有 SHA 算法。SHA 全称为 Secure Hash Algorithm（安全哈希算法），PHP 提供的 sha1()函数使用的就是 SHA 算法，函数的语法如下：

```
string sha1 ( string str [, bool raw_output] )
```

函数返回一个 40 位的十六进制数，如果参数 raw_output 为 true，则返回一个 20 位的二进制数。

默认 raw_output 为 false。

注意

> sha 后面的 1 是阿拉伯数字（1、2、3）里的 1，不是字母 l（L），读者一定要注意。

【例 15.4】　本例对一字符串进行 MD5 和 SHA 加密运算，实例代码如下：（实例位置：光盘\TM\sl\15\4）

```
<?
  php echo md5('PHPER');                          //使用 md5()函数加密字符串 PHPER
  php echo sha1('PHPER');                         //使用 sha1()函数加密字符串 PHPER
?>
```

MD5 加密运算和 SHA 加密运算字符串的对比效果如图 15.5 所示。

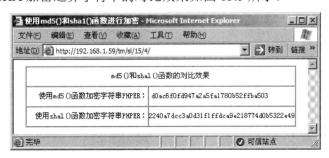

图 15.5　使用 md5()和 sha1()函数的效果对比

15.2　PHP 加密扩展库

　　视频讲解：光盘\TM\lx\15\PHP 加密扩展库.exe

　　PHP 除了自带的几种加密函数外，还有功能更全面的加密扩展库 Mcrypt 和 Mhash。其中 Mcrypt 扩展库可以实现加密和解密功能，既能将明文加密，也可以将密文还原。Mhash 扩展库则包含了 MD5 在内的多种 hash 算法实现的混编函数。

15.2.1　Mcrypt 扩展库

1．Mcrypt 库安装

　　单向加密的优势是密文无法还原为明文，即使数据被截获也不会造成资料外泄。但有时，还需要将密文还原成明文，这就需要使用双向加密技术了。Mcrypt 是一个功能十分强大的加密算法扩展库。在标准的 PHP 安装过程中并没有安装 Mcrypt，但 PHP 的主目录下包含了 libmcrypt.dll 和 libmhash.dll 文件（libmhash.dll 是 Mhash 扩展库，这里一起安装上），首先将文件复制到系统目录 windows\system32 下，然后在 php.ini 文件中找到 ";extension=php_mcrypt.dll" 和 ";extension=php_mhash.dll" 这两个语句，将前面的分号 ";" 去掉，最后重新启动服务器，即可使用这两个扩展库。

2．Mcrypt 库常量

【例 15.5】 Mcrypt 库支持 20 多种加密算法和 8 种加密模式，读者可以通过 mcrypt_list_ algorithms() 和 mcrypt_list_modes()函数查看，实例代码如下：（**实例位置：光盘\TM\sl\15\5**）

```php
<?php
    $en_dir = mcrypt_list_algorithms();                      //函数返回 Mcrypt 支持的加密算法数组
    echo "Mcrypt 支持的算法有：";
    foreach($en_dir as $en_value){
        echo $en_value." ";
    }
    $mo_dir = mcrypt_list_modes();                           //函数返回 Mcrypt 支持的算法模式数组
    echo "<p>Mcrypt 支持的加密模式有：";
    foreach($mo_dir as $mo_value){
        echo $mo_value." ";
    }
?>
```

运行结果如图 15.6 所示。

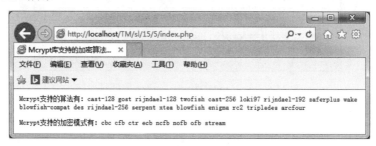

图 15.6　Mcrypt 库支持的加密算法与加密模式

这些算法和模式在实际应用中要用常量来表示，写的时候分别加上前缀 MCRYPT_和 MCRYPT_ MODE_来表示，如：

☑　TWOFISH 算法表示为 MCRYPT_TWOFISH。

☑　CBC 加密模式表示为 MCRYPT_MODE_CBC。

3．Mcrypt 应用

【例 15.6】 使用 Mcrypt 进行加密和解密不像使用 md5()、sha1()等函数，直接调用即可。为了让读者能清楚地了解 Mcrypt 的工作流程，下面通过一个实例来学习 Mcrypt 是如何工作的。实例代码如下：（**实例位置：光盘\TM\sl\15\6**）

```php
<?php
    $str = "被加密的内容：相见时难别亦难 东风无力百花残";     //加密文本
    $key = "key:111";                                         //密钥
    $cipher = MCRYPT_DES;                                     //密码类型
    $modes = MCRYPT_MODE_ECB;                                 //密码模式
    $iv = mcrypt_create_iv(mcrypt_get_iv_size($cipher,$modes),MCRYPT_RAND); //初始化向量
    echo "加密前：".$str."<p>";
    //加密：
    $str_encrypt = mcrypt_encrypt($cipher,$key,$str,$modes,$iv);    //加密函数
```

```
    echo "加密后：".$str_encrypt." <p>";
    $str_decrypt = mcrypt_decrypt($cipher,$key,$str_encrypt,$modes,$iv);        //解密函数
    echo "还原：".$str_decrypt."<p>";
?>
```

运行结果如图 15.7 所示。

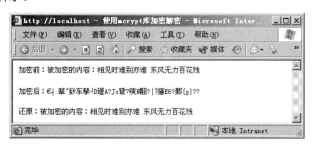

图 15.7　使用 Mcrypt 库加密和解密

下面对代码中加粗的函数进行讲解。

（1）string mcrypt_create_iv (int size [, int source])

使用 Mcrypt 进行数据加密、解密之前，首先要创建一个初始化向量（简称 iv）。创建初始化向量需要两个参数：size 指定了 iv 的大小，source 为 iv 的源。source 可以取如下值。

☑　MCRYPT_RAND：系统随机数。

☑　MCRYPE_DEV_RANDOM：读取目录/dev/random 中的数据（UNIX 系统）。

☑　MCRYPT_DEV_URANDOM：读取目录/dev/urandom 中的数据（UNIX 系统）。

（2）int mcrypt_get_iv_size (string cipher, string mode)

该函数返回初始化向量（iv）的大小。函数中的两个参数是前面刚介绍过的加密算法（cipher）和算法模式（mode）。

（3）string mcrypt_encrypt (string cipher, string key, string data, string mode [, string iv])

初始化向量后，即可使用 mcrypt_encrypt()加密函数对数据进行加密。该函数的 5 个参数分别如下。

☑　cipher：加密算法。例 15.6 中为变量$cipher，这里的加密算法可以和初始化向量中的加密算法不一样。

☑　key：密钥。例 15.6 中的变量$key。

☑　data：需要加密的数据。例 15.6 中的变量$str。

☑　mode：算法模式。例 15.6 中的变量$modes，可以和初始化向量中的模式不一样。

☑　iv：初始化向量。例 15.6 中的变量$iv。

（4）string mcrypt_decrypt (string cipher, string key, string data, string mode [, string iv])

解密函数 mcrypt_decrypt()和加密函数 mcrypt_encrypt()的参数几乎是一样的。唯一不同的是参数 data，这里的 data 为需要解密的数据，而不是原始数据。在例 15.6 中为需要解密的变量$str_encrypt。

注意

加密函数和解密函数中的 cipher、key 和 mode 参数必须一致，否则数据不会被还原。

Mcrypt 扩展库包含 30 多个函数，对加密技术感兴趣的读者可以参考 PHP 手册，其中有详细的介绍。

287

15.2.2　Mhash 扩展库

1．Mhash 库安装

关于 Mhash 库的安装在前面已经介绍过，这里不再重复。读者可以参见 15.2.1 节中的 Mcrypt 库安装。

2．Mhash 库常量

【例 15.7】　Mhash 库支持 MD5、SHA、CRC32 等多种散列算法，可以使用 mhash_count()和 mhash_get_hash_name()函数输出支持的算法名称。实例代码如下：（**实例位置：光盘\TM\sl\15\7**）

```php
<?php
  $num = mhash_count();                                  //函数返回最大的 hash id
  echo "Mhash 库支持的算法有：";
  for($i = 0; $i <= $num; $i++){
      echo $i."=>".mhash_get_hash_name($i)."  ";         //输出每一个 hash id 的名称
  }
?>
```

运行结果如图 15.8 所示。

图 15.8　Mhash 库支持的加密算法

如果在实际应用中使用上面的常量，需要在算法名称前面加上 MHASH_前缀，如 CRC32 表示为 MHASH_CRC32。

3．Mhash 应用

相比 Mcrypt 扩展库的 30 多个函数，Mhash 库中只有 5 个函数，除了上面使用到的两个函数外，下面来介绍其他的 3 个函数。

☑　mhash_get_block_size()函数
函数语法：

```
int mhash_get_block_size ( int hash )
```

该函数用来获取参数 hash 的区块大小，如 mhash_get_block_size(MHASH_CRC32)。

☑　mhash()函数
函数语法：

```
string mhash ( int hash, string data [, string key] )
```

该函数返回一个哈希值。其中，hash 为要使用的算法，data 是要加密的数据，key 是加密使用的密钥。

☑　mhash_keygen_s2k()函数
函数语法：

```
string mhash_keygen_s2k ( int hash, string password, string salt, int bytes )
```

该函数将根据参数 password 和 salt 返回一个长度为字节的 key 值，参数 hash 为要使用的算法。其中 salt 为一个固定 8 字节的值，如果用户给出的数值小于 8 字节，将用 0 补齐。

【例 15.8】　使用 mash()函数和 mhash_keygen_s2k()函数生成一个校验码，并使用 bin2hex()函数将二进制结果转换为十六进制。实例代码如下：（**实例位置：光盘\TM\sl\15\8**）

```php
<?php
    $filename = '08.txt';                                    //文件路径
    $str = file_get_contents($filename);                     //读取文件内容到变量$str 中
    $hash = 2;                                               //设置 hash 值
    $password = '111';                                       //设置变量$password
    $salt = '1234';                                          //设置变量$salt
    $key = mhash_keygen_s2k(1,$password,$salt,10);           //生成 key 值
    $str_mhash = bin2hex(mhash($hash,$str,$key));            //使用$key 值、$hash 值对字串$str 加密
    echo "文件 08.txt 的校验码是："    .$str_mhash;           //输出校验码
?>
```

运行结果如图 15.9 所示。

图 15.9　使用 Mhash 库生成校验码

15.3　小　　结

本章中首先介绍了 PHP 中的加密函数 crypt()、md5()和 sha1()，然后介绍了 PHP 扩展库 Mcrypt 和 Mhash。其中，属于单向加密的有 crypt()、md5()、sha1()和 Mhash 扩展库，可以还原密文的是 Mcrypt 扩展库。相信通过本章的学习及实践，读者可以熟练地使用各种加密手段对敏感数据进行保护。

15.4　实践与练习

1. 分别使用 crypt()和 md5()函数做一个用户登录验证页，以验证用户登录所使用的用户名和密码是否正确。（**答案位置：光盘\TM\sl\15\9**）

2. 使用 OR、XOR 等运算符，自定义一个加密函数。（**答案位置：光盘\TM\sl\15\10**）

第16章

MySQL 数据库基础

（ 📹 视频讲解：58分钟）

只有与 MySQL 数据库相结合，才能充分发挥动态网页编程语言的魅力，因为网络上的众多应用都是基于数据库的。PHP 支持多种数据库，尤其与 MySQL 被称为黄金组合，本章就带领读者来学习 MySQL。MySQL 命令行通过 sql 语句对数据库进行操作，本章将详细介绍 MySQL 数据库的基础知识。通过本章的学习，读者不但可以轻松掌握操作 MySQL 数据库、数据表的方法，还可以学习到对 MySQL 数据库进行查询等操作。

通过阅读本章，您可以：

▶▶ 了解 MySQL 的概念

▶▶ 了解 MySQL 的特点

▶▶ 掌握启动和关闭 MySQL 服务器的方法

▶▶ 掌握操作 MySQL 数据库的技术

▶▶ 掌握操作 MySQL 数据表的技术

▶▶ 掌握操作 MySQL 语句的技术

16.1　MySQL 概述

📹 **视频讲解：光盘\TM\lx\16\01 MySQL 概述.mp4**

MySQL 是目前最为流行的开源的数据库，是完全网络化的跨平台关系型数据库系统，它是由瑞典的 MySQL AB 公司开发的，由 MySQL 的初始开发人员 David Axmark 和 Michael Monty Widenius（见图 16.1）于 1995 年建立。它的象征符号是一只名为 Sakila 的海豚，代表着 MySQL 数据库和团队的速度、能力、精确和优秀本质。

MySQL 数据库可以称得上是目前运行速度最快的 SQL 语言数据库。除了具有许多其他数据库所不具备的功能和选择之外，MySQL 数据库还是一种完全免费的产品，用户可以直接从网上下载使用，而不必支付任何费用。

图 16.1　Michael Monty Widenius

下面介绍 MySQL 的特点。

☑ 功能强大：MySQL 中提供了多种数据库存储引擎，各个引擎各有所长，适用于不同的应用场合，用户可以选择最合适的引擎以得到最高性能，甚至可以处理每天访问量数亿的高强度 Web 搜索站点。MySQL 支持事务、视图、存储过程和触发器等。

☑ 支持跨平台：MySQL 支持至少 20 种以上的开发平台，包括 Linux、Windows、FreeBSD、IBMAIX、AIX 和 FreeBSD 等。这使得在任何平台下编写的程序都可以进行移植，而不需要对程序做任何修改。

☑ 运行速度快：高速是 MySQL 的显著特性。在 MySQL 中，使用了极快的 B 树磁盘表（MyISAM）和索引压缩；通过使用优化的单扫描多连接，能够极快地实现连接；SQL 函数使用高度优化的类库实现，运行速度极快。

☑ 支持面向对象：PHP 支持混合编程方式。编程方式可分为纯粹面向对象、纯粹面向过程、面向对象与面向过程混合 3 种方式。

☑ 安全性高：灵活安全的权限和密码系统允许基本主机的验证。连接到服务器时，所有的密码传输均采用加密形式，从而保证了密码的安全。

☑ 成本低：MySQL 数据库是一种完全免费的产品，用户可以直接从网上下载。

☑ 支持各种开发语言：MySQL 为各种流行的程序设计语言提供支持，为它们提供了很多的 API 函数，包括 PHP、ASP.NET、Java、Eiffel、Python、Ruby、Tcl、C、C++和 Perl 等。

☑ 数据库存储容量大：MySQL 数据库的最大有效表尺寸通常是由操作系统对文件大小的限制决定的，而不是由 MySQL 内部限制决定的。InnoDB 存储引擎将 InnoDB 表保存在一个表空间内，该表空间可由数个文件创建，表空间的最大容量为 64TB，可以轻松处理拥有上千万条记录的大型数据库。

☑ 支持强大的内置函数：PHP 中提供了大量内置函数，几乎涵盖了 Web 应用开发中的所有功能。它内置了数据库连接、文件上传等功能，MySQL 支持大量的扩展库，如 MySQLi 等，为快速开发 Web 应用提供方便。

16.2　启动和关闭 MySQL 服务器

视频讲解：**光盘\TM\lx\16\02 启动和关闭 MySQL 服务器.mp4**

启动和停止 MySQL 服务器的操作非常简单。但通常情况下，不要暂停或停止 MySQL 服务器，否则数据库将无法使用。

16.2.1　启动 MySQL 服务器

只有启动了 MySQL 服务器才可以操作 MySQL 数据库。启动 MySQL 服务器的方法已经在第二章中进行了详细的介绍，这里不再赘述。

16.2.2　连接和断开 MySQL 服务器

1. 连接 MySQL 服务器

MySQL 服务器启动后，就是连接服务器。MySQL 提供了 MySQL console 命令窗口客户端实现了与 MySQL 服务器之间的交互。单击任务栏系统托盘中的 WampServer 图标■，选择 MySQL，单击 MySQL console，打开 MySQL 命令窗口，如图 16.2 所示。

图 16.2　MySQL 命令窗口

输入 MySQL 服务器 root 账户的密码并且按 Enter 键（如果密码为空，直接按 Enter 键即可）。如果密码输入正确，将出现如图 16.3 所示的提示界面，表明通过 MySQL 命令窗口成功连接了 MySQL 服务器。

图 16.3　成功连接 MySQL 服务器

2. 断开 MySQL 连接

连接到 MySQL 服务器后，可以通过在 MySQL 提示符下输入 exit 或者 quit 命令并且按 Enter 键来断开 MySQL 连接。

16.3　操作 MySQL 数据库

📀 **视频讲解：光盘\TM\lx\16\03 操作 MySQL 数据库.mp4**

针对 MySQL 数据库的操作可以分为创建、选择、查看和删除四种。

16.3.1　创建数据库

在 MySQL 中，应用 create database 语句创建数据库。其语法格式如下：

```
create database  数据库名;
```

在创建数据库时，数据库的命名要遵循如下规则：
- ☑ 不能与其他数据库重名。
- ☑ 名称可以是任意字母、阿拉伯数字，下划线（＿）或者"$"组成，可以使用上述的任意字符开头，但不能使用单独的数字，那样会造成它与数值相混淆。
- ☑ 名称最长可为 64 个字符组成（还包括表、列和索引的命名），而别名最多可长达 256 个字符。
- ☑ 不能使用 MySQL 关键字作为数据库、表名。
- ☑ 默认情况下，Windows 下数据库名、表名的字母大小写是不敏感的，而在 Linux 下数据库名、表名的字母大小写是敏感的。为了便于数据库在平台间进行移植，建议读者采用小写字母来定义数据库名和表名。

下面通过 create database 语句创建一个名称为 db_user 的数据库。在创建数据库时，首先连接 MySQL 服务器，然后编写"create database db_user;"SQL 语句，数据库创建成功。运行结果如图 16.4 所示。

图 16.4　创建数据库

创建 db_user 数据库后，MySQL 管理系统会自动在"E:\wamp\bin\mysql\mysql5.6.17\data"目录下创建 db_user 数据库文件夹及相关文件实现对该数据库的文件管理。

 说明

> E:\wamp\bin\mysql\mysql5.6.17\data 目录是 MySQL 配置文件 my.ini 中设置的数据库文件的存储目录。用户可以通过修改配置选项 datadir 的值来对数据库文件的存储目录进行重新设置。

16.3.2 选择数据库

use 语句用于选择一个数据库，使其成为当前默认数据库。其语法如下：

use 数据库名;

例如，选择名称为 db_user 的数据库，操作命令如图 16.5 所示。

图 16.5 选择数据库

选择了 db_user 数据库之后，才可以操作该数据库中的所有对象。

16.3.3 查看数据库

数据库创建完成后，可以使用 show databases 命令查看 MySQL 数据库中所有已经存在的数据库。语法如下：

show databases;

例如，使用 "show databases;" 命令显示本地 MySQL 数据库中所有存在的数据库名，如图 16.6 所示。

图 16.6 显示所有数据库名

16.3.4 删除数据库

删除数据库使用的是 drop database 语句，语法如下：

drop database 数据库名;

例如，在 MySQL 命令窗口中使用 "drop database db_user;" 语句即可删除 db_user 数据库。删除数据库后，MySQL 管理系统会自动删除 E:\wamp\bin\mysql\mysql5.6.17\data 目录下的 db_user 目录及相关文件。

> **注意**
>
> 对于删除数据库的操作，应该谨慎使用，一旦执行这项操作，数据库的所有结构和数据都会被删除，没有恢复的可能，除非数据库有备份。

16.4　MySQL 数据类型

视频讲解：光盘\TM\lx\16\04 MySQL 数据类型.mp4

在 MySQL 数据库中，每一条数据都有其数据类型。MySQL 支持的数据类型主要分成三类：数字类型、字符串（字符）类型、日期和时间类型。

16.4.1　数字类型

MySQL 支持所有的 ANSI/ISO SQL 92 数字类型。这些类型包括准确数字的数据类型（NUMERIC、DECIMAL、INTEGER 和 SMALLINT），还包括近似数字的数据类型（FLOAT、REAL 和 DOUBLE PRECISION）。其中的关键字 INT 是 INTEGER 的简写，关键字 DEC 是 DECIMAL 的简写。

一般来说，数字类型可以分成整型和浮点型两类，详细内容如表 16.1 和表 16.2 所示。

表 16.1　整数数据类型

数 据 类 型	取 值 范 围	说　　明	单　　位
TINYINT	符号值：−127～127　无符号值：0～255	最小的整数	1 字节
BIT	符号值：−127～127　无符号值：0～255	最小的整数	1 字节
BOOL	符号值：−127～127　无符号值：0～255	最小的整数	1 字节
SMALLINT	符号值：−32768～32767 无符号值：0～65535	小型整数	2 字节
MEDIUMINT	符号值：−8388608～8388607 无符号值：0～16777215	中型整数	3 字节
INT	符号值：−2147683648～2147683647 无符号值：0～4294967295	标准整数	4 字节
BIGINT	符号值：−9223372036854775808～9223372036854775807 无符号值：0～18446744073709551615	大整数	8 字节

表 16.2　浮点数据类型

数 据 类 型	取 值 范 围	说　　明	单　　位
FLOAT	+(−)3.402823466E+38	单精度浮点数	8 字节或 4 字节
DOUBLE	+(−)1.7976931348623157E+308 +(−)2.2250738585072014E−308	双精度浮点数	8 字节
DECIMAL	可变	一般整数	自定义长度

说明

在创建表时，使用哪种数字类型应遵循以下原则：

（1）选择最小的可用类型，如果值永远不超过 127，则使用 TINYINT 要比使用 INT 好。

（2）对于完全都是数字的，可以选择整数类型。

（3）浮点类型用于可能具有小数部分的数。例如，货物单价、网上购物交付金额等。

16.4.2　字符串类型

字符串类型可以分为三类：普通的文本字符串类型（CHAR 和 VARCHAR）、可变类型（TEXT 和 BLOB）和特殊类型（SET 和 ENUM）。它们之间都有一定的区别，取值的范围不同，应用的地方也不同。

（1）普通的文本字符串类型，即 CHAR 和 VARCHAR 类型。CHAR 列的长度在创建表时指定，取值范围为 1～255；VARCHAR 列的值是变长的字符串，取值和 CHAR 一样。普通的文本字符串类型如表 16.3 所示。

表 16.3　普通的文本字符串类型

类　　型	取 值 范 围	说　　明
[national] char(M) [binary|ASCII|unicode]	0～255 个字符	固定长度为 M 的字符串，其中 M 的取值范围为 0～255。national 关键字指定了应该使用的默认字符集。binary 关键字指定了数据是否区分大小写（默认是区分大小写的）。ASCII 关键字指定了在该列中使用 latin1 字符集。unicode 关键字指定了使用 UCS 字符集
char	0～255 个字符	与 char(M)类似
[national] varchar(M) [binary]	0～255 个字符	长度可变，其他和 char(M)类似

（2）可变类型，即 TEXT 和 BLOB 类型。它们的大小可以改变，TEXT 类型适合存储长文本，而 BLOB 类型适合存储二进制数据，支持任何数据，如文本、声音和图像等。TEXT 和 BLOB 类型如表 16.4 所示。

表 16.4　TEXT 和 BLOB 类型

类　　型	最大长度（字节数）	说　　明
TINYBLOB	2^8-1（225）	小 BLOB 字段
TINYTEXT	2^8-1（225）	小 TEXT 字段
BLOB	$2^{16}-1$（65535）	常规 BLOB 字段
TEXT	$2^{16}-1$（65535）	常规 TEXT 字段
MEDIUMBLOB	$2^{24}-1$（16777215）	中型 BLOB 字段
MEDIUMTEXT	$2^{24}-1$（16777215）	中型 TEXT 字段
LONGBLOB	$2^{32}-1$（4294967295）	长 BLOB 字段
LONGTEXT	$2^{32}-1$（4294967295）	长 TEXT 字段

（3）特殊类型，即 SET 和 ENUM 类型。SET 和 ENUM 类型的介绍如表 16.5 所示。

表 16.5　ENUM 和 SET 类型

类　型	最　大　值	说　明
Enum ("value1", "value2", …)	65535	该类型的列只可以容纳所列值之一或为 NULL
Set ("value1", "value2", …)	64	该类型的列可以容纳一组值或为 NULL

 说明

在创建表时，使用字符串类型时应遵循以下原则：

（1）从速度方面考虑，要选择固定的列，可以使用 CHAR 类型。

（2）要节省空间，使用动态的列，可以使用 VARCHAR 类型。

（3）要将列中的内容限制在一种选择，可以使用 ENUM 类型。

（4）允许在一个列中有多于一个的条目，可以使用 SET 类型。

（5）如果要搜索的内容不区分大小写，可以使用 TEXT 类型。

（6）如果要搜索的内容区分大小写，可以使用 BLOB 类型。

16.4.3　日期和时间类型

日期和时间类型包括：DATETIME、DATE、TIMESTAMP、TIME 和 YEAR。其中的每种类型都有其取值的范围，如赋予它一个不合法的值，将会被 0 代替。下面介绍日期和时间数据类型，如表 16.6 所示。

表 16.6　日期和时间数据类型

类　型	取　值　范　围	说　明
DATE	1000-01-01　9999-12-31	日期，格式为 YYYY-MM-DD
TIME	-838:58:59　835:59:59	时间，格式为 HH:MM:SS
DATETIME	1000-01-01 00:00:00 9999-12-31 23:59:59	日期和时间，格式为 YYYY-MM-DD HH:MM:SS
TIMESTAMP	1970-01-01 00:00:00 2037 年的某个时间	时间标签，在处理报告时使用的显示格式取决于 M 的值
YEAR	1901-2155	年份可指定两位数字和四位数字的格式

在 MySQL 中，日期的顺序是按照标准的 ANSI SQL 格式进行输入的。

16.5　操作数据表

数据库创建完成后，即可在命令提示符下对数据库进行操作，如创建数据表、更改数据表结构以及删除数据表等。

16.5.1 创建数据表

视频讲解：光盘\TM\lx\16\05 创建数据表.mp4

MySQL 数据库中，可以使用 create table 命令创建数据表。语法如下：

create[TEMPORARY] table [IF NOT EXISTS] 数据表名
[(create_definition,…)][table_options] [select_statement]

create table 语句的参数说明如表 16.7 所示。

表 16.7 create table 语句的参数说明

关　键　字	说　　明
TEMPORARY	如果使用该关键字，表示创建一个临时表
IF NOT EXISTS	该关键字用于避免表存在时 MySQL 报告的错误
create_definition	这是表的列属性部分。MySQL 要求在创建表时，表要至少包含一列
table_options	表的一些特性参数
select_statement	SELECT 语句描述部分，用它可以快速地创建表

下面介绍列属性 create_definition 的使用方法，每一列具体的定义格式如下：

col_name   type [NOT NULL | NULL] [DEFAULT default_value] [AUTO_INCREMENT]
       [PRIMARY KEY] [reference_definition]

属性 create_definition 的参数说明如表 16.8 所示。

表 16.8 属性 create_definition 的参数说明

参　　数	说　　明
col_name	字段名
type	字段类型
NOT NULL | NULL	指出该列是否允许为空值，但是数据 0 和空格都不是空值，系统一般默认允许为空值，所以当不允许为空值时，必须使用 NOT NULL
DEFAULT default_value	表示默认值
AUTO_INCREMENT	表示是否为自动编号，每个表只能有一个 AUTO_INCREMENT 列，并且必须被索引
PRIMARY KEY	表示是否为主键。一个表只能有一个 PRIMARY KEY。如表中没有一个 PRIMARY KEY，而某些应用程序要求 PRIMARY KEY，MySQL 将返回第一个没有任何 NULL 列的 UNIQUE 键，作为 PRIMARY KEY
reference_definition	为字段添加注释

在实际应用中，使用 create table 命令创建数据表的时候，只需指定最基本的属性即可，格式如下：

create table table_name (列名 1 属性, 列名 2 属性 …);

例如，在命令提示符下应用 create table 命令，在数据库 db_user 中创建一个名为 tb_user 的数据表，表中包括 id、user、pwd 和 createtime 等字段，实现过程如图 16.7 所示。

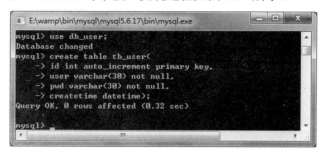

图 16.7　创建 MySQL 数据表

16.5.2　查看表结构

📹 视频讲解：光盘\TM\lx\16\06　查看表结构.mp4

成功创建数据表后，可以使用 show columns 命令或 describe 命令查看指定数据表的表结构。下面分别对这两个命令进行介绍。

1. show columns 命令

show columns 命令的语法格式如下：

show [full] columns from 数据表名 [from 数据库名];

或写成：

show [full] columns FROM 数据库名.数据表名;

例如，应用 show columns 命令查看数据表 tb_user 表结构，如图 16.8 所示。

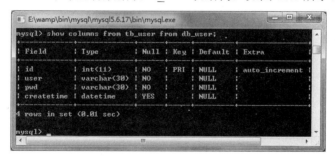

图 16.8　查看表结构

2. describe 命令

describe 命令的语法格式如下：

describe 数据表名;

其中，describe 可以简写为 desc。在查看表结构时，也可以只列出某一列的信息，语法格式如下：

describe 数据表名 列名;

例如，应用 describe 命令的简写形式查看数据表 tb_user 的某一列信息，如图 16.9 所示。

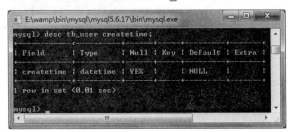

图 16.9　查看表的某一列信息

16.5.3　修改表结构

视频讲解：光盘\TM\lx\16\07 修改表结构.mp4

修改表结构采用 alter table 命令。修改表结构指增加或者删除字段、修改字段名称或者字段类型、设置取消主键外键、设置取消索引以及修改表的注释等。

语法格式如下：

alter [IGNORE] table 数据表名 alter_spec[,alter_spec]…

需注意的是，当指定 IGNORE 时，如果出现重复关键的行，则只执行一行，其他重复的行被删除。其中，alter_spec 子句用于定义要修改的内容，语法如下：

```
alter_specification:
    ADD [COLUMN] create_definition [FIRST | AFTER column_name ]      --添加新字段
  | ADD INDEX [index_name] (index_col_name,...)                      --添加索引名称
  | ADD PRIMARY KEY (index_col_name,...)                             --添加主键名称
  | ADD UNIQUE [index_name] (index_col_name,...)                     --添加唯一索引
  | ALTER [COLUMN] col_name {SET DEFAULT literal | DROP DEFAULT}     --修改字段名称
  | CHANGE [COLUMN] old_col_name create_definition                   --修改字段类型
  | MODIFY [COLUMN] create_definition                                --修改子句定义字段
  | DROP [COLUMN] col_name                                           --删除字段名称
  | DROP PRIMARY KEY                                                 --删除主键名称
  | DROP INDEX index_name                                            --删除索引名称
  | RENAME [AS] new_tbl_name                                         --更改表名
  | table_options
```

alter table 语句允许指定多个动作，动作间使用逗号分隔，每个动作表示对表的一个修改。

例如，向 tb_user 表中添加一个新的字段 address，类型为 varchar(60)，并且不为空值（not null），将字段 user 的类型由 varchar(30)改为 varchar(50)，然后再用 desc 命令查看修改后的表结构，如图 16.10 所示。

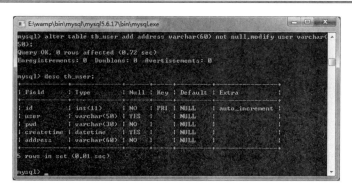

图 16.10　修改表结构

16.5.4　重命名数据表

 视频讲解：光盘\TM\lx\16\08 重命名数据表.mp4

重命名数据表采用 rename table 命令，语法格式如下：

rename table　数据表名 1 to　数据表名 2;

例如，对数据表 tb_user 进行重命名，更名后的数据表为 tb_member，只需要在 MySQL 命令窗口中使用"rename table tb_user to tb_member;"语句即可。

说明

该语句可以同时对多个数据表进行重命名，多个表之间以逗号","分隔。

16.5.5　删除数据表

视频讲解：光盘\TM\lx\16\09 删除数据表.mp4

删除数据表的操作很简单，与删除数据库的操作类似，使用 drop table 命令即可实现。格式如下：

drop table　数据表名;

例如，在 MySQL 命令窗口中使用"drop table tb_user;"语句即可删除 tb_user 数据表。删除数据表后，MySQL 管理系统会自动删除 E:\wamp\bin\mysql\mysql5.6.17\data\db_user 目录下的表文件。

注意

删除数据表的操作应该谨慎使用。一旦删除了数据表，那么表中的数据将会全部清除，没有备份则无法恢复。

在删除数据表的过程中，如果删除一个不存在的表将会产生错误，这时在删除语句中加入 if exists 关键字就可避免出错。格式如下：

```
drop table if exists  数据表名;
```

注意

在对数据表进行操作之前，首先必须选择数据库，否则是无法对数据表进行操作的。

16.6 数据表记录的更新操作

视频讲解：光盘\TM\lx\16\10 数据表记录的更新操作.mp4

数据库中包含数据表，而数据表中包含数据。在 MySQL 与 PHP 的结合应用中，真正被操作的是数据表中的数据，因此如何更好地操作和使用这些数据才是使用 MySQL 数据库的根本。

向数据表中插入、修改和删除记录可以在 MySQL 命令行中使用 SQL 语句完成。下面介绍如何在 MySQL 命令行中执行基本的 SQL 语句。

16.6.1 数据表记录的添加

建立一个空的数据库和数据表时，首先要想到的就是如何向数据表中添加数据。这项操作可以通过 insert 命令来实现。

语法格式如下：

```
insert into  数据表名(column_name,column_name2, … ) values (value1, value2, … );
```

在 MySQL 中，一次可以同时插入多行记录，各行记录的值清单在 values 关键字后以逗号分隔，而标准的 SQL 语句一次只能插入一行。

说明

值列表中的值应与字段列表中字段的个数和顺序相对应，值列表中值的数据类型必须与相应字段的数据类型保持一致。

例如，向用户信息表 tb_user 中插入一条数据信息，如图 16.11 所示。

图 16.11 插入记录

当向数据表中的所有列添加数据时，insert 语句中的字段列表可以省略，例如：

```
insert into tb_user values(null,'mrsoft','123','2015-6-20 12:12:12','沈阳市');
```

16.6.2　数据表记录的修改

要执行修改的操作可以使用 update 命令，语法格式如下：

```
update 数据表名 set column_name = new_value1,column_name2 = new_value2, ...where condition;
```

其中，set 子句指出要修改的列及其给定的值；where 子句是可选的，如果给出该子句将指定记录中哪行应该被更新，否则，所有的记录行都将被更新。

例如，将用户信息表 tb_user 中用户名为 mr 的管理员密码 111 修改为 222，SQL 语句如下：

```
update tb_user set pwd='222' where user='mr';
```

16.6.3　数据表记录的删除

在数据库中有些数据已经失去意义或者是错误的，这时就需要将它们删除，此时可以使用 delete 命令。该命令的语法格式如下：

```
delete from 数据表名 where condition;
```

注意

　　该语句在执行过程中，如果没有指定 where 条件，将删除所有的记录；如果指定了 where 条件，将按照指定的条件进行删除。

使用 delete 命令删除整个表的效率并不高，还可以使用 truncate 命令，利用它可以快速删除表中所有的内容。

例如，删除用户信息表 tb_user 中用户名为 mr 的记录信息，SQL 语句如下：

```
delete from tb_user where user='mr';
```

16.7　数据表记录的查询操作

视频讲解：光盘\TM\lx\16\11 数据表记录的查询操作.mp4

要从数据库中把数据查询出来，就要用到数据查询命令 select。select 命令是最常用的查询命令。语法格式如下：

```
select selection_list              --要查询的内容，选择哪些列
from table_list                    --指定数据表
where primary_constraint           --查询时需要满足的条件，行必须满足的条件
group by grouping_columns          --如何对结果进行分组
```

order by sorting_cloumns	--如何对结果进行排序
having secondary_constraint	--查询时满足的第二个条件
limit count	--限定输出的查询结果

这就是 select 查询语句的语法，下面对它的参数进行详细的讲解。

1. selection_list

设置查询内容。如果要查询表中所有列，可以将其设置为"*"；如果要查询表中某一列或多列，则直接输入列名，并以","为分隔符。

例如，查询 tb_mrbook 数据表中所有列与查询 id 和 bookname 列的代码如下：

```
select * from tb_mrbook;              //查询数据表中所有数据
select id,bookname from tb_mrbook;    //查询数据表中 id 和 bookname 列的数据
```

2. table_list

指定查询的数据表。即可以从一个数据表中查询，也可以从多个数据表中进行查询，多个数据表之间用","进行分隔，并且通过 where 子句使用连接运算来确定表之间的联系。

例如，从 tb_mrbook 和 tb_bookinfo 数据表中查询 bookname='PHP 自学视频教程'的 id 编号、书名、作者和价格，其代码如下：

```
select tb_mrbook.id,tb_mrbook.bookname,
    -> author,price from tb_mrbook,tb_bookinfo
    -> where tb_mrbook.bookname = tb_bookinfo.bookname and
    -> tb_bookinfo.bookname = 'php 自学视频教程';
```

在上面的 SQL 语句中，因为两个表都有 id 字段和 bookname 字段，为了告诉服务器要显示的是哪个表中的字段信息，要加上前缀。语法如下：

```
表名.字段名
```

tb_mrbook.bookname = tb_bookinfo.bookname 将表 tb_mrbook 和 tb_bookinfo 连接起来，叫作等同连接；如果不使用 tb_mrbook.bookname = tb_bookinfo.bookname，那么产生的结果将是两个表的笛卡儿积，叫作全连接。

3. where 条件语句

在使用查询语句时，如要从很多的记录中查询出想要的记录，就需要一个查询的条件。只有设定了查询的条件，查询才有实际的意义。设定查询条件应用的是 where 子句。

where 子句的功能非常强大，通过它可以实现很多复杂的条件查询。在使用 where 子句时，需要使用一些比较运算符，常用的比较运算符如表 16.9 所示。

表 16.9 中列举的是 where 子句常用的比较运算符，示例中的 id 是记录的编号，name 是表中的用户名。

例如，应用 where 子句，查询 tb_mrbook 表，条件是 type（类别）为 PHP 的所有图书，代码如下：

```
select * from tb_mrbook where type = 'PHP';
```

表 16.9　常用的 where 子句比较运算符

运　算　符	名　　称	示　　例	运　算　符	名　　称	示　　例
=	等于	id=10	is not null	n/a	id is not null
>	大于	id>10	between	n/a	id between1 and 10
<	小于	id<10	in	n/a	id in (4,5,6)
>=	大于等于	id>=10	not in	n/a	name not in (a,b)
<=	小于等于	id<=10	like	模式匹配	name like ('abc%')
!=或<>	不等于	id!=10	not like	模式匹配	name not like ('abc%')
is null	n/a	id is null	regexp	常规表达式	name 正则表达式

4．distinct

使用 distinct 关键字，可以去除结果中重复的行。

例如，查询 tb_mrbook 表，并在结果中去掉类型字段 type 中的重复数据，代码如下：

```
select distinct type from tb_mrbook;
```

5．order by

使用 order by 可以对查询的结果进行升序和降序（desc）排列，在默认情况下，order by 按升序输出结果。如果要按降序排列，可以使用 desc 来实现。

对含有 NULL 值的列进行排序时，如果是按升序排列，NULL 值将出现在最前面；如果是按降序排列，NULL 值将出现在最后。

例如，查询 tb_mrbook 表中的所有信息，按照 id 进行降序排列，并且只显示五条记录。其代码如下：

```
select * from tb_mrbook order by id desc limit 5;
```

6．like

like 属于较常用的比较运算符，通过它可以实现模糊查询。它有两种通配符："%"和下划线"_"。
"%"可以匹配一个或多个字符，而"_"只匹配一个字符。

例如，查找所有书名（bookname 字段）包含 PHP 的图书，代码如下：

```
select * from tb_mrbook where bookname like('%PHP%');
```

说明

无论是一个英文字符还是中文字符都算做一个字符，在这一点上英文字母和中文没有什么区别。

7．concat()函数

使用 concat()函数可以联合多个字段，构成一个总的字符串。

例如，把 tb_mrbook 表中的书名（bookname）和价格（price）合并到一起，构成一个新的字符串。代码如下：

```
select id,concat(bookname,":",price) as info,type from tb_mrbook;
```

其中，合并后的字段名为 concat() 函数形成的表达式"bookname:price"，看上去十分复杂，通过 as 关键字给合并字段取一个别名，这样看上去就清晰了。

8．limit

limit 子句可以对查询结果的记录条数进行限定，控制它输出的行数。

例如，查询 tb_mrbook 表，按照图书价格升序排列，显示 10 条记录，代码如下：

```
select * from tb_mrbook order by price asc limit 10;
```

使用 limit 还可以从查询结果的中间部分取值。首先要定义两个参数，参数 1 是开始读取的第一条记录的编号（在查询结果中，第一个结果的记录编号是 0，而不是 1）；参数 2 是要查询记录的个数。

例如，查询 tb_mrbook 表，从第 3 条记录开始，查询 6 条记录，代码如下：

```
select * from tb_mrbook limit 2,6;
```

9．使用函数和表达式

在 MySQL 中，还可以使用表达式来计算各列的值，作为输出结果。表达式还可以包含一些函数。

例如，计算 tb_mrbook 表中各类图书的总价格，代码如下：

```
select sum(price) as totalprice,type from tb_mrbook group by type;
```

在对 MySQL 数据库进行操作时，有时需要对数据库中的记录进行统计，例如求平均值、最小值、最大值等，这时可以使用 MySQL 中的统计函数，其常用的统计函数如表 16.10 所示。

表 16.10　MySQL 中常用的统计函数

名　　称	说　　明
avg (字段名)	获取指定列的平均值
count (字段名)	如指定了一个字段，则会统计出该字段中的非空记录。如在前面增加 DISTINCT，则会统计不同值的记录，相同的值当作一条记录。如果使用 count (*)，则统计包含空值的所有记录数
min (字段名)	获取指定字段的最小值
max (字段名)	获取指定字段的最大值
std (字段名)	指定字段的标准背离值
stdtev (字段名)	与 std() 函数相同
sum (字段名)	获取指定字段所有记录的总和

除了使用函数之外，还可以使用算术运算符、字符串运算符以及逻辑运算符来构成表达式。

例如，可以计算图书打九折之后的价格，代码如下：

```
select *, (price * 0.9) as '90%' from tb_mrbook;
```

10. group by

通过 group by 子句可以将数据划分到不同的组中，实现对记录进行分组查询。在查询时，所查询的列必须包含在分组的列中，目的是使查询到的数据没有矛盾。在与 avg()函数或 sum()函数一起使用时，group by 子句能发挥最大作用。

例如，查询 tb_mrbook 表，按照 type 进行分组，求每类图书的平均价格，代码如下：

```
select avg(price),type from tb_mrbook group by type;
```

11. 使用 having 子句设定第二个查询条件

having 子句通常和 group by 子句一起使用。在对数据结果进行分组查询和统计之后，还可以使用 having 子句来对查询的结果进行进一步的筛选。having 子句和 where 子句都用于指定查询条件，不同的是 where 子句在分组查询之前应用，而 having 子句在分组查询之后应用，而且 having 子句中还可以包含统计函数。

例如，计算 tb_mrbook 表中各类图书的平均价格，并筛选出图书的平均价格大于 60 的记录，代码如下：

```
select avg(price),type from tb_mrbook group by type having avg(price)>60;
```

16.8　MySQL 中的特殊字符

📀 视频讲解：光盘\TM\lx\16\12 MySQL 中的特殊字符.mp4

当 SQL 语句中存在特殊字符时，需要使用"\"对特殊字符进行转义，否则将会出现错误。这些特殊字符及转义后对应的字符如表 16.11 所示。

表 16.11　MySQL 中的特殊字符

特 殊 字 符	转义后的字符	特 殊 字 符	转义后的字符
\'	单引号	\t	制表符
\"	双引号	\0	0 字符
\\	反斜杠	\%	%字符
\n	换行符	_	_字符
\r	回车符	\b	退格符

例如，向用户信息表 tb_user 中添加一条用户名为 O'Neal 的记录，然后查询表中的所有记录，SQL 语句如下：

```
insert into tb_user values(null,'O\'Neal','123456','2015-6-20 12:12:12','大连市');
select * from tb_user;
```

运行结果如图 16.12 所示。

图 16.12　插入记录并查询数据表

16.9　小　　结

本章主要介绍了 MySQL 数据库的基本操作，包括创建、选择、查看、删除数据库；创建、修改、重命名、删除数据表；添加、修改、删除记录，这些是程序开发人员必须掌握的内容。如果用户不习惯在命令提示符下管理数据库，第 17 章将要介绍 MySQL 数据库的图形化管理工具 phpMyAdmin，则能够使读者在可视化的图形工具中轻松操作和管理数据库。另外，本章还介绍了启动、连接和断开 MySQL 服务器的方法，要求读者熟练掌握。

16.10　实践与练习

1．创建一个数据库 db_shop，然后查看 MySQL 服务器中所有的数据库，确认数据库 db_shop 是否创建成功。如果该数据库成功创建，则选择该数据库并进行删除操作。（答案位置：**光盘\TM\sl\16\1**）

2．在数据库 db_shop 中，按如图 16.13 所示的表结构创建商品信息表 tb_shangpin。（答案位置：**光盘\TM\sl\16\2**）

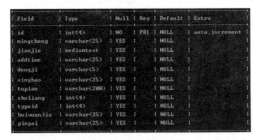

图 16.13　创建表结构

3．将会员信息表 tb_shangpin 更名为 tb_shop。（答案位置：**光盘\ TM\sl\16\3**）

4．向商品信息表 tb_shop 的各字段中添加 10 条商品信息。（答案位置：**光盘\TM\sl\16\4**）

5．浏览商品信息表 tb_shop 中的全部数据，将第一条数据的商品名称修改为"数码相机"，将该表中的最后一条数据删除。（答案位置：**光盘\TM\sl\16\5**）

第**17**章

phpMyAdmin 图形化管理工具

（ ■ 视频讲解：**10**分钟 ）

　　安装 MySQL 数据库后，用户即可在命令提示符下进行创建数据库和数据表等各种操作，这种方法非常麻烦，而且需要有专业的 SQL 语言知识。目前，官方应用 PHP 开发了一个类似于 SQL Server 的可视化图形管理工具 phpMyAdmin。该工具可以运行在各种版本的 PHP 及 MySQL 下。通过 phpMyAdmin 完全可以对数据库进行各种操作，如建立、复制和删除数据等。phpMyAdmin 为初学者提供了图形化的操作界面，这样 MySQL 数据库的创建就不必在命令提示符下通过命令实现，从而大大提高了程序开发的效率。

　　通过阅读本章，您可以：

▶▶ **熟悉创建、修改和删除数据库的方法**

▶▶ **掌握创建、修改和删除数据表的方法**

▶▶ **灵活运用 SQL 语句操作数据表**

▶▶ **熟练使用 phpMyAdmin 向数据表中插入数据**

▶▶ **熟练使用 phpMyAdmin 浏览数据表中的数据**

▶▶ **熟练使用 phpMyAdmin 搜索数据表中的数据**

▶▶ **掌握使用 phpMyAdmin 生成和执行 MySQL 数据库脚本的方法**

17.1　phpMyAdmin 介绍

phpMyAdmin 是众多 MySQL 图形化管理工具中使用最广泛的一种，是一款使用 PHP 开发的 B/S 模式的 MySQL 客户端软件，该工具是基于 Web 跨平台的管理程序，并且支持简体中文。用户可以在官方网站 www.phpmyadmin.net 上免费下载到最新的版本。phpMyAdmin 为 Web 开发人员提供了类似于 Access、SQL Server 的图形化数据库操作界面，通过该管理工具可以对 MySQL 进行各种操作，如创建数据库、数据表和生成 MySQL 数据库脚本文件等。

> **注意**
>
> 如果使用集成化安装包来配置 PHP 的开发环境，就无须单独下载 phpMyAdmin 图形化管理工具，因为集成化的安装包中大多包括图形化管理工具。

17.2　phpMyAdmin 的使用

视频讲解：光盘\TM\lx\17\phpMyAdmin 的使用.exe

无论是 Windows 操作系统还是 Linux 操作系统，phpMyAdmin 图形化管理工具的使用方法都是一样的。下面讲解在 phpMyAdmin 图形化管理工具的可视化界面中操作数据库及数据表。

17.2.1　操作数据库

在浏览器地址栏中输入 http://localhost/phpmyadmin/，进入 phpMyAdmin 主界面，接下来即可进行 MySQL 数据库的操作。下面将分别介绍如何创建、修改和删除数据库。

1. 创建数据库

在 phpMyAdmin 的主界面中，首先选择 Language 下拉列表框中的"中文-Chinese simplified"选项，然后在"服务器连接排序规则"下拉列表框中选择所要使用的编码，一般选择 gb2312_chinese_ci 简体中文编码格式，如图 17.1 所示。

单击"数据库"超链接新建数据库，在文本框中输入数据库的名称 db_study，再选择数据库使用的编码类型 gb2312_chinese_ci，单击"创建"按钮，创建数据库。成功创建数据库后，将显示如图 17.2 所示的界面。

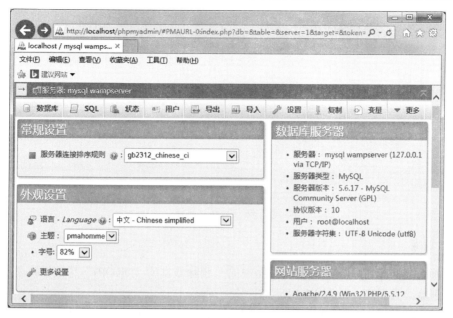

图 17.1　phpMyAdmin 管理主界面

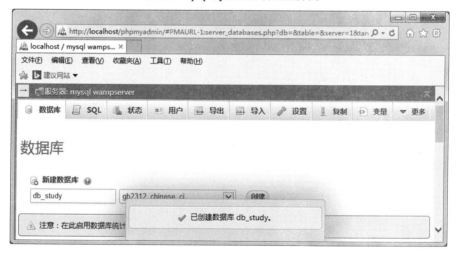

图 17.2　成功创建数据库

2．修改数据库

在数据库列表中单击新创建的数据库 db_study，此时可以对当前数据库进行修改。单击界面中的"操作"超链接，进入修改操作页面。

☑　可以对当前数据库执行创建数据表的操作。在创建数据表提示信息下的两个文本框中分别输入要创建的数据表的名称和字段总数，单击"执行"按钮，进入创建数据表结构页面，具体创建方法将在 17.2.2 节中进行详细讲解。

☑　可以对当前的数据库重命名，在"Rename database to:"文本框中输入新的数据库名称，单击"执行"按钮，即可成功修改数据库名称。

修改数据库的效果如图 17.3 所示。

图 17.3　修改数据库

3．删除数据库

要删除当前的数据库，只需单击右侧界面中的"删除数据库 (DROP)"超链接，然后单击"确定"按钮即可成功删除该数据库，如图 17.4 所示。

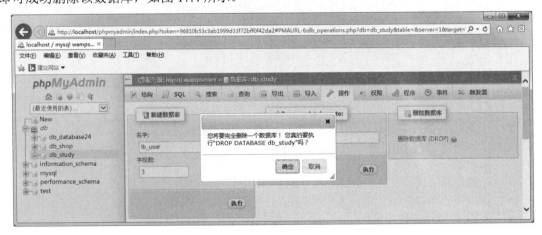

图 17.4　删除数据库

17.2.2　操作数据表

操作数据表是以选择指定的数据库为前提，然后在该数据库中创建并管理数据表。下面介绍如何创建、修改和删除数据表。

1．创建数据表

下面以管理员信息表 tb_admin 为例，讲解数据表的创建方法。

创建数据库 db_study 后，单击数据库列表中的 db_study 超链接选择该数据库，然后单击界面中的"操作"超链接，进入修改操作页面。在右侧的操作页面中输入数据表的名称和字段数，然后单击"执行"按钮，即可创建数据表，如图 17.5 所示。

图 17.5　创建数据表

成功创建数据表 tb_admin 后，将显示数据表结构界面。在表单中输入各个字段的详细信息，包括字段名、数据类型、长度/值、编码格式、是否为空和索引等，以完成对表结构的详细设置。当所有的信息都输入完成以后，单击"保存"按钮，创建数据表结构，如图 17.6 所示。

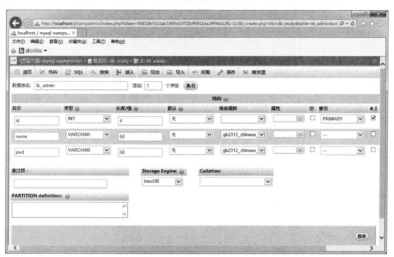

图 17.6　创建数据表结构

成功创建数据表结构后，单击"结构"超链接将显示如图 17.7 所示的界面。

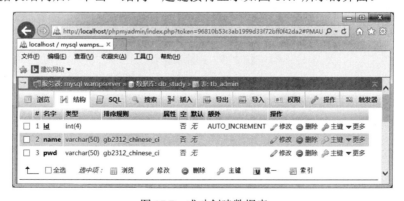

图 17.7　成功创建数据表

2．修改数据表

一个新的数据表被创建后，进入到数据表结构页面中，在这里可以通过改变表的结构来修改表，可以执行添加列、删除列、索引列、修改列的数据类型或者字段的长度/值等操作，如图 17.8 所示。

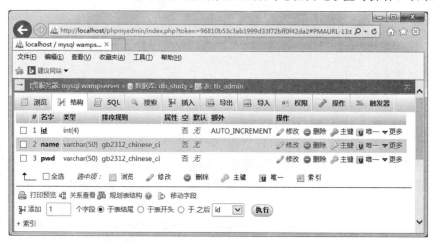

图 17.8　修改数据表结构

3．删除数据表

要删除某个数据表，首先在左侧的数据库列表中选择该数据库，在指定的数据库中选择要删除的数据表，接着单击右侧界面中的"操作"超链接，在页面下方的"删除数据或数据表"选项中单击"删除数据表（DROP）"超链接，然后单击"确定"按钮即可成功删除指定的数据表，如图 17.9 所示。

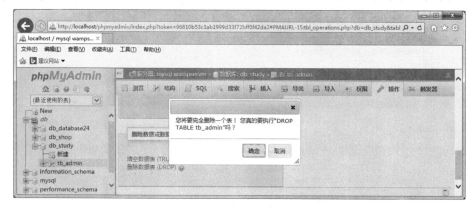

图 17.9　删除数据表

17.2.3　使用 SQL 语句操作数据表

单击 phpMyAdmin 主界面中的 SQL 超链接，打开 SQL 语句编辑区，输入完整的 SQL 语句来实现数据的查询、添加、修改和删除操作。

1. 使用 SQL 语句插入数据

在 SQL 语句编辑区中使用 insert 语句向数据表 tb_admin 中插入数据，单击"执行"按钮，向数据表中插入一条数据，如图 17.10 所示。

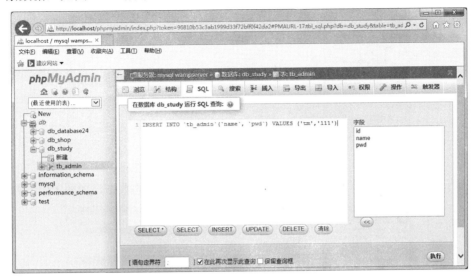

图 17.10　使用 SQL 语句向数据表中插入数据

如果提交的 SQL 语句有错误，系统会给出警告，提示用户修改；如果提交的 SQL 语句正确，单击"浏览"超链接即可查看插入的数据，如图 17.11 所示。

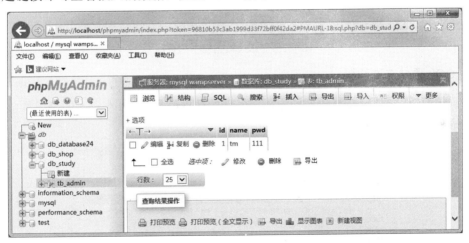

图 17.11　成功添加数据信息

2. 使用 SQL 语句修改数据

在 SQL 语句编辑区使用 update 语句修改数据信息，将 id 为 1 的管理员的名称改为"纯净水"，密码改为 111，添加的 SQL 语句如图 17.12 所示。

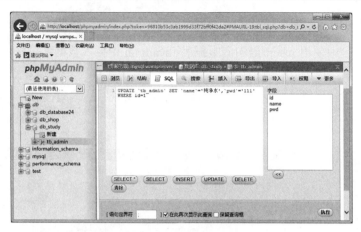

图 17.12　添加修改数据信息的 SQL 语句

单击"执行"按钮，然后单击"浏览"超链接即可查看修改后的数据，如图 17.13 所示。

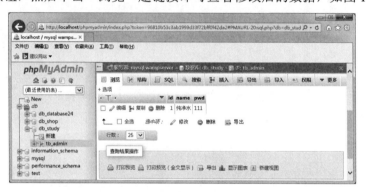

图 17.13　修改数据表中的数据

3. 使用 SQL 语句查询数据

在 SQL 语句编辑区使用 select 语句检索指定条件的数据信息，将 id 小于 4 的管理员全部显示出来，添加的 SQL 语句如图 17.14 所示。

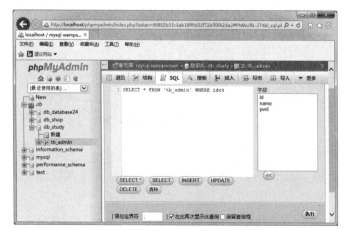

图 17.14　添加查询数据信息的 SQL 语句

单击"执行"按钮开始查询，查询结果如图 17.15 所示。

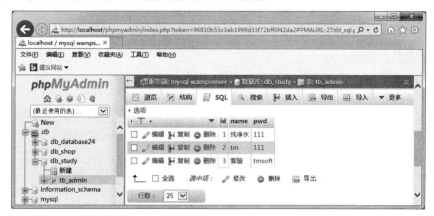

图 17.15　查询指定条件的数据信息

说明

为了输出如图 17.15 所示的运行结果，在进行查询之前需要向数据表中插入几条数据。

除了对整个表的简单查询外，还可以进行一些复杂的条件查询（使用 where 子句提交 like、order by、group by 等条件查询语句）及多表查询。

4．使用 SQL 语句删除数据

在 SQL 语句编辑区使用 delete 语句删除指定条件的数据或全部数据信息，删除名称为 tm 的管理员信息，添加的 SQL 语句如图 17.16 所示。

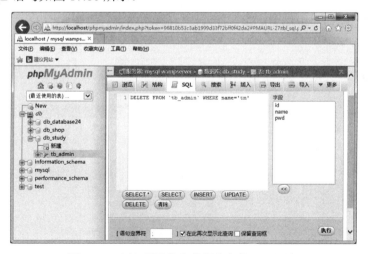

图 17.16　添加删除指定数据信息的 SQL 语句

注意

如果 delete 语句后面没有 where 条件值，那么将删除指定数据表中的全部数据。

单击"执行"按钮，弹出确认删除操作对话框，单击"确定"按钮，执行数据表中指定条件的删除操作。删除后数据表中的数据如图 17.17 所示。

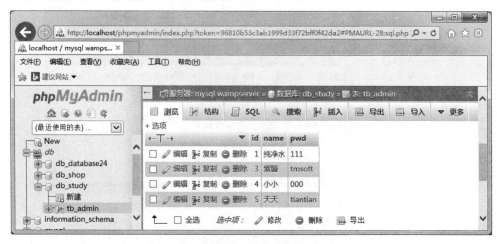

图 17.17　删除指定数据后数据表中的数据

17.2.4　管理数据记录

在创建完数据库和数据表后，可以通过操作数据表来管理数据。下面分别介绍插入数据、浏览数据、搜索数据的方法。

1．插入数据

选择某个数据表后，单击"插入"超链接，进入插入数据界面，如图 17.18 所示。在界面中输入各字段值，单击"执行"按钮即可插入记录。在默认情况下，一次可以插入两条记录。

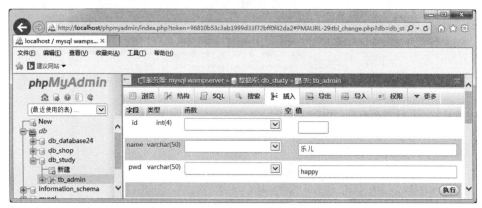

图 17.18　插入数据

2．浏览数据

选择某个数据表后，单击"浏览"超链接进入浏览界面，如图 17.19 所示。单击每行记录中的"编辑"按钮，可以对该记录进行编辑；单击每行记录中的"删除"按钮，可以删除该条记录。

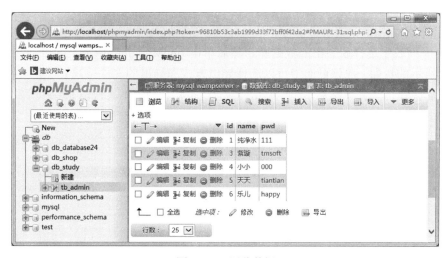

图 17.19　浏览数据

3．搜索数据

选择某个数据表后，单击"搜索"超链接进入搜索页面，如图 17.20 所示。在该页面中，可以使用按例查询，选择查询的条件，并在文本框中输入要查询的值，单击"执行"按钮即可输出查询结果。

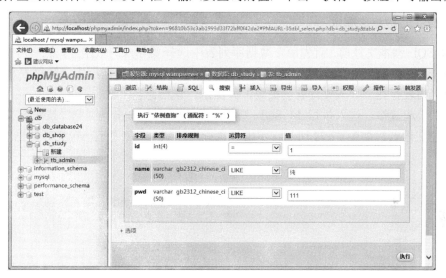

图 17.20　搜索查询

17.2.5　生成和执行 MySQL 数据库脚本

生成和执行 MySQL 数据库脚本是互逆的两个操作，执行 MySQL 脚本是通过生成的扩展名为.sql 文件导入数据记录到数据库中；生成 MySQL 脚本是将数据表结构、表记录存储为.sql 的脚本文件。可以通过生成和执行 MySQL 脚本实现数据库的备份和还原操作。下面分别介绍生成和执行 MySQL 数据库脚本的方法。

1．生成 MySQL 数据库脚本

首先在数据库列表中选择要导出的数据库，然后单击 phpMyAdmin 主界面中的"导出"超链接，打开如图 17.21 所示的页面。在该页面中可以选择导出方式和导出的文件格式。这里使用默认选项，单击"执行"按钮后会弹出文件下载对话框，单击"保存"按钮，将脚本文件以.sql 格式存储在指定位置。

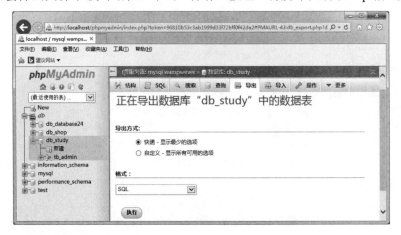

图 17.21　生成 mysql 脚本文件设置界面

2．执行 MySQL 数据库脚本

在执行 MySQL 脚本文件前，首先应在数据库列表中选择要导入的数据库，然后再执行 MySQL 数据库脚本文件。另外，在选择的当前数据库中，不能有与将要导入数据库中的数据表重名的数据表存在，如果有重名的表存在，导入文件就会失败，并提示错误信息。

单击"导入"超链接，进入执行 MySQL 数据库脚本界面，单击"浏览"按钮查找脚本文件（如 db_study.sql）所在位置，如图 17.22 所示，单击"执行"按钮，即可执行 MySQL 数据库脚本文件。

图 17.22　执行 MySQL 数据库脚本文件

17.3　小　　结

phpMyAdmin 是提供 MySQL 数据库管理和操作的可视化工具，可以方便地对 MySQL 数据库进行管理。通过本章的学习，读者可以摆脱在命令提示符下创建数据库和数据表的瓶颈，使用可视化的工具 phpMyAdmin 轻松地管理数据库和数据表。对于大型的网站，可生成和执行 MySQL 数据库脚本来维护网站数据库。

17.4　实践与练习

1．创建一个数据库 db_shop，并修改数据库的名称为 shop。（答案位置：光盘\TM\sl\17\1）

2．在数据库 shop 中添加两个数据表，在数据表中尝试添加各种数据类型的字段，设置每个表中的 id 为自动编号，并设置为主键。（答案位置：光盘\TM\sl\17\2）

3．使用 SQL 语句向数据表中添加字段值。（答案位置：光盘\TM\sl\17\3）

4．将数据库生成 SQL 脚本文件 data.sql，然后建立一个数据库 db_library，将生成的脚本文件导入到该数据表中。（答案位置：光盘\TM\sl\17\4）

第18章

PHP 操作 MySQL 数据库

（ 视频讲解：52 分钟 ）

　　PHP 支持的数据库类型较多，在这些数据库中，MySQL 数据库与 PHP 结合得最好。很长时间以来，PHP 操作 MySQL 数据库使用的是 MySQL 扩展库提供的相关函数，但是，随着 MySQL 的发展，MySQL 扩展开始出现一些问题，因为 MySQL 扩展无法支持 MySQL 4.1 及其更高版本的新特性。面对 MySQL 扩展功能上的不足，PHP 开发人员决定建立一种全新的支持 PHP5 的 MySQL 扩展程序，这就是 MySQL 扩展。本章将介绍如何使用 MySQL 扩展来操作 MySQL 数据库。

　　通过阅读本章，您可以：

▸▸ 掌握 PHP 操作 MySQL 数据库的常用函数

▸▸ 掌握向 MySQL 数据库中添加数据的方法

▸▸ 掌握编辑 MySQL 数据库中的数据的方法

▸▸ 掌握删除 MySQL 数据库中的数据的方法

18.1　PHP 操作 MySQL 数据库的方法

MySQLi 函数库和 MySQL 函数库的应用基本类似，而且大部分函数的使用方法都一样，唯一的区别就是 MySQLi 函数库中的函数名称都是以 mysqli 开始的。

18.1.1　连接 MySQL 服务器

📹 **视频讲解：光盘\TM\lx\18\01　连接 MySQL 服务器.mp4**

PHP 操作 MySQL 数据库，首先要建立与 MySQL 数据库的连接，MySQLi 扩展提供了 mysqli_connect() 函数实现与 MySQL 数据库的连接，函数语法如下：

```
mysqli mysqli_connect ( [string server [, string username [, string password [, string dbname [, int port [, string socket]]]]]] )
```

mysqli_connect() 函数用于打开一个到 MySQL 服务器的连接，如果成功则返回一个 MySQL 连接标识，失败则返回 false。该函数的参数如表 18.1 所示。

表 18.1　mysqli_connect() 函数的参数说明

参　　数	说　　　明
server	MySQL 服务器地址
username	用户名。默认值是服务器进程所有者的用户名
password	密码。默认值是空密码
dbname	连接的数据库名称
port	MySQL 服务器使用的端口号
socket	UNIX 域 socket

【例 18.1】　应用 mysqli_connect() 函数创建与 MySQL 服务器的连接，MySQL 数据库服务器地址为 127.0.0.1，用户名为 root，密码为 111，代码如下：（**实例位置：光盘\TM\sl\18\1**）

```php
<?php
  $host = "127.0.0.1";            //MySQL 服务器地址
  $userName = "root";            //用户名
  $password = "111";            //密码
  if ($connID = mysqli_connect($host, $userName, $password)){
      //建立与 MySQL 数据库的连接，并弹出提示对话框
      echo "<script type='text/javascript'>alert('数据库连接成功！');</script>";
  }else{
      echo "<script type='text/javascript'>alert('数据库连接失败！');</script>";
  }
?>
```

　　运行上述代码，如果在本地计算机中安装了 MySQL 数据库，并且连接数据库的用户名为 root，密码为 111，则会弹出如图 18.1 所示的对话框。

图 18.1　数据库连接成功

说明

　　为了屏蔽由于数据库连接失败而显示的不友好的错误信息，可以在 mysqli_connect() 函数前加 "@"，该符号用来屏蔽错误提示。

18.1.2　选择 MySQL 数据库

　　📹 视频讲解：光盘\TM\lx\18\02 选择 MySQL 数据库.mp4

　　应用 mysqli_connect() 函数可以创建与 MySQL 服务器的连接，同时也可以指定要选择的数据库名称。例如，在连接 MySQL 服务器的同时选择名称为 db_database18 的数据库，代码如下：

```
$connID = mysqli_connect("127.0.0.1", "root", "111", "db_database18");
```

　　除此之外，MySQLi 扩展还提供了 mysqli_select_db() 函数用来选择 MySQL 数据库。其语法如下：

```
bool mysqli_select_db ( mysqli link, string dbname )
```

　　☑　link 为必选参数，应用 mysqli_connect() 函数成功连接 MySQL 数据库服务器后返回的连接标识。
　　☑　dbname 为必选参数，用户指定要选择的数据库名称。

　　【例 18.2】　首先使用 mysqli_connect() 函数建立与 MySQL 数据库的连接并返回数据库连接 ID，然后使用 mysqli_select_db() 函数选择 MySQL 数据库服务器中名为 db_database18 的数据库，实现代码如下：（实例位置：光盘\TM\sl\18\2）

```
<?php
    $host = "127.0.0.1";                                        //MySQL 服务器地址
    $userName = "root";                                         //用户名
    $password = "111";                                          //密码
    $dbName = "db_database18";                                  //数据库名称
    $connID = mysqli_connect($host, $userName, $password);      //建立与 MySQL 数据库服务器的连接
    if(mysqli_select_db($connID, $dbName)){                     //选择数据库
        echo "数据库选择成功！";
```

```
    }else{
        echo "数据库选择失败！";
    }
?>
```

运行上述代码，如果本地 MySQL 数据库服务器中存在名为 db_database18 的数据库，将在页面中显示如图 18.2 所示的提示信息。

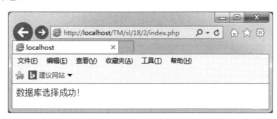

图 18.2　数据库选择成功

说明

　　在实际的程序开发过程中，将 MySQL 服务器的连接和数据库的选择存储于一个单独文件中，在需要使用的脚本中通过 require 语句包含这个文件即可。这样做既有利于程序的维护，同时也避免了代码的冗余。在本章后面的章节中，将 MySQL 服务器的连接和数据库的选择存储在根目录下的 conn 文件夹下，文件名称为 conn.php。

18.1.3　执行 SQL 语句

📺 视频讲解：光盘\TM\lx\18\03　执行 SQL 语句.mp4

要对数据库中的表进行操作，通常使用 mysqli_query()函数执行 SQL 语句。其语法如下：

```
mixed mysqli_query( mysqli link, string query [, int resultmode] )
```

☑　link 为必选参数，mysqli_connect()函数成功连接 MySQL 数据库服务器后所返回的连接标识。

☑　query 为必选参数，所要执行的查询语句。

☑　resultmode 为可选参数，该参数取值有 MYSQLI_USE_RESULT 和 MYSQLI_STORE_RESULT。其中，MYSQLI_STORE_RESULT 为该函数的默认值。如果返回大量数据，可以应用 MYSQLI_USE_RESULT，但应用该值时，以后的查询调用可能返回一个 commands out of sync 错误，解决办法是应用 mysqli_free_result()函数释放内存。

如果 SQL 语句是查询指令 select，成功则返回查询结果集，否则返回 false；如果 SQL 语句是 insert、delete、update 等操作指令，成功则返回 true，否则返回 false。

下面看一下如何通过 mysqli_query()函数执行简单的 SQL 语句。

例如，执行一个添加会员记录的 SQL 语句的代码如下：

```
$result=mysqli_query($conn,"insert into tb_member values('mrsoft','123','mrsoft@mrsoft.com')");
```

例如，执行一个修改会员记录的 SQL 语句的代码如下：

```
$result=mysqli_query($conn,"update tb_member set user='mrbook',pwd='111' where user='mrsoft'");
```

例如，执行一个删除会员记录的 SQL 语句的代码如下：

```
$result=mysqli_query($conn,"delete from tb_member where user='mrbook'");
```

例如，执行一个查询会员记录的 SQL 语句的代码如下：

```
$result=mysqli_query($conn,"select * from tb_member");
```

mysqli_query()函数不仅可以执行诸如 select、update 和 insert 等 SQL 指令，而且可以选择数据库和设置数据库编码格式。选择数据库的功能与 mysqli_select_db()函数是相同的，代码如下：

```
mysqli_query($conn,"use db_database18");          //选择数据库 db_database18
```

设置数据库编码格式的代码如下：

```
mysqli_query($conn,"set names utf8");             //设置数据库的编码为 utf8
```

18.1.4 将结果集返回到数组中

视频讲解：光盘\TM\lx\18\04 将结果集返回到数组中.mp4

使用 mysqli_query()函数执行 select 语句，如果成功将返回查询结果集。下面介绍一个对查询结果集进行操作的函数 mysqli_fetch_array()。它将结果集返回到数组中。其语法如下：

```
array mysqli_fetch_array ( resource result [, int result_type] )
```

☑ result：资源类型的参数，要传入的是由 mysqli_query()函数返回的数据指针。

☑ result_type：可选项，设置结果集数组的表述方式。有以下 3 种取值：

➤ MYSQLI_ASSOC：返回一个关联数组。数组下标由表的字段名组成。

➤ MYSQLI_NUM：返回一个索引数组。数组下标由数字组成。

➤ MYSQLI_BOTH：返回一个同时包含关联和数字索引的数组。默认值是 MYSQLI_BOTH。

注意

mysqli_fetch_array()函数返回的字段名区分大小写，这是初学者最容易忽略的问题。

至此，PHP 操作 MySQL 数据库的方法已经初露端倪，已经可以实现 MySQL 服务器的连接、选择数据库、执行查询语句，并且可以将查询结果集中的数据返回到数组中。下面编写一个实例，通过 PHP 操作 MySQL 数据库，读取数据库中存储的数据。

【例 18.3】 本例中利用 mysqli_fetch_array()函数读取 db_database18 数据库中 tb_demo01 数据表中的数据。（实例位置：光盘\TM\ sl\18\3 ）

具体步骤如下:

（1）创建 conn 文件夹，编写 conn.php 文件，实现与 MySQL 服务器的连接，选择 db_database18 数据库，并设置数据库编码格式为 utf8。conn.php 的代码如下:

```php
<?php
    $conn = mysqli_connect("localhost", "root", "111", "db_database18") or die("连接数据库服务器失败！"
    .mysqli_error());                                    //连接 MySQL 服务器，选择数据库
    mysqli_query($conn,"set names utf8");                //设置数据库编码格式 utf8
?>
```

（2）创建 index.php 文件，通过 include_once 语句包含数据库连接文件；通过 mysqli_query()函数执行查询语句，查询 tb_demo01 数据表中的数据；通过 mysqli_fetch_array()函数将查询结果集中的数据返回到数组中；通过 while 语句循环输出数组中的数据。其代码如下:

```php
<?php
    include_once("conn/conn.php");                        //包含连接数据库文件
    $result=mysqli_query($conn,"select * from tb_demo01");  //执行查询语句
        while($myrow=mysqli_fetch_array($result)){        //循环输出查询结果
?>
    <tr>
        <td align="center"><span class="STYLE2"><?php echo $myrow[0]; ?></span></td>
        <td align="left"><span class="STYLE2"><?php echo $myrow[1]; ?></span></td>
        <td align="center"><span class="STYLE2"><?php echo $myrow[2]; ?></span></td>
        <td align="center"><span class="STYLE2"><?php echo $myrow['date']; ?></span></td>
        <td align="center"><span class="STYLE2"><?php echo $myrow['type']; ?></span></td>
    </tr>
<?php
    }
?>
```

运行结果如图 18.3 所示。

图 18.3　通过 mysqli_fetch_array()函数输出数据表中的数据

说明

本例中，在输出 mysqli_fetch_array()函数返回数组中的数据时，既应用了数字索引，同时也使用了关联索引。

18.1.5　从结果集中获取一行作为对象

　　视频讲解：光盘\TM\lx\18\05 从结果集中获取一行作为对象.mp4

18.1.4 节中讲解了应用 mysqli_fetch_array()函数来获取结果集中的数据。除了这个方法以外，应用 mysqli_fetch_object()函数也可以轻松实现这一功能，下面通过同一个实例的不同方法来体验一下这两个函数在使用上的区别。首先介绍 mysqli_fetch_object()函数。

语法格式如下：

```
mixed mysqli_fetch_object ( resource result )
```

mysqli_fetch_object()函数和 mysqli_fetch_array()函数类似，只有一点区别：它返回的是一个对象而不是数组，即该函数只能通过字段名来访问数组。访问结果集中行的元素的语法结构如下：

```
$row->col_name                    //col_name 为字段名，$row 代表结果集
```

例如，如果从某数据表中检索 id 和 name 值，可以用$row->id 和$row-> name 访问行中的元素值。

注意

mysqli_fetch_object()函数返回的字段名同样是区分大小写的。

【例 18.4】　本例中同样是读取 db_database18 数据库中 tb_demo01 数据表中的数据，但是与例 18.3 不同的是应用 mysqli_fetch_object()函数逐行获取结果集中的记录。（**实例位置：光盘\TM\ sl\18\4**）

具体步骤如下：

（1）创建数据库的连接文件 conn.php。

（2）编写 index.php 文件。包含数据库连接文件 conn.php 实现与数据库的连接，利用 mysqli_query()函数执行 SQL 查询语句并返回结果集。通过 while 语句和 mysqli_fetch_object()函数循环输出查询结果集。其代码如下：

```php
<?php
    include_once("conn/conn.php");                      //包含数据库连接页
    $result=mysqli_query($conn, "select * from tb_demo01"); //执行查询操作并返回结果集
    while($myrow=mysqli_fetch_object($result)){          //循环输出数据
?>
  <tr>
    <td align="center"><span class="STYLE2"><?php echo $myrow->id; ?></span></td>
    <td align="left"><span class="STYLE2"><?php echo $myrow->name; ?></span></td>
```

```
        <td align="center"><span class="STYLE2"><?php echo $myrow->price; ?></span></td>
        <td align="center"><span class="STYLE2"><?php echo $myrow->date; ?></span></td>
        <td align="center"><span class="STYLE2"><?php echo $myrow->type; ?></span></td>
    </tr>
<?php
        }
?>
```

本例的运行结果与例 18.3 相同，如图 18.3 所示。

18.1.6　从结果集中获取一行作为枚举数组

![]　视频讲解：光盘\TM\lx\18\06 从结果集中获取一行作为枚举数组.mp4

mysqli_fetch_row()函数从结果集中取得一行作为枚举数组。其语法如下：

```
mixed mysqli_fetch_row ( resource result )
```

mysqli_fetch_row()函数返回根据所取得的行生成的数组，如果没有更多行则返回 null。返回数组的偏移量从 0 开始，即以$row[0]的形式访问第一个元素（只有一个元素时也是如此）。

【例 18.5】　本例中同样是读取 db_database18 数据库中 tb_demo01 数据表中的数据，但是与例 18.3 不同的是应用 mysqli_fetch_row()函数逐行获取结果集中的记录。（**实例位置：光盘\TM\ sl\18\5**）

具体步骤如下：

（1）创建数据库的连接文件 conn.php。

（2）编写 index.php 文件。包含数据库连接文件 conn.php 实现与数据库的连接，利用 mysqli_query()函数执行 SQL 查询语句并返回结果集。通过 while 语句和 mysqli_fetch_row()函数循环输出查询结果集。其代码如下：

```
<?php
    include_once("conn/conn.php");                          //包含数据库连接页
    $result=mysqli_query($conn,"select * from tb_demo01");  //执行查询操作并返回结果集
    while($myrow=mysqli_fetch_row($result)){                //循环输出数据
?>
      <tr>
        <td align="center"><span class="STYLE2"><?php echo $myrow[0]; ?></span></td>
        <td align="left"><span class="STYLE2"><?php echo $myrow[1]; ?></span></td>
        <td align="center"><span class="STYLE2"><?php echo $myrow[2]; ?></span></td>
        <td align="center"><span class="STYLE2"><?php echo $myrow[3]; ?></span></td>
        <td align="center"><span class="STYLE2"><?php echo $myrow[4]; ?></span></td>
      </tr>
<?php
    }
?>
```

本例的运行结果与例 18.3 相同。

> **说明**
>
> 在应用 mysqli_fetch_row() 函数逐行获取结果集中的记录时，只能使用数字索引来读取数组中的数据，而不能像 mysqli_fetch_array() 函数那样可以使用关联索引获取数组中的数据。

18.1.7　从结果集中获取一行作为关联数组

视频讲解：光盘\TM\lx\18\07 从结果集中获取一行作为关联数组.mp4

mysqli_fetch_assoc() 函数从结果集中取得一行作为关联数组。其语法如下：

`mixed mysqli_fetch_assoc ( resource result )`

mysqli_fetch_assoc() 函数返回根据所取得的行生成的数组，如果没有更多行则返回 null。该数组的下标为数据表中字段的名称。

【例 18.6】　本例中同样是读取 db_database18 数据库中 tb_demo01 数据表中的数据，但是与例 18.3 不同的是应用 mysqli_fetch_assoc() 函数逐行获取结果集中的记录。（**实例位置：光盘\TM\ sl\18\6**）

具体步骤如下：

（1）创建数据库的连接文件 conn.php。

（2）编写 index.php 文件。包含数据库连接文件 conn.php 实现与数据库的连接，利用 mysqli_query() 函数执行 SQL 查询语句并返回结果集。通过 while 语句和 mysqli_fetch_assoc() 函数循环输出查询结果集。其代码如下：

```php
<?php
  include_once("conn/conn.php");                       //包含数据库连接页
  $result=mysqli_query($conn,"select * from tb_demo01");   //执行查询操作并返回结果集
    while($myrow=mysqli_fetch_assoc($result)){         //循环输出数据
?>
    <tr>
      <td align="center"><span class="STYLE2"><?php echo $myrow['id']; ?></span></td>
      <td align="left"><span class="STYLE2"><?php echo $myrow['name']; ?></span></td>
      <td align="center"><span class="STYLE2"><?php echo $myrow['price']; ?></span></td>
      <td align="center"><span class="STYLE2"><?php echo $myrow['date']; ?></span></td>
      <td align="center"><span class="STYLE2"><?php echo $myrow['type']; ?></span></td>
    </tr>
<?php
  }
?>
```

本例的运行结果与例 18.3 相同。

18.1.8　获取查询结果集中的记录数

视频讲解：光盘\TM\lx\18\08 获取查询结果集中的记录数.mp4

使用 mysqli_num_rows()函数，可以获取由 select 语句查询到的结果集中行的数目。mysqli_num_rows()函数的语法如下：

```
int mysqli_num_rows ( resource result )
```

mysqli_num_rows()函数返回结果集中行的数目。此命令仅对 select 语句有效。要取得被 insert、update 或者 delete 语句所影响到的行的数目，要使用 mysqli_affected_rows()函数。

【例 18.7】　本例中应用 mysqli_fetch_row()函数逐行获取结果集中的记录，同时应用 mysqli_num_rows()函数获取结果集中行的数目，并输出返回值。（**实例位置：光盘\TM\ sl\18\7**）

由于本例是在例 18.5 的基础上进行操作，所以这里只给出关键代码，不再赘述它的创建步骤。其通过 mysqli_num_rows()函数获取结果集中记录数的关键代码如下：

```php
<?php
    $nums=mysqli_num_rows($result);        //获取查询结果的行数
    echo $nums;                            //输出返回值
?>
```

运行结果如图 18.4 所示。

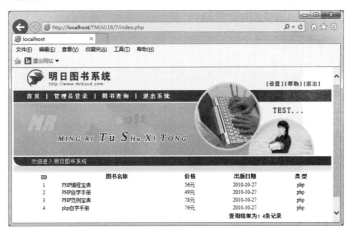

图 18.4　获取查询结果的记录数

18.1.9　释放内存

视频讲解：光盘\TM\lx\18\09 释放内存.mp4

mysqli_free_result()函数用于释放内存，数据库操作完成后，需要关闭结果集，以释放系统资源，该函数的语法格式如下：

```
void mysqli_free_result(resource result);
```

mysqli_free_result()函数将释放所有与结果标识符 result 所关联的内存。该函数仅需要在考虑到返回很大的结果集时会占用多少内存时调用。在脚本结束后所有关联的内存都会被自动释放。

18.1.10　关闭连接

视频讲解：光盘\TM\lx\18\10 关闭连接.mp4

完成对数据库的操作后，需要及时断开与数据库的连接并释放内存，否则会浪费大量的内存空间，在访问量较大的 Web 项目中，很可能导致服务器崩溃。在 MySQL 函数库中，使用 mysqli_close()函数断开与 MySQL 服务器的连接，该函数的语法格式如下：

```
bool mysqli_close ( mysqli link )
```

参数 link 为 mysqli_connect()函数成功连接 MySQL 数据库服务器后所返回的连接标识。如果成功则返回 true，失败则返回 false。

例如，读取 db_database18 数据库中 tb_demo01 数据表中的数据，然后使用 mysqli_free_result()函数释放内存并使用 mysqli_close()函数断开与 MySQL 数据库的连接。代码如下：

```php
<?php
    include_once("conn/conn.php");                          //包含数据库连接页
    $result=mysqli_query($conn,"select * from tb_demo01");  //执行查询操作并返回结果集
    while($myrow=mysqli_fetch_row($result)){                //循环输出数据
?>
<tr>
    <td align="center"><?php echo $myrow[0]; ?></td>
    <td align="left"><?php echo $myrow[1]; ?></td>
    <td align="center"><?php echo $myrow[2]; ?></td>
    <td align="center"><?php echo $myrow[3]; ?></td>
    <td align="center"><?php echo $myrow[4]; ?></td>
</tr>
<?php
    }
    mysqli_free_result($result);                            //释放内存
mysqli_close($conn);                                        //断开与数据库连接
?>
```

说明

PHP 中与数据库的连接是非持久连接，系统会自动回收，一般不用设置关闭。但如果一次性返回的结果集比较大，或网站访问量比较多，则最好使用 mysqli_close()函数手动进行释放。

18.1.11　连接与关闭 MySQL 服务器的最佳时机

视频讲解：光盘\TM\lx\18\11 连接与关闭 MySQL 服务器的最佳时机.mp4

MySQL 服务器连接应该及时关闭，但并不是说每一次数据库操作后都要立即关闭 MySQL 连接。例如，在 book_query() 函数中实现 MySQL 服务器的连接，在查询数据表中的数据之后释放内存并关闭 MySQL 服务器的连接，代码如下：

```php
<?php
function book_query(){
    $conn = mysqli_connect("localhost", "root", "111", "db_database18") or die("连接数据库服务器失败！"
    .mysqli_error());                                           //连接 MySQL 服务器，选择数据库
    mysqli_query($conn,"set names utf8");                       //设置数据库编码格式 utf8
    $result=mysqli_query($conn,"select * from tb_demo01");      //执行查询语句
    while($myrow=mysqli_fetch_row($result)){                    //循环输出查询结果
        echo $myrow[1]." ";
        echo $myrow[2]."<br />";
    }
    mysqli_free_result($result);                                //释放内存
    mysqli_close($conn);                                        //关闭服务器连接
}
book_query();                                                   //调用函数
book_query();                                                   //调用函数
?>
```

在上面的代码中，每调用一次 book_query() 函数，都会打开新的 MySQL 服务器连接和关闭 MySQL 服务器连接，耗费了服务器资源，这时可以将上述代码修改如下：

```php
<?php
function book_query(){
    global $conn;                                               //定义全局变量
    $result=mysqli_query($conn,"select * from tb_demo01");      //执行查询语句
    while($myrow=mysqli_fetch_row($result)){                    //循环输出查询结果
        echo $myrow[1]." ";
        echo $myrow[2]."<br />";
    }
    mysqli_free_result($result);                                //释放内存
}
$conn = mysqli_connect("localhost", "root", "111", "db_database18") or die("连接数据库服务器失败！"
  .mysqli_error());                                             //连接 MySQL 服务器，选择数据库
mysqli_query($conn,"set names utf8");                           //设置数据库编码格式 utf8
book_query();                                                   //调用函数
book_query();                                                   //调用函数
mysqli_close($conn);                                            //关闭服务器连接
?>
```

这样在多次调用 book_query() 函数时，仅打开了一次 MySQL 服务器连接，节省了网络和服务器资源。

18.2 管理 MySQL 数据库中的数据

在开发网站的后台管理系统中，对数据库的操作不仅局限于查询指令，对数据的添加、修改和删除等操作指令也是必不可少的。本节重点介绍如何在 PHP 页面中对数据库进行增、删、改的操作。

18.2.1 添加数据

视频讲解：光盘\TM\lx\18\12 添加数据.mp4

【例 18.8】 通过 insert 语句和 mysqli_query()函数向图书信息表中添加一条记录。（**实例位置：光盘\TM\ sl\18\8**）

这个实例主要包括两个文件：第一个文件是 index.php 文件，设计添加数据的表单，效果如图 18.5 所示。

图 18.5 向表中添加数据

第二个文件是 index_ok.php 文件，获取表单中提交的数据，并且连接数据库，编辑 SQL 语句将表单中提交的数据添加到指定的数据表中，关键的程序代码如下：

```php
<?php
header("content-type: text/html; charset=utf-8");                        //设置文件编码格式
    include_once("conn/conn.php");                                       //包含数据库连接文件
if(!($_POST['bookname'] and $_POST['price'] and $_POST['f_time'] and $_POST['type'])){
        echo "输入不允许为空。单击<a href='javascript:onclick=history.go(-1)'>这里</a> 返回";
}else{
    $sqlstr1 = "insert into tb_demo02 values('','".$_POST['bookname']."',
    '".$_POST['price']."','".$_POST['f_time']."', '".$_POST['type']."')";    //定义添加语句
    $result = mysqli_query($conn,$sqlstr1);                              //执行添加语句
    if($result){
        echo "添加成功,点击<a href='select.php'>这里</a>查看";
    }else{
```

334

```
        echo "<script>alert('添加失败');history.go(-1);</script>";
    }
 }
?>
```

添加成功后，运行结果如图 18.6 所示。

图 18.6　添加成功页面

18.2.2　编辑数据

🎞️ **视频讲解：光盘\TM\lx\18\13 编辑数据.mp4**

有时插入数据后，才发现录入的是错误信息或一段时间以后数据需要更新，这时就要对数据进行编辑。数据更新使用 update 语句，依然通过 mysqli_query()函数来执行该语句。

【例 18.9】　本例通过 update 语句和 mysqli_query()函数实现对数据的更新操作。（**实例位置：光盘\TM\ sl\18\9**）

具体步骤如下：

（1）创建 conn 文件夹，编写 conn.php 文件，完成与数据库的连接，并且设置页面的编码格式为 utf8。

（2）创建 index.php 文件，循环输出数据库中的数据，并且为指定的记录设置修改的超链接，链接到 update.php 文件，链接中传递的参数包括 action 和数据的 ID。关键代码如下：

```
<?php
    $sqlstr = "select * from tb_demo02 order by id";          //定义查询语句
    $result = mysqli_query($conn,$sqlstr);                    //执行查询语句
    while ($rows = mysqli_fetch_row($result)){               //循环输出结果集
        echo "<tr>";
        for($i = 0; $i < count($rows); $i++){                 //循环输出字段值
            echo "<td height='25' align='center' class='m_td'>".$rows[$i]."</td>";        }
        echo "<td class='m_td'><a href=update.php?action=update&id=".$rows[0]. ">修改</a>/<a href='#'>删除</a></td>";
        echo "</tr>";
    }
?>
```

（3）创建 update.php 文件，添加表单，根据地址栏中传递的 ID 值执行查询语句，将查询到的数据输出到对应的表单元素中。然后对数据进行修改，最后将修改后的数据提交到 update_ok.php 文件中，完成修改操作。update.php 文件的关键代码如下：

335

```php
<?php
    include_once("conn/conn.php");                    //包含数据库连接文件
    if($_GET['action'] == "update"){                  //判断地址栏参数 action 的值是否等于 update
    $sqlstr = "select * from tb_demo02 where id = ".$_GET['id'];    //定义查询语句
    $result = mysqli_query($conn,$sqlstr);            //执行查询语句
    $rows = mysqli_fetch_row($result);                //将查询结果返回为数组
?>
<form name="intFrom" method="post" action="update_ok.php">
  书名：<input type="text" name="bookname" value="<?php echo $rows[1] ?>">
  价格：<input type="text" name="price" value="<?php echo $rows[2] ?>">
  出版时间：<input type="text" name="f_time" value="<?php echo $rows[3] ?>">
  所属类别：<input type="text" name="type" value="<?php echo $rows[4] ?>">
  <input type="hidden" name="action" value="update">
  <input type="hidden" name="id" value="<?php echo $rows[0] ?>">
  <input type="submit" name="Submit" value="修改">
  <input type="reset" name="reset" value="重置">
</form>
```

（4）创建 update_ok.php 文件，获取表单中提交的数据，根据隐藏域传递的 ID 值，定义更新语句完成数据的更新操作，其关键代码如下：

```php
<?php
    header("Content-type:text/html;charset=utf-8");        //设置文件编码格式
    include_once("conn/conn.php");                          //包含数据库连接文件
    if($_POST['action'] == "update"){
        if(!($_POST['bookname'] and $_POST['price'] and $_POST['f_time'] and $_POST['type'])){
            echo "输入不允许为空。点击<a href='javascript:onclick=history.go(-1)'>这里</a>返回";
        }else{
            $sqlstr = "update tb_demo02 set bookname = '".$_POST['bookname']."', price = '".$_POST['price']."',
f_time = '".$_POST['f_time']."', type = '".$_POST['type']."' where id = ".$_POST['id'];
            //定义更新语句
            $result = mysqli_query($conn,$sqlstr);          //执行更新语句
            if($result){
                echo "修改成功,点击<a href='index.php'>这里</a>查看";
            }else{
                echo "修改失败.<br>$sqlstr";
            }
        }
    }
?>
```

运行本例，对新添加的记录进行修改，修改后的运行结果如图 18.7 所示。

图 18.7　更新数据

18.2.3　删除数据

视频讲解：光盘\TM\lx\18\14 删除数据.mp4

删除数据库中的数据应用的是 delete 语句，如果在不指定删除条件的情况下，那么将删除指定数据表中的所有数据，如果定义了删除条件，那么将删除数据表中指定的记录。删除操作的执行是一件非常慎重的事情，因为一旦执行该操作，数据就没有恢复的可能。

【例 18.10】　继续例 18.9。如果不小心输入了重复的记录，那么，就要删除多余的数据，删除数据只需利用 mysqli_query()函数执行 delete 语句即可。（实例位置：光盘\TM\ sl\18\10）

具体步骤如下：

（1）创建 conn 文件夹，编写 conn.php 文件，完成与数据库的连接，并且设置页面的编码格式为 utf8。

（2）创建 index.php 文件，循环输出数据库中数据，并且为每一条记录创建一个删除的超链接，链接到 delete.php 文件，链接中传递的参数值是记录的 ID。关键代码如下：

```php
<?php
    include_once("conn/conn.php");                              //包含数据库连接文件
        $sqlstr = "select * from tb_demo02 order by id";        //定义查询语句
        $result = mysqli_query($conn,$sqlstr);                  //执行查询语句
        while ($rows = mysqli_fetch_row($result)){              //循环输出结果集
            echo "<tr>";
            for($i = 0; $i < count($rows); $i++){               //循环输出字段值
                echo "<td height='25' align='center' class='m_td'>".$rows[$i]."</td>";
            }
    echo "<td class='m_td'><a href='#'>修改</a>/<a href=delete.php?action=del&id=".$rows[0]." onclick = 'return
    del();'>删除</a></td>";
            echo "</tr>";
        }
?>
```

（3）创建 delete.php 文件，根据超链接中传递的参数值，定义 delete 语句，完成数据的删除操作，其关键代码如下：

```php
<?php
    header( "Content-type: text/html; charset=utf-8" );        //设置文件编码格式
    include_once("conn/conn.php");                             //连接数据库
    if($_GET['action'] == "del"){                             //判断是否执行删除
        $sqlstr1 = "delete from tb_demo02 where id = ".$_GET['id'];   //定义删除语句
        $result = mysqli_query($conn,$sqlstr1);              //执行删除操作
        if($result){
            echo "<script>alert('删除成功');location='index.php';</script>";
        }else{
            echo "删除失败";
        }
    }
?>
```

运行本例，当单击重复记录的"删除"超链接时会弹出提示对话框，单击"确定"按钮后提示删除成功，运行结果如图 18.8 所示。

图 18.8　删除数据成功

18.2.4　批量数据操作

视频讲解：光盘\TM\lx\18\15 批量数据操作.mp4

以上操作都是对单条数据进行的，但是很多时候需要对很多条记录进行操作，如修改表中所有记录的字段值、删除不需要的记录等。如果一条一条地操作很花费时间，下面给出一个批量删除的实例，希望读者能够举一反三，自己动手实现批量添加、修改的功能模块。

【例 18.11】在本例中，开发一个可以执行批量删除数据的程序。（实例位置：光盘\TM\ sl\18\11）

具体步骤如下：

（1）创建 conn 文件夹，编写 conn.php 文件，完成与数据库的连接。

（2）创建 index.php 文件，添加表单，设置复选框，将数据的 ID 设置为复选框的值，设置隐藏域传递执行删除操作的参数，设置提交按钮，通过 onclick 事件调用 del 方法执行删除操作。

（3）创建 deletes.php 文件，获取表单中提交的数据。首先，判断提交的数据是否为空，如果不为空，则通过 for 语句循环输出复选框提交的值，然后将 for 循环读取的数据作为 delete 语句的条件，最后通过 mysqli_query()函数执行删除语句，其关键代码如下：

```php
<?php
  header ( "Content-type: text/html; charset=utf-8" );        //设置文件编码格式
  include_once("conn/conn.php");                              //连接数据库
  if($_POST['action'] == "delall"){                          //判断是否执行删除操作
      if(count($_POST['chk']) == 0){                          //判断提交的删除记录是否为空
          echo "<script>alert('请选择记录');history.go(-1);</script>";
      }else{
          for($i = 0; $i < count($_POST['chk']); $i++){
                                                             //for 语句循环读取复选框提交的值,
              $sqlstr = "delete from tb_demo02 where id = ".$_POST['chk'][$i];
                                                             //循环执行删除操作
              mysqli_query($conn,$sqlstr);                   //执行删除操作
          }
          echo "<script>alert('删除成功');
              location='index.    php';</script>";
      }
}
```

```
    }
?>
```

运行本例,看到每一条数据前都有一个复选框,如图 18.9 所示。选中要删除数据对应的复选框,然后单击"删除选择"按钮,会弹出提示对话框,单击"确定"按钮后提示删除成功,运行结果如图 18.10 所示。

图 18.9　显示数据库中的数据

图 18.10　批量删除成功

18.3　小　　结

本章主要介绍了使用 PHP 操作 MySQL 数据库的方法。通过本章的学习,读者能够掌握 PHP 操作 MySQL 数据库的一般流程,掌握 MySQLi 扩展库中常用函数的使用方法,并能够具备独立完成基本数据库程序的能力。希望本章能够起到抛砖引玉的作用,能够帮助读者在此基础上更深层次地学习 PHP 操作 MySQL 数据库的相关技术,并进一步学习使用面向对象的方式操作 MySQL 数据库的方法。

18.4　实践与练习

1. 采用 limit 子句实现分页功能。通过 limit 子句的第一个参数控制从第几条数据开始输出,通过第二个参数控制每页输出的记录数。(**答案位置:光盘\TM\sl\18\12**)

2. 动态显示新闻信息,截取部分新闻主题字符串,屏蔽乱码。(**答案位置:光盘\TM\sl\18\13**)

第19章

PDO 数据库抽象层

(▶ 视频讲解：48分钟)

在 PHP 的早期版本中，各种不同的数据库扩展（MySQL、MS SQL、Oracle）根本没有真正的一致性，虽然都可以实现相同的功能，但是这些扩展却互不兼容，都有各自的操作函数。结果导致 PHP 的维护非常困难，可移植性也非常差，为了解决这些问题，PHP 的开发人员编写了一种轻型、便利的 API 来统一各种数据库的共性，从而达到 PHP 脚本最大限度的抽象性和兼容性，这就是数据库抽象层。而在本章中将要介绍的是目前 PHP 抽象层中最为流行的一种——PDO 抽象层。

通过阅读本章，您可以：

▶▶ 了解 PDO

▶▶ 掌握 PDO 连接数据库

▶▶ 掌握 PDO 中执行 SQL 语句

▶▶ 掌握 PDO 中获取结果集

▶▶ 掌握 PDO 中捕获 SQL 语句中的错误

▶▶ 了解 PDO 中错误处理

▶▶ 了解 PDO 中事务处理

▶▶ 了解 PDO 中存储过程

19.1　什么是 PDO

19.1.1　PDO 概述

PDO 是 PHP Date Object（PHP 数据对象）的简称，它是与 PHP 5.1 版本一起发行的，目前支持的数据库包括 Firebird、FreeTDS、Interbase、MySQL、MS SQL Server、ODBC、Oracle、Postgre SQL、SQLite 和 Sybase。有了 PDO，就不必再使用 mysql_*函数、oci_*函数或者 mssql_*函数，也不必再为它们封装数据库操作类，只需要使用 PDO 接口中的方法就可以对数据库进行操作。在选择不同的数据库时，只需修改 PDO 的 DSN（数据源名称）。

在 PHP 6 中将默认使用 PDO 连接数据库，所有非 PDO 扩展将会在 PHP 6 中被移除。该扩展提供 PHP 内置类 PDO 来对数据库进行访问，不同数据库使用相同的方法名，解决数据库连接不统一的问题。

19.1.2　PDO 特点

PDO 是一个"数据库访问抽象层"，作用是统一各种数据库的访问接口，与 MySQL 和 MS SQL 函数库相比，PDO 让跨数据库的使用更具有亲和力；与 ADODB 和 MDB2 相比，PDO 更高效。

PDO 将通过一种轻型、清晰、方便的函数，统一各种不同 RDBMS 库的共有特性，实现 PHP 脚本最大限度的抽象性和兼容性。

PDO 吸取现有数据库扩展成功和失败的经验教训，利用 PHP 5 的最新特性，可以轻松地与各种数据库进行交互。

PDO 扩展是模块化的，能够在运行时为数据库后端加载驱动程序，而不必重新编译或重新安装整个 PHP 程序。例如，PDO_MySQL 扩展会替代 PDO 扩展实现 MySQL 数据库 API。还有一些用于 Oracle、PostgreSQL、ODBC 和 Firebird 的驱动程序，更多的驱动程序尚在开发。

19.1.3　安装 PDO

PDO 是与 PHP 5.1 一起发行的，默认包含在 PHP 5.1 中。由于 PDO 需要 PHP 5 核心面向对象特性的支持，因此其无法在 PHP 5 之前的版本中使用。

默认情况下，PDO 在 PHP 5.2 中为开启状态，但是要启用对某个数据库驱动程序的支持，仍需要进行相应的配置操作。

在 Linux 环境下，要使用 MySQL 数据库，可以在 configure 命令中添加如下选项：

```
--with-pdo-mysql=/path/to/mysql/installation
```

在 Windows 环境下，PDO 在 php.ini 文件中进行配置，如图 19.1 所示。

图 19.1　Windows 环境下配置 PDO

要启用 PDO，首先必须加载"extension=php_pdo.dll"，如果想让其支持某个具体的数据库，那么还要加载对应的数据库选项。例如，要支持 MySQL 数据库，则需要加载"extension=php_pdo_mysql.dll"选项。

注意

在完成数据库的加载后，要保存 php.ini 文件，并且重新启动 Apache 服务器，修改才能够生效。

19.2　PDO 连接数据库

19.2.1　PDO 构造函数

在 PDO 中，要建立与数据库的连接需要实例化 PDO 的构造函数。PDO 构造函数的语法如下：

```
__construct(string $dsn[,string $username[,string $password[,array $driver_options]]])
```

构造函数的参数说明如下。

☑　dsn：数据源名，包括主机名端口号和数据库名称。

☑　username：连接数据库的用户名。

☑　password：连接数据库的密码。

☑　driver_options：连接数据库的其他选项。

通过 PDO 连接 MySQL 数据库的代码如下：

```php
<?php
    header("Content-Type:text/html;charset=utf-8");        //设置页面的编码格式
    $dbms='mysql';                                         //数据库类型
    $dbName='db_database19';                               //使用的数据库名称
    $user='root';                                          //使用的数据库用户名
    $pwd='111';                                            //使用的数据库密码
    $host='localhost';                                     //使用的主机名称
    $dsn="$dbms:host=$host;dbname=$dbName";
    try {                                                  //捕获异常
        $pdo=new PDO($dsn,$user,$pwd);                     //实例化对象
        echo "PDO 连接 MySQL 成功";
```

```
    } catch (Exception $e) {
        echo $e->getMessage()."<br>";
    }
?>
```

19.2.2　DSN 详解

DSN 是 Data Source Name（数据源名称）的缩写。DSN 提供连接数据库需要的信息。PDO 的 DSN 包括 3 部分：PDO 驱动名称（如 mysql、sqlite 或者 pgsql）；冒号和驱动特定的语法。每种数据库都有其特定的驱动语法。

在使用不同的数据库时，必须明确数据库服务器是完全独立于 PHP 的实体。虽然笔者在讲解本书的内容时，数据库服务器和 Web 服务器是在同一台计算机上，但是实际的情况可能不是如此。数据库服务器可能与 Web 服务器不是在同一台计算机上，此时要通过 PDO 连接数据库，就需要修改 DSN 中的主机名称。

由于数据库服务器只在特定的端口上监听连接请求，每种数据库服务器具有一个默认的端口号（MySQL 是 3306），但是数据库管理员可以对端口号进行修改，所以 PHP 有可能找不到数据库的端口，此时就可以在 DSN 中包含端口号。

另外，由于一个数据库服务器中可能拥有多个数据库，所以在通过 DSN 连接数据库时，通常都包括数据库名称，这样可以确保连接的是想要的数据库，而不是其他人的数据库。

19.3　PDO 中执行 SQL 语句

在 PDO 中，可以使用下面的 3 种方法来执行 SQL 语句。

19.3.1　exec 方法

exec 方法返回执行后受影响的行数，其语法如下：

```
int PDO::exec ( string statement )
```

其中，statement 是要执行的 SQL 语句。该方法返回执行查询时受影响的行数，通常用于 insert、delete 和 update 语句中。

19.3.2　query 方法

query 方法通常用于返回执行查询后的结果集，其语法如下：

```
PDOStatement PDO::query ( string statement )
```

其中，statement 是要执行的 SQL 语句。它返回的是一个 PDOStatement 对象。

19.3.3　预处理语句——prepare 和 execute

预处理语句包括 prepare 和 execute 两个方法。首先通过 prepare 方法做查询的准备工作，然后通过 execute 方法执行查询，并且还可以通过 bindParam 方法来绑定参数提供给 execute 方法。Prepare 和 execute 方法的语法如下：

```
PDOStatement PDO::prepare ( string statement [, array driver_options] )
bool PDOStatement::execute ( [array input_parameters] )
```

19.4　PDO 中获取结果集

在 PDO 中获取结果集有 3 种方法：fetch、fetchAll 和 fetchColumn。

19.4.1　fetch 方法

fetch 方法获取结果集中的下一行，其语法格式如下：

```
mixed PDOStatement::fetch ( [int fetch_style [, int cursor_orientation [, int cursor_offset]]] )
```

☑　fetch_style 为控制结果集的返回方式，其可选方式如表 19.1 所示。

表 19.1　fetch_style 控制结果集的可选值

值	说　　明
PDO::FETCH_ASSOC	关联数组形式
PDO::FETCH_NUM	数字索引数组形式
PDO::FETCH_BOTH	两者数组形式都有，这是默认的
PDO::FETCH_OBJ	按照对象的形式，类似于以前的 mysql_fetch_object()
PDO::FETCH_BOUND	以布尔值的形式返回结果，同时将获取的列值赋给 bindParam 方法中指定的变量
PDO::FETCH_LAZY	以关联数组、数字索引数组和对象 3 种形式返回结果

☑　参数 cursor_orientation：PDOStatement 对象的一个滚动游标，可用于获取指定的一行。
☑　参数 cursor_offset：游标的偏移量。
【例 19.1】　通过 fecth 方法获取结果集中下一行的数据，进而应用 while 语句完成数据库中数据的循环输出。（实例位置：光盘\TM\sl\19\1）
创建 index.php 文件，设计网页页面。首先，通过 PDO 连接 MySQL 数据库。然后，定义 select 查询语句，应用 prepare 和 execute 方法执行查询操作。接着，通过 fetch 方法返回结果集中下一行数据，同时设置结果集以关联数组形式返回。最后，通过 while 语句完成数据的循环输出。其关键代码如下：

```php
<?php
$dbms='mysql';    //数据库类型，对于开发者来说，使用不同的数据库，只要改这个，不用记住那么多的函数
$host='localhost';                        //数据库主机名
$dbName='db_database19';                  //使用的数据库
$user='root';                             //数据库连接用户名
$pass='111';                              //对应的密码
$dsn="$dbms:host=$host;dbname=$dbName";
try {
    $pdo = new PDO($dsn, $user, $pass);   //初始化一个 PDO 对象，就是创建了数据库连接对象$pdo
    $query="select * from tb_pdo_mysql";  //定义 SQL 语句
    $result=$pdo->prepare($query);        //准备查询语句
    $result->execute();                   //执行查询语句，并返回结果集
    while($res=$result->fetch(PDO::FETCH_ASSOC)){ //循环输出查询结果集，并且设置结果集为关联索引
?>
        <tr>
            <td height="22" align="center" valign="middle"><?php echo $res['id'];?></td>
            <td align="center" valign="middle"><?php echo $res['pdo_type'];?></td>
            <td align="center" valign="middle"><?php echo $res['database_name'];?></td>
            <td align="center" valign="middle"><?php echo $res['dates'];?></td>
            <td align="center" valign="middle"><a href="#">删除</a></td>
        </tr>
<?php
    }
} catch (PDOException $e) {
    die ("Error!: " . $e->getMessage() . "<br/>");
}
?>
```

运行结果如图 19.2 所示。

图 19.2　fetch 方法获取查询结果集

19.4.2　fetchAll 方法

fetchAll 方法获取结果集中的所有行，其语法如下：

array PDOStatement::fetchAll ([int fetch_style [, int column_index]])

☑　fetch_style：控制结果集中数据的显示方式。

☑　column_index：字段的索引。

其返回值是一个包含结果集中所有数据的二维数组。

【例 19.2】 通过 fecthAll 方法获取结果集中的所有行，并且通过 for 语句读取二维数组中的数据，完成数据库中数据的循环输出。（实例位置：光盘\TM\sl\19\2）

创建 index.php 文件，设计网页页面。首先，通过 PDO 连接 MySQL 数据库。然后，定义 select 查询语句，应用 prepare 和 execute 方法执行查询操作。接着，通过 fetchAll 方法返回结果集中的所有行。最后，通过 for 语句完成结果集中所有数据的循环输出。其关键代码如下：

```php
<?php
    $dbms='mysql';        //数据库类型，对于开发者来说，使用不同的数据库，只要改这个，不用记住那么多的函数
    $host='localhost';                          //数据库主机名
    $dbName='db_database19';                    //使用的数据库
    $user='root';                               //数据库连接用户名
    $pass='111';                                //对应的密码
    $dsn="$dbms:host=$host;dbname=$dbName";
    try {
        $pdo = new PDO($dsn, $user, $pass);     //初始化一个 PDO 对象，就是创建了数据库连接对象$pdo
        $query="select * from tb_pdo_mysql";    //定义 SQL 语句
        $result=$pdo->prepare($query);          //准备查询语句
        $result->execute();                     //执行查询语句，并返回结果集
        $res=$result->fetchAll(PDO::FETCH_ASSOC);   //获取结果集中的所有数据
        for($i=0;$i<count($res);$i++){          //循环读取二维数组中的数据
    ?>
        <tr>
            <td height="22" align="center" valign="middle"><?php echo $res[$i]['id'];?></td>
            <td align="center" valign="middle"><?php echo $res[$i]['pdo_type'];?></td>
            <td align="center" valign="middle"><?php echo $res[$i]['database_name'];?></td>
            <td align="center" valign="middle"><?php echo $res[$i]['dates'];?></td>
            <td align="center" valign="middle"><a href="#">删除</a></td>
        </tr>
    <?php
        }
    } catch (PDOException $e) {
        die ("Error!: " . $e->getMessage() . "<br/>");
    } ?>
```

运行结果如图 19.3 所示。

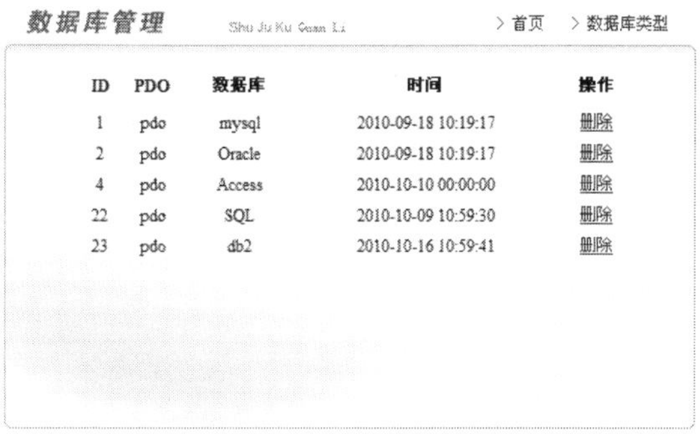

图 19.3　fetchAll 方法返回结果集中的所有数据

19.4.3　fetchColumn 方法

fetchColumn 方法获取结果集中下一行指定列的值，其语法如下：

string PDOStatement::fetchColumn ([int column_number])

可选参数 column_number 设置行中列的索引值，该值从 0 开始。如果省略该参数，则将从第一列开始取值。

通过 fecthColumn 方法获取结果集中下一行中指定列的值，注意这里是"结果集中下一行中指定列的值"。

【例 19.3】　创建 index.php 文件，设计网页页面。首先，通过 PDO 连接 MySQL 数据库。然后，定义 select 查询语句，应用 prepare 和 execute 方法执行查询操作。接着，通过 fetchColumn 方法输出结果集中下一行第一列的值。其关键代码如下：（实例位置：光盘\TM\sl\19\3）

```php
<?php
$dbms='mysql';     //数据库类型，对于开发者来说，使用不同的数据库，只要改这个，不用记住那么多的函数
$host='localhost';                         //数据库主机名
$dbName='db_database19';                   //使用的数据库
$user='root';                              //数据库连接用户名
$pass='111';                               //对应的密码
$dsn="$dbms:host=$host;dbname=$dbName";
try {
    $pdo = new PDO($dsn, $user, $pass);    //初始化一个 PDO 对象，就是创建了数据库连接对象$pdo
    $query="select * from tb_pdo_mysql";   //定义 SQL 语句
    $result=$pdo->prepare($query);         //准备查询语句
    $result->execute();                    //执行查询语句，并返回结果集
?>
    <tr>
      <td height="22" align="center" valign="middle"><?php echo $result->fetchColumn(0);?></td>
    </tr>
    <tr>
      <td height="22" align="center" valign="middle"><?php echo $result->fetchColumn(0);?></td>
    </tr>
```

```
            <tr>
                <td height="22" align="center" valign="middle"><?php echo $result->fetchColumn(0);?></td>
            </tr>
            <tr>
                <td height="22" align="center" valign="middle"><?php echo $result->fetchColumn(0);?></td>
            </tr>
    <?php
            } catch (PDOException $e) {
        die ("Error!: " . $e->getMessage() . "<br/>");
        }
?>
```

运行结果如图 19.4 所示。

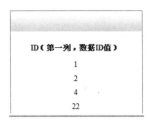

图 19.4　fetchColumn 方法获取结果集中第一列的值

19.5　PDO 中捕获 SQL 语句中的错误

在 PDO 中捕获 SQL 语句中的错误有 3 种方案可以选择。

19.5.1　使用默认模式——PDO::ERRMODE_SILENT

在默认模式中设置 PDOStatement 对象的 errorCode 属性，但不进行其他任何操作。

通过 prepare 和 execute 方法向数据库中添加数据，设置 PDOStatement 对象的 errorCode 属性，手动检测代码中的错误。

【例 19.4】　创建 index.php 文件，添加 form 表单，将表单元素提交到本页。通过 PDO 连接 MySQL 数据库，应用预处理语句 prepare 和 execute 执行 insert 添加语句，向数据表中添加数据，并且设置 PDOStatement 对象的 errorCode 属性，检测代码中的错误。其关键代码如下：（实例位置：光盘\TM\sl\19\4）

```
<?php
    if($_POST['Submit']=="提交" && $_POST['pdo']!=""){
        $dbms='mysql';  //数据库类型，对于开发者来说，使用不同的数据库，只要改这个，不用记住那么多的函数
        $host='localhost';                      //数据库主机名
        $dbName='db_database19';                //使用的数据库
        $user='root';                           //数据库连接用户名
        $pass='111';                            //对应的密码
```

```
$dsn="$dbms:host=$host;dbname=$dbName";
$pdo = new PDO($dsn, $user, $pass);    //初始化一个 PDO 对象, 就是创建了数据库连接对象$pdo
$query="insert into tb_pdo_mysqls(pdo_type,database_name,dates)values('".$_POST['pdo']."','".$_POST
['databases']."','".$_POST['dates']."')";
$result=$pdo->prepare($query);
$result->execute();
$code=$result->errorCode();
if(empty($code)){
        echo "数据添加成功! ";
}else{
        echo '数据库错误: <br/>';
        echo 'SQL Query:'.$query;
        echo   '<pre>';
        var_dump($result->errorInfo());
        echo '</pre>';
    }
  }
?>
```

在本例中, 在定义 insert 添加语句时, 使用了错误的数据表名称 tb_pdo_mysqls (正确名称是 tb_pdo_mysql), 导致输出结果如图 19.5 所示。

图 19.5 在默认模式中捕获 SQL 中的错误

19.5.2 使用警告模式——PDO::ERRMODE_WARNING

警告模式会产生一个 PHP 警告, 并设置 errorCode 属性。如果设置的是警告模式, 那么除非明确地检查错误代码, 否则程序将继续按照其方式运行。

设置警告模式, 通过 prepare 和 execute 方法读取数据库中数据, 并且通过 while 语句和 fetch 方法完成数据的循环输出, 体会在设置成警告模式后执行错误的 SQL 语句。

【例 19.5】 创建 index.php 文件，连接 MySQL 数据库，通过预处理语句 prepare 和 execute 执行 select 查询语句，并设置一个错误的数据表名称，同时通过 setAttribute 方法设置为警告模式，最后通过 while 语句和 fetch 方法完成数据的循环输出。其关键代码如下：（**实例位置：光盘\TM\sl\19\5**）

```php
<?php
  $dbms='mysql';                        //数据库类型，对于开发者来说，使用不同的数据库，只要改这个，不用记住那么多的函数
  $host='localhost';                          //数据库主机名
  $dbName='db_database19';                    //使用的数据库
  $user='root';                               //数据库连接用户名
  $pass='111';                                //对应的密码
  $dsn="$dbms:host=$host;dbname=$dbName";
  try {
      $pdo = new PDO($dsn, $user, $pass);     //初始化一个 PDO 对象，就是创建了数据库连接对象$pdo
      $pdo->setAttribute(PDO::ATTR_ERRMODE,PDO::ERRMODE_WARNING);        //设置为警告模式
      $query="select * from tb_pdo_mysqls";   //定义 SQL 语句
      $result=$pdo->prepare($query);          //准备查询语句
      $result->execute();                     //执行查询语句，并返回结果集
      while($res=$result->fetch(PDO::FETCH_ASSOC)){     //while 循环输出查询结果集，并且设置结果集为
                                                        //关联索引
  ?>
      <tr>
          <td height="22" align="center" valign="middle"><?php echo $res['id'];?></td>
          <td align="center" valign="middle"><?php echo $res['pdo_type'];?></td>
          <td align="center" valign="middle"><?php echo $res['database_name'];?></td>
          <td align="center" valign="middle"><?php echo $res['dates'];?></td>
      </tr>
  <?php
      }
        } catch (PDOException $e) {
    die ("Error!: " . $e->getMessage() . "<br/>");
  }
?>
```

在设置为警告模式后，如果 SQL 语句出现错误将给出一个提示信息，但是程序仍能够继续执行下去，其运行结果如图 19.6 所示。

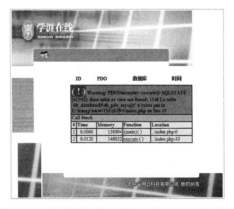

图 19.6　设置警告模式后捕获的 SQL 语句错误

19.5.3　使用异常模式——PDO::ERRMODE_EXCEPTION

异常模式会创建一个 PDOException，并设置 errorCode 属性。它可以将执行代码封装到一个 try{...}catch{...}语句块中。未捕获的异常将会导致脚本中断，并使用堆栈跟踪显示哪里出现的问题。

【例 19.6】　在执行数据库中数据的删除操作时，设置为异常模式，并且编写一个错误的 SQL 语句（操作错误的数据表 tb_pdo_mysqls），体会异常模式与警告模式和默认模式的区别。（**实例位置：光盘\TM\sl\19\6**）

具体步骤如下：

（1）创建 index.php 文件，连接 MySQL 数据库，通过预处理语句 prepare 和 execute 执行 select 查询语句，通过 while 语句和 fetch 方法完成数据的循环输出，并且设置删除超链接，链接到 delete.php 文件，传递的参数是数据的 ID 值。其运行结果如图 19.7 所示。

图 19.7　数据的循环输出

（2）创建 delete.php 文件，获取超链接传递的数据 ID 值，连接数据库，通过 setAttribute 方法设置为异常模式，定义 delete 删除语句，删除一个错误数据表（tb_pdo_mysqls）中的数据，并且通过 try{...}catch{...}语句捕获错误信息。其代码如下：

```php
<?php
    header ( "Content-type: text/html; charset=utf-8" );        //设置文件编码格式
    if($_GET['conn_id']!=""){
        $dbms='mysql';   //数据库类型，对于开发者来说，使用不同的数据库，只要改这个，不用记住那么多的函数
        $host='localhost';                              //数据库主机名
        $dbName='db_database19';                        //使用的数据库
        $user='root';                                   //数据库连接用户名
        $pass='111';                                    //对应的密码
        $dsn="$dbms:host=$host;dbname=$dbName";
        try {
        $pdo = new PDO($dsn, $user, $pass);      //初始化一个 PDO 对象，就是创建了数据库连接对象$pdo
            $pdo->setAttribute(PDO::ATTR_ERRMODE,PDO::ERRMODE_EXCEPTION);
            $query="delete from tb_pdo_mysqls where Id=:id";
            $result=$pdo->prepare($query);                  //预准备语句
```

```
                $result->bindParam(':id',$_GET['conn_id']);          //绑定更新的数据
                $result->execute();
        } catch (PDOException $e) {
            echo 'PDO Exception Caught.';
            echo 'Error with the database:<br/>';
            echo   'SQL Query: '.$query;
            echo '<pre>';
            echo "Error: " . $e->getMessage(). "<br/>";
            echo "Code: " . $e->getCode(). "<br/>";
            echo "File: " . $e->getFile(). "<br/>";
            echo "Line: " . $e->getLine(). "<br/>";
            echo "Trace: " . $e->getTraceAsString(). "<br/>";
            echo '</pre>';
        }
    }
?>
```

在设置为异常模式后，执行错误的 SQL 语句返回的结果如图 19.8 所示。

图 19.8　异常模式捕获的 SQL 语句错误信息

19.6　PDO 中错误处理

在 PDO 中有两个获取程序中错误信息的方法：errorCode 方法和 errorInfo 方法。

19.6.1　errorCode 方法

errorCode 方法用于获取在操作数据库句柄时所发生的错误代码，这些错误代码被称为 SQLSTATE 代码。其语法格式如下：

int PDOStatement::errorCode (void)

errorCode 方法返回一个 SQLSTATE，SQLSTATE 是由 5 个数字和字母组成的代码。

在 PDO 中通过 query 方法完成数据的查询操作，并且通过 foreach 语句完成数据的循环输出。在定义 SQL 语句时使用一个错误的数据表，并且通过 errorCode 方法返回错误代码。

【**例 19.7**】　创建 index.php 文件。首先，通过 PDO 连接 MySQL 数据库。然后，通过 query 方法执行查询语句。接着，通过 errorCode 方法获取错误代码。最后，通过 foreach 语句完成数据的循环输出。其关键代码如下：（**实例位置：光盘\TM\sl\19\7**）

```php
<?php
    $dbms='mysql';          //数据库类型，对于开发者来说，使用不同的数据库，只要改这个，不用记住那么多的函数
    $host='localhost';                      //数据库主机名
    $dbName='db_database19';                //使用的数据库
    $user='root';                           //数据库连接用户名
    $pass='111';                            //对应的密码
    $dsn="$dbms:host=$host;dbname=$dbName";
    try {
    $pdo = new PDO($dsn, $user, $pass);     //初始化一个 PDO 对象，就是创建了数据库连接对象$pdo
    $query="select * from tb_pdo_mysqls";   //定义 SQL 语句
    $result=$pdo->query($query);            //执行查询语句，并返回结果集
    echo "errorCode 为：".$pdo->errorCode();
    foreach($result as $items){
        ?>
            <tr>
                <td height="22" align="center" valign="middle"><?php echo $items['id'];?></td>
                <td align="center" valign="middle"><?php echo $items['pdo_type'];?></td>
                <td align="center" valign="middle"><?php echo $items['database_name'];?></td>
                <td align="center" valign="middle"><?php echo $items['dates'];?></td>
            </tr>
            <?php
            }
    } catch (PDOException $e) {
    die ("Error!: " . $e->getMessage() . "<br/>");
    }
?>
```

运行结果如图 19.9 所示。

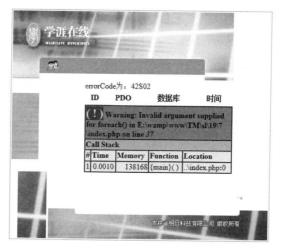

图 19.9　通过 errorCode 方法获取错误代码

19.6.2　errorInfo 方法

errorInfo 方法用于获取操作数据库句柄时所发生的错误信息。其语法格式如下：

```
array PDOStatement::errorInfo ( void )
```

errorInfo 方法的返回值为一个数组，它包含了相关的错误信息。

【例 19.8】　在 PDO 中通过 query 方法完成数据的查询操作，并且通过 foreach 语句完成数据的循环输出。在定义 SQL 语句时使用一个错误的数据表，并且通过 errorInfo 方法返回错误信息。（**实例位置：光盘\TM\sl\19\8**）

创建 index.php 文件。首先，通过 PDO 连接 MySQL 数据库。然后，通过 query 方法执行查询语句。接着，通过 errorInfo 方法获取错误信息。最后，通过 foreach 语句完成数据的循环输出。其关键代码如下：

```php
<?php
  $dbms='mysql';        //数据库类型，对于开发者来说，使用不同的数据库，只要改这个，不用记住那么多的函数
  $host='localhost';                         //数据库主机名
  $dbName='db_database19';                   //使用的数据库
  $user='root';                              //数据库连接用户名
  $pass='111';                               //对应的密码
  $dsn="$dbms:host=$host;dbname=$dbName";
  try {
  $pdo = new PDO($dsn, $user, $pass);        //初始化一个 PDO 对象，就是创建了数据库连接对象$pdo
        $query="select * from tb_pdo_mysqls";  //定义 SQL 语句
        $result=$pdo->query($query);           //执行查询语句，并返回结果集
        print_r($pdo->errorInfo());
    foreach($result as $items){
    ?>
        <tr>
          <td height="22" align="center" valign="middle"><?php echo $items['id'];?></td>
          <td align="center" valign="middle"><?php echo $items['pdo_type'];?></td>
          <td align="center" valign="middle"><?php echo $items['database_name'];?></td>
          <td align="center" valign="middle"><?php echo $items['dates'];?></td>
        </tr>
        <?php
        }
        } catch (PDOException $e) {
    die ("Error!: " . $e->getMessage() . "<br/>");
  }
?>
```

运行结果如图 19.10 所示。

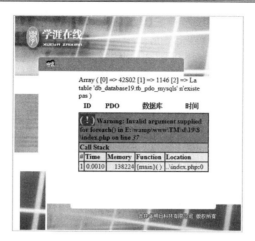

图 19.10　通过 errorInfo 获取错误信息

19.7　PDO 中事务处理

在 PDO 中同样可以实现事务处理的功能，其应用的方法如下：
☑ 开启事务——beginTransaction 方法
beginTransaction 方法将关闭自动提交（autocommit）模式，直到事务提交或者回滚以后才恢复。
☑ 提交事务——commit 方法
commit 方法完成事务的提交操作，成功则返回 true，否则返回 false。
☑ 事务回滚——rollback 方法
rollback 方法执行事务的回滚操作。

通过 prepare 和 execute 方法向数据库中添加数据，并且通过事务处理机制确保数据能够正确地添加到数据中。

【例 19.9】　创建 index.php 文件。首先，定义数据库连接的参数，创建 try{…}catch{…}语句，在 try{…}语句中实例化 PDO 构造函数，完成与数据库的连接，并且通过 beginTransaction 方法开启事务。然后，定义 insert 添加语句，通过$_POST[]方法获取表单中提交的数据，通过 prepare 和 execute 方法向数据库中添加数据，并且通过 commit 方法完成事务的提交操作。最后，在 catch{…}语句中返回错误信息，并且通过 rollBack 执行事务的回滚操作。其代码如下：（**实例位置：光盘\TM\sl\19\9**）

```php
<?php
if($_POST['Submit']=="提交" && $_POST['pdo']!=""){
    $dbms='mysql';   //数据库类型，对于开发者来说，使用不同的数据库，只要改这个，不用记住那么多的函数
    $host='localhost';                    //数据库主机名
    $dbName='db_database19';              //使用的数据库
    $user='root';                         //数据库连接用户名
    $pass='111';                          //对应的密码
    $dsn="$dbms:host=$host;dbname=$dbName";
    try {
        $pdo = new PDO($dsn, $user, $pass);    //初始化一个 PDO 对象，就是创建了数据库连接对象$pdo
```

```
$pdo->beginTransaction();                    //开启事务
$query="insert into tb_pdo_mysql(pdo_type,database_name,dates)values
    ('".$_POST['pdo']."','".$_POST['databases']."','".$_POST['dates']."')";
$result=$pdo->prepare($query);
if($result->execute()){
        echo "数据添加成功！";
    }else{
        echo "数据添加失败！";
    }
$pdo->commit();                              //执行事务的提交操作
} catch (PDOException $e) {
    die ("Error!: " . $e->getMessage() . "<br/>");
$pdo->rollBack();                            //执行事务的回滚
    }
}
?>
```

运行结果如图 19.11 所示。

图 19.11　数据添加中应用事务处理机制

19.8　PDO 中存储过程

存储过程允许在更接近于数据的位置操作数据，从而减少带宽的使用，它们使数据独立于脚本逻辑，允许使用不同语言的多个系统以相同的方式访问数据，从而节省花费在编码和调试上的宝贵时间。同时它使用预定义的方案执行操作，提高查询速度，并且能够阻止与数据的直接相互作用，从而起到保护数据的作用。

下面讲解如何在 PDO 中调用存储过程。这里首先创建一个存储过程，其 SQL 语句如下：

```
drop procedure if exists pro_reg;//
delimiter //
create procedure pro_reg (in nc varchar(80), in pwd varchar(80), in email varchar(80),in address varchar(50))
begin
insert into tb_reg (name, pwd ,email ,address) values (nc, pwd, email, address);
end;
//
```

drop 语句删除 MySQL 服务器中已经存在的存储过程 pro_reg。

"delimiter //" 的作用是将语句结束符更改为 "//"。

"in nc varchar(50)…in address varchar(50)" 表示要向存储过程中传入的参数。

"begin…end" 表示存储过程中的语句块，它的作用类似与 PHP 语言中的 "{…}"。

存储过程创建成功后，就可以调用这个存储过程实现用户注册的功能。在 PDO 中通过 call 语句调用存储过程，实现用户注册信息的添加操作。

【例 19.10】　创建 index.php 文件。首先，创建 form 表单，将用户注册信息通过 POST 方法提交到本页。然后，在本页中编写 PHP 脚本，通过 PDO 连接 MySQL 数据库，并且设置数据库编码格式为 utf8，获取表单中提交的用户注册信息。接着，通过 call 语句调用存储过程 pro_reg，将用户注册信息添加到数据表中。最后，通过 try{…}catch{…} 语句块返回错误信息。其关键代码如下：（**实例位置：光盘\TM\sl\19\10**）

```php
<?php
if(isset($_POST['submit']) && $_POST['submit']!=""){
$dbms='mysql';     //数据库类型，对于开发者来说，使用不同的数据库，只要改这个，不用记住那么多的函数
    $host='localhost';                          //数据库主机名
    $dbName='db_database19';                    //使用的数据库
    $user='root';                               //数据库连接用户名
    $pass='111';                                //对应的密码
    $dsn="$dbms:host=$host;dbname=$dbName";
    try {
        $pdo = new PDO($dsn, $user, $pass);     //初始化一个 PDO 对象，就是创建了数据库连接对象$pdo
        $pdo->query("set names utf8");          //设置数据库编码格式
        $pdo->setAttribute(PDO::ATTR_ERRMODE,PDO::ERRMODE_EXCEPTION);  //定义错误异常模式
        $nc=$_POST['nc'];
        $pwd=md5($_POST['pwd']);
        $email=$_POST['email'];
        $address=$_POST['address'];
        $query="call pro_reg('$nc','$pwd','$email','$address')";
        $result=$pdo->prepare($query);
        if($result->execute()){
            echo "数据添加成功！";
        }else{
            echo "数据添加失败！";
        }
    } catch (PDOException $e) {
        echo 'PDO Exception Caught.';
        echo 'Error with the database:<br/>';
        echo  'SQL Query: '.$query;
        echo '<pre>';
        echo "Error: " . $e->getMessage(). "<br/>";
        echo "Code: " . $e->getCode(). "<br/>";
        echo "File: " . $e->getFile(). "<br/>";
        echo "Line: " . $e->getLine(). "<br/>";
        echo "Trace: " . $e->getTraceAsString(). "<br/>";
        echo '</pre>';
```

```
        }
    }
?>
```

运行结果如图 19.12 所示。

图 19.12　通过存储过程完成用户的注册

19.9　小　　结

本章重点介绍了数据库抽象层——PDO，从它的概述、特点和安装开始讲解，到它的实际应用，包括：连接不同的数据库、执行 SQL 语句、获取结果集，以及错误处理，再到它的高级应用事务和存储过程都进行了详细讲解，并且都配有相应的实例。通过本章的学习，相信读者能够掌握 PDO 技术的应用。

19.10　实践与练习

1. 通过 PDO 向已经创建好的数据库中添加数据。（答案位置：光盘\TM\sl\19\11）
2. 通过 PDO 浏览数据库中的数据。（答案位置：光盘\TM\sl\19\12）
3. 通过 PDO 更新数据库中的数据。（答案位置：光盘\TM\sl\19\13）

第20章

ThinkPHP 框架

(视频讲解：2 小时 30 分钟)

　　ThinkPHP 是一个免费、开源的，快速、简单地面向对象的轻量级 PHP 开发框架，遵循 Apache 2 开源协议发布，是为了敏捷 Web 应用开发和简化企业级应用开发而诞生的。ThinkPHP 借鉴国外很多优秀的框架和模式，使用面向对象的开发结构和 MVC 模式，采用单一入口模式等，融合了 Struts 的 Action 思想和 JSP 的 TagLib（标签库）、RoR 的 ORM 映射和 ActiveRecord 模式，封装了 CURD 和一些常用操作，在项目配置、类库导入、模板引擎、查询语言、自动验证、视图模型、项目编译、缓存机制、SEO 支持、分布式数据库、多数据库连接和切换、认证机制和扩展性方面均有独特的表现。通过本章的学习，读者将对 ThinkPHP 框架有深入的认识，并且能够达到简单应用的程度。

　　通过阅读本章，您可以：

▶▶ 　了解 ThinkPHP 概述

▶▶ 　了解 ThinkPHP 项目目录结构

▶▶ 　熟悉 ThinkPHP 项目构建流程

▶▶ 　掌握 ThinkPHP 的配置

▶▶ 　掌握 ThinkPHP 的控制器

▶▶ 　认识 ThinkPHP 的模型

▶▶ 　ThinkPHP 的视图

▶▶ 　ThinkPHP 的内置模板引擎

20.1　ThinkPHP 简介

ThinkPHP 可以更方便和快捷地开发和部署应用，其不仅仅是企业级应用，任何 PHP 应用开发都可以从 ThinkPHP 的简单和快速的特性中受益。ThinkPHP 本身具有很多的原创特性，并且倡导"大道至简，开发由我"的开发理念，用最少的代码完成更多的功能，宗旨就是让 Web 应用开发更简单、更快速。

ThinkPHP 遵循 Apache 2 开源许可协议发布，意味着可以免费使用 ThinkPHP，甚至允许把基于 ThinkPHP 开发的应用开源或商业产品发布/销售。

20.1.1　ThinkPHP 框架的特点

ThinkPHP 是一个性能卓越并且功能丰富的轻量级 PHP 开发框架，其宗旨就是让 Web 应用开发更简单、更快速。ThinkPHP 值得推荐的特性包括：

☑ 类库导入：ThinkPHP 是首先采用基于类库包和命名空间的方式导入类库，让类库导入看起来更加简单清晰，而且还支持冲突检测和别名导入。为了方便项目的跨平台移植，系统还可以严格检查加载文件的大小写。

☑ URL 模式：系统支持普通模式、PATHINFO 模式、REWRITE 模式和兼容模式的 URL 方式，支持不同的服务器和运行模式的部署，配合 URL 路由功能，可以随心所欲地构建需要的 URL 地址和进行 SEO 优化工作。

☑ 编译机制：独创的核心编译和项目的动态编译机制，有效减少 OOP 开发中文件加载的性能开销。

☑ 查询语言：内建丰富的查询机制，包括组合查询、复合查询、区间查询、统计查询、定位查询、动态查询和原生查询，让数据查询简洁高效。

☑ 视图模型：轻松、动态地创建数据库视图，多表查询不再烦恼。

☑ 分组模块：不用担心大项目的分工协调和部署问题，分组模块解决跨项目的难题。

☑ 模板引擎：系统内建了一款卓越的基于 XML 的编译型模板引擎，支持两种类型的模板标签，融合了 Smarty 和 JSP 标签库的思想，支持标签库扩展。通过驱动还可以支持 Smarty、EaseTemplate、TemplateLite、Smart 等第三方模板引擎。

☑ Ajax 支持：内置 Ajax 数据返回方法，支持 JSON、XML 和 EVAL 格式返回客户端，并且系统不绑定任何 Ajax 类库，可随意使用自己熟悉的 Ajax 类库进行操作。

☑ 缓存机制：系统支持包括文件方式、APC、Db、Memcache、Shmop、Eaccelerator 和 Xcache 在内的多种动态数据缓存类型，以及可定制的静态缓存规则，并提供了快捷方法进行存取操作。

20.1.2　环境要求

ThinkPHP 可以支持 Windows/UNIX 服务器环境，可运行于包括 Apache、IIS 在内的多种 Web 服务器。需要 PHP 5 及以上版本支持。支持 MySQL、MSSQL、PgSQL、Sqlite、Oracle 等数据库。

20.1.3　下载 ThinkPHP 框架

ThinkPHP 是一个免费、开源、快捷、简单的 OOP 轻量级 PHP 开发框架，它遵循 Apache 2 开源协议发布，是为了敏捷的企业级开发而诞生的。获取 ThinkPHP 的方式有很多。

- ☑ 官方网站：http://thinkphp.cn。
- ☑ SVN 的下载地址。
  - ➢ 完整版本：http://thinkphp.googlecode.com/svn/trunk。
  - ➢ 核心版本：http://thinkphp.googlecode.com/svn/trunk/ThinkPHP。

说明

本章将以 ThinkPHP 3.0 为例来讲解 ThinkPHP 框架的使用。

1. 什么是 MVC

MVC 是一种经典的程序设计理念，此模式将应用程序分为 3 个部分：模型层（Model）、视图层（View）、控制层（Controller），MVC 是这 3 个部分英文字母的缩写。

注意

MVC 设计模式产生的原因：应用程序中用来完成任务的代码——模型层（也叫业务逻辑），通常是程序中相对稳定的部分，重用率高；而与用户交互的界面——视图层，却经常改变。如果因需求变动而不得不对业务逻辑代码修改，或者要在不同的模块中应用到相同的功能而重复地编写业务逻辑代码，不仅降低整体程序开发的进度，也会使未来的维护变得非常困难。因此，将业务逻辑代码与外观分离，将会更方便地根据需求改进程序，这就是 MVC 设计模式。

在 PHP Web 开发中，MVC 设计模式的各自功能及相互关系如图 20.1 所示。

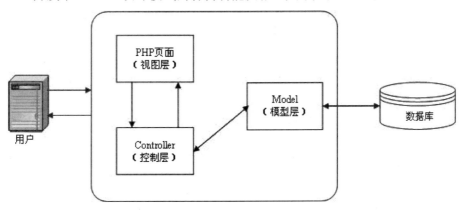

图 20.1　MVC 关系图

☑ 模型层（Model）

模型层是应用程序的核心部分，它可以是一个实体对象或一种业务逻辑，它之所以称为模型，是因为它在应用程序中有更好的重用性和扩展性。

☑ 视图层（View）

视图层提供应用程序与用户之间的交互界面，在 MVC 理论之中，这一层并不包含任何的业务逻辑，仅提供一种与用户交互的视图。

☑ 控制层（Controller）

控制层用于对程序中的请求进行控制，作用就像国家的宏观调控，它可以选择调用哪些视图或者调用哪些模型。

2. 什么是 CURD

CURD 是数据库操作的缩写词，也是几种数据库操作技术的缩写，C 代表创建（Create），U 代表更新（Update），R 代表读取（Read），D 代表删除（Delete）。CURD 定义了用于处理数据的基本操作。之所以将 CURD 提升到一个技术难题的高度，是因为完成一个涉及在多个数据库系统中进行 CURD 操作的汇总相关的活动，其性能可能会随数据关系的变化而有非常大的差异。

CURD 在具体的应用中并非一定使用 create、update、read 和 delete 字样的方法，但是它们完成的功能是一致的。例如，ThinkPHP 就是使用 add、save、select 和 delete 方法表示模型的 CURD 操作。

3. 什么是单一入口

单一入口通常是指一个项目或者应用具有一个统一（但并不一定是唯一）的入口文件，也就是说项目的所有功能操作都是通过这个入口文件进行的，并且往往入口文件是第一步被执行的。

单一入口的好处是项目整体比较规范，因为同一个入口，往往其不同操作之间具有相同的规则。另外一个方面就是单一入口控制较为灵活，因为拦截方便，类似如一些权限控制、用户登录方面的判断和操作可以统一处理。

20.2　ThinkPHP 架构

🎬 视频讲解：光盘\TM\lx\20\ThinkPHP 架构.exe

ThinkPHP 遵循简洁实用的设计原则，兼顾开发速度和执行速度的同时，也注重易用性。本节内容将对 ThinkPHP 框架的整体思想和架构体系进行详细说明。

20.2.1　ThinkPHP 的目录结构

ThinkPHP 框架中的目录分为两部分：系统目录和项目目录。系统目录是下载的 ThinkPHP 框架类库本身的，如表 20.1 所示。

表 20.1　系统目录

目　录　名　称	主　要　作　用
Common	包含框架的一些公共文件、系统定义和惯例配置等
Lang	目录语言文件夹，目前 ThinkPHP 支持的语言包有简体中文、繁体中文和英文
Lib	系统的基类库目录
Tpl	系统的模板目录
Mode	框架模式扩展目录
Vendor	第三方类库目录

项目目录是用户实际应用的目录，如表 20.2 所示（ThinkPHP 采用自动创建文件夹的机制，当用户布置好 ThinkPHP 的核心类库后，编写运行入口文件，则相关应用到的项目目录就会自动生成）。

表 20.2　项目目录

目　录　名　称	主　要　作　用
index.php	项目入口文件
Common	项目公共目录，放置项目公共函数
Lang	项目语言包目录（可选）
Conf	项目配置目录，放置配置文件
Lib	项目基目录，通常包括 Action 和 Model 目录
Tpl	项目模板目录
Runtime	项目运行时目录，包括 Cache、Temp、Data 和 Log

20.2.2　自动生成目录

下面通过一个实例，讲解在 ThinkPHP 框架中如何自动生成项目目录。

【例 20.1】　创建名称为 1 的项目，自动生成项目目录。（实例位置：光盘\TM\sl\20\1）

操作步骤如下：

（1）在网站根目录下创建文件夹，并命名为 1。

（2）将 ThinkPHP 核心类库存储于 1 目录下。

（3）编写入口文件 index.php，将其存储于 1 目录下。index.php 文件代码如下：

```php
<?php
    define('THINK_PATH', './ThinkPHP/');          //定义 ThinkPHP 框架路径（相对于入口文件）
    define('APP_NAME', '1');                        //定义项目名称
    define('APP_PATH', './');                       //定义项目路径
    require(THINK_PATH."/ThinkPHP.php");            //加载框架入口文件
?>
```

在运行此文件之前，查看 1 项目的文件夹架构，如图 20.2 所示。

在 IE 浏览器中运行此项目，将输出如图 20.3 所示的运行结果，此为 ThinkPHP 提供的测试内容。此时再次查看项目文件夹，如图 20.4 所示，在项目根目录下自动生成项目目录。

图 20.2　项目文件夹架构　　　　　　　　　　　图 20.3　已连接到 ThinkPHP 框架

图 20.4　自动生成的项目目录

20.2.3　项目目录部署方案

在实际开发过程中，目录结构往往由于项目的复杂而变得复杂。下面推荐两套标准的目录部署方案：方案一如图 20.5 所示；方案二采用分组模块，如图 20.6 所示。

图 20.5　项目部署方案一

图 20.6　项目部署方案二

这样部署的好处是系统目录和项目目录可以存储于非 Web 访问目录下面，网站目录下面只需放置 Public 公共目录和 index.php 入口文件（如果是多个项目，每个项目的入口文件都需要放到 Web 目录下面），从而提高网站的安全性。

20.2.4　命名规范

ThinkPHP 框架有其自身的一定规范，要应用 ThinkPHP 框架开发项目，那么就要尽量遵守它的规范。下面介绍一下 ThinkPHP 的命名规范。

- ☑ 类文件都是以.class.php 为后缀（这里指的是 ThinkPHP 内部使用的类库文件，不代表外部加载的类库文件），使用驼峰法命名，并且首字母大写，例如 DbMysql.class.php。
- ☑ 函数、配置文件等其他类库文件之外的一般是以.php 为后缀（第三方引入的不做要求）。
- ☑ 确保文件的命名和调用大小写一致，是由于在类 UNIX 系统上面，对大小写是敏感的（而 ThinkPHP 在调试模式下，即使在 Windows 平台也会严格检查大小写）。
- ☑ 类名和文件名一致（包括上面说的大小写一致），例如 UserAction 类的文件命名是 UserAction.class.php，InfoModel 类的文件名是 InfoModel.class.php。
- ☑ 函数的命名使用小写字母和下划线的方式，例如 get_client_ip。
- ☑ Action 控制器类以 Action 为后缀，例如 UserAction、InfoAction。
- ☑ 模型类以 Model 为后缀，例如 UserModel、InfoModel。
- ☑ 方法的命名使用驼峰法，并且首字母小写，例如 getUserName。
- ☑ 属性的命名使用驼峰法，并且首字母小写，例如 tableName。
- ☑ 以双下划线"__"打头的函数或方法作为魔法方法，例如__call 和__autoload。
- ☑ 常量以大写字母和下划线命名，例如 HAS_ONE 和 MANY_TO_MANY。
- ☑ 配置参数以大写字母和下划线命名，例如 HTML_CACHE_ON。
- ☑ 语言变量以大写字母和下划线命名，例如 MY_LANG；以下划线开头的语言变量通常用于系统语言变量，例如 _CLASS_NOT_EXIST_。
- ☑ 数据表和字段采用小写加下划线方式命名，例如 think_user 和 user_name。

> **说明**
> 在 ThinkPHP 中，有一个函数命名的特例，就是单字母大写函数，这类函数通常是某些操作的快捷定义，或者有特殊的作用，例如 ADSL 方法等，它们有着特殊的含义。另外，ThinkPHP 默认使用 UTF-8 编码，所以请确保程序文件采用 UTF-8 编码格式保存，并且去掉 BOM 信息头（去掉 BOM 信息头有很多方式，不同的编辑器都有设置方法，也可以用工具进行统一检测和处理）。

20.2.5　项目构建流程

ThinkPHP 具有项目目录自动创建功能，因此构建项目应用程序非常简单，您只需定义好项目的入口文件，在第一次访问入口文件时，系统会自动根据在入口文件中所定义的目录路径，迅速创建好项目的相关目录结构。在完成项目目录结构的创建后，看接下来都需要进行哪些工作。ThinkPHP 创建项目的基本流程，如图 20.7 所示。

【例 20.2】 根据上述讲解的流程，创建一个名称为 2 的项目，读取 db_database20 数据库中的数据。（实例位置：光盘\TM\sl\20\2）

操作步骤如下：

（1）创建 db_database20 数据库，创建 think_user 数据表。数据表结构如图 20.8 所示。

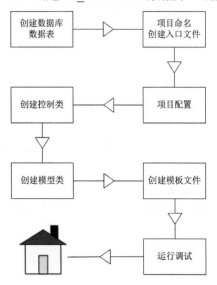

图 20.7 ThinkPHP 项目构建流程

字段	类型	整理	属性	空	默认	额外
id	int(10)			否	无	auto_increment
user	varchar(80)	utf8_unicode_ci		否	无	
pass	varchar(80)	utf8_unicode_ci		否	无	
address	varchar(80)	utf8_unicode_ci		否	无	

服务器: localhost ▶ 数据库: db_database 20▶ 表: think_user

图 20.8 数据表结构

（2）载入 ThinkPHP 系统文件，编辑入口文件 index.php，创建名称为 2 的项目。index.php 文件的代码如下：

```php
<?php
    define('THINK_PATH', '../ThinkPHP/');          //定义 ThinkPHP 框架路径
    define('APP_NAME', '2');                       //定义项目名称和路径
    define('APP_PATH', './');                      //定义项目名称和路径
    require(THINK_PATH."/ThinkPHP.php");           //加载框架入口文件
?>
```

（3）自动生成的项目目录中已经创建了一个空的项目配置文件，位于项目的 Conf 目录下面，名称是 config.php。重新编辑此文件，完成数据库的配置。config.php 文件的代码如下：

```php
<?php
    return array(
        'APP_DEBUG' => true,                    //开启调试模式
        'DB_TYPE'=> 'mysql',                    //数据库类型
        'DB_HOST'=> 'localhost',               //数据库服务器地址
        'DB_NAME'=>'db_database20',             //数据库名称
        'DB_USER'=>'root',                      //数据库用户名
        'DB_PWD'=>'111',                        //数据库密码
        'DB_PORT'=>'3306',                      //数据库端口
        'DB_PREFIX'=>'think_',                  //数据表前缀
    );
?>
```

（4）在项目的 Lib\Action 目录下，定位到自动生成的 IndexAction.class.php 文件，这是 ThinkPHP 的控制器，即 Index 模块。重新编辑控制器的 index 方法，查询指定数据表中的数据，并且完成数据的循环输出。其代码如下：

```php
<?php
  class IndexAction extends Action{
    public function index() {
        $db = new Model('user');            //实例化模型类，参数数据表名称，不包含前缀
        $select = $db->select();            //查询数据
        $this->assign('select',$select);    //模板变量赋值
        $this->display();                   //输出模板

    }
  }
?>
```

（5）在项目的 Tpl 目录下创建 Index 目录，存储 Index 模块的模板文件 index.html。完成数据库中数据的循环输出，其代码如下：

```html
<!--循环输出查询结果数据集-->
<volist name='select' id='user' >
 ID:{$user.id}<br/>
 用户名： {$user.user}<br/>
 地址： {$user.address}<hr>
</volist>
```

（6）在 IE 浏览器中输入 http://localhost/TM/sl/20/2/index.php，其运行结果如图 20.9 所示。

图 20.9　读取的数据

20.3　ThinkPHP 的配置

📀 视频讲解：光盘\TM\lx\20\ThinkPHP 的配置.exe

配置文件是 ThinkPHP 框架程序得以运行的基础条件，框架的很多功能都需要在配置文件中配置之后才可以生效，包括 URL 路由功能、页面伪静态和静态化等。ThinkPHP 提供了灵活的全局配置功能，采用最有效率的 PHP 返回数组方式定义，支持惯例配置、项目配置、调试配置和模块配置，并且会自

动生成配置缓存文件，无须重复解析。

ThinkPHP 在项目配置上创造了自己独有的分层配置模式，其配置层次如图 20.10 所示。

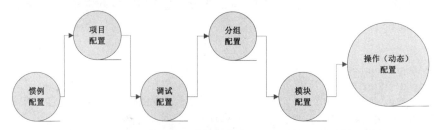

图 20.10　分层配置模式的顺序

以上是配置文件的加载顺序，但是因为后面的配置会覆盖之前的配置（在没有生效的前提下），所以优先顺序从右到左。系统的配置参数是通过静态变量全局存取的，存取方式非常简单高效。

20.3.1　配置格式

ThinkPHP 框架中所有配置文件的定义格式均采用返回 PHP 数组的方式，格式为：

```php
<?php
  return array(
      'APP_DEBUG' => true,
      'URL_MODEL' => 2,
      …//更多的配置参数
  );
?>
```

📖 **说明**

> 配置参数不区分大小写（因为无论使用大小写定义，都会转换成小写），但是习惯上保持大写定义的原则。另外，还可以在配置文件中使用二维数组来配置更多的信息。例如：
>
> ```php
> <?php
>   return array(
>       'APP_DEBUG' => true,
>       'USER_CONFIG' => array(
>               'USER_AUTH' => true,
>               'USER_TYPE' => 2,
>       ),
>   );
> ?>
> ```

系统目前最多支持二维数组的配置级别，每个项目配置文件除了定义 ThinkPHP 所需要的配置参数之外，开发人员可以在里面添加项目需要的一些配置参数，用于自己的应用。项目配置文件默认存储于项目的 Conf 目录。例如，在例 20.2 中，连接数据库的配置文件存储于项目的 2\Conf\config.php 文件中。

368

技巧

> 项目配置指的是项目的全局配置，因为一个项目除了可以定义项目配置文件之外，还可以定义模块配置文件用于针对某个特定的模块进行特殊的配置。它们的定义格式都是一致的，区别只是配置文件命名的不同。系统会自动在不同的阶段读取配置文件。
>
> 这里使用.html 作为模板文件的后缀，因为 HTML 网页在互联网中更容易被搜索引擎搜索到。

20.3.2　调试配置

如果启用调试模式，那么会导入框架默认的调试配置文件。默认的调试配置文件位于 Think\Common\debug.php，如果没有检测到项目的调试配置文件，就会直接使用默认的调试配置参数。如果项目定义自身的调试配置文件，则会和默认的调试配置文件合并，也就是说，项目配置文件也只需要配置和默认调试配置不同的参数或者新增的参数。

调试配置文件也位于项目配置目录下，文件名是 debug.php。通常情况下，调试配置文件中可以进行一些开发模式所需要的配置。例如，配置额外的数据库连接用于调试，开启日志写入便于查找错误信息，开启页面 Trace 输出更多的调试信息等。系统默认的调试配置文件中设置如下内容：

- ☑ 开启日志记录
- ☑ 关闭模板缓存
- ☑ 记录 SQL 日志
- ☑ 关闭字段缓存
- ☑ 开启运行时间详细显示（包括内存、缓存情况）
- ☑ 开启页面 Trace 信息显示
- ☑ 严格检查文件大小写（即使是 Windows 平台）

20.4　ThinkPHP 的控制器

📀 视频讲解：光盘\TM\lx\20\ThinkPHP 的控制器.exe

20.4.1　控制器

ThinkPHP 的控制器就是模块类，通常位于项目的 Lib\Action 目录下。类名就是模块名加上 Action 后缀，例如，IndexAction 类表示 Index 模块。控制器类必须继承系统的 Action 基础类，这样才能确保使用 Action 类内置的方法。

而 index 操作其实就是 IndexAction 类的一个公共方法，所以在浏览器中输入 http://localhost/myApp/index.php/Index/index/，其实就是执行 IndexAction 类的 index（公共）方法。

【例 20.3】 对自动生成的项目目录中的控制器进行修改，使其输出自己编译的内容。（**实例位置：光盘\TM\sl\20\3**）

操作步骤如下：

（1）创建名称为 3 的项目，将 ThinkPHP 核心类库存储于 3 目录下。

（2）编写入口文件 index.php，将其存储于 3 目录下。index.php 文件代码如下：

```php
<?php
    define('THINK_PATH', '../ThinkPHP/');        //定义 ThinkPHP 框架路径（相对于入口文件）
    define('APP_NAME', '3');                     //定义项目名称
    define('APP_PATH', './');                    //定义项目路径
    require(THINK_PATH."/ThinkPHP.php");         //加载框架入口文件
?>
```

（3）运行 index.php 文件，在 3 目录下自动生成项目目录，其运行结果如图 20.11 所示。

图 20.11　自动创建项目目录

（4）在默认生成的项目目录中，控制器 IndexAction 中输出的是 ThinkPHP 设置的内容，此处对这个内容进行修改，输出"明日科技欢迎您！"。IndexAction.class.php 文件修改后的代码如下：

```php
<?php
    class IndexAction extends Action{
        public function index(){
            header("Content-Type:text/html; charset=utf-8");          //设置编码格式
            echo "<div style='font-weight:normal;color:blue;float:left;width:345px;text-align:center;border:1px solid
            silver;background:#E8EFFF;padding:8px;font-size:14px;font-family:Tahoma'>^_^ <span
            style='font-weight:bold;color:red'>明日科技欢迎您！</span></div>";
                //输出内容
        }
    }
?>
```

在对控制器的内容进行修改后，重新运行项目，在 IE 浏览器中输入 http://localhost/TM/sl/20/3/index.php，将输出如图 20.12 所示的效果。

图 20.12　输出控制器中的内容

说明

　　每个模块的操作并非一定要定义操作方法，如果只是希望输出一个模板，既没有变量，也没有任何的业务逻辑，那么只要按照规则定义好操作对应的模板文件即可，而不需要定义操作方法。例如，在 IndexAction 中如果没有定义 help 方法，但是存在对应的 Index/help.html 模板文件，那么 http://localhost/TM/sl/20/index.php/Index/help/依然可以正常运行，因为系统找不到 IndexAction 类的 help 方法，会自动定位到 Index 模块的模板目录中查找 help.html 模板文件，然后直接输出。

20.4.2　跨模块调用

　　在开发过程中经常会在当前模块调用其他模块的方法，这个时候就涉及跨模块调用。下面通过 A 和 R 两个快捷方法完成跨模块调用。

　　A 方法表示实例化某个模块，例如在当前模块调用 User 模块的 insert 操作方法，关键代码如下：

```
$User = A("User");                 //实例化 UserAction 控制器对象
$User->insert();                   //调用 User 模块的 insert 操作方法
```

　　这里的 A("User")是一个快捷方法，与下面的代码等效：

```
$User = new UserAction();
$User->insert();
```

　　事实上，在这个例子里面还有比 A 方法更简单的调用方法，这就是 R 方法，R 方法表示调用一个模块的某个操作方法，例如：

```
R("User/insert");                  //调用当前项目 User 模块的 insert 操作方法
```

　　上面只是在当前项目中调用，如果需要在多个项目之间调用方法，一样可以完成。例如调用 Admin 项目下的 UserAction 控制器的 insert 操作方法，关键代码如下：

```
$User = A("Admin://User");         //实例化 Admin 项目的 UserAction 控制器对象
$User->insert();                   //调用 Admin 项目 UserAction 控制器的 insert 操作方法
```

　　如果使用 R 方法，则上面的代码可以简化为：

```
R("Admin://User/insert");          //调用 Admin 项目 UserAction 控制器的 insert 操作方法
```

　　【例 20.4】　应用跨模块调用的方法，在前台控制器中调用后台项目中的 insert 方法完成用户信息的添加操作。（实例位置：光盘\TM\sl\20\4）

　　操作步骤如下：

　　（1）创建 4 项目根目录，在根目录下分别创建前台项目文件夹 Home、后台项目文件夹 Admin 和 Public 文件夹存储 CSS、图片和 JS 脚本等文件。

　　（2）在 4 项目根目录下，编辑 index.php 前台入口文件和 admin.php 后台入口文件。其关键代码如下：

```
//index.php 前台入口文件
```

```php
<?php
  define('THINK_PATH', '../ThinkPHP/');           //定义 ThinkPHP 框架路径（相对于入口文件）
  define('APP_NAME', 'Home');                     //定义项目名称
  define('APP_PATH', './Home/');                  //定义项目路径
  require(THINK_PATH."/ThinkPHP.php");            //加载框架入口文件
?>
//admin.php 后台入口文件
<?php
  define('THINK_PATH', '../ThinkPHP/');           //定义 ThinkPHP 框架路径(相对于入口文件)
  define('APP_NAME', 'Admin');                    //定义项目名称
  define('APP_PATH', './Admin/');                 //定义项目路径
  require(THINK_PATH."/ThinkPHP.php");            //加载框架入口文件
?>
```

（3）在 IE 浏览器中运行前台和后台的入口文件，自动生成项目目录。

（4）定位到 Admin\Conf 目录下，编辑 config.php 文件，完成后台项目中数据库的配置。其代码如下：

```php
<?php
  return array(
    'APP_DEBUG' => false,          //关闭调试模式
    'DB_TYPE'=> 'mysql',           //数据库类型
    'DB_HOST'=> 'localhost',       //数据库服务器地址
    'DB_NAME'=>'db_database20',    //数据库名称
    'DB_USER'=>'root',             //数据库用户名
    'DB_PWD'=>'111',               //数据库密码
    'DB_PORT'=>'3306',             //数据库端口
    'DB_PREFIX'=>'think_',         //数据表前缀
  );
?>
```

（5）定位到 Admin\Lib\Action 目录下，编写后台项目的控制器。首先创建 Index 模块，继承系统的 Action 基础类，定义 index 方法读取指定数据表中的数据，并且将查询结果赋给模板变量，最终指定模板页。IndexAction.class.php 的代码如下：

```php
<?php
  header("Content-Type:text/html; charset=utf-8");    //设置页面编码格式
  class IndexAction extends Action{
    public function index() {
      $db = new Model('user');           //实例化模型类，参数数据表名称，不包含前缀
      $select = $db->select();           //查询数据
      $this->assign('select',$select);   //模板变量赋值
      $this->display();                  //输出模板
    }
  }
?>
```

然后创建 User 模块，同样继承系统的 Action 基础类，定义 insert 方法，实例化模型类，将表单中提交的数据添加到指定的数据表中，添加成功后重定向到后台主页。UserAction.class.php 的代码如下：

```php
<?php
  header("Content-Type:text/html; charset=utf-8");        //设置页面编码格式
  class UserAction extends Action{                         //定义类，继承基础类
    public function insert() {                             //定义方法
        $ins = new Model('user');                          //实例化模型类，传递参数为没有前缀的数据表名称
        $ins->Create();                                    //创建数据对象
        $result = $ins->add();                             //写入数据库
        $this->redirect('Index/index','', 5,'页面跳转中');  //页面重定向
    }
  }
?>
```

（6）定位到 Admin\Tpl 目录下，首先创建 Index 模块文件夹，编辑 index 操作的模板文件 index.html，循环输出模板变量传递的数据。index.html 模板文件的关键代码如下：

```html
<volist name='select' id='user' >
  <tr class="content">
    <td bgcolor="#FFFFFF"> {$user.id}</td>
    <td bgcolor="#FFFFFF"> {$user.user}</td>
    <td bgcolor="#FFFFFF"> {$user.address}</td>
  </tr>
</volist>
```

然后创建 User 模块文件夹，编辑 insert 操作的模板文件 index.html，创建添加用户信息的表单。其关键代码如下：

```html
<form method="post"   action="__URL__/insert" >
  <table width="265" border="0" cellspacing="0" cellpadding="0">
        <tr>
          <td class="title" id="td">用户名：</td>
          <td><input name="user" type="text" size="15" /></td>
        </tr>
        <tr>
          <td class="title" id="td">密码：</td>
          <td><input name="pass" type="password" size="15" /></td>
        </tr>
        <tr>
          <td class="title" id="td">地址：</td>
          <td><input name="address" type="text" size="20" /></td>
        </tr>
    </table>
  <input type="image" name="imageField" id="imageField" src="__ROOT__/Public/images/66_05.gif" />
</form>
```

（7）定位到 Home\Conf 目录，编辑前台项目的数据库配置文件 config.php。

（8）定位到 Home\Lib\Action 目录，创建前台项目控制器 Index。定义 index 方法查询数据库中的用户信息，并且将查询结果赋给模板变量；定义 insert 方法，通过 R 快捷方式调用 Admin 项目 UserAction 控制器的 insert 操作方法完成数据的添加操作。IndexAction.class.php 的代码如下：

```php
<?php
    header("Content-Type:text/html; charset=utf-8");      //设置页面编码格式
    class IndexAction extends Action{
        public function index() {
            $db = new Model('user');                      //实例化模型类,参数数据表名称，不包含前缀
            $select = $db->select();                      //查询数据
            $this->assign('select',$select);              //模板变量赋值
            $this->display();                             //输出模板
        }
        public function insert() {
            R("Admin://User/insert");                     //远程调用 Admin 项目 UserAction 控制器的 insert 操作方法
        }
    }
?>
```

（9）定位到 Home\Tpl 目录下，创建 Index 模块文件夹，编辑 index 操作的模板文件 index.html。在 index.html 模板文件中，创建表单提交用户注册信息，循环输出模板变量传递的数据。

（10）在 IE 浏览器中输入 http://localhost/TM/sl/20/4/index.php，其运行结果如图 20.13 所示。

图 20.13　跨模块调用完成用户注册

技巧

Action 类的 redirect 方法可以实现页面的重定向功能。redirect 方法的定义规则如下（方括号内参数根据实际应用决定）：

redirect ('[项目://][路由@][分组名-模块/]操作? 参数 1=值 1[&参数 N=值 N]')

或者用数组的方式传入参数：

redirect ('[项目://][路由@][分组名-模块/]操作',array('参数 1'=>'值 1' [,'参数 N'=>'值 N']))

如果不定义项目和模块，就表示当前项目和模块名称。例如：

$this->redirect('Index/index','', 5,'页面跳转中');   //页面重定向

停留 5 秒后跳转到 Index 模块的 index 操作，并且显示页面跳转中字样，重定向后会改变当前的 URL 地址。

20.5　ThinkPHP 的模型

 视频讲解：光盘\TM\lx\20\ThinkPHP 的模型.exe

顾名思义，模型就是按照某一个形状进行操作的代名词。模型的主要作用是，封装数据库的相关逻辑。也就是说，每执行一次数据库操作，都要遵循定义的数据模型规则来完成。

20.5.1　模型的命名

在定义模型时，ThinkPHP 要求数据库的表名和模型类的命名遵循一定的规范，首先数据库的表名和字段全部采用小写形式，模型类的命名规则是除去表前缀的数据表名称，并且首字母大写，然后加上模型类的后缀定义。

例如，UserModel 表示 User 数据对象，假设数据库的前缀定义是 think_，则其对应的数据表应该是 think_user；UserTypeModel 对应的数据表是 think_user_type。

如果你的规则和系统的约定不符合，那么需要设置 Model 类的 tableName 属性。在 ThinkPHP 的模型里面，有两个数据表名称的定义：

☑　tableName

不包含表前后缀的数据表名称，一般情况下默认和模型名称相同，只有当表名和当前模型类的名称不同时才需要定义。例如，在数据库里面有一个 think_categories 表，而定义的模型类名称是 CategoryModel，按照系统的约定，这个模型的名称是 Category，对应的数据表名称应该是 think_category（全部小写），但是现在的数据表名称是 think_categories，因此就需要设置 tableName 属性来改变默认的规则（假设已经在配置文件里面定义了 DB_PREFIX 为 think_）。

```
protected $tableName = 'categories';
```

注意

这个属性的定义不需要加表的前缀think_。

☑　trueTableName

包含前后缀的数据表名称，也就是数据库中的实际表名，该名称无须设置，只有当上面的规则都不适用的情况或者特殊情况下才需要设置。例如，数据库中有一个表（top_depts）的前缀和其他表前缀不同，不是 think_ 而是 top_，这个时候需要定义 trueTableName 属性。

```
protected $trueTableName = 'top_depts';
```

注意

trueTableName需要完整的表名定义。

除了数据表的定义外，还可以对数据库进行定义：

dbName 定义模型当前对应的数据库名称，只有当前的模型类对应的数据库名称和配置文件不同时才需要定义，例如：

```
protected $dbName = 'top';
```

20.5.2　实例化模型

在 ThinkPHP 中，无须进行任何模型定义（只有在需要封装单独的业务逻辑的时候，模型类才是必须被定义的），可以直接进行模型的实例化操作。根据不同的模型定义，实例化模型的方法也有所不同，下面来分析一下什么情况下使用什么方法。

1．实例化基础模型（Model）类

在没有定义任何模型的时候，可以使用下面的方法实例化一个模型类来进行操作：

```
$User = new Model('User');
$User->select();          //进行其他的数据操作
```

或者使用 M 快捷方法进行实例化，其效果是相同的。

```
$User = M('User');
$User->select();          //进行其他的数据操作
```

这种方法最简单高效，因为不需要定义任何的模型类，所以支持跨项目调用。缺点也是因为没有自定义的模型类，因此无法写入相关的业务逻辑，只能完成基本的 CURD 操作。在例 20.2 和例 20.4 中采用的都是实例化基础模型类，对数据库中数据进行读取、添加操作。

2．实例化其他模型类

第一种方式实例化因为没有模型类的定义，因此很难封装一些额外的逻辑方法，不过大多数情况下，也许只是需要扩展一些通用的逻辑，那么就可以尝试下面一种方法。

M 方法默认是实例化 Model 类，如果需要实例化其他模型类，可以使用：

```
$User = new CommonModel('User','think_','db_config');
```

由上面的代码可见，模型类的实例化方法有三个参数，第一个参数是模型名称，第二个参数用于设置数据表的前缀（留空则取当前项目配置的表前缀），第三个参数用于设置当前使用的数据库连接信息（留空则取当前项目配置的数据库连接信息）。

第三个连接信息参数可以使用 DSN 配置或者数组配置，甚至可以支持配置参数。用 M 方法实现的话，上面的方法可以写成：

```
$User = M('CommonModel:User','think_','db_config');
```

M 方法默认是实例化 Model 类，第二个参数用于指定表前缀，第三个参数就可以指定其他的数据库连接信息。

因为系统的模型类都能够自动加载，因此不需要在实例化之前手动进行类库导入操作。模型类 commonModel 必须继承 Model，如果没有定义别名导入，需要放在项目 Model 下。可以在 CommonModel 类里面定义一些通用的逻辑方法，就可以省去为每个数据表定义具体的模型类，如果项目的数据表超过 100 个，而且大多数都是执行基本的 CURD 操作，只是个别模型有一些复杂的业务逻辑需要封装，那么第一种方式和第二种方式的结合是一个不错的选择。

3. 实例化用户定义的模型（×××Model）类

这种情况是使用得最多的，一个项目不可避免地需要定义自身的业务逻辑实现，就需要针对每个数据表定义一个模型类，例如 UserModel、InfoModel 等。

定义的模型类通常都是放到项目的 Lib\Model 目录下。例如：

```
class UserModel extends Model{
    Public function myfun(){
          //添加自己的业务逻辑
          …
    }
}
```

其实，模型类还可以继承一个用户自定义的公共模型类，而不是只能继承 Model 类。要实例化自定义模型类，可以使用下面的方式：

```
$User = new UserModel();
$User->select();                          //进行其他的数据操作
```

还可以使用 D 快捷方法进行实例化，其效果是相同的。

```
$User = D('User');
$User->select();                          //进行其他的数据操作
```

D 方法可以自动检测模型类，不存在时系统会抛出异常，同时对于已实例化过的模型，不会重复去实例化。默认的 D 方法只能支持调用当前项目的模型，如果需要跨项目调用，需要使用：

```
$User = D('Admin://User');                //实例化 Admin 项目下面的 User 模型
$User->select();
```

如果启用模块分组功能，还可以使用：

```
$User = D('Admin/User');                  //实例化 Admin 分组的 User 模型
```

4. 实例化空模型类

如果仅仅是使用原生 SQL 查询，不需要使用额外的模型类，实例化一个空模型类即可进行操作，例如：

```
$Model = new Model();
// 或者使用 M 快捷方法实例化是等效的
// $Model = M();
$Model->query('SELECT * FROM think_user where status=1');
```

空模型类也支持跨项目调用。

【例 20.5】 通过 M 方法实例化 Model 类，完成数据库中用户信息和类别信息的输出。（**实例位置：光盘\TM\sl\20\5**）

关键操作步骤如下：

（1）创建 5 项目根目录，在根目录下创建项目文件夹 App 和 Public 文件夹存储 CSS、图片和 JS 脚本等文件。

（2）在 5 项目根目录下编辑 index.php 入口文件。其关键代码如下：

```php
<?php
  define('THINK_PATH', '../ThinkPHP/');              //定义 ThinkPHP 框架路径(相对于入口文件)
  define('APP_NAME', '5');                            //定义项目名称
  define('APP_PATH', './App/');                       //定义项目路径
  require(THINK_PATH."/ThinkPHP.php");                //加载框架入口文件
?>
```

（3）在 IE 浏览器中运行入口文件，自动生成项目目录。

（4）定位到 App\Conf 目录下，编辑 config.php 文件，完成项目中数据库的配置。其代码如下：

```php
<?php
  return array(
      'APP_DEBUG' => false,                 //关闭调试模式
      'DB_TYPE'=> 'mysql',                  //数据库类型
      'DB_HOST'=> 'localhost',             //数据库服务器地址
      'DB_NAME'=>'db_database20',          //数据库名称
      'DB_USER'=>'root',                   //数据库用户名
      'DB_PWD'=>'111',                     //数据库密码
      'DB_PORT'=>'3306',                   //数据库端口
      'DB_PREFIX'=>'think_',               //数据表前缀
  );
?>
```

（5）定位到 App\Lib\Action 目录下，编写项目的控制器。创建 Index 模块，继承系统的 Action 基础类，定义 index 方法，通过 M 方法实例化模型类，读取 think_user 数据表中的数据，并且将查询结果赋给模板变量，指定模板页；定义 type 方法，通过 M 方法实例化模型类，读取类型数据表 think_type 中的数据，同样将查询结果赋给模板变量，指定模板页。IndexAction.class.php 的代码如下：

```php
<?php
  header("Content-Type:text/html; charset=utf-8");       //设置页面编码格式
  class IndexAction extends Action{
      public function index(){
          $db = M('User');                               //实例化模型类，参数数据表名称，不包含前缀
          $select = $db->select();                       //查询数据
          $this->assign('select',$select);              //模板变量赋值
          $this->display();                              //指定模板页
      }
      public function type(){
          $dba = M('Type');                              //实例化模型类，参数数据表名称，不包含前缀
```

```
    $select = $dba->select();                          //查询数据
    $this->assign('select',$select);                   //模板变量赋值
    $this->display('type');                            //指定模板页
    }
  }
?>
```

（6）定位到 App\Tpl 目录下，创建 Index 模块文件夹。首先，编辑 index 操作的模板文件 index.html，循环输出模板变量传递的数据。其关键代码如下：

```
<volist name='select' id='user' >
  <tr class="content">
    <td bgcolor="#FFFFFF"> {$user.id}</td>
    <td bgcolor="#FFFFFF"> {$user.user}</td>
    <td bgcolor="#FFFFFF"> {$user.address}</td>
  </tr>
</volist>
```

然后编辑 type.html 模板文件，循环输出类型数据表中的数据。其关键代码如下：

```
<volist name='select' id='type' >
  <tr class="content">
    <td bgcolor="#FFFFFF"> {$type.id}</td>
    <td bgcolor="#FFFFFF"> {$type.typename}</td>
    <td bgcolor="#FFFFFF"> {$type.dates}</td>
  </tr>
</volist>
```

（7）在 IE 浏览器中输入 http://localhost/TM/sl/20/5/index.php，其运行结果如图 20.14 所示。在 IE 浏览器中输入 http://localhost/TM/sl/20/5/index.php/index/type，其运行结果如图 20.15 所示。

用户信息		
ID	名称	地址
1	mr	长春市
2	mrsoft	四平市
3	Tsoft	长春市

图 20.14　输出用户信息

类别输出		
ID	类别名称	添加时间
1	PHP	2011-05-16
2	JAVA	2011-05-16
3	C#	2011-05-16
4	C++	2011-05-16

图 20.15　输出类别信息

说明

在 Model 类里面根本没有定义任何 User 表、Type 表的字段信息，但是系统是如何做到属性对应数据表的字段呢？这是因为 ThinkPHP 可以在运行时自动获取数据表的字段信息（确切地说，是在第一次运行的时候，将其存储于缓存文件，以后会永久缓存字段信息，除非设置不缓存或者删除），包括数据表的主键字段和是否自动增长等，如果需要显式获取当前数据表的字段信息，可以使用模型类的 getDbFields 方法来获取。如果在开发过程中修改了数据表的字段信息，需要清空 Data/_fields 目录下的缓存文件，让系统重新获取更新的数据表字段信息。

20.5.3　属性访问

ThinkPHP 利用 PHP 5 的魔术方法机制来实现属性的直接访问。这也是最常用的访问方式，通过数据对象访问，例如：

```php
<?php
  $User = new Model('User');
  $User->find(1);
  echo $User->name;           //获取 name 属性的值
  $User->name = 'ThinkPHP';   //设置 name 属性的值
?>
```

还有一种属性的操作方式是通过返回数组的方式，例如：

```php
<?php
  $Type = D('Type');          //注意这里返回的 type 数据是一个数组
  $type = $Type->find(1);
  echo $type['name'];         //获取 type 属性的值
  $type['name'] = 'ThinkPHP'; //设置 type 属性的值
?>
```

20.5.4　连接数据库

ThinkPHP 内置抽象数据库访问层，把不同的数据库操作封装起来，只需使用公共的 Db 类进行操作，而无须针对不同的数据库写不同的操作代码，Db 类会自动调用相应的数据库适配器来处理。目前的数据库包括 MySQL、MSSQL、PgSQL、SQLite、Oracle、Ibase 以及 PDO 的支持，如果应用需要使用数据库，必须配置数据库连接信息，数据库的配置文件有多种定义方式。

1．在项目配置文件里面定义

在前面的实例中已经见识过了。其代码如下：

```php
<?php
  return array(
    'APP_DEBUG' => false,           //关闭调试模式
    'DB_TYPE'=> 'mysql',            //数据库类型
    'DB_HOST'=> 'localhost',        //数据库服务器地址
    'DB_NAME'=>'db_database20',     //数据库名称
    'DB_USER'=>'root',              //数据库用户名
    'DB_PWD'=>'111',                //数据库密码
    'DB_PORT'=>'3306',              //数据库端口
    'DB_PREFIX'=>'think_',          //数据表前缀
  );
?>
```

系统推荐使用这种方式，因为一般一个项目的数据库访问配置是相同的。使用该方法，系统在连接数据库的时候会自动获取，无须手动连接。

> **说明**
>
> 可以对每个项目定义不同的数据库连接信息，还可以在调试配置文件里面定义调试数据库的配置信息，如果在项目配置文件和调试模式配置文件里面同时定义了数据库连接信息，那么在调试模式下后者生效，部署模式下前者生效。

2. 使用 DSN 方式在初始化 Db 类的时候传参数

```
$db_dsn="mysql://root:111@127.0.0.1:3306/db_database20";        //定义 DSN
$db = new Db();                                                 //执行类的实例化
$conn=$db->getInstance($db_dsn);                                //连接数据库，返回数据库驱动类
```

该方式主要用于在控制器里面自己手动连接数据库的情况，或者用于创建多个数据库连接。

【例 20.6】 通过 DSN 方式完成与数据库的连接，并且输出数据库中的数据。（实例位置：光盘\TM\sl\20\6）

本例是例 20.5 的延伸，仍然输出数据库中用户和类别表中的数据，只是对其连接数据库的方法进行了修改。

关键操作步骤如下：

（1）删除 App\Conf 目录下的配置文件 config.php。

（2）在 App\Lib\Action\Index 目录下，修改控制器 Index。在 index 方法中，应用 DSN 方式完成与数据库的连接，并且查询 think_user 表中的数据。其关键代码如下：

```
public function index(){
    $db_dsn="mysql://root:111@127.0.0.1:3306/db_database20";        //定义 DSN
    $db = new Db();                                                 //执行类的实例化
    $conn=$db->getInstance($db_dsn);                                //连接数据库，返回数据库驱动类
    $select=$conn->query('select * from think_user');              //执行查询语句
    $this->assign('select',$select);                               //模板变量赋值
    $this->display();                                              //指定模板页
}
```

在 type 方法中，应用 DSN 方式完成数据库的连接操作，并且查询 think_type 表中的数据。其关键代码如下：

```
public function type(){
    $db_dsn="mysql://root:111@127.0.0.1:3306/db_database20";        //定义 DSN
    $db = new Db();
    $conn=$db->getInstance($db_dsn);                                //连接数据库，返回数据库驱动类
    $select=$conn->query('select * from think_type');              //执行查询语句
    $this->assign('select',$select);                               //模板变量赋值
    $this->display('type');                                        //指定模板页
}
```

上述是在例 20.5 中所做的修改，至于其他步骤与例 20.5 相同，这里不再赘述。其运行结果也与例 20.5 相同。

3. 在模型类里面定义参数，连接数据库

```
protected $connection = array(
    'dbms' => 'mysql',
    'username' => 'username',
    'password' => 'password',
    'hostname' => 'localhost',
    'hostport' => '3306',
    'database' => 'dbname'
);
//或者使用下面的方式定义
protected $connection = "mysql://username:password@localhost:3306/DbName";
```

如果在某个模型类里面定义了 connection 属性，则在实例化模型对象的时候，会使用该数据库连接信息进行数据库连接。通常用于某些数据表位于当前数据库连接之外的其他数据库。

说明

ThinkPHP 并不是在一开始就会连接数据库，而是在有数据查询操作的时候才会去连接数据库。额外的情况是，在系统第一次操作模型的时候，框架会自动连接数据库获取相关模型类的数据字段信息，并缓存下来。

4. 使用 PDO 方式连接数据库

这里在项目配置文件中应用 PDO 连接数据库，其定义的数组内容如下：

```
return array(
    'DB_TYPE'=> 'pdo',
    //注意 DSN 的配置针对不同的数据库有所区别
    'DB_DSN'=> 'mysql:host=localhost;dbname=db_database20',
    'DB_USER'=>'root',
    'DB_PWD'=>'111',
    'DB_PREFIX'=>'think_',
    …                        //其他项目配置参数
    'APP_DEBUG' => false,    //关闭调试模式
);
```

注意

在使用 PDO 方式的时候，要注意检查 PHP 环境是否开启相关的 PDO 模块。同时还要确保 ThinkPHP 核心包中包含 DbPdo.class.php 文件。另外，还要注意参数 DB_DSN 仅对 PDO 方式连接才有效。

【例 20.7】　在项目配置文件中，以 PDO 方式连接数据库，并且输出数据库中的数据。（**实例位置：光盘\TM\sl\20\7**）

在例 20.5 中，数据库的连接方法定义到配置文件 config.php 中，而应用 PDO 连接 MySQL 数据库仍然需要在配置文件中进行操作，那么只需对例 20.5 中的 config.php 文件进行修改，就完成了例 20.7，即应用 PDO 连接 MySQL 数据，并且输出查询结果。其修改后的 config.php 文件的代码如下：

```php
<?php
  return array(
    'DB_TYPE'=> 'pdo',
    //注意 DSN 的配置针对不同的数据库有所区别
    'DB_DSN'=> 'mysql:host=localhost;dbname=db_database20',
    'DB_USER'=>'root',
    'DB_PWD'=>'111',
    'DB_PREFIX'=>'think_',
    …                             //其他项目配置参数
    'APP_DEBUG' => false,         //关闭调试模式
  );
?>
```

本例的运行结果与例 20.5 相同，这里不再赘述。

20.5.5　创建数据

ThinkPHP 可以自动根据表单数据创建数据对象，这个优势在一个数据表的字段非常多的情况下尤其明显。例如，在 User 控制器中定义 insert 方法，首先实例化模型类，然后调用 Create 方法根据表单提交的 POST 数据创建数据对象，最后调用 add 方法把创建的数据对象写入数据库。其关键代码如下：

```php
class UserAction extends Action{                    //定义类，继承基础类
    public function insert() {                      //定义方法
        $ins = new Model('user');                   //实例化模型类，传递参数为没有前缀的数据表名称
        $ins->Create();                             //创建数据对象
        $result = $ins->add();                      //写入数据库
        $this->redirect('Index/index','', 5,'页面跳转中'); //页面重定向
    }
}
```

短短的 3 行代码（加粗部分），完成数据的添加操作，其具体应用可以参考例 20.4。

其中的 Create 方法还支持其他方式提交的数据对象。例如，以数组形式提交数据，从其他的数据对象中获取的数据等。其关键代码如下：

```php
//数组形式提交数据
$data['user'] = 'mrsoft';
$data['address'] = '长春市';
$User->Create($data);
//从 User 数据对象创建新的 Member 数据对象
$User = M("User");                                  //实例化 User 对象
```

```
$User->find(1);                              //读取数据
$Member = M("Member");                       //创建 Member 对象
$Member->Create($User);
```

Create 方法在创建数据对象的同时，还实现了一些非常有意义的功能，包括支持多种数据源、数据自动验证、字段类型检查和数据自动完成等。

Create 方法创建的数据对象被保存在内存中，并没有实际写入数据库中，直到使用 add 或者 save 方法，才真正将数据添加到数据库中。如果只是想简单创建一个数据对象，那么可以使用 data 方法。例如，实例化 User 模型，通过 data 和 add 方法将数据添加到数据库中，其关键代码如下：

```
$User = M('User');                  //实例化 User 模型
//创建数据后写入数据库中
$data['user'] = 'mrsoft';
$data['address'] = '长春市';
$User->data($data)->add();          //执行数据对象的创建
```

注意

> 使用 data 方法创建的数据对象不会进行自动验证和过滤操作，需要自行处理。但在进行 add 或者 save 操作的时候，数据表中不存在的字段以及非法的数据类型（例如对象、数组等非标量数据）是会自动过滤的，不用担心非数据表字段的写入导致 SQL 错误的问题。

20.5.6 连贯操作

ThinkPHP 模型基础类提供的连贯操作方法，可以有效地提高数据存取的代码的清晰度和开发效率。例如，查询一个 User 表的满足状态为 1 的前 5 条记录，并按照用户的 ID 排序，其关键代码如下：

```
$User->where('status=1')->order('id')->limit(5)->select();
```

在连贯操作中，select 方法必须放到最后一个，其他的连贯操作方法调用顺序没有先后。如果不习惯使用连贯操作，那么新版还支持直接使用参数进行查询的方式。例如，上面的代码可以改写为：

```
$User->select(array('order'=>'id', 'where'=>'status=1', 'limit'=>'5'));
```

如果使用数组参数方式，索引的名称就是连贯操作的方法名称。其实，不仅仅是查询方法可以使用连贯操作，包括 add、save、delete 等方法都可以使用，例如：

```
$User->where('id=1')->field('id,user,address')->find();
$User->where('status=1 and id=1')->delete();
```

下面对连贯操作的方法进行一下总结（更多的用法将在 CURD 操作的过程中详细描述），如表 20.3 所示。

表 20.3 连贯操作方法总结

方 法 名	描　　　述
where	用于查询或者更新条件的定义。参数支持字符串、数组和对象

续表

方 法 名	描　述
Table	定义要操作的数据表名称。可以动态改变当前操作的数据表名称，需要写数据表的全名，包含前缀，可以使用别名，例如：$Model->Table('think_user user')->where('status>1')->select(); Table 方法的参数支持字符串和数组，数组方式的用法如下： $Model->Table(array('think_user'=>'user','think_group'=>'group'))->where('status>1')->select(); 使用数组方式定义的优势是可以避免因为表名和关键字冲突而出错的情况。如果不定义 Table 方法，默认会自动获取当前模型对应或者定义的数据表
data	数据对象赋值。可以用于新增或者保存数据之前的数据对象赋值，例如： $Model->data($data)->add(); $Model->data($data)->where('id=3')->save(); data 方法的参数支持对象和数组，如果是对象会自动转换成数组。如果不定义 data 方法赋值，也可以使用 Create 方法或者手动给数据对象赋值的方式
field	定义要查询的字段。参数支持字符串和数组，例如： $Model->field('id,nickname as name')->select(); $Model->field(array('id','nickname'=>'name'))->select(); 如果不使用 field 方法指定字段的话，默认和使用 field('*')等效
order	对结果进行排序。例如：order('id desc') 排序方法支持对多个字段的排序，例如：order('status desc,id asc') order 方法的参数支持字符串和数组，数组的用法如下： order(array('status'=>'desc','id'))
limit	结果限制。在 ThinkPHP 中，无论操作的是 MySQL、MSSQL Server 还是 Oracle 数据库，其 limit 方法是统一的，即 limit('offset,length')。例如：limit('1,10')。获取从第一条记录开始的 10 条记录 注意：limit('10') 与 limit('0,10')是等效的
Page	查询分页。属于新增特性，可以更加快速地进行分页查询。Page 方法的用法和 limit 方法类似，格式为：Page('page[,listRows]') page 表示当前的页数，listRows 表示每页显示的记录数。例如，Page('2,10')，表示每页显示 10 条记录，获取第 2 页的数据 如果不写 listRows，会读取 limit('length') 的值，例如，"limit(25)->page(3);"表示每页显示 25 条记录，获取第 3 页的数据。如果 limit 也没有设置的话，则默认为每页显示 20 条记录
group	查询 group 支持。例如，group('user_id')，group 方法的参数只支持字符串

📢**注意**

有关上述方法的应用，将在后面的 CURD 操作中体现，这里不再一一举例。

20.5.7　CURD 操作

ThinkPHP 提供了灵活和方便的数据操作方法，CURD（创建、更新、读取和删除）是四个最基本的数据库操作。CURD 操作通常与连贯操作配合使用。下面将对各种操作的使用方法进行分析（在执行类的实例化操作时，统一使用 M 方法）。

1. 创建操作

在 ThinkPHP 中使用 add 方法完成数据的添加操作。其使用方法如下：

```
$User = M("User");                                          //实例化 User 对象
$data['name'] = 'ThinkPHP';
$data['email'] = 'ThinkPHP@gmail.com';
$User->add($data);
```

或者使用 data 方法进行连贯操作。其代码如下：

```
$User->data($data)->add();
```

如果在 add 之前已经创建数据对象（例如使用了 Create 或者 data 方法），则 add 方法就不需要再传入数据了。

2. 更新数据

第一种，在 ThinkPHP 中使用 save 方法更新数据库，并且也支持连贯操作的使用。例如，更新数据表中 name 和 email 字段的值。其代码如下：

```
$User = M("User");                                          //实例化 User 对象
$data['name'] = 'ThinkPHP';                                 //要修改的数据对象属性赋值
$data['email'] = 'ThinkPHP@gmail.com';
$User->where('id=5')->save($data);                          //根据条件保存修改的数据
```

save 方法在执行更新数据的操作时，如果没有设置任何更新条件，且数据对象本身也不包含主键字段，那么 save 方法不会更新任何数据库的记录。

第二种，通过 data 方法创建要更新的数据对象，然后通过 save 方法进行保存。例如：

```
$User = M("User");                                          //实例化 User 对象
$data['name'] = 'ThinkPHP';                                 //要修改的数据对象属性赋值
$data['email'] = 'ThinkPHP@gmail.com';                      //要修改的数据对象属性赋值
$User->where('id=5')->data($data)->save();                  //根据条件保存修改的数据
```

第三种，针对某个字段的值，应用 setField 方法进行更新。例如，更新数据表中字段 name 的值，条件是 ID 为 5 的记录。

```
$User = M("User");                                          //实例化 User 对象
$User-> where('id=5')->setField('name','ThinkPHP');         //更改用户的 name 值
```

如果要更新多个字段的值，也可以应用 setField 方法，只需要传入数组即可，例如：

```
$User = M("User");                                          //实例化 User 对象
//更改用户的 name 和 email 的值
$User-> where('id=5')->setField(array('name','email'),array('ThinkPHP','ThinkPHP@gmail.com'));
```

第四种，应用 setInc 和 setDec 方法对统计字段（通常指的是数字类型）中的值进行增减操作。例如，对指定用户的积分进行增、减操作。

```
$User = M("User");                                       //实例化 User 对象
$User->setInc('score','id=5',3);                         //用户的积分加 3
$User->setInc('score','id=5');                           //用户的积分加 1
$User->setDec('score','id=5',5);                         //用户的积分减 5
$User->setDec('score','id=5');                           //用户的积分减 1
```

3．读取数据

在 ThinkPHP 中读取数据的方式很多，通常分为读取某个字段的值、读取数据和读取数据集。读取字段的值使用 getField 方法，读取数据使用 find 方法，读取数据集使用 select 方法。

getField 方法读取某个字段的值，如果传入多个字段，可以返回一个关联数组。返回的 list 是一个数组，键名是用户的 id，键值是用户的昵称 nickname。例如，获取 ID 为 3 的用户的昵称，获取所有用户的 ID 和昵称列表。

```
$User = M("User");                                       //实例化 User 对象
$nickname = $User->where('id=3')->getField('nickname');  //获取 ID 为 3 的用户的昵称
$list = $User->getField('id,nickname');                  //获取所有用户的 ID 和昵称列表
```

select 方法的返回值是一个二维数组，如果没有查询到任何结果，也是返回一个空的数组。配合上面提到的连贯操作方法可以完成复杂的数据查询。例如，查找 status 值为 1 的用户数据以创建时间排序返回 10 条数据。

```
$User = M("User");                                       //实例化 User 对象
$list = $User->where('status=1')->order('create_time')->limit(10)->select();
```

find 方法与 select 方法类似，select 方法可用的所有连贯操作方法也都可以用于 find 方法，区别在于 find 方法最多只会返回一条记录，因此 limit 方法对于 find 方法查询操作是无效的。例如，查找 status 值为 1，name 值为 think 的用户数据。

```
$User = M("User");                                       //实例化 User 对象
$User->where('status=1 and name="think" ')->find();
```

注意

即使满足条件的数据不止一条，find 方法也只会返回第一条记录。

【例 20.8】　通过 add 方法向数据库中添加数据，然后，查询数据表中用户名为 mr 的记录，按照降幂排列，循环输出 3 条记录。（**实例位置：光盘\TM\sl\20\8**）

在讲解本例的实现步骤过程中，省略了项目目录的创建、入口文件的编写和配置文件的设置，其具体步骤可以参考例 20.4 或者例 20.5。这里将直接讲解在控制器中如何完成数据的添加和查询操作。

（1）定位到 8\App\Lib\Action\目录下，编写项目控制器。创建 Index 模块，继承系统的 Action 基础类，定义 index 方法，通过 M 方法实例化模型类，应用连贯操作中的 where、order、limit 和 select 方法读取 think_user 数据表中的数据，并且将查询结果赋给模板变量，指定模板页；定义 insert 方法，通过 M 方法实例化模型类，应用 add 方法向指定的数据表中添加数据。IndexAction.class.php 的代码如下：

```php
<?php
  header("Content-Type:text/html; charset=utf-8");              //设置页面编码格式
  class IndexAction extends Action{
      public function index(){
          $db = M('User');                                      //实例化模型类，参数数据表名称，不包含前缀
          $select = $db->where('user="mr"')->order('id desc')->limit(3)->select();   //执行查询语句
          $this->assign('select',$select);                      //模板变量赋值
          $this->display();                                     //指定模板页
      }
      public function insert(){
          $dba = M('User');                                     //实例化模型类，参数数据表名称，不包含前缀
          $data['user'] = 'mr';
          $data['pass'] = md5('mrsoft');
          $data['address'] = '长春市';
          $result=$dba->add($data);                             //执行添加数据
          if($result){
              $this->redirect('Index/index','', 2,'页面跳转中');              //页面重定向
          }
      }
  }
?>
```

（2）定位到 App\Tpl 目录下，创建 Index 模块文件夹。编辑 index 操作的模板文件 index.html，应用 ThinkPHP 内置模板引擎中的 foreach 标签循环输出模板变量传递的数据；创建添加数据的表单，将数据提交到控制器的 insert 方法中进行处理。其关键代码如下：

```html
<foreach name='select' item='user' >
  <tr class="content">
    <td bgcolor="#FFFFFF"> {$user.id}</td>
    <td bgcolor="#FFFFFF"> {$user.user}</td>
    <td bgcolor="#FFFFFF"> {$user.address}</td>
  </tr>
</foreach>
<form id="form1" name="form1" method="post" action="__URL__/insert">
<input type="submit" name="button" id="button" value="数据添加" />
</form>
```

其运行效果如图 20.16 所示。

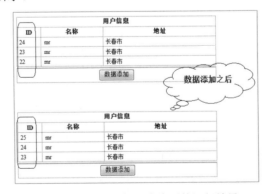

图 20.16　数据添加、查询后的运行结果

4．删除数据

在 ThinkPHP 中使用 delete 方法删除数据库中的记录。同样可以使用连贯操作进行删除操作。例如，删除数据表中 ID 为 5 的记录。

```
$User = M("User");                        //实例化 User 对象
$User->where('id=5')->delete();           //删除 ID 为 5 的用户数据
```

delete 方法可以用于删除单个或者多个数据，主要取决于删除条件，也就是 where 方法的参数，也可以用 order 和 limit 方法来限制要删除的个数。例如，删除所有状态为 0 的 5 个用户数据按照创建时间排序。

```
$User = M("User");                        //实例化 User 对象
$User->where('status=0')->order('create_time')->limit('5')->delete();
```

【例 20.9】　应用 ThinkPHP 中的 CURD 操作，实现对用户信息的查询、更新和删除操作。（**实例位置：光盘\TM\sl\20\9**）

这里直接讲解在控制器中如何完成定义 index 方法循环输出数据库中的数据，定义 update 方法完成数据的更新，定义 delete 方法实现数据的删除。

（1）定位到 App\Lib\Action\目录下，编写项目控制器。创建 Index 模块，继承系统的 Action 基础类，定义 index 方法，以记录的 ID 值为条件，降幂循环输出 10 条记录。其代码如下：

```php
<?php
header("Content-Type:text/html; charset=utf-8");      //设置页面编码格式
class IndexAction extends Action{
    public function index(){
        $db = M('User');                              //实例化模型类，参数数据表名称，不包含前缀
        $select = $db->order('id desc')->limit(10)->select();
        $this->assign('select',$select);              //模板变量赋值
        $this->display();                             //指定模板页
    }
```

定义 update 方法，首先根据超链接传递 ID 值执行查询，查询出指定的数据，并且将查询结果赋给指定的模板变量。然后，判断表单提交的 ID 值是否存在，如果存在则以 ID 为条件，对指定的数据进行更新操作。其关键代码如下：

```php
public function update(){
    $db = M('User');                                  //实例化模型类，参数数据表名称，不包含前缀
    $select = $db->where('id='.$_GET['id'])->select();
    $this->assign('select',$select);                  //模板变量赋值
    $this->display(update);                           //指定模板页
    if(isset($_POST['id'])){
        $data['user'] = $_POST['user'];               //要修改的数据对象属性赋值
        $data['pass'] = md5($_POST['pass']);
        $data['address'] = $_POST['address'];
        $result=$db->where('id='.$_POST['id'])->save($data);   //根据条件保存修改的数据
        if($result){
            $this->redirect('Index/index','', 2,'数据更新成功');  //页面重定向
```

```
            }
        }
}
```

定义 delete 方法，根据超链接传递的 ID 值，删除数据库中指定的记录。其关键代码如下：

```
public function delete(){
    $db = M('User');                                        //实例化模型类，参数数据表名称，不包含前缀
    $result=$db->where('id='.$_GET['id'])->delete();        //删除 ID 为 5 的用户数据
    if($result){
        $this->redirect('Index/index','', 2,'数据删除成功');   //页面重定向
    }
  }
}
?>
```

（2）定位到 App\Tpl 目录下，创建 Index 模块文件夹。编辑 index 操作的模板文件 index.html，应用 ThinkPHP 内置模板引擎中的 foreach 标签循环输出模板变量传递的数据；创建更新和删除超链接，将指定记录的 ID 作为参数进行传递。其关键代码如下：

```
<foreach name='select' item='user' >
  <tr class="content">
    <td bgcolor="#FFFFFF"> {$user.id}</td>
    <td bgcolor="#FFFFFF"> {$user.user}</td>
    <td bgcolor="#FFFFFF"> {$user.address}</td>
    <td bgcolor="#FFFFFF"><a href="__URL__/update?id={$user.id}">更新</a>/<a href="__URL__/delete?id=
{$user.id}">删除</a></td>
    </tr>
    </foreach>
```

（3）在 Index 模块文件夹下编辑 update.html 模板文件，创建表单，将从模板变量中读取的数据作为表单元素的默认值进行输出，将表单中的数据提交到控制器的 update 方法中完成数据的更新操作。其关键代码如下：

```
<form id="form2" name="form2" method="post" action="__URL__/update">
<table width="405" border="1" cellpadding="1" cellspacing="1" bgcolor="#99CC33" bordercolor="#FFFFFF">
<foreach name='select' item='user' >
  <tr class="content">
    <td bgcolor="#FFFFFF" class="right" width="103">名称：</td>
    <td bgcolor="#FFFFFF" width="289"> <input type="hidden" name="id" id="hiddenField" value="{$user.id}"
/><input name="user" type="text" id="user" size="20" value="{$user.user}" /></td>
  </tr>
  <tr class="content">
    <td bgcolor="#FFFFFF" class="right">密码：</td>
    <td bgcolor="#FFFFFF"><input name="pass" type="password" id="pass" size="20" value="{$user.pass}" />
    </td>
  </tr>
  <tr class="content">
    <td bgcolor="#FFFFFF" class="right"> 地址：</td>
```

```
    <td bgcolor="#FFFFFF"> 
      <input name="address" type="text" id="address" size="30" value="{$user.address}" />
    </td>
  </tr>
  <tr class="content">
    <td bgcolor="#FFFFFF"><input type="submit" name="button" id="button" value="更新" /></td>
  </tr>
  </foreach>
</table>
</form>
```

其运行结果如图 20.17 所示。

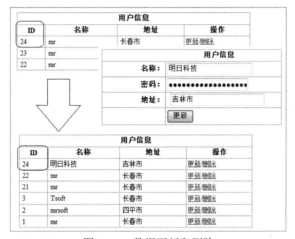

图20.17　数据更新和删除

20.6　ThinkPHP 的视图

📹 视频讲解：光盘\TM\lx\20\ThinkPHP 的视图.exe

在 ThinkPHP 中，视图由两个部分组成：View 类和模板文件。Action 控制器直接与 View 视图类进行交互，把要输出的数据通过模板变量赋值的方式传递到视图类，而具体的输出工作则交由 View 视图类来进行，同时视图类还完成了一些辅助的工作，包括调用模板引擎、布局渲染、输出替换、页面 Trace 等功能。为了方便使用，在 Action 类中封装了 View 类的一些输出方法，例如 display、fetch、assign、trace 和 buildHtml 等方法，这些方法的原型都在 View 视图类中。

20.6.1　模板定义

为了对模板文件进行更有效的管理，ThinkPHP 对模板文件进行目录划分，默认的模板文件定义规则是：

模板目录/[分组名/][模板主题/]模块名/操作名+模板后缀

模板目录默认是项目下的 Tpl，在定义分组的情况下，会按照分组名分开子目录，新版模板主题默认是空（表示不启用模板主题功能）。模板主题功能是为了多模板切换而设计的，如果有多个模板主题，则可以使用 DEFAULT_THEME 参数设置默认的模板主题名。

在每个模板主题下，是以项目的模块名为目录，然后是每个模块的具体操作模板文件。例如，User模块的 add 操作对应的模板文件是 Tpl/User/add.html。

模板文件的默认后缀是.html，后缀可以通过 TMPL_TEMPLATE_SUFFIX 来配置。

如果项目启用模块分组功能（假设 User 模块属于 Home 分组），那么默认对应的模板文件就会发生变化，Tpl/ Home/User/add.html。

分组功能可以通过 TMPL_FILE_DEPR 参数来配置，进而简化模板的目录层次。例如，设置TMPL_FILE_DEPR 等于"_"，那么默认的模板文件就变成 Tpl/ Home/User_add.html。

说明

正是因为系统有了这样一种模板文件自动识别的规则，display 方法才可以无须带任何参数就输出对应的模板。

20.6.2　模板赋值

模板赋值是在 Action 控制器中完成的，通过 assign 方法将控制器中获取的数据赋给模板变量。例如：

```
$this->assign('name',$value);
```

如果要同时输出多个模板变量，可以使用数组的方式进行赋值。

```
$array = array();
$array['name'] = 'thinkphp';
$array['email'] = 'liu21st@gmail.com';
$array['phone'] = '12335678';
$this->assign($array);
```

这样，就可以在模板文件中同时输出 name、email 和 phone 这 3 个变量。

20.6.3　指定模板文件

模板变量赋值后就需要调用模板文件来输出相关的变量，模板调用应用的是 display 方法。下面讲解如何通过 display 方法完成对模板的调用，如表 20.4 所示。

表 20.4　display 方法的应用

语 法 格 式	描　　　述
display('操作名')	调用当前模块的其他操作模板。例如，当前是 User 模块下的 read 操作，而要调用 User 模块的 edit 操作模板，使用：$this->display('edit');
display('分组名:模块名:操作名')	调用其他模块的操作模板。其中分组名是可选的。例如，当前是 User 模块，要调用 Member 模块的 read 操作模板，使用：$this->display('Member:read'); 如果要调用分组 Admin 的 Member 模块的 read 操作模板，使用：$this->display ('Admin:Member:read');
display('主题名:模块名:操作名')	调用其他主题的操作模板。例如，调用 Admin 主题的 User 模块的 edit 操作模板，使用：$this->display('Admin:User:edit'); 此种方式需要指定模块和操作名
display('模板文件名')	直接全路径输出模板。例如，直接输出当前的 Public 目录下的 menu.html 模板文件，使用：　$this->display('./Public/menu.html'); 这种方式需要指定模板路径和后缀，这里的 Public 目录是位于当前项目入口文件位置下面。如果是其他的后缀文件，也支持直接输出，例如：$this->display ('./Public/menu.tpl'); 只要./Public/menu.tpl 是一个实际存在的模板文件。如果使用的是相对路径，要注意当前位置是相对于项目的入口文件，而不是模板目录
display('模板文件名', 'charset')	设置模板页的编码。例如：设置指定模板页的编码为 gbk，使用：$this->display ('Member:read', 'gbk');
display('模板文件名', 'charset', 'format')	设置指定模板文件的编码和格式。例如，设置模板文件为 utf-8 编码，设置文件为 XML 格式。其应用如下：$this->display('Member:read', 'utf-8', 'text/xml');

说明

在第二种用法中，不需要写模板文件的路径和后缀，严格来说，这里面的模块名和操作名并不一定需要有对应的模块或者操作，只是一个目录名称和文件名称而已。例如，项目中可能没有 Public 模块，更没有 Public 模块的 menu 操作，但是一样可以使用 "$this->display('Public:menu');" 输出这个模板文件。

模板变量赋值后，在指定的模板文件中进行输出，具体的输出方法需要根据选择的模板引擎来决定。如果使用的是内置的模板引擎，请参考 ThinkPHP 开发完全手册模板指南中的内容；如果使用 PHP 本身作为模板引擎，则直接在模板文件里面输出，例如 "<?php echo $name.'['.$email.' '.$phone.']';?>"。

20.6.4　特殊字符串替换

在进行模板输出之前，系统还会对模板的特殊字符串进行替换，实现模板输出的替换和过滤。这个机制可以使得模板文件的定义更加方便，默认的替换规则如表 20.5 所示。

表 20.5　模板中特殊字符串的替换规则

特殊字符串	替换描述
../Public	被替换成当前项目的公共模板目录。通常是：/项目目录/Tpl/当前主题/Public/
__PUBLIC__	被替换成当前网站的公共目录。通常是：/Public/
__TMPL__	替换成项目的模板目录。通常是：/项目目录/Tpl/当前主题/
__ROOT__	会替换成当前网站的地址（不含域名）
__APP__	替换成当前项目的 URL 地址（不含域名）
__URL__	替换成当前模块的 URL 地址（不含域名）
__ACTION__	替换成当前操作的 URL 地址（不含域名）
__SELF__	替换成当前的页面 URL

说明

这些特殊的字符串是严格区别大小写的，并且这些特殊字符串的替换规则是可以更改或者增加的。只要在项目配置文件中配置 TMPL_PARSE_STRING 就可以完成。如果有相同的数组索引，就会更改系统的默认规则。例如：

```
TMPL_PARSE_STRING  => array(
        '__PUBLIC__' => '/Common',            //更改默认的__PUBLIC__ 替换规则
        '__UPLOAD__' => '/Public/Uploads/',    //增加新的上传路径替换规则
)
```

【例 20.10】　实现用户登录功能，将登录用户的信息存储到 SESSION 变量中，应用 ThinkPHP 中提供的分页扩展类和 page 方法完成数据的分页输出。（**实例位置：光盘\TM\sl\20\10**）

（1）定位到\App\Lib\Action\目录下，编写项目控制器。创建 Index 模块，继承系统的 Action 基础类，定义 index 方法，验证用户提交的用户名和密码是否正确，如果正确则将登录用户名存储到 SESSION 变量中，并且将网页重定向到 main.html 页面。其代码如下：

```php
<?php
session_start();                                    //初始化 SESSION 变量
header("Content-Type:text/html; charset=utf-8");    //设置页面编码格式
class IndexAction extends Action{
    public function index(){
        if(isset($_POST['user'])){
            if(isset($_POST['user']) && isset($_POST['pass'])){
                $db = M();                          //实例化模型类，参数数据表名称，不包含前缀
                $select = $db->query("select * from think_user where user='".$_POST['user']."' and
pass='".$_POST['pass']."'");                         //执行查询语句，验证用户名和密码是否正确
                if($select){
                    $_SESSION['admin']=$_POST['user'];     //将登录用户名存储到 SESSION 中
                    $this->redirect('Index/main','', 2,'用户 '.$_POST['user'].' 登录成功！'); //页面重定向
                }else{
                    $this->redirect('Index/index','', 2,'用户名或者密码不正确！');           //页面重定向
                }
            }else{
                $this->redirect('Index/index','', 2,'用户名、密码不能为空！');              //页面重定向
```

```
            }
        }
        $this->display();
    }
```

定义 main 方法，载入分页类，完成数据库中数据的分页查询，并且将查询结果赋给模板变量。其代码如下：

```
public function main(){
        $db = M('User');                          //实例化模型类，参数数据表名称，不包含前缀
        // 进行分页数据查询，注意 page 方法的参数的前面部分是当前的页数，使用$_GET[p]获取
        if(isset($_GET['p'])){                     //判断分页变量是否存在
                $p=$_GET['p'];
        }else{
                $p=1;
        }
        $list = $db->where('address='."'长春市'")->order('id desc')->page($p.',1')->select();    //查询数据
        $this->assign('select',$list);      //赋值数据集
        import("ORG.Util.Page");            //导入分页类
        $count = $db->where('address='."'长春市'")->count();           // 查询满足要求的总记录数
        $Page = new Page($count,1);   //实例化分页类，传入总记录数和每页显示的记录数
        $show = $Page->show();          //分页显示输出
        $this->assign('page',$show);    //赋值分页输出
        $this->display(main);           //输出模板
}
```

定义 validatorcode 方法，应用 GD 库中的函数，根据超链接传递的值生成用户登录的验证码。其代码如下：

```
public function validatorcode(){
        header('content-type:image/png');                              //定义标题 PNG 格式图像
        $im = imagecreate(65, 25);                                     //定义画布
        imagefill($im, 0, 0, imagecolorallocate($im, 200, 200, 200));  //区域填充
        $validatorCode = $_GET['code'];                                //获取提交的值
        imagestring($im, rand(3, 5), 10, 3, substr($validatorCode, 0, 1), imagecolorallocate($im, 0, rand(0, 255),
rand(0, 255)));
        imagestring($im, rand(3, 5), 25, 6, substr($validatorCode, 1, 1), imagecolorallocate($im, rand(0, 255), 0,
rand(0, 255)));
        imagestring($im, rand(3, 5), 36, 9, substr($validatorCode, 2, 1), imagecolorallocate($im, rand(0, 255),
rand(0, 255), 0));
        imagestring($im, rand(3, 5), 48, 12, substr($validatorCode, 3, 1), imagecolorallocate($im, 0, rand(0, 255),
rand(0, 255)));
        imagepng($im);                                                 //生成 PNG 图像
        imagedestroy();                                                //销毁图像
}
```

（2）定位到 App\Tpl 目录下，创建 Index 模块文件夹。编辑 index 操作的模板文件 index.html，载入 CSS 样式文件和 JavaScript 文件，创建表单，完成用户登录信息的提交操作。其关键代码如下：

```
<link href="__ROOT__/Public/Css/style.css" rel="stylesheet" type="text/css" />
<js href="__ROOT__/Public/Js/check.js" />
```

```
<form name="form1" method="post"   action="__URL__/index" onSubmit="return chkinput(this)" >
<table width="265" border="0" cellspacing="0" cellpadding="0">
    <tr>
        <td class="title" id="td">用户名：</td>
        <td><input name="user" type="text" size="15" /></td>
    </tr>
    <tr>
        <td class="title" id="td">密码：</td>
        <td><input name="pass" type="password" size="15" /></td>
    </tr>
    <tr>
        <td class="title" id="td">验证码：</td>
        <td>
        <input type="text" name="validatorCode" size="10" />
            <input type="hidden" name="defValidatorCode" value="" />
<script language="javascript">
    var num1=Math.round(Math.random()*10000000);                //生成随机数
    var num=num1.toString().substr(0,4);                        //截取随机数的前 4 个字符
    //将截取值传递到图像处理页中
    document.write("<img name=codeimg src='__URL__/validatorcode?code="+num+"'>");
    form1.defValidatorCode.value=num;                       //将截取值赋给表单中的隐藏域
    function reCode(){                                        //定义方法，重新生成验证码
        var num1=Math.round(Math.random()*10000000);        //生成随机数
        var num=num1.toString().substr(0,4);                //截取随机数
        document.codeimg.src="__URL__/validatorcode?code="+num;  //将截取值传递到图像处理页中
        form1.defValidatorCode.value=num;                    //将截取值赋给表单中的隐藏域
    }
</script>
            <a href="javascript:reCode()" class="content">看不清</a>
        </td>
    </tr>
</table>
    <input type="image" name="imageField" id="imageField" src="__ROOT__/Public/images/66_05.gif" />
</form>
```

（3）在 Index 模块文件夹下，编辑 main.html 文件，通过模板引擎中的 session 标签输出当前登录的用户名，通过 foreach 标签循环输出模板变量传递的数据，最后输出模板变量传递的分页超链接。其关键代码如下：

```
<table width="405" border="1" cellpadding="1" cellspacing="1" bgcolor="#99CC33" bordercolor="#FFFFFF">
  <tr>
    <td  colspan="3"  bgcolor="#FFFFFF"  class="title"  align="center"> 当前登录用户：{$Think.session.
admin}</td>
  </tr>
  <foreach name='select' item='user' >
  <tr class="content">
    <td bgcolor="#FFFFFF"> {$user.id}</td>
    <td bgcolor="#FFFFFF"> {$user.user}</td>
    <td bgcolor="#FFFFFF"> {$user.address}</td>
```

```
    </tr>
    </foreach>
    <tr class="content">
    <td colspan="3" bgcolor="#FFFFFF"> {$page}</td>
    </tr>
</table>
```

其运行结果如图 20.18 所示。

图 20.18　用户登录和数据的分页输出

20.7　内置 ThinkTemplate 模板引擎

📹 视频讲解：光盘\TM\lx\20\内置 ThinkTemplate 模板引擎.exe

ThinkPHP 内置了一个基于 XML 的性能卓越的模板引擎 ThinkTemplate，这是一个专门为 ThinkPHP 服务的内置模板引擎。ThinkTemplate 是一个使用 XML 标签库技术编的模板引擎，支持两种类型的模板标签（普通标签和 XML 标签），使用了动态编译和缓存技术，而且支持自定义标签库。

ThinkTemplate 模板引擎生成的编译文件默认存储于 Runtime\Cache 目录下，以模板文件的 md5 编码作为缓存文件名保存。

下面介绍一些 ThinkTemplate 模板引擎中的常用标签，如表 20.6 所示。

表 20.6　ThinkTemplate 模板引擎中的常用标签

标 签 名 称	应 用 描 述
{$name}	输出模板引擎中的变量。注意模板标签的"{"和"$"之间不能有任何的空格，否则标签无效

// 输出$_SERVER 变量
{$Think.server.script_name }
// 输出$_SESSION 变量
{$Think.session.session_id|md5 }
// 输出$_GET 变量
{$Think.get.pageNumber }
// 输出$_COOKIE 变量
{$Think.cookie.name }
{$Think.now }　　　　　//现在时间
{$Think.template|basename } //模板页面
	系统变量。除了常规变量的输出外，模板引擎还支持系统变量和系统常量以及系统特殊变量的输出。它们的输出不需要事先赋值给某个模板变量。系统变量的输出必须以"$Think."打头，并且仍然支持使用函数

续表

标 签 名 称	应 用 描 述
{$变量|default="默认值"}	默认值输出。如果输出的模板变量没有值，但是需要在显示的时候赋予一个默认值，可以使用 default 语法。例如： {$user.nickname\|default="明日科技"} 对系统变量的输出也可以支持默认值，例如： {$Think.post.name|default="名称为空"}

//使用完整文件名包含
<include file="完整模板文件名" />
//包含当前模块的其他操作模板文件
<include file="操作名" />
//包含其他模块的操作模板
<include file="模块名:操作名" />
//包含其他模板主题的模块操作模板
<include file="主题名@模块名:操作名" />
//用变量控制要导入的模板
<include file="$变量名" />
	使用 include 标签来包含外部的模板文件
	完整文件名的包含。例如：<include file="./Tpl/Public/header.html" />
	这种情况下，模板文件名必须包含后缀。使用完整文件名包含的时候，特别要注意文件包含指的是服务器端包含，而不是包含一个 URL 地址，也就是说，file 参数的写法是服务器端的路径，如果使用相对路径，是基于项目的入口文件位置
	用变量包含。例如：<include file="$tplName" />。给 $tplName 赋不同的值就可以包含不同的模板文件，变量的值的用法和上面的用法相同
	注意：由于模板解析的特点，从入口模板开始解析，如果外部模板有所更改，模板引擎并不会重新编译模板，除非缓存已经过期。如果修改了包含的外部模板文件后，需要把模块的缓存目录清空，否则无法生效

<import type='js' file="Js.Util.Array" /> <import type='css' file="Css.common" /> <load href="../Public/Js/Common.js" /> <load href="../Public/Css/common.css" /> <js href="__PUBLIC__/Js/Common.js" /> <css href="../Public/Css/common.css" />	导入文件。系统提供专门的 import 标签和 load 标签完成文件的导入操作。第一个是 import 标签，导入方式采用类似 ThinkPHP 的 import()函数的命名空间方式。import 标签默认的起始路径是网站的 Public 目录，如果需要指定其他的目录，可以使用 basepath 属性，例如： <import file="Js.Util.Array" basepath="./Common" /> 第二个是 load 标签，通过文件方式导入当前项目的公共 JS 或者 CSS。在 href 属性中可以使用特殊模板标签替换，例如： <load href="__PUBLIC__/Js/Common.js" /> Load 标签可以无须指定 type 属性，系统会自动根据后缀自动判断 系统还提供了两个标签别名 js 和 css，用法和 load 一致

<volist name="list" id="vo" offset="5" length='10'>
  {$vo.name}
  </volist>
	volist 标签主要用于在模板中循环输出数据集或者多维数组。标签参数如下：
	name：表示模板赋值的变量名称，因此不可随意在模板文件中改变
	id：表示当前的循环变量，可以随意指定，但确保不要和 name 属性冲突。支持输出部分数据，例如输出其中的第 5～15 条记录
	offset：表示记录的起始位置
	length：表示记录的长度
	mod：控制输出记录的奇偶性，还可以控制在指定的记录换行。例如：
	// 输出偶数记录
	<volist name="list" id="vo" mod="2" >
	<eq name="mod" value="1">{$vo.name}</eq>
	</volist>
	//控制一定记录的换行
	<volist name="list" id="vo" mod="5" >
	{$vo.name}
	<eq name="mod" value="4">
	</eq>
	</volist>

续表

标　签　名　称	应　用　描　述
<foreach name="list" item="vo" > {$vo.id} {$vo.name} </foreach>	foreach 标签用于循环输出，它比 volist 标签简洁，没有 volist 标签那么多的功能。优势是可以对对象进行遍历输出，而 volist 标签通常是用于输出数组
<switch name="变量" > 　<case value="值 1">输出内容 1</case> 　<case value="值 2">输出内容 2</case> 　<default　/>默认情况 </switch>	switch 标签，类似于 PHP 中的 switch 语句 其中 name 属性可以使用函数以及系统变量，例如： <switch name="Think.get.userId|abs"> 　　<case value="1">admin</case> 　　<default />default </switch> 对于 case 的 value 属性可以支持多个条件的判断，使用 "|" 进行分割，例如： <switch name="Think.get.type"> 　　<case value="gif|png|jpg">图像格式</case> 　　<default />其他格式 </switch> 表示如果$_GET["type"] 是 gif、png 或者 jpg，就判断为图像格式 也可以对 case 的 value 属性使用变量，例如： <switch name="User.userId"> 　　<case value="$adminId">admin</case> 　　<case value="$memberId">member</case> 　　<default />default </switch> 使用变量方式的情况下，不再支持多个条件的同时判断

【例 20.11】　仍然以用户登录和数据的输出为背景，应用 ThinkPHP 中提供的验证码类和分页类生成验证码，完成数据的分页输出。（**实例位置：光盘\TM\sl\20\11**）

（1）定位到\App\Lib\Action\目录下，编写项目控制器。创建 Index 模块，继承系统的 Action 基础类，定义 index 方法，验证 SESSION 变量存储的验证码与用户提交的验证码是否相同，验证用户提交的用户名和密码是否正确，如果正确则将登录用户名存储到 SESSION 变量中，并且将网页重定向到 main.html 页面。其代码如下：

```php
<?php
  session_start();
  header("Content-Type:text/html; charset=utf-8");          //设置页面编码格式
  class IndexAction extends Action{
    public function index(){
        if(isset($_POST['user'])){
            if(isset($_POST['user']) && isset($_POST['pass']) && isset($_POST['validatorCode'])){
                if($_SESSION['verify'] == md5($_POST['validatorCode'])) {     //验证验证码是否正确
                    $db = M();                      //实例化模型类，参数数据表名称，不包含前缀
                    $select = $db->query("select * from think_user where user='".$_POST['user']."' and
pass='".$_POST['pass']."'");                           //执行查询语句，验证用户名和密码是否正确
                    if($select){
```

```
                                    $_SESSION['admin']=$_POST['user'];
                                    $this->redirect('Index/main','', 2,'用户 '.$_POST['user'].' 登录成功！'); //页面重定向
                           }else{
                                    $this->redirect('Index/index','', 2,'用户名或者密码不正确！');        //页面重定向

                           }
                  }else{
                           $this->redirect('Index/index','', 2,'验证码不正确！');                          //页面重定向
                  }
         }else{
                  $this->redirect('Index/index','', 2,'用户名、密码不能为空！');                           //页面重定向
         }
         }
         $this->display();
    }
```

定义 main 方法，载入分页类，完成数据库中数据的分页查询，并且将查询结果赋给模板变量。这里应用的是 Page 类和 limit 方法完成数据的分页输出，其代码如下：

```
public function main(){
         $db = M('User');                                       //实例化模型类，参数数据表名称，不包含前缀
         import("ORG.Util.Page");                               //导入分页类
         $count = $db->count();                                 //统计总记录数
         //$count = $User->where("status=1")->count(); //查询满足要求的总记录数
         $Page = new Page($count,1);                            //实例化分页类，传入总记录数和每页显示的记录数
         $show = $Page->show();                                 //分页显示输出
         //进行分页数据查询，注意 limit 方法的参数要使用 Page 类的属性
         $list = $db->order('id')->limit($Page->firstRow.','.$Page->listRows)->select();
         $this->assign('select',$list);                         //赋值数据集
         $this->assign('page',$show);                           //赋值分页输出
         $this->display(main);                                  //输出模板
}
```

定义 verify 方法，载入 ThinkPHP 中提供的验证码扩展类，调用 buildImageVerify 方法生成验证码。其代码如下：

```
public function verify(){
    import("ORG.Util.Image");                    //载入验证码类
    image::buildImageVerify(4,5);                //生成验证码
}
```

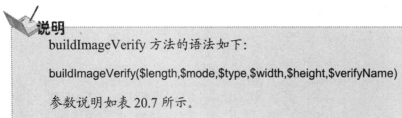

说明

buildImageVerify 方法的语法如下：

buildImageVerify($length,$mode,$type,$width,$height,$verifyName)

参数说明如表 20.7 所示。

表 20.7　验证码类中 buildImageVerify 方法的参数说明

参　　数	说　　明
length	验证码的长度，默认为 4 位数
mode	验证字符串的类型，默认为数字，其他支持类型有 0 字母 1 数字 2 大写字母 3 小写字母 4 中文 5 混合
type	验证码的图片类型，默认为 png
width	验证码的宽度，默认会自动根据验证码长度自动计算
height	验证码的高度，默认为 22
verifyName	验证码的 SESSION 记录名称，默认为 verify

生成验证码之后，需要在模板页中通过<img src="__APP__/Index/verify/" />输出生成的验证码图像；在控制器中通过如下代码：

```
if($_SESSION['verify'] != md5($_POST['verify'])) {
    $this->error('验证码错误！');
}
```

（2）定位到 App\Tpl 目录下，创建 Index 模块文件夹。编辑 index 操作的模板文件 index.html，载入 CSS 样式文件和 JavaScript 文件，创建表单，完成用户登录信息的提交操作，通过 img 标签输出生成的验证码。其关键代码如下：

```
<link href="__ROOT__/Public/Css/style.css" rel="stylesheet" type="text/css" />
<js href="__ROOT__/Public/Js/check.js" />
<form name="form1" method="post" action="__URL__/index" onSubmit="return chkinput(this)" >
<table width="265" border="0" cellspacing="0" cellpadding="0">
    <tr>
        <td class="title" id="td">用户名：</td>
        <td><input name="user" type="text" size="15" /></td>
    </tr>
    <tr>
        <td class="title" id="td">密码：</td>
        <td><input name="pass" type="password" size="15" /></td>
    </tr>
    <tr>
        <td class="title" id="td">验证码：</td>
        <td><input type="text" name="validatorCode" size="10" /></td>
        <td><img src="__APP__/Index/verify/" /></td>
    </tr>
</table>
</form>
```

（3）在 Index 模块文件夹下编辑 main.html 文件，通过模板引擎中的 session 标签输出当前登录的用户名，通过 foreach 标签循环输出模板变量传递的数据，最后输出模板变量传递的分页超链接。其关键代码如下：

```
<table width="405" border="1" cellpadding="1" cellspacing="1" bgcolor="#99CC33" bordercolor="#FFFFFF">
  <tr>
    <td colspan="3" bgcolor="#FFFFFF" class="title" align="center">当前登录用户：{$Think.session.admin}</td>
  </tr>
<foreach name='select' item='user' >
<tr class="content">
    <td bgcolor="#FFFFFF"> {$user.id}</td>
    <td bgcolor="#FFFFFF"> {$user.user}</td>
    <td bgcolor="#FFFFFF"> {$user.address}</td>
</tr>
</foreach>
  <tr class="content">
    <td colspan="3" bgcolor="#FFFFFF"> {$page}</td>
  </tr>
</table>
```

说明

这里应用的验证码是区分字母的大小写的。

其运行结果如图 20.19 所示。

图 20.19　验证码类和分页类的应用效果

20.8　小　　结

本章主要介绍了 ThinkPHP 框架的下载、架构、配置、控制器、模型以及视图。通过实例，对 ThinkPHP 的各种应用进行了讲解，以此来增加读者对 ThinkPHP 的理解。希望通过本章的学习，读者能够掌握 ThinkPHP 技术，能够将其灵活地运用到实际的网站开发中。

20.9　实践与练习

1. 通过 ThinkPHP 中的扩展类生成中文验证码，其关键是载入 ThinkPHP\Lib\ORG\Util\

Image.class.php 中的 Image 类，调用其中的 GBVerify 方法生成中文验证码。其运行结果如图 20.20 所示。（**答案位置：光盘\TM\sl\20\12**）

后台管理系统
用户名：mr
密码：●●●●●●
验证码：的前行理
登录
重置

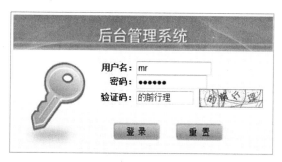

图 20.20　中文验证码

2. 可以传递查询条件的分页，通过 ThinkPHP 框架开发一个站内搜索的功能，并且对查询结果进行分页输出。其运行结果如图 20.21 所示。（**答案位置：光盘\TM\sl\20\13**）

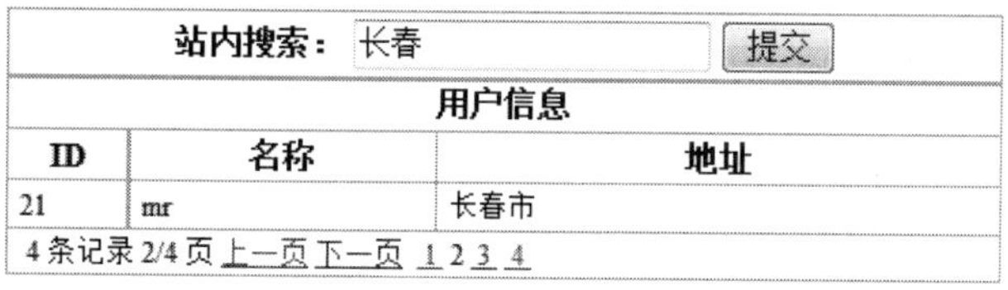

站内搜索：长春
提交
用户信息
ID
名称
地址
21
mr
长春市
4 条记录 2/4 页 上一页 下一页 1 2 3 4

图 20.21　带查询条件的分页

高级应用

本篇介绍了 Smarty 模板技术、PHP 与 XML 技术以及 PHP 与 Ajax 技术等。掌握本篇内容后，能够开发一些实用的网络程序等。

第21章

Smarty 模板技术

（ 视频讲解：55 分钟 ）

目前网络上针对 PHP 的模板数不胜数。作为最早的 MVC 模板之一，Smarty 在功能和速度上处于绝对的领先优势。那么，Smarty 的特点是什么？它是如何完成代码分离的呢？

通过阅读本章，您可以：

▶▶ 了解什么是 MVC，什么是 Smarty

▶▶ 掌握 Smarty 的特点

▶▶ 掌握 Smarty 模板安装和配置的方法

▶▶ 掌握 Smarty 模板设计的方法

▶▶ 掌握 Smarty 程序设计的方法

▶▶ 熟悉 Smarty 模板的应用

21.1　Smarty 简介

视频讲解：光盘\TM\lx\21\Smarty 简介.exe

Smarty 是 PHP 中的一个模板引擎，是众多 PHP 模板中最优秀、最著名的模板之一。

21.1.1　什么是 Smarty

Smarty 是一个使用 PHP 编写的 PHP 模板引擎，它将一个应用程序分成两部分实现：视图和逻辑控制。简单地讲，目的就是将 UI（用户界面）和 PHP code（PHP 代码）分离。这样，程序员在修改程序时不会影响到页面设计，而美工在重新设计或修改页面时也不会影响程序逻辑。

21.1.2　Smarty 与 MVC

Smarty 这种开发模式，正是基于 MVC（Model-View-Controller）框架概念。

MVC，即模型-视图-控制器，是指一个应用程序由 3 部分构成：模型部分、视图部分和控制部分。

☑　模型：对接收的信息进行处理，并将处理结果回传给视图。例如，如果用户输入信息正确，那么将给视图一个命令，允许用户进入主页面，反之则拒绝用户的操作。

☑　视图：即提供给用户的界面。视图只提供信息的收集及显示，不涉及处理。如用户登录界面，也就是视图，只提供用户登录的用户名和密码输入框（也可以有验证码、安全问题等信息），至于用户名和密码的对与错，这里不去处理，直接传给后面的控制部分。

☑　控制：负责处理视图和模型的对应关系，并将视图收集的信息传递给对应的模型。例如，当用户输入用户名和密码后提交，这时，控制部分接收用户的提交信息，并判断这是一个登录操作，随后将提交信息转发给登录模块部分，也就是模型。

21.1.3　Smarty 的特点

☑　采用 Smarty 模板编写的程序可以获得最快的速度。注意，这是相对于其他模板而言。

☑　可以自行设置模板定界符，如{}、{{}}、<!--{}-->等。

☑　仅对修改过的模板文件进行重新编译。

☑　模板中可以使用 if/elseif/else/endif。

☑　内建缓存支持。

☑　可自定义插件。

21.2　Smarty 的安装配置

 视频讲解：光盘\TM\lx\21\Smarty 模板的安装配置.exe

21.2.1　Smarty 的下载和安装

PHP 没有内置 Smarty 模板类，需要单独下载和配置，而且 Smarty 要求服务器上的 PHP 版本最低为 4.0.6。用户可以通过访问 http://smarty.php.net/download.php 下载最新的 Smarty 压缩包。本章使用的版本是 Smarty-2.6.19。

将压缩包解压后，得到一个 libs 目录，其中包含了 Smarty 类库的核心文件，即 smarty.class.php、smarty_Compiler.class.php、config_File.class.php 和 debug.html 4 个文件，另外还有 internals 和 plug-ins 两个目录。复制 libs 目录到服务器根目录下，并为其重命名，一般该目录的名称为 smarty 或 class 等，这里改为 smarty。至此，Smarty 模板安装完毕。

> **注意**
>
> 凡是在后面的章节中提到 Smarty 类包、Smarty 目录等，都是这个重命名后的 Smarty，即原 libs 目录。

21.2.2　第一个 Smarty 程序

使用 Smarty 模板不像 Smarty 手册或有些书籍中讲的那么复杂、烦琐。这里先实现第一个 Smarty 实例，并对过程进行讲解。对 Smarty 有了初步了解后，再学习 Smarty 的配置信息。

【例 21.1】 初步了解 Smarty 的使用过程。（实例位置：光盘\TM\sl\21\1）

（1）新建一个程序目录，存放位置为"服务器地址/tm/sl/21/"，命名为 1，表示为第一个实例。

（2）复制 Smarty 到目录 1 下，在 Smarty 目录下新建 4 个目录，分别是 templates、templates_c、configs 和 cache。这时，例 21.1 的目录结构如图 21.1 所示。

图 21.1　Smarty 包的目录结构

（3）新建一个 HTML 静态页，输入数据。输入完毕后将文件保存到新建的 templates 目录下，并命名为 index.html，实例代码如下：

```
<html>
  <head>
    <meta http-equiv="Content-Type" content="text/html; charset=gb2312" />
    <title>{ $title }</title>
  </head>
  <body>
    {$content}
  </body>
</html>
```

 说明

代码中加粗的部分就是 Smarty 标签，大括号"{}"为标签的定界符，$title 和$content 为变量。21.3 节中将会详细介绍，此处不再赘述。

技巧

这里使用.html 作为模板文件的后缀，因为 HTML 网页在互联网中更容易被搜索引擎搜索到。

（4）回到上级目录，在目录 1 下新建一个.php 文件，使用 Smarty 变量和方法对文件进行操作，输入完毕后保存为 index.php，实例代码如下：

```php
<?php
  /*  定义服务器的绝对路径   */
  define('BASE_PATH',$_SERVER['DOCUMENT_ROOT']);
  /*  定义 Smarty 目录的绝对路径   */
  define('SMARTY_PATH','\TM\sl\21\1\Smarty\\');
  /*  加载 Smarty 类库文件    */
  require BASE_PATH.SMARTY_PATH.'Smarty.class.php';
  /*  实例化一个 Smarty 对象   */
  $smarty = new Smarty;
  /*  定义各个目录的路径       */
  $smarty->template_dir = BASE_PATH.SMARTY_PATH.'templates/';
  $smarty->compile_dir = BASE_PATH.SMARTY_PATH.'templates_c/';
  $smarty->config_dir = BASE_PATH.SMARTY_PATH.'configs/';
  $smarty->cache_dir = BASE_PATH.SMARTY_PATH.'cache/';

  /*  使用 Smarty 赋值方法将一对名称/方法发送到模板中    */
  $smarty->assign('title','第一个 Smarty 程序');
  $smarty->assign('content','Hello,Welcome to study \'Smarty\'!');
  /*  显示模板   */
  $smarty->display('index.html');
?>
```

这一步是 Smarty 运行最关键的步骤，主要进行了两项设置和两步操作。

☑ 加载 Smarty 类库：也就是加载 Smarty.class.php 文件，这里使用的是绝对地址。为了稍后在配置其他路径时不用输入那么长的地址字串，之前还声明了两个常量：服务器地址常量和 Smarty 路径常量，两个常量连接起来就是 Smarty 类库所在的目录。

☑ 保存新建的 4 个目录的绝对路径到各自的变量：在例 21.1 中的第（2）步曾创建了 4 个目录，这 4 个目录各有各的用途，如果没有配置目录的地址，那么服务器默认的路径就是当前执行文件所在的路径。除了上面两项必须设置的变量外，还可以改变很多 Smarty 参数值，如开启/关闭缓存、改变 Smarty 的默认定界符等，这些变量将在 21.4.2 节中介绍。

☑ 给模板赋值：设置成功后，需要给指定的模板赋值。assign 就是赋值方法。

☑ 显示模板：一切操作结束后，调用 display 方法来显示页面。实际上，用户真正看到的页面是 templates 模板目录下的 index.html 模板文件，而作为首页的 index.php，只是用来传递结果和显示模板。

打开 IE 浏览器，运行 index.php 文件。运行结果如图 21.2 所示。

图 21.2　第一个 Smarty 程序

21.2.3　Smarty 配置

下面详细讲解 Smarty 模板的配置步骤。

（1）确定 Smarty 目录的位置。因为 Smarty 类库是通用的，每一个项目都可能会使用到它，所以将 Smarty 存储在根目录下。

（2）新建 4 个目录 templates、templates_c、configs 和 cache。其中目录 templates 存储项目的模板文件，该目录具体放置在什么位置没有严格的规定，只要设置的路径正确即可；目录 templates_c 存储项目的编译文件；目录 configs 存储项目的配置文件；目录 cache 存储项目的缓存文件。

（3）创建配置文件。如果要应用 Smarty 模板，就一定要包含 Smarty 类库和相关信息。将配置信息写到一个文件中，使用时只要 include 配置文件即可。配置文件 config.php 的代码如下：

```php
<?php
/*  定义服务器的绝对路径   */
define('BASE_PATH',$_SERVER['DOCUMENT_ROOT']);
/*  定义 Smarty 目录的绝对路径   */
define('SMARTY_PATH','\TM\sl\21\Smarty\\');
/*  加载 Smarty 类库文件    */
require BASE_PATH.SMARTY_PATH.'Smarty.class.php';
/*  实例化一个 Smarty 对象   */
$smarty = new Smarty;
/*  定义各个目录的路径      */
```

```
    $smarty->template_dir = BASE_PATH.SMARTY_PATH.'templates/';
    $smarty->compile_dir = BASE_PATH.SMARTY_PATH.'templates_c/';
    $smarty->config_dir = BASE_PATH.SMARTY_PATH.'configs/';
    $smarty->cache_dir = BASE_PATH.SMARTY_PATH.'cache/';
?>
```

上述配置文件的参数说明如下。

☑　BASE_PATH：指定服务器的绝对路径。

☑　SMARTY_PATH：指定 Smarty 目录的绝对路径。

☑　require：加载 Smarty 类库文件 Smarty.class.php。

☑　$smarty：实例化 Smarty 对象。

☑　$smarty->template_dir：定义模板目录存储位置。

☑　$smarty-> compile_dir：定义编译目录存储位置。

☑　$smarty-> config_dir：定义配置文件存储位置。

☑　$smarty-> cache_dir：定义模板缓存目录。

技巧

指定服务器绝对路径的目的是找到 Smarty 文件夹在服务器中的存储位置。这里有两种方法可以使用：第一种，直接指定绝对路径，如 E:\wamp\www\\；使用这种方法来指定服务器的绝对路径，一旦服务器的绝对路径发生更改，就必须要修改配置文件，否则程序就会运行出错。第二种，通过全局变量$_SERVER['DOCUMENT_ROOT']来获取服务器的绝对路径，使用该方法不会因为服务器路径的更改而影响到程序的执行。推荐使用第二种方法定义服务器的绝对路径。

有关定界符的使用，开发者可以指定任意的格式，也可以不指定定界符，使用 Smarty 默认的定界符"{"和"}"。

至此，Smarty 的配置讲解完毕。

下面介绍一下 Smarty 中的两个最为常用的方法。

1. assign 方法

assign 方法用于在模板被执行时为模板变量赋值。语法格式如下：

```
{assign var=" " value=" "}
```

其中，var 是被赋值的变量名，value 是赋给变量的值。

2. display 方法

display 方法用于显示模板，需要指定一个合法的模板资源的类型和路径，还可以通过第二个可选参数指定一个缓存号，相关的信息可以查看缓存。

```
void display (string template [, string cache_id [, string compile_id]])
```

其中，template 指定一个合法的模板资源的类型和路径；cache_id 为可选参数，指定一个缓存号；

compile_id 为可选参数，用于指定编译号。编译号可以将一个模板编译成不同版本使用。例如，可针对不同的语言编译模板。编译号的另外一个作用是，如果存在多个$template_dir 模板目录，但只有一个$compile_dir 编译后存档目录，这时可以为每一个$template_dir 模板目录指定一个编译号，以避免相同的模板文件在编译后互相覆盖。相对于在每一次调用 display 方法时都指定编译号，也可以通过设置$compile_id 编译号属性来一次性设定。

21.3　Smarty 模板设计

视频讲解：光盘\TM\lx\21\Smarty 模板设计.exe

Smarty 的特点是将用户界面和过程分离，让美工和程序员各司其职，互不干扰。这样，Smarty 类库也自然地被分成两部分来使用，即 Smarty 模板设计和 Smarty 程序设计。两部分内容既相互独立，也有一部分共通。本节首先来学习 Smarty 模板设计。

21.3.1　Smarty 模板文件

Smarty 模板文件是由一个页面中所有的静态元素，加上一些定界符"{…}"组成的。模板文件统一存放的位置是 templates 目录。模板中不允许出现 PHP 代码段。Smarty 模板中的所有注释、变量、函数等都要包含在定界符内。

21.3.2　注释

Smarty 中的注释和 PHP 注释类似，都不会显示在源代码中。注释包含在两个星号"*"中间，格式如下：

```
{* 这是注释 *}
```

21.3.3　变量

Smarty 中的变量来自以下 3 个部分。

1. PHP 页面中的变量

PHP 页面中的变量也就是 assign 方法传过来的变量。使用方法和在 PHP 中是一样的，也需要使用"$"符号，略有不同的是对数组的读取。在 Smarty 中读取数组有两种方法：一种是通过索引获取，和 PHP 中相似，可以是一维，也可以是多维；另一种是通过键值获取数组元素，这种方法的格式和以前接触过的不太一样，其使用符号"."作为连接符。例如，有一数组"$arr = array{'object' => 'book','type' => 'computer', 'unit' => '本'}"，如果想得到 type 的值，则表达式的格式应为$arr.type。这个格式同样适用于二维数组。

【例 21.2】　本例将使用上述两种方法来读取数组值。实例代码如下：（**实例位置：光盘\TM\sl\21\2**）

```
//templates/02/index.html 文件
<html>
  <head>
    {*  页面的标题变量$title   *}
    <title>{ $title }</title>
  </head>
  <body>
    购书信息：<p>
    {*  使用索引取得数组的第一个元素值   *}
    图书类别：{ $arr[0] }<br />
    {*  使用键值取得第二个数组元素值   *}
    图书名称：{ $arr.name }<br />
    {*  使用键值取得二维数组的元素值   *}
    图书单价：{ $arr.unit_price.price }/{ $arr.unit_price.unit }
  </body>
</html>
//index.php 文件
<?php
  /*  载入配置文件   */
    include '../config.php';
  /*  声明数组   */
    $arr = array('computerbook','name' => 'PHP 从入门到精通','unit_price' => array('price' => '￥65.00','unit'
    => '本'));
  /*  将标题和数组传递给模板   */
    $smarty->assign('title','使用 Smarty 读取数组');
    $smarty->assign('arr',$arr);
  /*  要显示的模板页面   */
    $smarty->display('02/index.html');
?>
```

运行结果如图 21.3 所示。

图 21.3　使用 Smarty 读取数组

2．保留变量

保留变量相当于 PHP 中的预定义变量。在 Smarty 模板中使用保留变量时无须使用 assign 方法传值，而只需直接调用变量名即可。Smarty 中常用的保留变量如表 21.1 所示。

表 21.1　Smarty 中常用的保留变量

保留变量名	说　明
get、post、server、session、cookie、request	等价于 PHP 中的 $_GET、$_POST、$_SEVER、$_SESSION、$_COOKIE、$_REQUEST
now	当前的时间戳。等价于 PHP 中的 time
const	用 const 包含修饰的为常量
config	配置文件内容变量。参见例 21.4

【例 21.3】　本例在模板文件中输出一些保留变量的值。实例代码如下：（实例位置：光盘\TM\sl\21\3）

```
//templates/03/index.html 文件
{*  设置标题名称  *}
<title>{ $title }</title>
<body>
  {*  使用 get 变量获取 url 中的变量值(ex: http://localhost/tm/sl/21/3/index.php?type=computer)  *}
  变量 type 的值是：{ $smarty.get.type }<br />
  当前路径为：{ $smarty.server.PHP_SELF}<br />
  当前时间为：{$smarty.now}
</body>
//index.php 文件
<?php
    include '../config.php';                    //载入配置文件
    $smarty->assign('title','Smarty 保留变量');   //向模板中赋值
    $smarty->display('03/index.html');          //显示指定模板
?>
```

运行结果如图 21.4 所示。

图 21.4　Smarty 保留变量

3．从配置文件中读取数据

Smarty 模板也可以通过配置文件来赋值。对于 PHP 开发人员来说，对配置文件的使用从安装服务器就开始了，对文件的格式也有了一个初步的了解。调用配置文件中变量的格式有以下两种：

☑　使用"#"，将变量名置于两个"#"中间，即可像普通变量一样调用配置文件内容。

☑　使用保留变量中的"$smarty_config."来调用配置文件。

【例 21.4】　本例通过上面两种格式来调用配置文件 04.conf 的内容。实例代码如下：（实例位置：光盘\TM\sl\21\4）

```
//configs/04/04.conf 文件
title = "调用配置文件"
bgcolor = "#f0f0f0"
```

```
border = "5"
type = "计算机类"
name = "PHP 从入门到精通"
//templates/04/infex.html 文件
{ config_load file="04/04.conf" }
<html>
  <head>
    <meta http-equiv="Content-Type" content="text/html; charset=gb2312" />
    <title>{#title#}</title>
    </head>
  <body bgcolor="{#bgcolor#}">
    <table border="{#border#}">
    <tr>
      <td>{$smarty.config.type}</td>
      <td>{$smarty.config.name}</td>
    </tr>
    </table>
</body>
</html>
//index.php 文件
<?php
    include_once '../config.php';
    $smarty->display('04/index.html');
?>
```

运行结果如图 21.5 所示。

图 21.5　调用配置文件

21.3.4　修饰变量

在 21.3.3 节中学习了如何在 Smarty 模板中调用变量，但有时不仅要取得变量值，还要对变量进行处理。变量修饰的一般格式如下：

{variable_name|modifer_name: parameter1:...}

- ☑　variable_name：变量名称。
- ☑　modifer_name：修饰变量的方法名。变量和方法之间使用符号"|"分隔。
- ☑　parameter1：参数值。如果有多个参数，则使用 "："分隔开。

Smarty 提供了修饰变量的方法。常用方法和说明如表 21.2 所示。

表 21.2　修饰变量的常用方法和说明

方　法　名	说　　明
capitalize	首字母大写
count_characters:true/false	变量中的字符串个数。如果后面有参数 true，则空格也被计算；否则忽略空格
cat:"characters"	将 cat 中的字符串添加到指定字符串的后面
date_format:"%Y-%M-%D"	格式化日期和时间。等同于 PHP 中的 strftime()函数
default:"characters"	设置默认值。当变量为空时，将使用 default 后面的默认值
escape:"value"	用于字符串转码。value 值可以为 html、htmlall、url、quotes、hex、hexentity 和 javascript。默认为 html
lower	将变量字符串小写
nl2br	所有的换行符将被替换成 ，功能同 PHP 中的 nl2br()函数一样
regex_replace:"parameter1":"value2"	正则替换。用 value2 替换所有符合 parameter1 标准的字串
replace:"value1":"value2"	替换。使用 value2 替换所有 value1
string_format:"value"	使用 value 来格式化字符串。如 value 为%d，则字符串被格式化为十进制数
strip_tags	去掉所有 HTML 标签
upper	将变量改为大写

在对变量进行修饰时，不仅可以单独使用上面的方法，而且还可以同时使用多个。需要注意的是，在每种方法之间使用"|"分隔。

【例 21.5】　本例使用表 21.2 中的几种方法来修饰字符串。实例代码如下：（实例位置：光盘\TM\sl\21\5）

```
//templates/05/index.html 文件
<html>
  <head>
    <meta http-equiv="Content-Type" content="text/html; charset=gb2312" />
    <title>{$title}</title>
    <link rel="stylesheet" href="../css/style.css" />
  </head>
  <body>
    原文：{$str}
    <p>
    变量中的字符数（包括空格）：{$str|count_characters:true}
    <br />
    使用变量修饰方法后：{$str|nl2br|upper}
  </body>
</html>
//index.php 文件
<?php
    include_once "../config.php";
    $str1 = '这是一个实例。';
    $str2 = "\n 图书->计算机类->php\n 书名：《PHP 从入门到精通》";
    $str3 = "\n 价格：￥59/本。";
    $smarty->assign('title','使用变量修饰方法');
```

```
$smarty->assign('str',$str1.$str2.$str3);
$smarty->display('05/index.html');
?>
```

运行结果如图 21.6 所示。

图 21.6　使用变量修饰方法

21.3.5　流程控制

Smarty 模板中的流程控制语句包括 if…elseif…else 条件控制语句和 foreach、section 循环控制语句。

1．if…elseif…else 语句

if 条件控制语句的使用和 PHP 中的 if 语句大同小异。需要注意的是，if 必须以 "/if" 为结束标志。下面来看 if 语句的格式。

```
{if 条件语句 1}
    语句 1
{elseif 条件语句 2}
    语句 2
{else}
    语句 3
{/if}
```

在上述条件语句中，除了使用 PHP 中的<、>、=、!=等常见运算符外，还可以使用 eq、ne、neq、gt、lt、lte、le、gte、ge、is even、is odd、is not even、is not odd、not、mod、div by、even by、odd by 等修饰词修饰。

【例 21.6】　本例使用条件控制语句选择不同的返回信息。实例代码如下：（**实例位置：光盘\TM\sl\21\6**）

```
//templates/06/index.html 文件
<html >
  <head>
    <meta http-equiv="Content-Type" content="text/html; charset=gb2312" />
    <title>{$title}</title>
    <link rel='stylesheet' href="../css/style.css" />
  </head>
  <body>
    <p>
    {if $smarty.get.type == 'tm'}
```

```
    欢迎光临，{$smarty.get.type}
    {else}
    对不起，您不是本站 VIP，无权访问此栏目。
    {/if}
  </body>
</html>
//index.php 文件
<?php
    include_once "../config.php";
    $smarty->assign("title","if 条件判断语句");
    $smarty->display("06/index.html");
?>
```

运行结果如图 21.7 所示。

图 21.7　if 条件判断语句

2．foreach 循环控制

Smarty 模板中的 foreach 语句可以循环输出数组。与另一个循环控制语句 section 相比，在使用格式上要简单得多，一般用于简单数组的处理。foreach 语句的使用格式如下：

```
{foreach name=foreach_name key=key item=item from=arr_name}
…
{/foreach}
```

其中，name 为该循环的名称；key 为当前元素的键值；item 是当前元素的变量名；from 是该循环的数组。item 和 from 是必要参数，不可省略。

【例 21.7】　本例使用 foreach 语句，循环输出数组 infobook 的全部内容。实例代码如下：（**实例位置：光盘\TM\sl\21\7**）

```
//templates/07/index.html 文件
<html>
  <head>
    <meta http-equiv="Content-Type" content="text/html; charset=gb2312" />
    <title>{$title}</title>
  </head>
  <body>
  使用 foreach 语句循环输出数组。<p>
    {foreach key=key item=item from=$infobook}
    {$key} => {$item}<br />
    {/foreach}
  </body>
</html>
//index.php 文件
```

418

```php
<?php
    include_once '../config.php';
    $infobook = array('object'=>'book','type'=>'computer','name'=>'PHP 从入门到精通','publishing'=>'清华大学
    出版社');
    $smarty->assign('title','使用 foreach 循环输出数组内容');
    $smarty->assign('infobook',$infobook);
    $smarty->display('07/index.html');
?>
```

运行结果如图 21.8 所示。

图 21.8　使用 foreach 循环控制语句输出数组内容

3．section 循环控制

Smarty 模板中的另一个循环控制语句是 section，该语句可用于比较复杂的数组。section 的语法结构
如下：

```
{section name="sec_name"loop=$arr_name start=num step=num}
```

其中，name 是该循环的名称；loop 为循环的数组；start 表示循环的初始位置，例如 start=2，说明
循环是从 loop 数组的第二个元素开始的；step 表示步长，例如 step=2，那么循环一次后数组的指针将
向下移动两位，依此类推。

【例 21.8】　本例使用 section 语句循环输出一个二维数组。实例代码如下：（**实例位置：光盘\TM\
sl\21\8**）

```html
//templates/08/index.html 文件
<html>
  <head>
    <meta http-equiv="Content-Type" content="text/html; charset=gb2312" />
    <title>{$title}</title>
    <link rel="stylesheet" href="../css/style.css" />
  </head>
  <body>
    <table width="100" border="0" align="left" cellpadding="0" cellspacing="0">
{section name=sec1 loop=$obj}
    <tr>
        <td colspan="2">{$obj[sec1].bigclass}</td>
    </tr>
    {section name=sec2 loop=$obj[sec1].smallclass}
    <tr>
        <td width="25"> </td>
```

```
                <td width="75">{$obj[sec1].smallclass[sec2].s_type}</td>
            </tr>
            {/section}
        {/section}
        </table>
</body>
</html>
//index.php 文件
<?php
    require "../config.php";
    $obj=array(array("id"=>1,"bigclass"=>"计算机图书","smallclass"=>array(array("s_id"=>1,"s_type"=>"PHP"))),
array(array("id"=>2,"bigclass"=>"历史传记","smallclass"=>array(array("s_id"=>2,"s_type"=>"中国历史"),array("s_id"=>3,"s_
type"=>"世界历史"))), array("id"=>3,"bigclass"=>"畅销小说","smallclass"=>array(array("s_id"=>4,"s_type"=>"网络小
说"),array("s_id" => 5, "s_type" => "科幻小说"))));
    $smarty->assign('title','section 循环控制');
    $smarty->assign("obj", $obj);
    $smarty->display("08/index.html");
?>
```

运行结果如图 21.9 所示。

图 21.9　使用 section 循环控制输出数组

21.4　Smarty 程序设计

视频讲解：光盘\TM\lx\21\Smarty 程序设计.exe

通过前面的学习已经知道，在 Smarty 模板中是不推荐使用 PHP 代码段的，所有的 PHP 程序都要另写成文件。Smarty 程序的功能主要分为两种：一种功能是和 Smarty 模板之间的交互，如方法 assign、display；另一种功能就是配置 Smarty，如变量 template_dir、$config_dir 等。本节就来学习 Smarty 程序设计的其他一些方法和配置参数。

21.4.1　Smarty 中的常用方法

Smarty 中除了使用 assign 和模板交互外，还有一些比较常用的方法。方法名称和功能说明如表 21.3 所示。

表 21.3　Smarty 程序设计常用方法和说明

方　法　名	说　　明
void append (string varname, mixed var[, boolean merge])	该方法向数组中追加元素
void clear_all_assign	清除所有模板中的赋值
void clear_assign (string var)	清除一个指定的赋值
void config_load (string file [, string section])	加载配置文件, 如果有参数 section, 说明只加载配置文件中相对应的一段数据
string fetch (string template)	返回模板的输出内容, 但不直接显示出来
array get_config_vars ([string varname])	获取指定配置变量的值, 如果没有参数, 则返回一个所有配置变量的数组
array get_template_vars ([string varname])	获取指定模板变量的值, 如果没有参数, 则返回一个所有模板变量的数组
bool template_exists (string template)	检测指定的模板是否存在

这些方法在使用上和 assign、display 基本一样。下面以 append 方法为例进行讲解。

【例 21.9】 本例使用 append 方法向数组$arr 中追加两个数组, 第 3 个参数分别设为 true 和 false, 查看有什么不同。实例代码如下:（**实例位置: 光盘\TM\sl\21\9**）

```
//templates/09/index.html 文件
<html>
  <head>
    <meta http-equiv="Content-Type" content="text/html; charset=gb2312" />
    <title>{$title}</title>
    <link rel="stylesheet" href="../css/style.css" />
  </head>
  <body>
    { foreach key=key item=item from=$arr }
        {$key} => {$item} <br />
    { /foreach }
  </body>
</html>
//index.php 文件
<?php
    include '../config.php';
    $arr = array("object"=>'book',"type"=>'computer');
    $str1 = array('name'=>'php');
    $str2 = array('publishing'=>'qinghua');
    $smarty->assign('title','使用 append');
    $smarty->assign('arr',$arr);
    $smarty->append('arr',$str1,true);
    $smarty->append('arr',$str2);
    $smarty->display('09/index.html');
?>
```

运行结果如图 21.10 所示。

图 21.10　使用 append 方法

21.4.2　Smarty 的配置变量

Smarty 中只有一个常量 SMARTY_DIR，用来保存 Smarty 类库的完整路径，其他的所有配置信息都保存到相应的变量中。这里将介绍包括前面章节中接触过的$template_dir 等变量的作用及设置。

☑ $template_dir：模板目录。模板目录用来存放 Smarty 模板，在前面的实例中，所有的.html 文件都是 Smarty 模板。模板的后缀没有要求，一般为.htm、.html 等。

☑ $compile_dir：编译目录。顾名思义，就是编译后的模板和 PHP 程序所生成的文件默认路径为当前执行文件所在的目录下的 templates_c 目录。进入到编译目录，可以发现许多"%%...%%index.html.php"格式的文件。随便打开一个这样的文件可以发现，实际上 Smarty 将模板和 PHP 程序又重新组合成一个混编页面。

☑ $cache_dir：缓存目录。用来存放缓存文件。同样，在 cache 目录下可以看到生成的.html 文件。如果 caching 变量开启，那么 Smarty 将直接从这里读取文件。

☑ $config_dir：配置目录。该目录用来存放配置文件。例 21.4 中所用到的配置文件，就保存到这里。

☑ $debugging：调试变量。该变量可以打开调试控制台。只要在配置文件（config.php）中将$smarty->debugging 设为 true 即可使用。

☑ $caching：缓存变量。该变量可以开启缓存。只要当前模板文件和配置文件未被改动，Smarty 就直接从缓存目录中读取缓存文件而不重新编译模板。

21.5　Smarty 模板的应用

视频讲解：光盘\TM\lx\21\Smarty 模板的应用.exe

21.5.1　将 Smarty 的配置方法封装到类中

可以将 Smarty 模板的配置方法定义到一个类中，并存储在 system.smarty.inc.php 文件中，将类的实例化操作存储到 system.inc.php 文件中，然后将这两个文件存储在 system 文件夹下。

这里将 Smarty 模板的配置存储在一个类中，通过类中的构造方法完成对 Smarty 的配置操作，这就是 system.smarty.inc.php，其代码如下：

```php
<?php
  require("../Smarty/Smarty.class.php");                //调用 Smarty 文件
  class SmartyProject extends   Smarty{                 //定义类，继承 Smarty 父类
    function SmartyProject(){                           //定义方法，配置 Smarty 模板
    $this->template_dir = "./";                         //指定模板文件存储在根目录下
    $this->compile_dir = "../Smarty/templates_c/";      //指定编译文件存储在 Smarty/templates_c/文件夹下
    $this->config_dir = "../Smarty/configs/";
    $this->cache_dir = "../Smarty/cache/";
    }
  }
?>
```

在 system.inc.php 中对类进行实例化，根据返回的对象名称调用 Smarty 中的方法，返回对象名为 $smarty，其代码如下：

```php
<?php
    require("system.smarty.inc.php");                   //调用类文件
    $smarty=new SmartyProject();                        //执行类的实例化操作
?>
```

将配置方法封装到类中后，无论将程序复制到哪个服务器下执行，都不需要更改服务器或 Smarty 文件的绝对路径，即可直接运行。

【例 21.10】　本例应用存储在类文件中的配置方法，使用 Smarty 中的 section 循环语句输出数据库中的数据。（实例位置：光盘\TM\sl\21\10）

（1）创建 index.php 动态页文件。首先，连接数据库，调用 Smarty 配置文件，通过 MySQL 数据库函数读取数据库中的数据，并把读取到的数据存储到一个数组中。然后，应用 Smarty 中的 assign 方法将数组赋给指定的模板变量。最后，使用 Smarty 中的 display 方法指定模板页。

```php
<?php
    include_once "conn/conn.php";                       //连接数据库
    require_once("system/system.inc.php");              //调用指定的文件
    $result=mysqli_query($conn,"select * from tb_book where id order by id limit 3");   //执行 select 查询语句
    $array=array();                                     //定义空数组
    while($myrow=mysqli_fetch_array($result)){
        array_push($array,$myrow);                      //将读取到的数据写入数组中
    }
    if(!$array){
        $smarty->assign("iscommo","F");                 //判断如果执行失败，则输出模板变量 iscommo 的值为 F
    }else{
        $smarty->assign("iscommo","T");                 //判断如果执行成功，则输出模板变量 iscommo 的值为 T
    $smarty->assign("arraybook",$array);                //定义模板变量 arraybook，输出数据库中的数据
    }
    $smarty->display('index.html');                     //执行模板文件
?>
```

（2）创建 index.html 模板页。应用 Smarty 中的 section 循环语句，读取模板变量中的数据，在模板页中输出从数据库中获取的数据。其关键代码如下：

```
{section name=bookid loop=$arraybook}
<tr>
    <td width="135" rowspan="5" align="center" valign="middle">
    <img src="{$arraybook[bookid].pics}" width="95" height="100" alt="{$arraybook[bookid].name}" style="border:
1px solid #f0f0f0;" /></td>
    <td height="35">图书名称：{$arraybook[bookid].name}</td>
</tr>
<tr>
    <td height="23">图书品牌：{$arraybbstell[bookid].brand}</td>
</tr>
<tr>
    <td width="160" height="23">剩余数量：{$arraybbstell[bookid].stocks}</td>
</tr>
<tr>
    <td height="23">市场价：<font color="red">{$arraybbstell[bookid].m_price} 元</font></td>
</tr>
<tr>
    <td height="30">会员价格：<font color="#FF0000">{$arraybbstell[bookid].v_price} 元</font></td>
</tr>
{/section}
```

运行结果如图 21.11 所示。

图 21.11　将 Smarty 的配置方法封装到类中

21.5.2　Smarty+ADODB 整合应用

下面介绍综合运用 Smarty 和 ADODB 技术,通过面向对象的方法完成 Smarty 模板的配置、ADODB 连接、操作 MySQL 数据库和分页的功能。

【例 21.11】　本例应用 ADODB 连接操作 MySQL 数据库,应用分页类完成数据的分页输出,应用 Smarty 模板实现网页的动静分离。(**实例位置:光盘\TM\sl\21\11**)

(1)在 system 文件夹下创建 system.class.inc.php 文件,定义数据库的连接、操作和分页类;创建 system.smarty.inc.php 文件,定义 Smarty 的配置类;创建 system.inc.php 文件,完成类的实例化操作,并返回实例化对象和数据库的连接标识。代码可参考本书光盘中的内容。

(2)创建 index.php 动态页。调用数据库连接类中的方法完成与数据库的连接,应用分页类中的方法,实现分页读取数据库中的数据,应用 Smarty 中的 assign 方法将从数据库中读取的数据赋给模板变量,最后应用 display 方法指定模板页。其代码如下:

```php
<?php
require_once("system/system.inc.php");                 //调用指定的文件
$shopping=$seppage->ShowDate("select * from tb_book where id order by id ",$conn,3,isset($_GET["page"])?
$_GET["page"]:"");                                      //调用分页类,实现分页功能
if(!$shopping){
    $smarty->assign("istr","F");
}else{
    $smarty->assign("istr","T");
    $smarty->assign("showpage",$seppage->ShowPage("图书","本","","a1")); //定义输出分页数据的模板变量
                                                                        showpage
    $smarty->assign("shopping",$shopping);        //将返回的数组赋给模板变量
}
    $smarty->assign('title','Smarty+Adodb 完成数据分页显示');
    $smarty->display('index.html');                    //指定模板页

?>
```

(3)创建 index.html 静态页,应用 section 循环语句,循环输出模板变量中传递的数据,并输出分页超链接。其关键代码如下:

```
{if $istr=="T"}
<table width="380" height="134" border="0" cellspacing="0" cellpadding="0">
{php}
    $i=1;
{/php}
{section name=shopping_id loop=$shopping}
    <tr>
        <td width="135" rowspan="5" align="center" valign="middle"><img src="{$shopping[shopping_id].pics}"
width="95" height="100" alt="{$shopping[shopping_id].name}" style="border: 1px solid #f0f0f0;" /></td>
        <td height="35">图书名称: {$shopping[shopping_id].name}</td>
```

```
        </tr>
        <tr>
            <td height="23">图书品牌：{$shopping[shopping_id].brand}</td>
        </tr>
        <tr>
            <td width="160" height="23">剩余数量：{$shopping[shopping_id].stocks}</td>
        </tr>
        <tr>
            <td height="23">市场价：<font color="red">{$shopping[shopping_id].m_price} 元</font></td>
        </tr>
        <tr>
            <td height="30">会员价格：{$shopping[shopping_id].v_price} 元</td>
        </tr>
{php}
    $i++;
{/php}
{/section}
    </table>
<table width="100%" height="22" border="0" align="center" cellpadding="0" cellspacing="0">
        <tr>
            <td align="center" class="STYLE4"> {$showpage}</td>
        </tr>
</table>
        <hr style="border: 1px solid #f0f0f0;" />
{/if}
```

运行结果如图 21.12 所示。

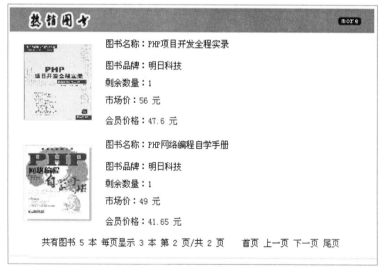

图 21.12　Smarty+ADODB 整合应用

21.6 小　　结

　　本章主要介绍了 Smarty 模板的安装、配置及使用。在使用上，Smarty 分为模板设计和程序设计。作为一个开发者，两方面都要牢牢掌握。作为当今流行的模板，Smarty 和其他一些主流技术，如 ADODB、Ajax 等都能够很好地合作。希望读者通过本章的学习，能基本掌握 Smarty 的使用，为后面的学习做好铺垫。

21.7 实践与练习

1．使用 truncate 方法截取字符串。（答案位置：光盘\TM\sl\21\12）
2．使用 register_function 方法注册模板函数。（答案位置：光盘\TM\sl\21\13）

第22章

PHP 与 XML 技术

（ 视频讲解：24分钟 ）

XML 语言是目前日趋流行的语言，被称为"第二代 Web 语言"，是 Web 2.0 中的一项重要技术。无论是 RSS 订阅、Web Service，还是 Ajax 无刷新技术，都和 XML 有着直接的联系。通过 PHP 可以对 XML 进行全面的操作。

通过阅读本章，您可以：

▶▶ 了解 XML 基础知识

▶▶ 掌握使用 SimpleXML 解析 XML 文档的方法

▶▶ 掌握遍历 XML 文档的方法

▶▶ 掌握修改、保存 XML 文档的方法

▶▶ 掌握动态创建 XML 文档的方法

22.1　XML 概述

XML（eXtensible Markup Language，扩展性标记语言），是用来描述其他语言的语言，它允许用户设计自己的标记。XML 是由 W3C（World Wide Web Consortium，互联网联合组织）于 1998 年 2 月发布的一种标准，它的前身是 SGML（Standard Generalized Markup Language，标准通用标记语言）。XML 产生的原因是为了补充 HTML 语言的不足，使网络语言更加规范化、多样化。

HTML 语言被称为第一代 Web 语言，现在的版本为 4.0，以后将不再更新，取而代之的是 XHTML，而 XHTML 正是根据 XML 来制定的。XML 特点有以下几个方面。

- ☑ 易用性：XML 可以使用多种编辑器来进行编写，包括记事本等所有的纯文本编辑器。
- ☑ 结构性：XML 是具有层次结构的标记语言，包括多层的嵌套。
- ☑ 开放性：XML 语言允许开发人员自定义标记，这使得不同的领域都可以有自己的特色方案。
- ☑ 分离性：XML 语言将数据样式和数据内容分开保存、各自处理，使得基于 XML 的应用程序可以在 XML 文件中准确、高效地搜索相关的数据内容，忽略其他不相关部分。

22.2　XML 语法

🎬 **视频讲解：光盘\TM\lx\22\XML 语法.exe**

XML 语法是 XML 语言的基础，是学好 XML 的前提条件。任何一门语言都有一些共同的特性，同样也有各自的语法特点。下面就来学习 XML 语法特点。

22.2.1　XML 文档结构

【例 22.1】 在开始讲解 XML 语法之前，先来熟悉一下 XML 的文档结构。实例代码如下：（实例位置：光盘\TM\sl\22\1）

```
<?xml version="1.0" encoding="gb2312" standalone="yes"?>
<?xml-stylesheet type="text/css" href="Book.css"?>
<!--  下面的标签<计算机图书>就是这个 XML 文档的根目录  -->
<计算机图书>
    <PHP>
        <书名>PHP 程序开发范例宝典</书名>
        <价格 单位="元/本">89.00</价格>
        <出版时间>2007-09-01</出版时间>
    </PHP>
</计算机图书>
```

例 22.1 包含了一个 XML 文档最基本的要素，包括 XML 声明、处理指令（PI）、注释和元素等，下面就来一一说明。

22.2.2 XML 声明

XML 声明在文档中只能出现一次，而且必须是在第一行。XML 声明包括 XML 版本、编码等信息。例 22.1 中的第一行就是该文档的声明。

```
<?xml version="1.0" encoding="gb2312" standalone="yes"?>
```

XML 声明的各部分含义如表 22.1 所示。

表 22.1　XML 声明的各部分含义

XML 声明部分	含　　义
<?xml	表示 XML 声明的开始。xml 表示该文件是 XML 文件
version="1.0"	XML 的版本说明，是声明中必不可少的属性，而且必须放到第一位
encoding="gb2312"	编码声明。如果不声明该属性，那么 XML 默认使用 utf-8 来解析文档
standalone="yes"	独立声明。如果该属性赋值 yes，那么说明该 XML 文档不依赖于外部文档；如果该属性赋值为 no，则说明该文档有可能依赖于某个外部文档
?>	XML 声明的结束标记

22.2.3 处理指令

处理指令，顾名思义，就是如何处理 XML 文档的指令。有一些 XML 分析器可能对 XML 文档的应用程序不做处理，这时可以指定应用程序按照这个指令信息来处理，然后再传给下一个应用程序。XML 声明其实就是一个特殊的处理指令。处理指令的格式为：

```
<?处理指令名　处理执行信息?>
```

例 22.1 中的处理指令是：

```
<?xml-stylesheet type = "text/css" href="Book.css"?>
```

- ☑　xml-stylesheet：样式表单处理指令，指明了该 XML 文档所使用的样式表。
- ☑　type="text/css"：设定了文档所使用的样式是 css。
- ☑　href="Book.css"：设定了样式文件的地址。

22.2.4 注释

XML 中的注释和 HTML 是一样的，使用"<!--"和"-->"作为开始和结束定界符。注释的用法十分简单，这里只介绍在使用注释时要注意的几个问题。

- ☑　不能出现在 XML 声明之前。

☑　不能出现在 XML 元素中间。如<computer_book <!--　这是错误的　-->>。

☑　不能出现在属性列表中。

☑　不能嵌套注释。

☑　注释内容可以包含"<""">""&"等特殊字符,但不允许有"--"。

22.2.5　XML 元素

元素是每个 XML 文档不可或缺的部分,也是文档内容的基本单元。每个 XML 文档至少要包含一个元素。一般元素由 3 部分组成,格式如下:

<标签>数据内容</标签>

其中,<标签>为元素的开始标签,</标签>是元素的结束标签,中间的数据内容是元素的值。这里要注意的是标签的写法。

☑　<标签>和</标签>都是成对出现的,这是 XML 严格定义的,不允许只有开始标签而没有结束标签,对于空元素,即两个标签之间没有数据,这时可以使用简短形式<标签/>。

☑　英文标签名称只能由下划线"_"或英文字母开头,中文标签名称只能使用下划线"_"或汉字开头。名称中只能有下划线"_"、连接符"-"、点"."和冒号":"等特殊字符,也可以使用指定字符集下的合法字符。

☑　<标签>中不能有空格,< 标签>或</ 标签>都是错误的。

☑　<标签>对英文大小写敏感,如<name>和<Name>是两个不同的标签。

22.2.6　XML 属性

XML 属性是 XML 元素中的内容,是可选的。XML 属性和 HTML 中的属性在功能上十分相似,但 XML 属性在格式上更加严格,使用上更加灵活。XML 属性的格式为:

<标签 属性名="属性值" 属性名=""···>内容</标签>

这里要注意:

☑　属性名和属性值必须是成对出现的,不像 HTML 中有些属性,可以不需要值而单独存在。对于 XML 来说这是不允许的。如果没有值,写成"属性名="""也可以。

☑　属性值必须用引号括起来,通常使用双引号,除非属性值本身包含了双引号,这时可以用单引号来代替。

22.2.7　使用 CDATA 标记

在 XML 中,特殊字符">""<""&"的输入需要使用实体引用来处理,实体引用就是使用"&...;"的形式来代替那些特殊字符。表 22.2 是 XML 中所用到的实体引用。

表 22.2　XML 中的实体引用

实 体 参 考	字　符
&lt;	<
&gt;	>
&apos;	'
&quot;	"
&amp;	&

但如果遇到大量的特殊符号需要输入，使用这种方法就不太实际了。XML 中提供了 CDATA（Character data，字符数据）标记，在 CDATA 标记段的内容都会被当作纯文本数据处理。CDATA 标记的格式如下：

```
<![CDATA[
…
]]>
```

【例 22.2】 本例分别使用实体引用和 CDATA 标记来显示特殊符号。实例代码如下：（实例位置：光盘\TM\sl\22\2）

```
<?xml version="1.0" encoding="GB2312"?>
<exam>
    <实体引用>这里必须使用引用 "&lt;"、"&gt;"、"&amp;"</实体引用>
    <CDATA 标记>
    <![CDATA[
        这里可以正常输出 "<"、">"、"&"。
    ]]>
    </CDATA 标记>
</exam>
```

注意

在 CDATA 标记段内不允许出现 "]]>"，否则，XML 会认为 CDATA 标记段结束。

22.2.8　XML 命名空间

命名空间通过在元素前面增加一个前缀来保证元素和属性的唯一性，它的最重要用途是用于融会不同的 XML 文档。命名空间的格式为：

```
<标签名称 xmlns:前缀名称="URL">
```

【例 22.3】 本例对元素<外语图书>使用命名空间。实例代码如下：（实例位置：光盘\TM\sl\22\3）

```
<?xml version="1.0" encoding="gb2312" standalone="yes"?>
<外语图书 xmlns:frn="http://www.bccd.com/foreign">
    <frn:English>
        <frn:书名>许国璋英语</frn:书名>
```

```
        <frn:价格  货币种类="RMB"  单位="4 本">80.00</frn:价格>
        <frn:出版时间>1996-05-10</frn:出版时间>
    </frn:English>
</外语图书>
```

22.3　在 PHP 中创建 XML 文档

视频讲解：光盘\TM\lx\22\在 PHP 中创建 XML 文档.exe

PHP 不仅可以生成动态网页，同样也可以生成 XML 文件。下面介绍 PHP 是如何生成 XML 的。

【例 22.4】　本例输出一个简单的 XML 文档。可以看到，在 PHP 中生成 XML 非常简单。实例代码如下：（实例位置：光盘\TM\sl\22\4）

```php
<?php
    header('Content-type:text/xml');
    echo '<?xml version="1.0"   encoding="gb2312" ?>';
    echo '<计算机图书>';
    echo '<PHP>';
    echo '<书名>PHP 项目开发全程实录</书名>';
    echo '<价格>85.00RMB</价格>';
    echo '<出版日期>2008-5-5</出版日期>';
    echo '</PHP>';
    echo '</计算机图书>';
?>
```

运行结果如图 22.1 所示。

图 22.1　在 PHP 中创建 XML 文件

22.4　SimpleXML 类库

视频讲解：光盘\TM\lx\22\SimpleXML 类库.exe

PHP 对 XML 格式的文档进行操作有很多方法。如 XML 语法解析函数、DOMXML 函数和 SimpleXML 函数等。其中，PHP 5 新加入的 SimpleXML 函数操作更简单。本节就使用 SimpleXML 系列函数来实现对 XML 文档的读写和浏览。

22.4.1　创建 SimpleXML 对象

使用 SimpleXML 首先要创建对象。共有 3 种方法来创建对象，分别是：

☑　Simplexml_load_file()函数，将指定的文件解析到内存中。

☑　Simplexml_load_string()函数，将创建的字符串解析到内存中。

☑　Simplexml_load_date()函数，将一个使用 DOM 函数创建的 DomDocument 对象导入到内存中。

【例 22.5】　本例使用 3 个函数分别创建 3 个对象，并使用 print_r 来输出 3 个对象。实例代码如下：（实例位置：光盘\TM\sl\22\5）

```php
<?php
    header("Content-Type:text/html;charset=utf-8");                    //设置编码
    /*   第一种方法   */
    $xml_1 = simplexml_load_file("5.xml");
    print_r($xml_1);
    /*   第二种方法   */
    $str = <<<XML
<?xml version='1.0' encoding='gb2312'?>
<Object>
    <ComputerBook>
        <title>PHP 从入门到精通</title>
    </ComputerBook>
</Object>
XML;
    $xml_2 = simplexml_load_string($str);
    echo '<p>';
    print_r($xml_2);
    /*   第三种方法   */
    $dom = new domDocument();
    $dom -> loadXML($str);
    $xml_3 = simplexml_import_dom($dom);
    echo '<p>';
    print_r($xml_3);
?>
```

结果为：SimpleXMLElement Object ([ComputerBook] => SimpleXMLElement Object ([title] => PHP
从入门到精通))

SimpleXMLElement Object ([ComputerBook] => SimpleXMLElement Object ([title] => PHP
从入门到精通))

SimpleXMLElement Object ([ComputerBook] => SimpleXMLElement Object ([title] => PHP
从入门到精通))

可以看到，不同数据源的 XML 只要结构相同，那么输出的结果也是相同的。

> **●注意**
>
> 第一行中的 header() 函数设置了 HTML 编码。虽然在 XML 文档中设置了编码格式，但只是针对 XML 文档的，在 HTML 输出时也要设置编码格式。

22.4.2　遍历所有子元素

创建对象后，就可以使用 SimpleXML 的其他函数来读取数据。使用 SimpleXML 对象中的 children() 函数和 foreach 循环语句可以遍历所有子节点元素。

【例 22.6】　本例使用 children() 函数遍历所有子节点。实例代码如下：（实例位置：光盘**TM\sl\22\6**）

```php
<?php
    header('Content-Type:text/html;charset=utf-8');          //设置编码
    /*   创建 XML 格式的字符串   */
    $str = <<<XML
<?xml version='1.0' encoding='gb2312'?>
<object>
    <book>
        <computerbook>PHP 从入门到精通</computerbook>
    </book>
    <book>
        <computerbook>PHP 项目开发全程实录</computerbook>
    </book>
</object>
XML;
    /*  ***************************   */
    $xml = simplexml_load_string($str);                      //创建一个 SimpleXML 对象
    foreach($xml->children() as $layer_one){                 //循环输出根节点
        print_r($layer_one);                                 //查看节点结构
        echo '<br>';
        foreach($layer_one->children() as $layer_two){       //循环输出第二层根节点
            print_r($layer_two);                             //查看节点结构
            echo '<br>';
        }
    }
?>
```

运行结果如图 22.2 所示。

图 22.2　遍历节点

22.4.3　遍历所有属性

SimpleXML 不仅可以遍历子元素，还可以遍历元素中的属性，其使用的是 SimpleXML 对象中的 attributes 方法，在使用上和 children() 函数相似。

【例 22.7】　本例使用 attributes 方法来遍历所有的元素属性。实例代码如下：（实例位置：光盘\TM\sl\22\7）

```php
<?php
header("Content-Type:text/html;charset=utf-8");          //设置编码
/*   创建 XML 格式的字符串   */
$str = <<<XML
<?xml version='1.0' encoding='gb2312'?>
<object name='commodity'>
    <book type='computerbook'>
        <bookname name='PHP 从入门到精通'/>
    </book>
    <book type='historybook'>
        <booknanme name='上下五千年'/>
    </book>
</object>
XML;
$xml = simplexml_load_string($str);                       //创建一个 SimpleXML 对象
foreach($xml->children() as $layer_one){                 //循环子节点元素
    foreach($layer_one->attributes() as $name => $vl){    //输出各个节点的属性和值
        echo $name.'::'.$vl;
    }
    echo '<br>';
    foreach($layer_one->children() as $layer_two){        //输出第二层节点元素
        foreach($layer_two->attributes() as $nm => $vl){   //输出各个节点的属性和值
            echo $nm."::".$vl;
        }
        echo '<br>';
    }
}
?>
```

运行结果如图 22.3 所示。

图 22.3　遍历子元素属性

22.4.4　访问特定节点元素和属性

SimpleXML 对象除了可以使用上面两个方法来遍历所有的节点元素和属性，还可以访问特定的数据元素。SimpleXML 对象可以通过子元素的名称对该子元素赋值，或使用子元素的名称数组来对该子元素的属性赋值。

【例 22.8】 本例使用 SimpleXML 对象直接对 XML 元素和属性进行访问。实例代码如下：（实例位置：光盘\TM\sl\22\8）

```php
<?php
    header('Content-Type:text/html;charset=utf-8');                         //设置编码
    /*   创建 XML 格式的字符串   */
    $str = <<<XML
<?xml version='1.0' encoding='gb2312'?>
<object name='商品'>
        <book>
                <computerbook>PHP 从入门到精通</computerbook>
        </book>
        <book>
                <computerbook name='PHP 项目开发全程实录'/>
        </book>
</object>
XML;
    /*   ************************   */
    $xml = simplexml_load_string($str);                                     //创建 SimpleXML 对象
    echo $xml['name'].'<br>';                                               //输出根元素的属性 name
    echo $xml->book[0]->computerbook.'<br>';                                //输出子元素中 computerbook 的值
    echo $xml->book[1]->computerbook['name'].'<br>';                        //输出 computerbook 的属性值
?>
```

运行结果如图 22.4 所示。

图 22.4　访问特定的节点元素和属性

22.4.5　修改 XML 数据

修改 XML 数据同读取 XML 数据类似。如例 22.8 中，在访问特定元素或属性时，也可以对其进行修改操作。

【例 22.9】 本例首先读取 XML 文档，然后输出根元素的属性 name，接着修改子元素 computerbook，最后输出修改后的值。实例代码如下：（实例位置：光盘\TM\sl\22\9）

```php
<?php
    /*   设置编码格式   */
    header('Content-Type:text/html;charset=utf-8');
    /*   创建 XML 格式的字符串   */
    $str = <<<XML
<?xml version='1.0' encoding='gb2312'?>
<object name='商品'>
        <book>
            <computerbook type='PHP 入门应用'>PHP 从入门到精通</computerbook>
        </book>
</object>
XML;
    /*   ****************************   */
    /*   创建 SimpleXML 对象   */
    $xml = simplexml_load_string($str);
    /*   输出根目录属性 name 的值   */
    echo $xml['name'].'<br />';
    /*   修改子元素 computerbook 的属性值 type   */
    $xml->book->computerbook['type'] = iconv('gb2312','utf-8','PHP 程序员必备工具');
    /*   修改子元素 computerbook 的值   */
    $xml->book->computerbook = iconv('gb2312','utf-8','PHP 函数参考大全');
    /*   输出修改后的属性和元素值   */
    echo $xml->book->computerbook['type'].' => ';
    echo $xml->book->computerbook;
?>
```

运行结果如图 22.5 所示。

图 22.5　修改元素和属性值

> **说明**
>
> iconv()函数是转换编码函数。有时，希望向页面或文件写入数据，但添加的数据的编码格式和文件原有编码格式不符，导致输出时出现乱码。这时，使用 iconv()函数将数据从输入时所使用的编码转换为另一种编码格式后再输出即可解决问题。本例是将字符串"PHP 程序员必备工具"从 gb2312 的编码格式转换成 utf-8 编码格式。

22.4.6　保存 XML 文档

数据在 SimpleXML 对象中所做的修改，其实是在系统内存中做的改动，而原文档根本没有变化。当关掉网页或清空内存时，数据又会恢复。要保存一个修改过的 SimpleXML 对象，可以使用 asXML 方法来实现。该方法可以将 SimpleXML 对象中的数据格式转化为 XML 格式，然后再使用 file()函数中的写入函数将数据保存到 XML 文件中。

【例 22.10】　本例首先从 10.xml 文档中生成 SimpleXML 对象，然后对 SimpleXML 对象中的元素进行修改，最后将修改后的 SimpleXML 对象再保存到 10.xml 文档中，实例代码如下：（**实例位置：光盘\TM\sl\22\10**）

```
//10.xml 文档
<?xml version="1.0" encoding="gb2312"?>
<object name="商品">
    <book>
        <computerbook type="PHP 入门应用">PHP 从入门到精通</computerbook>
    </book>
</object>
//index.php 文件
<?php
  /*  创建 SimpleXML 对象   */
  $xml = simplexml_load_file('10.xml');
  /*  修改 XML 文档内容   */
  $xml->book->computerbook['type'] = iconv('gb2312','utf-8','PHP 程序员必备工具');
  $xml->book->computerbook = iconv('gb2312','utf-8','PHP 函数参考大全');
  /*  格式化对象$xml   */
  $modi = $xml->asXML();
  /*  将对象保存到 10.xml 文档中   */
  file_put_contents('10.xml',$modi);
  /*  重新读取 10.xml 文档   */
  $str = file_get_contents('10.xml');
  /*  输出修改后的文档内容   */
  echo $str;
?>
```

运行结果如图 22.6 所示。

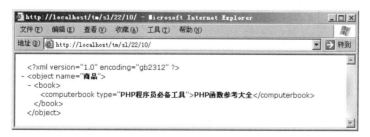

图 22.6　保存 SimpleXML 对象

22.5　动态创建 XML 文档

视频讲解：光盘\TM\lx\22\动态创建 XML 文档.exe

使用 SimpleXML 对象可以十分方便地读取和修改 XML 文档，但却无法动态建立 XML，这时就需要使用 DOM（Document Object Model，文档对象模型）来实现。DOM 通过树形结构模式来遍历 XML 文档。使用 DOM 遍历文档的好处是不需要标记即可显示全部内容，但缺点同样明显，就是十分消耗内存。

【例 22.11】　PHP 中的 DOM 函数库十分庞大，这里只给出一个常用的创建 XML 文档的实例。感兴趣的读者可以参考 XML 和 PHP 的官方手册来了解 DOM 的知识。实例代码如下：（实例位置：光盘\TM\sl\22\11）

```php
<?php
$dom = new DomDocument('1.0','gb2312');            //创建 DOM 对象
$object = $dom->createElement('object');            //创建根节点 object
$dom->appendChild($object);                         //将创建的根节点添加到 DOM 对象中
$book = $dom->createElement('book');                //创建节点 book
$object->appendChild($book);                        //将节点 book 追加到 DOM 对象中
$computerbook = $dom->createElement('computerbook');//创建节点 computerbook
$book->appendChild($computerbook);                  //将 computerbook 追加到 DOM 对象中
$type = $dom->createAttribute('type');              //创建一个节点属性 type
$computerbook->appendChild($type);                  //将属性追加到 computerbook 元素后
$type_value = $dom->createTextNode('computer');     //创建一个属性值
$type->appendChild($type_value);                    //将属性值赋给 type
$bookname = $dom->createElement('bookname');        //创建节点 bookname
$computerbook->appendChild($bookname);              //将节点追加到 DOM 对象中
$bookname_value = $dom->createTextNode(iconv('gb2312','utf-8','PHP 从入门到精通'));//创建元素值
$bookname->appendChild($bookname_value);            //将值赋给节点 bookname
echo $dom->saveXML();                               //输出 XML 文件
?>
```

运行结果如图 22.7 所示。

图 22.7　使用 DOM 创建 XML 文档

22.6 小 结

本章首先介绍了 XML 的基础语法，使读者对 XML 有了一个初步印象，然后学习如何在 PHP 中创建 XML 文档，接着对 PHP 5 最新的 SimpleXML 类库进行了详细的介绍，最后使用 DOM 对象模型动态创建了一个 XML 文档。

希望读者可以通过本章的概念和实例，初步掌握 PHP 对 XML 文档的操作，为学习 Ajax、SOAP 等技术做好准备。

22.7 实践与练习

1. 定义一个 PHP 读取 XML 类，实现基本操作，如创建、遍历、读取、删除等。（**答案位置：光盘\TM\sl\22\12**）

2. 使用 XML 来存储少量的数据。（**答案位置：光盘\TM\sl\22\13**）

第23章

PHP 与 Ajax 技术

（ 🎥 视频讲解：42 分钟 ）

随着 Web 2.0 时代的到来，Ajax 产生并逐渐成为主流。相对于传统的 Web 应用开发，Ajax 运用的是更加先进、更加标准化、更加高效的 Web 开发技术体系。需要说明的是，Ajax 是一个客户端技术，无论使用哪种服务器端技术（如 PHP、JSP、ASP 等）都可以使用 Ajax 技术。本章主要介绍 Ajax 技术及如何在 PHP 中应用 Ajax 技术。

通过阅读本章，您可以：

▶▶ 了解什么是 Ajax

▶▶ 了解 Ajax 的开发模式

▶▶ 了解 Ajax 的优点

▶▶ 掌握 Ajax 的使用技术

▶▶ 熟悉 Ajax 开发需要注意的问题

▶▶ 灵活运用 Ajax 技术在 PHP 中的应用

23.1　Ajax 概述

📹 视频讲解：光盘\TM\lx\23\Ajax 概述.exe

Ajax 技术是目前流行的技术，它极大地改善了传统 Web 应用的用户体验，因此也被称为传统的 Web 技术革命。Ajax 极大地发掘了 Web 浏览器的潜力，开创了大量新的可能性。下面对 Ajax 技术进行详细的介绍。

23.1.1　什么是 Ajax

Ajax 是由 Jesse James Garrett 创造的，是 Asynchronous JavaScript And XML 的缩写，即异步 JavaScript 和 XML 技术。Ajax 并不是一门新的语言或技术，它是 JavaScript、XML、CSS、DOM 等多种已有技术的组合，可以实现客户端的异步请求操作，实现在不需要刷新页面的情况下与服务器进行通信，从而减少用户的等待时间。

23.1.2　Ajax 的开发模式

在传统的 Web 应用模式中，页面中用户的每一次操作都将触发一次返回 Web 服务器的 HTTP 请求，服务器进行相应的处理（获得数据、运行与不同的系统会话）后，返回一个 HTML 页面给客户端，如图 23.1 所示。而在 Ajax 应用中，页面中用户的操作将通过 Ajax 引擎与服务器端进行通信，然后将返回结果提交给客户端页面的 Ajax 引擎，再由 Ajax 引擎来决定将这些数据插入到页面的指定位置，如图 23.2 所示。

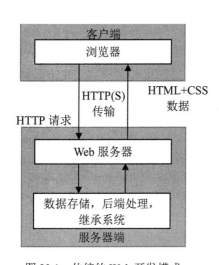

图 23.1　传统的 Web 开发模式

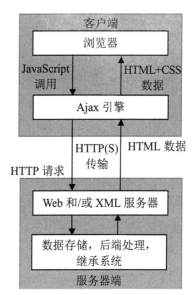

图 23.2　Ajax 的开发模式

从图 23.1 和图 23.2 中可以看出，对于每个用户的行为，在传统的 Web 应用模式中，将生成一次 HTTP 请求，而在 Ajax 应用开发模式中，将变成对 Ajax 引擎的一次 JavaScript 调用。在 Ajax 应用开发模式中通过 JavaScript 实现在不刷新整个页面的情况下，对部分数据进行更新，从而降低了网络流量，带来更好的用户体验。

23.1.3 Ajax 的优点

与传统的 Web 应用不同，Ajax 在用户与服务器之间引入一个中间媒介（Ajax 引擎），Web 页面不用打断交互流程进行重新加载即可动态地更新，从而消除了网络交互过程中的"处理—等待—处理—等待"的缺点。

使用 Ajax 的优点具体表现在以下几个方面。

- ☑ 减轻服务器的负担。Ajax 的原则是"按需求获取数据"，可以最大限度地减少冗余请求和响应对服务器造成的负担。
- ☑ 可以把一部分以前由服务器负担的工作转移到客户端，利用客户端闲置的资源进行处理，减轻服务器和带宽的负担，节约空间和宽带租用成本。
- ☑ 无刷新更新页面，使用户不用再像以前一样在服务器处理数据时只能在死板的白屏前焦急地等待。Ajax 使用 XMLHttpRequest 对象发送请求并得到服务器响应，在不需要重新载入整个页面的情况下，即可通过 DOM 及时将更新的内容显示在页面上。
- ☑ 可以调用 XML 等外部数据，进一步实现 Web 页面显示和数据的分离。
- ☑ 基于标准化的并被广泛支持的技术，不需要下载插件或者小程序。

23.2 Ajax 使用的技术

📀 视频讲解：光盘\TM\lx\23\Ajax 使用的技术.exe

23.2.1 JavaScript 脚本语言

JavaScript 是一种在 Web 页面中添加动态脚本代码的解释性程序语言，其核心已经嵌入到目前主流的 Web 浏览器中。虽然平时应用最多的是通过 JavaScript 实现一些网页特效及表单数据验证等功能，但 JavaScript 可以实现的功能远不止这些。JavaScript 是一种具有丰富的面向对象特性的程序设计语言，利用它能执行许多复杂的任务。例如，Ajax 就是利用 JavaScript 将 DOM、XHTML（或 HTML）、XML 以及 CSS 等技术综合起来，并控制它们的行为。因此，要开发一个复杂高效的 Ajax 应用程序，就必须对 JavaScript 有深入的了解。关于 JavaScript 脚本语言的详细讲解可参考相关书籍。

23.2.2 XMLHttpRequest

Ajax 技术中，最核心的技术就是 XMLHttpRequest，它是一个具有应用程序接口的 JavaScript 对象，能够使用超文本传输协议（HTTP）连接服务器，是微软公司为了满足开发者的需要，于 1999 年在 IE 5.0 浏览器中率先推出的。现在许多浏览器都对其提供了支持，但实现方式与 IE 有所不同。

通过 XMLHttpRequest 对象，Ajax 可以像桌面应用程序一样只同服务器进行数据层面的交换，而不用每次都刷新页面，也不用每次都将数据处理的工作交给服务器来做，这样既减轻了服务器负担，又加快了响应速度，从而缩短了用户等待的时间。

在使用 XMLHttpRequest 对象发送请求和处理响应之前，首先需要初始化该对象，由于 XMLHttpRequest 不是一个 W3C 标准，所以对于不同的浏览器，初始化的方法也不同。

☑ IE 浏览器

IE 浏览器把 XMLHttpRequest 实例化为一个 ActiveX 对象。具体方法如下：

```
var http_request = new ActiveXObject("Msxml2.XMLHTTP");
```

或者

```
var http_request = new ActiveXObject("Microsoft.XMLHTTP");
```

在上面的代码中，Msxml2.XMLHTTP 和 Microsoft.XMLHTTP 是针对 IE 浏览器的不同版本而进行设置的，目前比较常用。

☑ Mozilla、Safari 等其他浏览器

Mozilla、Safari 等其他浏览器把 XMLHttpRequest 实例化为一个本地 JavaScript 对象。具体方法如下：

```
var http_request = new XMLHttpRequest();
```

为了提高程序的兼容性，可以创建一个跨浏览器的 XMLHttpRequest 对象。方法很简单，只需要判断一下不同浏览器的实现方式，如果浏览器提供了 XMLHttpRequest 类，则直接创建一个实例，否则使用 IE 的 ActiveX 控件。具体代码如下：

```
if (window.XMLHttpRequest) {                                    //Mozilla、Safari 等浏览器
    http_request = new XMLHttpRequest();
}
else if (window.ActiveXObject) {                                //IE 浏览器
    try {
        http_request = new ActiveXObject("Msxml2.XMLHTTP");
    } catch (e) {
        try {
            http_request = new ActiveXObject("Microsoft.XMLHTTP");
        } catch (e) {}
    }
}
```

说明

由于 JavaScript 具有动态类型特性，而且 XMLHttpRequest 对象在不同浏览器上的实例是兼容的，所以可以用同样的方式访问 XMLHttpRequest 实例的属性或方法，不需要考虑创建该实例的方法。

下面分别介绍 XMLHttpRequest 对象的常用方法和属性。

1．XMLHttpRequest 对象的常用方法

下面对 XMLHttpRequest 对象的常用方法进行详细介绍。

（1）open 方法

open 方法用于设置进行异步请求目标的 URL、请求方法以及其他参数信息，具体语法如下：

open("method","URL"[,asyncFlag["userName"[, "password"]]])

其中，method 用于指定请求的类型，一般为 get 或 post；URL 用于指定请求地址，可以使用绝对地址或者相对地址，并且可以传递查询字符串；asyncFlag 为可选参数，用于指定请求方式，同步请求为 true，异步请求为 false，默认情况下为 true；userName 为可选参数，用于指定用户名，没有时可省略；password 为可选参数，用于指定请求密码，没有时可省略。

（2）send 方法

send 方法用于向服务器发送请求。如果请求声明为异步，该方法将立即返回，否则将直到接收到响应为止。具体语法格式如下：

send(content)

其中，content 用于指定发送的数据，可以是 DOM 对象的实例、输入流或字符串。如果没有参数，需要传递时可以设置为 null。

（3）setRequestHeader 方法

setRequestHeader 方法为请求的 HTTP 头设置值。具体语法格式如下：

setRequestHeader("label", "value")

其中，label 用于指定 HTTP 头，value 用于为指定的 HTTP 头设置值。

注意

setRequestHeader 方法必须在调用 open 方法之后才能调用。

（4）abort 方法

abort 方法用于停止当前异步请求。

（5）getAllResponseHeaders 方法

getAllResponseHeaders 方法用于以字符串形式返回完整的 HTTP 头信息，当存在参数时，表示以字符串形式返回由该参数指定的 HTTP 头信息。

2．XMLHttpRequest 对象的常用属性

XMLHttpRequest 对象的常用属性如表 23.1 所示。

表 23.1　XMLHttpRequest 对象的常用属性

属　　性	说　　明
onreadystatechange	每个状态改变时都会触发这个事件处理器，通常会调用一个 JavaScript 函数
readyState	请求的状态。有以下 5 个取值： 0=未初始化 1=正在加载 2=已加载 3=交互中 4=完成
responseText	服务器的响应，表示为字符串
responseXML	服务器的响应，表示为 XML。这个对象可以解析为一个 DOM 对象
status	返回服务器的 HTTP 状态码，如： 200="成功" 202="请求被接收，但尚未成功" 400="错误的请求" 404="文件未找到" 500="内部服务器错误"
statusText	返回 HTTP 状态码对应的文本

23.2.3　XML 语言

XML 提供了用于描述结构化数据的格式。XMLHttpRequest 对象与服务器交换的数据，通常采用 XML 格式，但也可以是基于文本的其他格式。

23.2.4　DOM

DOM 为 XML 文档的解析定义了一组接口。解析器读入整个文档，然后构建一个驻留内存的树结构，最后通过 DOM 可以遍历树以获取来自不同位置的数据，可以添加、修改、删除、查询和重新排列树及其分支。另外，还可以根据不同类型的数据源来创建 XML 文档。在 Ajax 应用中，通过 JavaScript 操作 DOM，可以达到在不刷新页面的情况下实时修改用户界面的目的。

23.2.5　CSS

CSS 是 Cascading Style Sheet（层叠样式表）的缩写，用于控制网页样式并允许将样式信息与网页内容分离的一种标记性语言。在 Ajax 中，通常使用 CSS 进行页面布局，并通过改变文档对象的 CSS 属性控制页面的外观和行为。CSS 是 Ajax 开发人员所需要的重要语言，它提供了从内容中分离应用样式和设计的机制。虽然 CSS 在 Ajax 应用中扮演至关重要的角色，但它也是构建跨浏览器应用的一大阻碍，因为不同的浏览器支持不同的 CSS 级别。

23.3　Ajax 开发需要注意的几个问题

 视频讲解：光盘\TM\lx\23\Ajax 开发需要注意的几个问题.exe

Ajax 在开发过程中需要注意以下几个问题。

1．浏览器兼容性问题

Ajax 使用了大量的 JavaScript 和 Ajax 引擎，而这些内容需要浏览器提供足够的支持。目前提供这些支持的浏览器有 IE 5.0 及以上版本、Mozilla 1.0、Netscape 7 及以上版本。Mozilla 虽然也支持 Ajax，但是提供 XMLHttpRequest 对象的方式不一样，所以使用 Ajax 程序必须测试针对各个浏览器的兼容性。

2．XMLHttpRequest 对象封装

Ajax 技术的实现主要依赖于 XMLHttpRequest 对象，但在调用其进行异步数据传输时，由于 XMLHttpRequest 对象的实例在处理事件完成后就会被销毁，所以如果不对该对象进行封装处理，在下次需要调用它时就要重新构建，而且每次调用都需要写一大段的代码，使用起来很不方便。现在很多开源的 Ajax 框架都提供了对 XMLHttpRequest 对象的封装方案，其详细内容这里不作介绍，请参考相关资料。

3．性能问题

由于 Ajax 将大量的计算从服务器端移到了客户端，这就意味着浏览器将承受更大的负担，而不再是只负责简单的文档显示。由于 Ajax 的核心语言是 JavaScript，而 JavaScript 并不以高性能知名，另外，JavaScript 对象也不是轻量级的，特别是 DOM 元素耗费了大量的内存。因此，如何提高 JavaScript 代码的性能对于 Ajax 开发者来说尤为重要。下面介绍 3 种优化 Ajax 应用执行速度的方法。

- ☑ 优化 for 循环。
- ☑ 将 DOM 节点附加到文档上。
- ☑ 尽量减少点 "." 操作符的使用。

4．中文编码问题

Ajax 不支持多种字符集，它默认的字符集是 utf-8，所以在应用 Ajax 技术的程序中应及时进行编码转换，否则程序中出现的中文字符将变成乱码。一般情况下，以下两种情况将产生中文乱码。

- ☑ PHP 发送中文，Ajax 接收

只需在 PHP 顶部添加如下语句：

```
header('Content-type: text/html;charset=GB2312');          //指定发送数据的编码格式
```

XMLHttpRequest 会正确解析其中的中文。

- ☑ Ajax 发送中文，PHP 接收

这个比较复杂，在 Ajax 中先用 encodeURIComponent 对要提交的中文进行编码。在 PHP 页添加如

下代码：

```
$GB2312string=iconv( 'UTF-8', 'gb2312//IGNORE' , $RequestAjaxString);
```

PHP 选择 MySQL 数据库时，使用如下语句设置数据库的编码类型：

```
mysqli_query($conn, "set names gb2312");
```

23.4　在 PHP 中应用 Ajax 技术的典型应用

📺 视频讲解：光盘\TM\lx\23\在 PHP 中应用 Ajax 技术的典型应用.exe

23.4.1　在 PHP 中应用 Ajax 技术检测用户名

【例 23.1】 本例主要通过 Ajax 技术实现不刷新页面检测用户名是否被占用。（实例位置：光盘\TM\sl\23\1）

程序的开发步骤如下：

（1）搭建 Ajax 开发框架，代码如下：

```
<script language="javascript">
var http_request = false;
function createRequest(url) {                    //初始化对象并发出 XMLHttpRequest 请求

    http_request = false;
    if (window.XMLHttpRequest) {                // Mozilla 等其他浏览器
        http_request = new XMLHttpRequest();
        if (http_request.overrideMimeType) {
            http_request.overrideMimeType("text/xml");
        }
    } else if (window.ActiveXObject) {           //IE 浏览器
        try {
            http_request = new ActiveXObject("Msxml2.XMLHTTP");
        } catch (e) {
            try {
                http_request = new ActiveXObject("Microsoft.XMLHTTP");
            } catch (e) {}
        }
    }
    if (!http_request) {
        alert("不能创建 XMLHTTP 实例!");
        return false;
    }
    http_request.onreadystatechange = alertContents;   //指定响应方法
    //发出 HTTP 请求
```

```
        http_request.open("GET", url, true);
        http_request.send(null);
}
function alertContents() {                               //处理服务器返回的信息
    if (http_request.readyState == 4) {
        if (http_request.status == 200) {
            alert(http_request.responseText);
        } else {
            alert('您请求的页面发现错误');
        }
    }
}
</script>
```

（2）编写 JavaScript 的自定义函数 checkName()，用于检测用户名是否为空，当用户名不为空时，调用 createRequest()函数发送请求检测用户名是否存在，代码如下：

```
<script language="javascript">
function checkName() {
    var username = form1.username.value;
    if(username=="") {
        window.alert("请添写用户名!");
        form1.username.focus();
        return false;
    }
    else {
        createRequest('checkname.php?username='+username+'&nocache='+new Date().getTime());
    }
}
</script>
```

在上面的代码中，必须添加清除缓存的代码（加粗的代码部分），否则程序将不能正确检测用户名是否被占用。

（3）在页面的适当位置添加"检测用户名"超链接，在该超链接的 onclick 事件中调用 checkName 方法弹出显示检测结果的对话框，关键代码如下：

```
<a href="#" onClick="checkName();">[检测用户名]</a>
```

（4）编写检测用户名是否唯一的 PHP 处理页 checkname.php，在该页面中使用 PHP 的 echo 语句输出检测结果，完整代码如下：

```
<?php
    header('Content-type: text/html;charset=GB2312');        //指定发送数据的编码格式为 GB2312
    $link=mysqli_connect("localhost","root","111");
    mysqli_select_db($link,"db_database23");
    mysqli_query($link,"set names gb2312");
    $username=$_GET['username'];
    $sql=mysqli_query($link,"select * from tb_user where name='".$username."'");
    $info=mysqli_fetch_array($sql);
```

```
if ($info){
        echo "很抱歉!用户名[".$username."]已经被注册!";
    }else{
        echo "祝贺您!用户名[".$username."]没有被注册!";
    }
?>
```

运行本例,在"用户名"文本框中输入"纯净水",单击"检测用户名"超链接,即可在不刷新页面的情况下弹出"祝贺您!用户名[纯净水]没有被注册!"的提示对话框,如图 23.3 所示。

图 23.3　检测用户名

23.4.2　在 PHP 中应用 Ajax 技术实现博客文章类别添加

【例 23.2】　本例主要通过 Ajax 技术实现无刷新的博客文章类别添加。(**实例位置:光盘\TM\sl\23\2**)

程序的开发步骤如下:

(1)搭建 Ajax 开发框架,具体代码如下:

```javascript
<script language="javascript">
var http_request = false;
function createRequest(url) {
    //初始化对象并发出 XMLHttpRequest 请求
    http_request = false;
    if (window.XMLHttpRequest) {                               //Mozilla 等其他浏览器
        http_request = new XMLHttpRequest();
        if (http_request.overrideMimeType) {
            http_request.overrideMimeType("text/xml");
        }
    } else if (window.ActiveXObject) {                         //IE 浏览器
        try {
            http_request = new ActiveXObject("Msxml2.XMLHTTP");
        } catch (e) {
            try {
```

```
                http_request = new ActiveXObject("Microsoft.XMLHTTP");
            } catch (e) {}
        }
    }
    if (!http_request) {
        alert("不能创建 XMLHTTP 实例!");
        return false;
    }
    http_request.onreadystatechange = alertContents;              //指定响应方法

    http_request.open("GET", url, true);                          //发出 HTTP 请求
    http_request.send(null);
}
function alertContents() {                                        //处理服务器返回的信息
    if (http_request.readyState == 4) {
        if (http_request.status == 200) {
            sort_id.innerHTML=http_request.responseText;          //设置 sort_id HTML 文本替换的元素内容
        } else {
            alert('您请求的页面发现错误');
        }
    }
}
</script>
```

在上面的代码中，要特别注意的是加粗部分的代码，sort_id 是显示文章分类信息的单元格 id 属性，将在本例的步骤（4）中介绍。innerHTML 属性声明了元素含有的 HTML 文本，不包括元素本身的开始标记和结束标记，该属性用于指定 HTML 文本替换元素的内容。

（2）编写 JavaScript 的自定义函数 check_sort()用于检测欲添加的类别名称是否为空，当类别名称文本框不为空时调用 createRequest()函数发送请求获取添加类别信息到数据库中，代码如下：

```
<script language="javascript">
function checksort() {
    var txt_sort = form1.txt_sort.value;
    if(txt_sort=="") {
        window.alert("请填写文章类别!");                        //如果文章类别文本框内容为空，弹出提示
        form1.txt_sort.focus();
        return false;
    }
    else {
        createRequest('checksort.php?txt_sort='+txt_sort);      //提交分类信息到数据处理页
    }
}
</script>
```

（3）在下拉列表中动态输出博客文章的类别信息，这里更重要的是将第一行代码中单元格的 id 属性设置为 sort_id，便于在 JavaScript 脚本中调用。另外，在"添加分类"图像的 onclick 事件中调用 checksort 方法，代码如下：

```
<td width="14%" valign="baseline" id="sort_id">
  <table border="0" cellpadding="0" cellspacing="0">
    <tr>
      <td>
        <select name="select" >
        <?php
        $link=mysqli_connect("localhost","root","111");          //连接 MySQL 数据库服务器
        mysqli_select_db($link,"db_database23");                  //选择数据库文件
        mysqli_query($link,"set names gb2312");                   //设置数据库编码类型为 GB2312
        $sql=mysqli_query($link,"select distinct * from tb_sort group by sort");
        $result=mysqli_fetch_object($sql);                        //检索数据表中的信息
        do{
            header('Content-type: text/html;charset=GB2312');     //指定发送数据的编码格式为 GB2312
        ?>
        <option value="<?php echo $result->sort;?>" selected><?php echo $result->sort;?></option>
        <?php
        }while($result=mysqli_fetch_object($sql));
        ?>
        </select>
      </td>
      <td width="20%" height="21" align="right" valign="baseline">
      <input name="txt_sort" type="text" id="txt_sort" size="12" style="border:1px #64284A solid; height:21">
      </td>
      <td width="49%" height="21" align="left" valign="baseline">
      <img src="images/add.gif" width="67" height="23" onclick="checksort();">
      </td>
    </tr>
  </table>
</td>
```

（4）编写添加分类信息到 PHP 处理页 checksort.php，在该页面首先从数据表中获取博客分类信息，然后添加到数据库中，最后显示在下拉列表中，完整代码如下：

```
<?php
    $link=mysqli_connect("localhost","root","111");
    mysqli_select_db($link,"db_database23");
    mysqli_query($link,"set names gb2312");
    $sort=$_GET['txt_sort'];
    mysqli_query($link,"insert into tb_sort(sort) values('$sort')");
    header('Content-type: text/html;charset=GB2312');          //指定发送数据的编码格式为 GB2312
?>
<!-- 下面的代码部分是单元格 id 属性中的代码部分，与步骤（3）等同，只是不包括元素本身的开始标记和结束
标记<td width="14%" valign="baseline" id="sort_id">，该属性用于指定 HTML 文本替换元素的内容。 --!>
<table border="0" cellpadding="0" cellspacing="0">
  <tr>
    <td>
    <select name="select" >
    <?php
        $link=mysqli_connect("localhost","root","111");         //连接 MySQL 数据库服务器
```

453

```
    mysqli_select_db($link,"db_database23");                          //选择数据库文件
    mysqli_query($link,"set names gb2312");                          //设置数据库编码类型为 GB2312
    $sql=mysqli_query($link,"select distinct * from tb_sort group by sort");
    $result=mysqli_fetch_object($sql);                              //检索数据表中的信息
    do{
            header('Content-type: text/html;charset=GB2312');      //指定发送数据的编码格式为 GB2312
?>
 <option value="<?php echo $result->sort;?>" selected><?php echo $result->sort;?></option>
 <?php
        }while($result=mysqli_fetch_object($sql));
 ?>
 </select>
 </td>
 <td width="20%" height="21" align="right" valign="baseline">
 <input name="txt_sort" type="text" id="txt_sort" size="12" style="border:1px #64284A solid; height:21">
 </td>
 <td width="49%" height="21" align="left" valign="baseline">
 <img src="images/add.gif" width="67" height="23" onclick="checksort();">
 </td>
 </tr>
</table>
```

运行本例，在"文章类别"后面的文本框中输入"心灵感悟"，单击"添加分类"按钮，即可在"文章类别"下拉列表框中成功添加该分类信息，如图 23.4 所示。

图 23.4　在 PHP 中应用 Ajax 技术实现博客文章类别添加

23.5　小　　结

本章主要介绍了应用 PHP 开发动态网站时的一些高级技术，读者应该认真学习并掌握。通过这些技术可以使编程水平上升到一个新的层次。例如，使用 Ajax 技术可以实现很多无刷新效果，增强页面的友好感。

23.6　实践与练习

1．应用 Ajax 技术实现无刷新的级联下拉列表。在"所属大类"下拉列表框中选择"家居日用"列表项后，在"所属小类"下拉列表框中将显示属于该类别下的全部子类。（**答案位置：光盘\TM\sl\23\3**）

2．应用 Ajax 技术对数据库中的数据进行模糊查询。（**答案位置：光盘\TM\sl\23\4**）

项目实战

　　本篇首先通过 Smarty 模板技术、PDO 数据库抽象层、Ajax 等主流技术实现一个大型、完整的电子商务平台，运用软件工程的设计思想，让读者学习如何进行网站项目的实践开发。然后通过 ThinkPHP 框架开发一个导航网，该程序运用了软件工程设计思想中的 MVC 设计理念，通过一个国产框架 ThinkPHP 编写而成。通过这个程序读者可以了解网站导航的开发流程，并且掌握 ThinkPHP 框架开发网站的流程，以及常用的技术。

第 **24** 章

应用 Smarty 模板开发电子商务网站

（ 📹 视频讲解：**2 小时 21 分钟**）

随着 20 世纪 PC（个人计算机）的发展和互联网的普及，电子商务从报文时代进入到了 Internet 时代，并逐渐被大众所了解和接受。电子商务（Electronic Commerce，EC）是目前发展较快的一种商务模式。迄今为止，不同领域的人对 EC 的理解各有不同。简单地说，EC 是一种基于 Internet，利用计算机硬件、软件等现有设备和协议进行各种商务活动的方式。

通过阅读本章，您可以：

▶▶ 了解开发背景

▶▶ 了解网站的需求分析

▶▶ 了解系统功能结构

▶▶ 掌握数据库的设计

▶▶ 掌握网站公共文件设计

▶▶ 掌握前台首页的设计

▶▶ 掌握登录模块的设计

▶▶ 掌握会员信息模块设计

▶▶ 掌握商品展示模块设计

▶▶ 掌握购物车模块设计

▶▶ 掌握收银台模块设计

▶▶ 掌握后台首页的设计

24.1　开发背景

自 20 世纪 90 年代，互联网的蓬勃发展，为企业提供了一个全新的机遇。企业网站、电子商务成为热门话题。其中，电子商务更是关系到经济结构、产业升级和国家整体经济竞争力。为此，我国已经将发展电子商务列为信息化建设的重要内容，并努力创造条件，积极地推进电子商务的发展。

据美国在线（AOL）和 Henley Centre 联合进行的一项调查显示：国外有 80% 的受调查者会选择网上购物或寻求帮助，10% 的受调查者会选择熟悉的品牌或厂商来购买。而在国内，自 1997 年拉开了电子商务的序幕，短短的 10 年时间里，全国已有 4 万家商业网站，几乎每天都有新的网站诞生，厂商所在地也从上海、广州、深圳等沿海发达地区扩展到全国各大中城市。

24.2　需求分析

随着"地球村"概念的兴起，网络已经深入到人们生活的每一个角落。世界越来越小，信息的传播越来越快，内容也越来越丰富。现在，人们对于在网络上寻求信息和服务已不再满足于简单的信息获取上，人们更多的是需要在网上实现方便的、便捷的、可交互式的网络服务。电子商务则正好满足了人们的需求，它可以让人们在网上实现互动的交流及足不出户地购买产品，向企业发表自己的意见、服务需求及有关投诉，并且通过网站的交互式操作向企业进行产品的咨询、得到相应的回馈及技术支持。精明的商家绝不会错过这样庞大的市场，越来越多的企业已经开展了电子商务活动。加入电子商务的行列也许不会让企业马上获得效益，但不加入则一定会被时代所抛弃。

24.3　系统分析

24.3.1　系统目标

根据客户提供的需求和对实际情况的考察与分析，该电子商务应该具备如下特点：
- ☑　首页设计要能够吸引用户的目光，整个页面要以简洁为主，突出重点。
- ☑　可操作性强，避免复杂的、有异议的链接。
- ☑　浏览速度快，尽量避免长时间打不开页面的情况发生。
- ☑　商品信息部分有实物图例，图像清楚、文字醒目。
- ☑　详细的商品查询功能，可以通过商品的各个属性来搜索。
- ☑　详细的流程介绍，从浏览商品到购买结账，各个步骤之间的联系最好能以图例来说明。
- ☑　提供在线咨询。
- ☑　后台可以对用户信息和商品信息进行详尽的查看和管理。

☑ 订单管理。
☑ 易维护，并提供二次开发支持。

24.3.2 系统功能结构

电子商务平台分前台系统和后台系统。下面分别给出前台、后台的系统功能结构图。电子商务前台系统功能结构如图 24.1 所示。

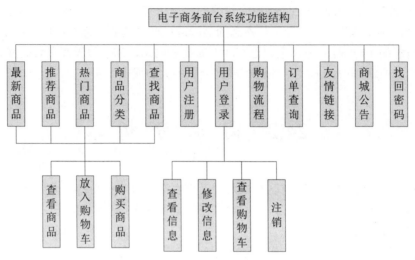

图 24.1 电子商务前台系统功能结构

电子商务后台系统功能结构如图 24.2 所示。

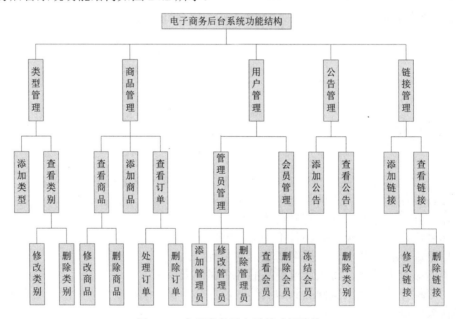

图 24.2 电子商务后台系统功能结构

24.3.3　开发环境

在开发电子商务平台时，该项目使用的软件开发环境如下。

1．服务器端

☑　操作系统：Windows 2003 Server/Linux（推荐）。

☑　服务器：Apache 2.4.9。

☑　PHP 软件：PHP 5.5.12。

☑　数据库：MySQL 5.6.17。

☑　MySQL 图形化管理软件：phpMyAdmin-4.1.14。

☑　PDO 数据库抽象层。

☑　Smarty 模板。

☑　开发工具：Dreamweaver 8。

☑　浏览器：IE 6.0 及以上版本。

☑　分 辨 率 ： 最 佳 效 果 为 1024×768 像素。

2．客户端

☑　浏览器：推荐 IE 6.0 及以上版本。

☑　分 辨 率 ： 最 佳 效 果 为 1024×768 像素。

24.3.4　文件夹组织结构

编写代码之前，可以把系统中可能用到的文件夹先创建出来（例如，创建一个名为 images 的文件夹，用于保存程序中所使用的图片），这样不但可以方便以后的开发工作，也可以规范系统的整体架构。因为本项目使用的是 Smarty+PDO 技术，所以目录较多。下面介绍一下本系统的目录结构（到三级目录），如图 24.3 所示。

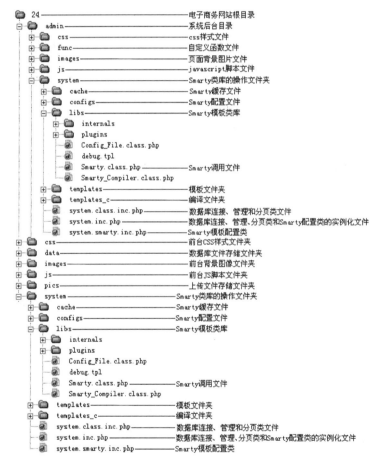

图 24.3　电子商务网站文件夹组织结构

24.4　数据库与数据表的设计

📀 视频讲解：光盘\TM\lx\24\数据库与数据表的设计.exe

无论是什么系统软件，其最根本的功能就是对数据的操作与使用。所以，一定要先做好数据的分析、设计与实现，然后才实现对应的功能模块。

24.4.1　数据库分析

根据需求分析和系统的功能流程图，找出需要保存的信息数据（也可以理解为现实世界中的实体），并将其转化为原始数据（属性类型）形式。这种描述现实世界的概念模型，可以使用 E-R 图（实体-联系图）来表示。最后将 E-R 图转换为关系数据库。这里重点介绍几个 E-R 图。

1．会员信息实体

会员信息实体包括编号、名称、密码、E-mail、身份证号、固定电话、QQ、密码提示、密码答案、邮编、注册日期、真实姓名等属性。会员信息实体 E-R 图如图 24.4 所示。

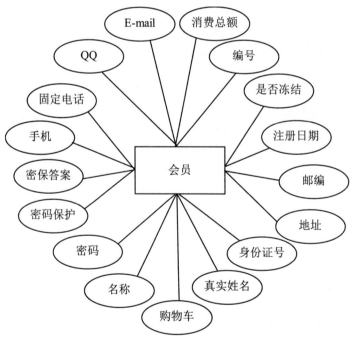

图 24.4　会员信息实体 E-R 图

2．商品信息实体

商品信息实体包括编号、名称、添加日期、型号、图片、库存、销售量、类型、会员价格、市场价格、打折率等属性。商品信息实体 E-R 图如图 24.5 所示。

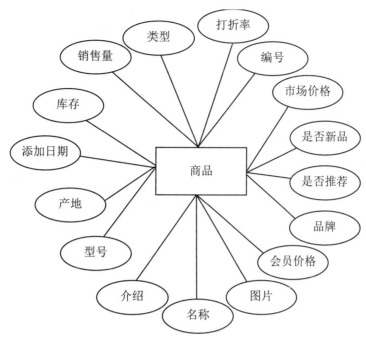

图 24.5　商品信息实体 E-R 图

3．商品订单实体

商品订单实体包括编号、订单号、商品 id、商品数量、单价、打折率、收货人、送货地址、邮编、联系电话、收货方式、付款方式、订单日期、发货人姓名、订单状态、消费金额等属性。商品订单实体 E-R 图如图 24.6 所示。

图 24.6　商品订单实体 E-R 图

4．商品评价实体

商品评价实体包括编号、用户 id、商品 id、内容、时间等属性。商品评价实体 E-R 图如图 24.7 所示。

图 24.7　商品评价实体 E-R 图

除了上面介绍的 4 个 E-R 图之外，还有公告实体、管理员实体、类型实体和友情链接实体等，限于篇幅，这里仅列出主要的实体 E-R 图。

24.4.2　创建数据库和数据表

系统 E-R 图设计完成后，接下来根据 E-R 图来创建数据库和数据表。首先来看一下电子商务平台所使用的数据表情况，如图 24.8 所示。

表	操作						记录数 ①	类型	整理
tb_admin						×	1	MyISAM	utf8_unicode_ci
tb_class						×	6	MyISAM	utf8_unicode_ci
tb_commo						×	6	MyISAM	utf8_unicode_ci
tb_form						×	14	MyISAM	utf8_unicode_ci
tb_links						×	3	MyISAM	utf8_unicode_ci
tb_opinion						×	0	MyISAM	utf8_unicode_ci
tb_public						×	5	MyISAM	utf8_unicode_ci
tb_user						×	3	MyISAM	utf8_unicode_ci

图 24.8　电子商务数据表

下面来看各个数据表的结构和字段说明。

1．tb_admin（管理员信息表）

管理员信息表主要用于存储管理员的信息，其结构如图 24.9 所示。

字段	类型	整理	属性	Null	默认	额外
id	int(4)			否		auto_increment
name	varchar(50)	utf8_unicode_ci		否		
pwd	varchar(50)	utf8_unicode_ci		否		

图 24.9　管理员信息表结构

2．tb_class（商品类型表）

商品类型列表主要用于添加商品的类别，可以设定多个子类别（目前最多只能到二级子类别），其结构如图 24.10 所示。

字段	类型	整理	属性	Null	默认	额外
id	int(4)			否		auto_increment
name	varchar(20)	utf8_unicode_ci		否		
supid	int(2)			否		

图 24.10　商品类型表结构

3．tb_commo（商品信息表）

商品信息表主要用于存储关于商品的相关信息，其结构如图 24.11 所示。

字段	类型	整理	属性	Null	默认	额外
id	int(4)			否		auto_increment
name	varchar(50)	utf8_unicode_ci		否		
pics	varchar(200)	utf8_unicode_ci		否	pics/null.jpg	
info	mediumtext	utf8_unicode_ci		否		
addtime	date			否		
area	varchar(50)	utf8_unicode_ci		否		
model	varchar(50)	utf8_unicode_ci		否		
class	varchar(50)	utf8_unicode_ci		否		
brand	varchar(50)	utf8_unicode_ci		否		
stocks	int(4)			否	1	
sell	int(4)			否	0	
m_price	float			否		
v_price	float			否		
fold	float			否	9	
isnew	int(1)			否	1	
isnom	int(1)			否	0	

图 24.11　商品信息表结构

4．tb_form（商品订单表）

商品订单表主要用于存储商品的订单信息，其结构如图 24.12 所示。

字段	类型	整理	属性	Null	额外	说明
id	int(4)			否	auto_increment	自动编号
formid	varchar(125)	gb2312_chinese_ci		否		订单号
commo_id	varchar(100)	gb2312_chinese_ci		否		商品 id
commo_name	varchar(50)	gb2312_chinese_ci		否		商品名称
commo_num	varchar(100)	gb2312_chinese_ci		否		商品数量
agoprice	varchar(50)	gb2312_chinese_ci		否		商品价格
fold	varchar(50)	gb2312_chinese_ci		否		商品折率
total	varchar(50)	gb2312_chinese_ci		否		总金额
vendee	varchar(50)	gb2312_chinese_ci		否		订单用户
taker	varchar(50)	gb2312_chinese_ci		否		收货人
address	varchar(200)	gb2312_chinese_ci		否		收货地址
tel	varchar(20)	gb2312_chinese_ci		否		移动电话
code	varchar(10)	gb2312_chinese_ci		否		邮编
pay_method	varchar(20)	gb2312_chinese_ci		否		付款方式
del_method	varchar(20)	gb2312_chinese_ci		否		送货方式
formtime	timestamp			否		订单时间
state	int(1)			否		订单状态

图 24.12　商品订单表结构

5．tb_public（公告信息表）

公告信息表主要用于展示网站的最新活动和最新消息，包括发布时间、公告标题和公告内容，其结构如图 24.13 所示。

字段	类型	整理	属性	Null	默认	额外	说明
id	int(4)			否		auto_increment	自动编号
title	varchar(50)	gb2312_chinese_ci		否			公告标题
content	mediumtext	gb2312_chinese_ci		否			公告内容
is_time	date			否			发布时间

图 24.13　公告信息表结构

6．tb_user（会员信息表）

会员信息表主要用于存储用户的基本信息，其结构如图 24.14 所示。

字段	类型	整理	属性	Null	默认	额外	说明
id	int(4)			否		auto_increment	自动编号
name	varchar(50)	gb2312_chinese_ci		否			会员名称
password	varchar(50)	gb2312_chinese_ci		否			密码
question	varchar(50)	gb2312_chinese_ci		否			密码保护
answer	varchar(50)	gb2312_chinese_ci		否			问题答案
consume	float			否	0		消费总额
realname	varchar(50)	gb2312_chinese_ci		否			真实姓名
card	varchar(20)	gb2312_chinese_ci		否			身份证号
tel	varchar(20)	gb2312_chinese_ci		否			移动电话
phone	varchar(20)	gb2312_chinese_ci		否			固定电话
Email	varchar(25)	gb2312_chinese_ci		否			Email
QQ	varchar(10)	gb2312_chinese_ci		否			QQ
code	varchar(10)	gb2312_chinese_ci		否			邮编
address	varchar(200)	gb2312_chinese_ci		否			地址
addtime	date			否			注册时间
isfreeze	int(1)			否	0		是否冻结
shopping	varchar(200)	gb2312_chinese_ci		否			购物车信息

图 24.14　会员信息表结构

此外还有友情链接表和商品评论表，限于篇幅，这里不再介绍，读者可参考本书附赠光盘中的数据库文件。

24.5　公共文件设计

🎬 视频讲解：光盘\TM\lx\24\公共文件设计.exe

公共模块就是将多个页面都可能使用到的代码写成单独的文件，在使用时只要用 include 或 require 语句将文件包含进来即可。如本系统中的数据库连接、管理和分页类文件，Smarty 模板配置类文件，类的实例化文件，CSS 样式表文件，JS 脚本文件等。以前台系统为例，下面给出主要的公共文件，后台的公共文件与前台大同小异。

24.5.1　数据库连接、管理和分页类文件

在数据库连接、管理和分页类文件中，定义三个类，分别是 ConDB 数据库连接类，实现通过 PDO 连接 MySQL 数据库；AdminDB 数据库管理类，使用 PDO 类库中的方法执行对数据库中数据的查询、添加、更新和删除操作；SepPage 分页类，用于对商城中的数据进行分页输出。

【例 24.1】　代码位置：光盘\TM\sl\24\system\system.class.inc.php

```php
<?php
//数据库连接类
class ConnDB{
    var $dbtype;
    var $host;
    var $user;
    var $pwd;
    var $dbname;
     //构造方法
    function ConnDB($dbtype,$host,$user,$pwd,$dbname){
        $this->dbtype=$dbtype;
        $this->host=$host;
        $this->user=$user;
        $this->pwd=$pwd;
        $this->dbname=$dbname;
    }
    //实现数据库的连接并返回连接对象
    function GetConnId(){
     if($this->dbtype=="mysql" || $this->dbtype=="mssql"){
            $dsn="$this->dbtype:host=$this->host;dbname=$this->dbname";
        }else{
            $dsn="$this->dbtype:dbname=$this->dbname";
        }
        try {//初始化一个 PDO 对象，就是创建了数据库连接对象$pdo
            $conn = new PDO($dsn, $this->user, $this->pwd);
            $conn->query("set names utf8");
            return $conn;
        } catch (PDOException $e) {
            die ("Error!: " . $e->getMessage() . "<br/>");
        }
    }
}
//数据库管理类
class AdminDB{
    function ExecSQL($sqlstr,$conn){
        $sqltype=strtolower(substr(trim($sqlstr),0,6));
        $rs=$conn->prepare($sqlstr);                        //准备查询语句
        $rs->execute();                                     //执行查询语句，并返回结果集
```

```
        if($sqltype=="select"){
            $array=$rs->fetchAll(PDO::FETCH_ASSOC);    //获取结果集中的所有数据
            if(count($array)==0 || $rs==false)
                return false;
            else
                return $array;
        }elseif ($sqltype=="update" || $sqltype=="insert" || $sqltype=="delete"){
            if($rs)
                return true;
            else
                return false;
        }
    }
}
//分页类
class SepPage{
    var $rs;
    var $pagesize;
    var $nowpage;
    var $array;
    var $conn;
    var $sqlstr;
    function ShowData($sqlstr,$conn,$pagesize,$nowpage){    //定义方法
        if(!isset($nowpage) || $nowpage=="")                //判断变量值是否为空
            $this->nowpage=1;                               //定义每页起始页
        else
            $this->nowpage=$nowpage;
        $this->pagesize=$pagesize;                          //定义每页输出的记录数
        $this->conn=$conn;                                  //连接数据库返回的标识
        $this->sqlstr=$sqlstr;                              //执行的查询语句
        $this->rs=$this->conn->PageExecute($this->sqlstr,$this->pagesize,$this->nowpage);
        @$this->array=$this->rs->GetRows();                 //获取记录数
            if(count($this->array)==0 || $this->rs==false)
                return false;
            else
                return $this->array;
    }
    function ShowPage($contentname,$utits,$anothersearchstr,$anothersearchstrs,$class){
        $allrs=$this->conn->Execute($this->sqlstr);         //执行查询语句
        $record=count($allrs->GetRows());                   //统计记录总数
        $pagecount=ceil($record/$this->pagesize);           //计算共有几页
        $str.=$contentname." ".$record." ".$utits." 每页 ".$this->pagesize." ".
$utits." 第 ".$this->rs->AbsolutePage()." 页/共 ".$pagecount." 页";
        $str.="    ";
        if(!$this->rs->AtFirstPage())
            $str.="<a
href=".$_SERVER['PHP_SELF']."?page=1&parameter1=".$anothersearchstr."&parameter2=".$anothersearchst
```

```
rs." class=".$class.">首页</a>";
        else
            $str.="<font color='#555555'>首页</font>";
        $str.=" ";
        if(!$this->rs->AtFirstPage())
            $str.="<a
href=".$_SERVER['PHP_SELF']."?page=".($this->rs->AbsolutePage()-1)."&parameter1=".$anothersearchstr."&
parameter2=".$anothersearchstrs." class=".$class.">上一页</a>";
        else
            $str.="<font color='#555555'>上一页</font>";
        $str.=" ";
        if(!$this->rs->AtLastPage())
            $str.="<a
href=".$_SERVER['PHP_SELF']."?page=".($this->rs->AbsolutePage()+1)."&parameter1=".$anothersearchstr."&
parameter2=".$anothersearchstrs." class=".$class.">下一页</a>";
        else
            $str.="<font color='#555555'>下一页</font>";
        $str.=" ";
        if(!$this->rs->AtLastPage())
            $str.="<a
href=".$_SERVER['PHP_SELF']."?page=".$pagecount."&parameter1=".$anothersearchstr."&parameter2=".$an
othersearchstrs." class=".$class.">尾页</a>";
        else
            $str.="<font color='#555555'>尾页</font>";
        if(count($this->array)==0 || $this->rs==false)
            return "";
        else
            return $str;
    }
}
?>
```

24.5.2　Smarty 模板配置类文件

在 Smarty 模板配置类文件中配置 Smarty 模板文件、临时文件、配置文件等文件路径。
system.smarty.inc.php 文件的代码如下：

【例 24.2】　代码位置：光盘\TM\sl\24\system\system.smarty.inc.php

```
<?php
require("smarty/Smarty.class.php");                  //调用 Smarty 类文件
class SmartyProject extends    Smarty{               //定义类，继承 Smarty 父类
    function SmartyProject(){                        //定义方法，配置 Smarty 模板
        $this->template_dir = "./";                 //指定模板文件存储在根目录下
        $this->compile_dir = "./system/templates_c/"; //指定编译文件存储位置
```

```
                    $this->config_dir = "./system/configs/";          //指定配置文件存储位置
                    $this->cache_dir = "./system/cache/";              //指定缓存文件存储位置
            }
    }
?>
```

24.5.3　执行类的实例化文件

在 system.inc.php 文件中，通过 require 语句包含 system.smarty.inc.php 和 system.class.inc.php 文件，执行类的实例化操作，并定义返回对象。完成数据库连接类的实例化后，调用其中的 GetConnId 方法连接数据库。system.inc.php 文件的代码如下：

【例 24.3】　代码位置：光盘\TM\sl\24\system\system.inc.php

```php
<?php
require("system.smarty.inc.php");                                      //包含 Smarty 配置类
require("system.class.inc.php");                                       //包含数据库连接和操作类
$connobj=new ConnDB("mysql","localhost","root","111","db_database24");  //数据库连接类实例化
$conn=$connobj->GetConnId();                                           //执行连接操作，返回连接标识
$admindb=new AdminDB();                                                //数据库操作类实例化
$seppage=new SepPage();                                                //分页类实例化
$usefun=new UseFun();                                                  //使用常用函数类实例化
$smarty=new SmartyProject();                                           //调用 Smarty 模板
function unhtml($params){
        extract($params);
        $text=$content;
        global $usefun;
        return $usefun->UnHtml($text);
}
$smarty->register_function("unhtml","unhtml");                         //注册模板函数
?>
```

24.6　前台首页设计

📹 视频讲解：光盘\TM\lx\24\前台首页设计.exe

前台首页一般没有多少实质的技术，主要是加载一些功能模块，如登录模块、导航栏模块、公告栏模块等，使浏览者能够了解网站内容和特点。首页的重要之处是要合理地对页面进行布局，既要尽可能地将重点模块显示出来，同时又不能因为页面凌乱无序，而让浏览者无所适从，产生反感。本系统的前台首页 index.php 的运行结果如图 24.15 所示。

图 24.15　前台首页运行结果

24.6.1　前台首页技术分析

在前台首页中应用 switch 语句与 Smarty 模板中的内建函数 include 设计一个框架页面，实现不同功能模块在首页中的展示。

switch 语句在 PHP 动态文件中使用，根据超链接传递的值，包含不同的功能模块。

include 标签在 Smarty 模板页中使用，在当前模板页中包含其他模板文件。其语法如下：

```
{include file="file_name " assign=" " var="   "}
```

其中，file 指定包含模板文件的名称；assign 指定一个变量保存包含模板的输出；var 传递给待包含模板的本地参数，只在待包含模板中有效。

24.6.2　前台首页实现过程

（1）创建 index.php 动态页。在 index.php 动态页中，应用 include_once 语句包含相应的文件，应用 switch 语句，以超链接中参数 page 传递的值为条件进行判断，实现在不同页面之间跳转。index.php 的关键代码如下：

【例 24.4】　代码位置：光盘\TM\sl\24\index.php

```php
<?php
session_start();
header ( "Content-type: text/html; charset=UTF-8" );        //设置文件编码格式
require("system/system.inc.php");                           //包含配置文件
if(isset($_GET["page"])){
    $page=$_GET["page"];
}else{
    $page="";
}
include_once("login.php");
include_once("public.php");
include_once("links.php");
switch($page){
    case "hyzx":
        include_once "member.php";
        $smarty->assign('admin_phtml','member.tpl');    //将 PHP 脚本文件对应的模板文件名称赋给模板变量
        break;
    case 'allpub':
        include_once 'allpub.php';
        $smarty->assign('admin_phtml','allpub.tpl');    //将 PHP 脚本文件对应的模板文件名称赋给模板变量
        break;
    case 'nom':
        include_once 'allnom.php';
        $smarty->assign('admin_phtml','allnom.tpl');    //将 PHP 脚本文件对应的模板文件名称赋给模板变量
        break;
    case 'new':
        include_once 'allnew.php';
        $smarty->assign('admin_phtml','allnew.tpl');    //将 PHP 脚本文件对应的模板文件名称赋给模板变量
        break;
    case 'hot':
        include_once 'allhot.php';
        $smarty->assign('admin_phtml','allhot.tpl');    //将 PHP 脚本文件对应的模板文件名称赋给模板变量
        break;
    case 'shopcar':
        include_once 'myshopcar.php';
        $smarty->assign('admin_phtml','myshopcar.tpl');//将 PHP 脚本文件对应的模板文件名称赋给模板变量
        break;
    case 'settle':
        include_once 'settle.php';
```

```
          $smarty->assign('admin_phtml','settle.tpl');        //将 PHP 脚本文件对应的模板文件名称赋给模板变量
          break;
      case 'queryform':
          include_once 'queryform.php';
          $smarty->assign('admin_phtml','queryform.tpl');//将 PHP 脚本文件对应的模板文件名称赋给模板变量
          break;
      default:
          include_once 'newhot.php';
          $smarty->assign('admin_phtml','newhot.tpl');        //将 PHP 脚本文件对应的模板文件名称赋给模板变量
          break;
  }
  $smarty->display("index.tpl");                              //指定模板页
?>
```

（2）创建 index.tpl 模板页。在模板文件 index.tpl 中应用 Smarty 的 include 标签调用不同的模板文件，生成静态页面。其关键代码如下：

【例 24.5】　代码位置：光盘\TM\sl\24\system\templates\index.tpl

```
<table width="850" border="0" cellspacing="0" cellpadding="0">
  <tr>
    <td colspan="2">{include file='top.tpl'}</td>
  </tr>
  <tr>
    <td width="216" align="left" valign="top">
    {include file='login.tpl'}
    {include file='public.tpl'}
    {include file='links.tpl'}
    </td>
    <td width="634" height="700" align="center" valign="top">
{include file='search.tpl'}
<!--载入模板文件-->{include file=$admin_phtml}</td>
  </tr>
</table>
<table width="850" border="0" cellspacing="0" cellpadding="0">
    <tr>
    <td>{include file='buttom.tpl'}</td>
    </tr>
</table>
```

说明

　　本系统的功能较多，结构比较复杂，对于初学者来说学起来可能会比较困难。所以，本书将系统中的各个功能模块所涉及的文件（如 PHP、TPL、CSS、JS 等）尽可能都单独实现。读者在学习其中某个模块时，可以将相关的文件统一放到同一个目录下单独测试。

24.7 登录模块设计

📹 视频讲解：光盘\TM\lx\24\登录模块设计.exe

24.7.1 登录模块概述

用户登录模块是会员功能的窗口。匿名用户虽然也可以访问本网站，但只能进行浏览、查询等简单操作，而会员则可以购买商品，并且能享受超低价格。登录模块包括用户注册、用户登录和找回密码 3 部分，其运行结果如图 24.16 所示。

图 24.16 登录模块运行效果

24.7.2 登录模块技术分析

（1）Ajax 技术无刷新验证用户名是否被占用。其关键代码如下：

【例 24.6】 代码位置：光盘\TM\sl\24\ js\check.js

```
/*  form 为传入的表单名称，本段代码为 register 表单   */
function chkname(form){
    /*  如果 name 文本域的信息为空，名为 name1 的 div 标签显示如下信息   */
    if(form.name.value==""){
        name1.innerHMRL="<font color=#FF0000>请输入用户名！</font>";
    }else{
        /*  否则获取文本域的值   */
        var user = form.name.value;
        /*  生成 url 链接，将 user 的值传到 chkname.php 页进行判断   */
        var url = "chkname.php?user="+user;
        /*  使用 XMLhttpRequest 技术运行页面   */
        xmlhttp.open("GET",url,true);
        xmlhttp.onreadystatechange = function(){
        if(xmlhttp.readyState == 4){
            /*  根据不同的返回值，在 div 标签中输出不同信息   */
```

```
                    var msg = xmlhttp.responseText;
                    if(msg == '3'){
                            name1.innerHMRL="<font color=#FF0000>用户名被占用！</font>";
                            return false;
                    }else if(msg == '2'){
                            name1.innerHMRL="<font color=green>恭喜您，可以注册!</font>";
                            /*   如果用户名正确，则将隐藏域的值改为 yes   */
                            form.c_name.value = "yes";
                    }else{
                            name1.innerHMRL="<font color=green>未知错误</font>";
                    }
                }
            }
        xmlhttp.send(null);
    }
}
```

在该函数中调用 chkname.php 页，该页在会员登录时也会被调用，所以这里分两种情况，即有密码和无密码。无密码为注册验证，当没有返回结果时，说明该用户名可用；而有密码为登录验证，和无密码相反，只有查询记录存在时，才允许登录，并将用户名和用户 ID 存储到 session 中。chkname.php 页面代码如下：

【例 24.7】　代码位置：光盘\TM\sl\24\chkname.php

```php
<?php
session_start();
header ( "Content-type: text/html; charset=UTF-8" );        //设置文件编码格式
require("system/system.inc.php");                            //包含配置文件
$reback = '0';
$sql = "select * from tb_user where name='".$_GET['user']."'";
if(isset($_GET['password'])){
    $sql .= " and password = '".md5($_GET['password'])."'";
}
$rst = $admindb->ExecSQL($sql,$conn);
if($rst){
    /*   登录所用   */
    if($rst[0]['isfreeze'] != 0){
        $reback = '3';
    }else{
        $_SESSION['member'] = $rst[0]['name'];
        $_SESSION['id'] = $rst[0]['id'];
        $reback = '2';
    }
}else{
    $reback = '1';
}
echo $reback;
?>
```

（2）GD2 函数库生成验证码，其关键代码如下：

【例 24.8】 代码位置：光盘\TM\sl\24\yzm.php

```php
<?php
header ( "Content-type: text/html; charset=UTF-8" );          //设置文件编码格式
srand((double)microtime()*1000000);                           //生成随机数
$im=imagecreate(60,30);                                        //创建画布
$black=imagecolorallocate($im,0,0,0);                          //定义背景
$white=imagecolorallocate($im,255,255,255);                    //定义背景
$gray=imagecolorallocate($im,200,200,200);                     //定义背景
imagefill($im,0,0,$gray);                                      //填充颜色
for($i=0;$i<4;$i++){                                           //定义 4 位随机数
 $str=mt_rand(3,20);                                           //定义随机字符所在位置的 Y 坐标
 $size=mt_rand(5,8);                                           //定义随机字符的字体
 $authnum=substr($_GET['num'],$i,1);                           //获取超链接中传递的验证码
 imagestring($im,$size,(2+$i*15),$str,$authnum,imagecolorallocate($im,rand(0,130),rand(0,130),rand(0,130)));
}                                                              //水平输出字符串
for($i=0;$i<200;$i++){                                         //执行 for 循环，为验证码添加模糊背景
 $randcolor=imagecolorallocate($im,rand(0,255),rand(0,255),rand(0,255));   //创建背景
 imagesetpixel($im,rand()%70,rand()%30,$randcolor);           //绘制单一元素
}
imagepng($im);                                                //生成 PNG 图像
imagedestroy($im);                                            //销毁图像
?>
```

24.7.3 用户注册

用户注册页面的主要功能是新用户注册。如果信息输入完整而且符合要求，则系统会将该用户信息保存到数据库中，否则显示错误原因，以便用户改正。用户注册页面的运行结果如图 24.17 所示。

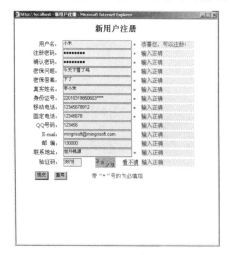

图 24.17 注册模块页面

（1）创建 register.tpl 模板文件，编写用户注册页面。其中包含两个 JS 脚本文件——createxmlhttp.js 和 check.js，createxmlhttp.js 是 Ajax 的实例化文件，而 check.js 对用户注册信息进行验证，并且返回验证结果。

（2）创建 register.php 动态 PHP 文件，加载模板。register.php 文件的代码如下：

【例 24.9】　代码位置：光盘\TM\sl\24\register.php

```php
<?php
header ( "Content-type: text/html; charset=UTF-8" );        //设置文件编码格式
require("system/system.inc.php");                           //包含配置文件
$smarty->assign('title','新用户注册');
$smarty->display('register.tpl');
?>
```

（3）创建 reg_chk.php 文件，获取表单中提交的数据，将数据存储到指定的数据表中。reg_chk.php 的代码如下：

【例 24.10】　代码位置：光盘\TM\sl\24\reg_chk.php

```php
<?php
session_start();
header ( "Content-type: text/html; charset=UTF-8" );        //设置文件编码格式
require("system/system.inc.php");                           //包含配置文件
    $name = $_POST['name'];
    $password = md5($_POST['pwd1']);
    $question = $_POST['question'];
    $answer = $_POST['answer'];
    $realname = $_POST['realname'];
    $card = $_POST['card'];
    $tel = $_POST['tel'];
    $phone = $_POST['phone'];
    $Email = $_POST['email'];
    $QQ = $_POST['qq'];
    $code = $_POST['code'];
    $address = $_POST['address'];
    $addtime = date("Y-m-d H:i:s");
   $sql = "insert into tb_user(name,password,question,answer,realname,card,tel,phone,Email,QQ,code,address,
addtime,isfreeze,shopping)" ;
    $sql .= " values ('$name', '$password', '$question', '$answer', '$realname', '$card', '$tel', '$phone', '$Email',
'$QQ', '$code', '$address','$addtime','0','')";
    $rst= $admindb->ExecSQL($sql,$conn);          //执行添加操作
    if($rst){
        $_SESSION['member'] = $name;
        echo "<script>top.opener.location.reload();alert('注册成功');window.close();</script>";
    }else{
        echo '<script>alert(\'添加失败\');history.back;</script>';
    }
?>
```

（4）创建"用户注册"超链接。当用户单击前台的 注册 按钮时，系统会调用 JS 的 onclick 事件，

弹出注册窗口。其代码如下：

【例 24.11】　代码位置：光盘\TM\sl\24\system\templates\login.tpl

```
<a href="#" id="login" onclick="reg()"><img src="images/check.JPG" width="59" height="23" border="0" /></a>
```

这里使用到的 JS 文件为 js/login.js，调用的函数为 reg()。该函数的代码如下：

【例 24.12】　代码位置：光盘\TM\sl\24\js\login.js

```
function reg(){
window.open("register.php", "_blank", "width=600,height=650",false);          //弹出窗口
}
```

24.7.4　用户登录

用户登录模块的运行结果如图 24.18 所示，需要输入用户名、密码和验证码。

图 24.18　用户登录页面

（1）创建模板文件 login.tpl，完成用户登录表单的设计。在该页面中当单击"登录"按钮时，系统将调用 lg() 函数对用户登录提交信息进行验证。lg() 函数包含在 js\login.js 脚本文件内，其代码如下：

【例 24.13】　代码位置：光盘\TM\sl\24\js\login.js

```
//JavaScript Document
function lg(form){
    if(form.name.value==""){
        alert('请输入用户名');
        form.name.focus();
        return false;
    }
    if(form.password.value == "" || form.password.value.length < 6){
        alert('请输入正确密码');
        form.password.focus();
        return false;
    }
    if(form.check.value == ""){
        alert('请输入验证码');
        form.check.focus();
        return false;
```

```
        }
        if(form.check.value != form.check2.value){
            form.check.select();
            code(form);
            return false;
        }
        var user = form.name.value;
        var password = form.password.value;
        var url = "chkname.php?user="+user+"&password="+password;
        xmlhttp.open("GET",url,true);
        xmlhttp.onreadystatechange = function(){
        if(xmlhttp.readyState == 4){
                var msg = xmlhttp.responseText;
                if(msg == '1'){
                    alert('用户名或密码错误!!');
                    form.password.select();
                    form.check.value = '';
                    code(form);
                    return false;
                }if(msg == "3"){
                    alert("该用户被冻结，请联系管理员");
                    return false;
                }else{
                    alert('欢迎光临');
                    location.reload();
                }
            }
        }
        xmlhttp.send(null);
        return false;
}
//显示验证码
function yzm(form){
    var num1=Math.round(Math.random()*10000000);
    var num=num1.toString().substr(0,4);
    document.write("<img name=codeimg width=65 heigh=35 src='yzm.php?num="+num+"'>");
    form.check2.value=num;
}
//刷新验证码
function code(form){
    var num1=Math.round(Math.random()*10000000);
    var num=num1.toString().substr(0,4);
    document.codeimg.src="yzm.php?num="+num;
    form.check2.value=num;
}
//注册
function reg(){
window.open("register.php", "_blank", "width=600,height=650",false);
}
```

```
//找回密码
function found() {
window.open("found.php","_blank","width=350 height=240",false);
}
```

用户名和密码是在 chkname.php 页面中被验证的。chkname.php 在 24.7.2 节中已经介绍，这里不再重复。

（2）创建用户信息模板文件 info.tpl。用户登录成功后，在原登录框位置将显示用户信息，用户可以通过"会员中心"对自己的信息做修改，也可以单击"查看购物车"超链接查看购物车商品；当用户离开时可以单击"安全离开"超链接。用户信息模块的主要代码如下：

【例 24.14】　代码位置：光盘\TM\sl\24\system\templates\info.tpl

```
<!--   显示当前登录用户名   -->
欢迎您：{$member}
<!--   会员中心超链接   -->
<a href="?page=hyzx" id="info" class="lk">会员中心</a>
<!--   查看购物车   -->
<a href="?page=shopcar" class="lk">查看购物车</a>
<!--   安全离开   -->
<a onclick="javascript:logout()" style="cursor:hand" id="info">安全离开</a>
```

24.7.5　找回密码

登录模块的最后一个部分就是找回密码。找回密码是根据用户在填写资料时所填写的密保问题和密保答案来实现的。当用户单击"找回密码"超链接时，首先提示用户输入要找回密码的会员名称，然后根据密保问题填写密保答案，最后重新输入密码。找回密码模块的流程如图 24.19 所示。

图 24.19　找回密码流程图

1．创建模板文件

虽然找回密码需要 4 个步骤，但实际上每个步骤使用的都是相同的模板文件和 JS 文件，只是被调用的表单和 JS 函数略有差别。这里根据不同的文件来分别进行介绍。

该模板文件共包含了 3 个表单，分别代表了 3 个步骤，其核心代码如下：

【例 24.15】 代码位置：光盘\TM\sl\24\system\templates\found.tpl

```
<!-- 载入两个 JS 脚本文件  -->
<script language="javascript" src="js/createxmlhttp.js"></script>
<script language="javascript" src="js/found.js"></script>
<!-- 第 1 个 div 标签  -->
<div id="first">
<table width="200" border="0" cellspacing="0" cellpadding="0">
<form id="foundname" name="found" method="post" action="#">
  <tr><td> 找回密码</td></tr>
  <tr><td>会员名称： </td>
     <!--  text 文本域，用于输入要找回密码的会员名称   -->
<td><input id="user" name="user" type="text" class="txt"></td>
</tr>
  <tr><td>
<!-- 单击"下一步"按钮，能触发 onclick 事件来调用 chkname 函数   -->
<input id = " next1 " name = " next1 " type = " button " class = " btn " value = " 下一步 " onClick = " return
chkname ( foundname ) "/></td></tr>
</form>
</table>
</div>
<!-- 第 2 个 div 标签，样式为隐藏   -->
<div id="second" style="display:none;">
<table>
<form id="foundanswer" name="found" method="post" action="#">
  <tr><td > 找回密码</td></tr>
  <tr><td>密保问题： </td>
<!-- 用于显示密保问题的 div 标签   -->
     <td <div id="question"></div></td></tr>
  <tr><td>密保答案： </td>
<!-- 文本域，用于填写密保答案   -->
     <td ><input id="answer" name="answer" type="text" class="txt" /></td></tr>
  <tr>
<!-- 单击"下一步"按钮，用来触发 onclick 事件，并调用 chkanswer()函数   -->
     <td><input id = " next2 " name = " next2 " type=" button " class=" btn " value =" 下一步 " onClick = " return
chkanswer ( foundanswer ) "></td>
     </tr>
</form>
</table>
</div>
<!-- 第 3 个 div 标签，样式也为隐藏，作用是修改密码   -->
<div id='third' style="display:none;">
<table>
<form id="modifypwd" name="found" method="post" action="#">
```

```
<tr><td> 输入密码</td></tr>
<tr><td>输入密码：</td>
  <td><input id="pwd1" name="pwd1" type="password" class="txt"></td></tr>
<tr><td>确认密码：</td>
  <td><input id="pwd2" name="pwd2" type="password" class="txt" /></td>
</tr>
<tr>
<!--  单击"完成"按钮，调用 ckpwd()函数   -->
  <td><input id = " mod " name = " mod " type = " button " class = " btn " value = " 完成 " onClick = " return
chkpwd (modifypwd) "></td>
  </tr>
</form>
</table>
</div>
```

可以看出，在上述 3 个表单中，只有一个表单默认情况下是显示的，其他则为隐藏。只有通过调用不同的 JS 函数，才可以对其他表单进行操作。

2．创建 JS 脚本文件

found.js 脚本文件包含 3 个函数：chkname()、chkanswer()和 chkpwd()。其中，chkname()函数的作用是检查用户输入的会员名称，如果存在，则使用 xmlhttp 对象调用生成的 url 进行处理判断。如果该用户存在，则隐藏当前表单，并显示下一个表单，最后输出密保问题。chkname()函数的代码如下：

【例 24.16】　代码位置：光盘\TM\sl\24\ js\found.js

```
function chkname(form){
    var user = form.user.value;
    if(user == ''){
        alert('请输入用户名');
        form.user.focus();
        return false;
    }else{
        var url = "foundpwd.php?user="+user;
        xmlhttp.open("GET",url,true);
        xmlhttp.onreadystatechange = function(){
        if(xmlhttp.readyState == 4){
                var msg = xmlhttp.responseText;
                if(msg == '0'){
                        alert('没有该用户，请重新查找!');
                        form.user.select();
                        return false;
                }else{
                        document.getElementById('first').style.display = 'none';
                        document.getElementById('second').style.display = '';
                        document.getElementById('question').innerHTML = msg;
                }
            }
        }
        xmlhttp.send(null);
```

```
        }
    }
```

其他两个函数也使用 XMLHttpRequest 对象，实现方法相差无几，不同之处就是对返回值的处理，chkanswer()函数隐藏当前表单，显示下一个表单。chkanswer()函数的代码如下：

【例 24.17】 代码位置：光盘\TM\sl\24\ js\found.js

```
function chkanswer(form) {
    var user = document.getElementById('user').value;
    var answer = form.answer.value;
    if(answer == ''){
        alert('请输入提示问题');
        form.answer.focus();
        return false;
    }else{
        var url = "foundpwd.php?user="+user+"&answer="+answer;
        xmlhttp.open("GET",url,true);
        xmlhttp.onreadystatechange = function(){
            if(xmlhttp.readyState == 4){
                var msg = xmlhttp.responseText;
                if(msg == '0'){
                    alert('问题回答错误');
                    form.answer.select();
                    return false;
                }else{
                    document.getElementById('second').style.display = 'none';
                    document.getElementById('third').style.display = '';
                }
            }
        }
        xmlhttp.send(null);
    }
}
```

而 chkpwd()函数则提示用户操作状态，如果成功，则关闭当前页。chkpwd()函数代码如下：

【例 24.18】 代码位置：光盘\TM\sl\24\ js\found.js

```
function chkpwd(form){
    var user = document.getElementById('user').value;
    var pwd1 = form.pwd1.value;
    var pwd2 = form.pwd2.value;
    if(pwd1 == ''){
        alert('请输入密码');
        form.pwd1.focus();
        return false;
    }
    if(pwd1.length < 6){
        alert('密码输入错误');
        form.pwd1.focus();
```

```
            return false;
        }
    if(pwd1 != pwd2){
            alert('两次密码不相等');
            form.pwd2.select();
            return false;
        }
    var url = "foundpwd.php?user="+user+"&password="+pwd1;
    xmlhttp.open("GET",url,true);
    xmlhttp.onreadystatechange = function(){
            if(xmlhttp.readyState == 4){
                    var msg = xmlhttp.responseText;
                    if(msg == '1'){
                            alert('密码修改成功，请重新登录');
                            window.close();
                    }else{
                            alert(msg);
                    }
            }
        }
    xmlhttp.send(null);
}
```

3. 创建数据处理文件

foundpwd.php 文件的功能是根据用户输入信息来检测数据表中的数据，并根据不同的输入信息返回不同的结果。该文件代码如下：

【例 24.19】 代码位置：光盘\TM\sl\24\foundpwd.php

```php
<?php
header ( "Content-type: text/html; charset=UTF-8" );          //设置文件编码格式
require("system/system.inc.php");                             //包含配置文件
$smarty->assign('title','找回密码');
$reback = '0';                                                //设置变量初始值
if(!isset($_GET['answer']) && !isset($_GET['password'])){     //判断变量是否存在
    $namesql = "select * from tb_user where name = '".$_GET['user']."'";
    $namerst = $admindb->ExecSQL($namesql,$conn);             //查询用户名是否存在
    if($namerst){
            $question = $namerst[0]['question'];
            $reback = $question;
    }
}else if(isset($_GET['answer'])){
    $answersql = "select * from tb_user where name = '".$_GET['user']."' and answer = '".$_GET['answer']."'";
    $answerrst = $admindb->ExecSQL($answersql,$conn);
    if($answerrst){
            $reback = '1';
    }
}else if(isset($_GET['password'])){
    $sql="update tb_user set password='".md5($_GET['password'])."' where name='".$_GET['user']."'";
```

```
    $rst = $admindb->ExecSQL($sql,$conn);
    if($rst){
        $reback = '1';                                  //为模板变量赋值
    }
}
echo $reback;                                           //输出返回结果
?>
```

4．加载模板页

因为所有登录模块的模板都不需要或者只需要传递一两个变量，所以 PHP 加载页的内容比较简单。找回密码页面的代码如下：

【例 24.20】　代码位置：光盘\TM\sl\24\found.php

```php
<?php
header ( "Content-type: text/html; charset=UTF-8" );    //设置文件编码格式
require("system/system.inc.php");                        //包含配置文件
$smarty->assign('title','找回密码');
$smarty->display('found.tpl');
?>
```

24.8　会员信息模块设计

视频讲解：光盘\TM\lx\24\会员信息模块设计.exe

24.8.1　会员信息模块概述

用户登录后，即可看到会员信息模块。在这里，可以进行查看或修改个人信息及密码、查看购物车和安全退出等操作。本节只对会员信息模块中的"会员中心"和"安全退出"进行讲解，关于"查看购物车"将在商品模块中进行介绍。会员信息模块的运行效果如图 24.20 所示。

24.8.2　会员信息模块技术分析

在会员信息模块中，以 SESSION 变量中存储的用户名称为条件，从会员信息表中查询出会员信息，并且将会员信息存储到模板变量中，最后在模板页中输出会员信息。member.php 的代码如下：

图 24.20　会员中心

485

【例 24.21】 代码位置：光盘\TM\sl\24\member.php

```php
<?php
/*    查找用户资料   */
if(isset($_SESSION['member'])){
    $sql = "select * from tb_user where name = '".$_SESSION['member']."'";
    $arr = $admindb->ExecSQL($sql,$conn);
    if(isset($_GET['action']) && $_GET['action'] == 'modify'){
        $smarty->assign('check',"find");
        $smarty->assign('pwdarr',$arr);
    }else{
        $smarty->assign('check',"notfind");
        $smarty->assign('pwdarr',$arr);
    }
}
?>
```

member.php 文件中查询出的数据是会员信息模板功能实现的根本。

24.8.3 会员中心

当单击"会员中心"超链接时，会回传给当前页一个 page 值，当前页根据这个 page 值来载入 member.php 文件。

1．创建 PHP 页面

与登录模块设计不同，本节首先来创建 PHP 页面。因为该模块中的模板需要使用数据库中的数据及一些动态信息，这些都需要在 PHP 页中先行获取及处理，然后再传给模板页。会员中心页面的代码请参考技术分析中的内容。

2．创建模板页

该模块包括查看信息模板及修改密码模板，都存储于 member.tpl 模板文件中。

【例 24.22】 代码位置：光盘\TM\sl\24\system\templates\member.tpl

```html
<link rel="stylesheet" href="css/member.css" />
<script language="javascript" src="js/member.js"></script>
{if $check=="find" }
<p    align="left">{$smarty.session.member}&gt;&gt;&gt;<a    href='?page=hyzx'    id="mem"> 查 看 信 息
</a>&gt;&gt;&gt;<a href='?page=hyzx&action=modify' id="mem">修改密码</a></p>
<table   id="member" width="300" border="0" cellpadding="0" cellspacing="0">
<form   id="member"    name="member"    method="post"    action="modify_pwd_chk.php"    onSubmit="return
pwd(member)">
  <tr>
    <td height="25" colspan="2" align="center" valign="middle" id="first"><font color="#f0f0f0"> 修 改 密 码
</font></td>
  </tr>
  <tr>
```

```
    <td width="25%" height="25" align="right" valign="middle" id="left">原密码：</td>
    <td height="25" align="left" valign="middle" id="right"><input id="old" name="old" type="password" /></td>
  </tr>
  <tr>
    <td width="25%" height="25" align="right" valign="middle" id="left">新密码：</td>
    <td height="25" align="left" valign="middle" id="right"><input id="new1" name="new1" type="password"
/></td>
  </tr>
  <tr>
    <td width="25%" height="25" align="right" valign="middle" id="left">确认密码：</td>
    <td height="25" align="left" valign="middle" id="right"><input id="new2" name="new2" type="password"
/></td>
  </tr>
  <tr>
    <td height="30" colspan="2" align="center" valign="middle"><input id="enter" name="enter" type="submit"
value="修改" /></td>
  </tr>
</form>
</table>
{else}
<p align="left">{$smarty.session.member}&gt;&gt;&gt;<a href='?page=hyzx' id="mem">查看信息</a>&gt;&gt;&gt;
<a href='?page=hyzx&action=modify' id="mem">修改密码</a></p>
{section name=pwd_id loop=$pwdarr}
<table id='member' width="500" border="0" cellpadding="0" cellspacing="0">
<form    id="member"    name="member"    method="post"    action="modify_info_chk.php"    onSubmit="return
mem(member)" >
  <tr>
    <td  height="25"  colspan="2"  align="center"  valign="middle"  id="first"><font  color="#f0f0f0">{$pwdarr
[pwd_id].name}信息（不可更改信息）</font></td>
  </tr>
  <tr>
    <td width="25%" height="25" align="right" valign="middle" id="left"> 会员编号：</td>
    <td height="25" align="left" valign="middle" id="right"> {$pwdarr[pwd_id].id}</td>
  </tr>
  <tr>
    <td width="25%" height="25" align="right" valign="middle" id="left"> 会员名称：</td>
    <td height="25" align="left" valign="middle" id="right"> {$pwdarr[pwd_id].name}</td>
  </tr>
  <tr>
    <td width="25%" height="25" align="right" valign="middle" id="left"> 密保问题：</td>
    <td height="25" align="left" valign="middle" id="right"> {$pwdarr[pwd_id].question}</td>
  </tr>
  <tr>
    <td width="25%" height="25" align="right" valign="middle" id="left">密保答案：</td>
    <td height="25" align="left" valign="middle" id="right"> {$pwdarr[pwd_id].answer}</td>
  </tr>
  <tr>
    <td width="25%" height="25" align="right" valign="middle" id="left"> 注册时间：</td>
    <td height="25" align="left" valign="middle" id="right"> {$pwdarr[pwd_id].addtime}</td>
```

```
    </tr>
    <tr>
      <td width="25%" height="25" align="right" valign="middle" id="left">消费总额：</td>
      <td height="25" align="left" valign="middle" id="right"> {$pwdarr[pwd_id].consume}</td>
    </tr>
    <tr>
      <td height="25" colspan="2" align="center" valign="middle" id="first"><font color="#f0f0f0">{$pwdarr
[pwd_id].name}信息（可更改信息）</font></td>
    </tr>
    <tr>
      <td width="25%" height="25" align="right" valign="middle" id="left">真实姓名：</td>
      <td height="25" align="left" valign="middle" id="right"><input id="realname" name="realname" type="text"
value="{$pwdarr[pwd_id].realname}" /> 
        <input type="hidden" name="userid" value="{$pwdarr[pwd_id].id}" />
        <font color="red">*</font></td>
    </tr>
    <tr>
      <td width="25%" height="25" align="right" valign="middle" id="left">身份证号：</td>
      <td height="25" align="left" valign="middle" id="right"><input id="card" name="card" type="text"
value="{$pwdarr[pwd_id].card}" /> <font color="red">*</font></td>
    </tr>
    <tr>
      <td width="25%" height="25" align="right" valign="middle" id="left">移动电话：</td>
      <td height="25" align="left" valign="middle" id="right"><input id="tel" name="tel" type="text" value=
"{$pwdarr[pwd_id].tel}"> <font color="red">*</font> </td>
    </tr>
    <tr>
      <td width="25%" height="25" align="right" valign="middle" id="left">固定电话：</td>
      <td height="25" align="left" valign="middle" id="right"><input id="phone" name="phone" type="text"
value="{$pwdarr[pwd_id].phone}" /> <font color="red">*</font></td>
    </tr>
    <tr>
      <td width="25%" height="25" align="right" valign="middle" id="left">Email：</td>
      <td height="25" align="left" valign="middle" id="right"><input id="email" name="email" type="text"
value="{$pwdarr[pwd_id].Email}" /></td>
    </tr>
    <tr>
      <td width="25%" height="25" align="right" valign="middle" id="left">QQ 号：</td>
      <td height="25" align="left" valign="middle" id="right"><input id="qq" name="qq" type="text"
value="{$pwdarr[pwd_id].QQ}" /></td>
    </tr>
    <tr>
      <td width="25%" height="25" align="right" valign="middle" id="left">邮编：</td>
      <td height="25" align="left" valign="middle" id="right"><input id="code" name="code" type="text"
value="{$pwdarr[pwd_id].code}" /></td>
    </tr>
    <tr>
      <td width="25%" height="25" align="right" valign="middle" id="left">地址：</td>
      <td height="25" align="left" valign="middle" id="right"><input id="address" name="address" type="text"
```

488

```
value="{$pwdarr[pwd_id].address}" /> <font color="red">*</font></td>
  </tr>
  <tr>
    <td height="30" colspan="2" align="center" valign="middle"><input name="enter" type="submit" id="enter"
value="修改" />    <input name="reset" type="reset" id="reset" value="重置" /></td>
  </tr>
</form>
</table>
{/section}
{/if}
```

3．创建脚本文件

该模块的脚本文件和用户注册模块类似，都是对信息的合法性进行验证，如信息是否为空、是否符合规范等，这里不再赘述。

4．创建处理页

当信息验证通过后，系统将跳转到处理页进行信息处理。本模块处理页分信息修改和密码修改两个页面。首先介绍信息修改页，代码如下：

【例 24.23】　代码位置：光盘\TM\sl\24\modify_info_chk.php

```php
<?php
session_start();
header ( "Content-type: text/html; charset=UTF-8" );              //设置文件编码格式
require("system/system.inc.php");                                  //包含配置文件
$sql = "update tb_user set realname='".$_POST['realname']."',card='".$_POST['card']."',tel='".$_POST['tel']."',phone=
'".$_POST['phone']."',Email='".$_POST['email']."',QQ='".$_POST['qq']."',code='".$_POST['code']."',address='".$_
POST['address']."' where id = '".$_POST['userid']."'";
$arr = $admindb->ExecSQL($sql,$conn);
if($arr)
    echo "<script>alert('修改成功');location=('index.php');</script>";
else
    echo "<script>alert('修改失败');history.go(-1);</script>";
?>
```

密码修改页的操作流程也十分类似，只是更新的数组要小得多，只有一个字段。修改密码页代码如下：

【例 24.24】　代码位置：光盘\TM\sl\24\ modify_pwd_chk.php

```php
<?php
session_start();
header ( "Content-type: text/html; charset=UTF-8" );              //设置文件编码格式
require("system/system.inc.php");                                  //包含配置文件
$sql="select * from tb_user where name = '".$_SESSION['member']."' and password='".md5($_POST['old'])."' ";
$arr = $admindb->ExecSQL($sql,$conn);                             //判断用户名和密码是否正确
if($arr){
    $sql = "update tb_user set password='".md5($_POST['new1'])."' where name = '".$_SESSION['member']."'
and password='".md5($_POST['old'])."' ";                          //更新密码
```

```
    $arr = $admindb->ExecSQL($sql,$conn);
    echo "<script>alert('密码修改成功！'); window.location.href='index.php';</script>";
}else{
    echo "<script>alert('密码修改失败！'); window.location.href='index.php';</script>";
}
?>
```

24.8.4 安全退出

当用户需要离开网站时，可以单击"安全退出"超链接来调用 logout()函数，当用户确认退出后，则跳转到 logout 页面，销毁 session 并回到首页。安全退出所涉及的页面及代码如下：

【例 24.25】 代码位置：光盘\TM\sl\24\js\info.js

```
function logout(){
    if(confirm("确定要退出登录吗？")){              //输出选择框，用户可以单击"确认"或"取消"按钮
        window.open('logout.php','_parent','',false);   //如果用户确认退出，则打开 logout.php 页
    }else
     return false;
}
```

【例 24.26】 代码位置：光盘\TM\sl\24\ logout.php

```
<?php
    session_start();
    header ( "Content-type: text/html; charset=UTF-8" );        //设置文件编码格式
    session_destroy();
    echo '<script>alert(\'用户已安全退出!\');location=(\'index.php\');</script>';
?>
```

24.9   商品显示模块

 视频讲解：光盘\TM\lx\24\商品显示模块.exe

24.9.1 商品展示模块概述

本系统为用户提供了不同的商品展示方式，包括推荐商品、最新商品、热门商品等，能够使消费者有目的地选购商品。每个展示方式中包括商品的详细信息显示，为用户购买商品提供可靠的依据。本系统商品显示模块的运行结果如图 24.21 所示。

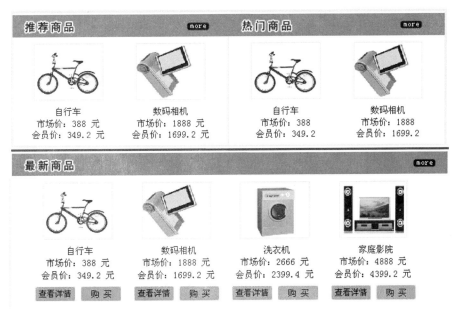

图 24.21　商品展示模块页面

因为推荐商品、最新商品和热门商品的实现方法和过程基本相同，所以本节只讲解推荐商品模块。其他功能相关代码可参见光盘中的源程序。

24.9.2　商品展示模块技术分析

商品显示功能实现的关键就是如何从数据库中读取商品信息，如何完成数据的分页显示。在定义 SQL 语句时，首先判断字段 isnom 的值，如果该字段为 1，即为推荐，否则为不推荐，然后在定义数据降幂排列，并设置每页显示 4 条记录，这就是完成商品显示的查询语句，其代码如下：

【例 24.27】　代码位置：光盘\TM\sl\24\newhot.php

```php
<?php
header ( "Content-type: text/html; charset=UTF-8" );          //设置文件编码格式
    include_once("system/system.inc.php");                    //包含类的实例化文件
    $newsql = "select id,name,pics,m_price,v_price from tb_commo where isnew = 1 order by id desc limit 4";
    //定义 SQL 语句
    $hotsql = "select id,name,pics,m_price,v_price from tb_commo order by sell,id desc limit 4";
    $sql = "select id,name,pics,m_price,v_price from tb_commo where isnom = 1 order by id desc limit 4";

    $newarr = $admindb->ExecSQL($newsql,$conn);               //执行 SQL 语句，降幂排列，显示 4 条记录
    $hotarr = $admindb->ExecSQL($hotsql,$conn);
    $nomarr = $admindb->ExecSQL($sql,$conn);
    $smarty->assign('newarr',$newarr);                        //将查询结果赋给指定的模板变量
    $smarty->assign('hotarr',$hotarr);
    $smarty->assign('nomarr',$nomarr);
?>
```

最后，定义模板文件，通过 section 语句循环输出存储在模板变量中的数据，即完成商品展示的操作。section 是 Smarty 模板中的一个循环语句，该语句用于复杂数组的输出。其语法如下：

```
{section name="sec_name" loop=$arr_name start=num step=num}
```

其中，name 是该循环的名称；loop 为循环的数组；start 表示循环的初始位置，如 start=2，那么说明循环是从 loop 数组的第 2 个元素开始的；step 表示步长，如 step=2，那么循环一次后，数组的指针将向下移动两位，依此类推。

24.9.3 商品展示模块的实现过程

在技术分析中已经对商品显示所使用的技术、方法进行概述，下面介绍一下具体的过程。

（1）创建 newhot.php 文件，从数据库中读取推荐商品的数据，并将数据存储到模板变量中，其代码可以参考技术分析。

（2）创建 newhot.tpl 模板页，应用 section 语句输出商品信息，并添加相应的操作按钮或链接。模板页中一共有 3 个事件：显示更多商品、查看商品和放入购物车。

☑ 当单击"更多商品"超链接时，将会重新加载本页面，并传递一个 page 变量。switch 语句会根据 page 值来显示。

☑ 当单击"查看详情"按钮时，将触发 onclick 事件，并将调用 openshowcommo()函数，同时，商品 id 会作为函数的唯一参数被传递进去。

☑ 当单击"购买"按钮时，同样会触发 onclick 事件，并调用 buycommo()函数，唯一的参数也是商品的 id。

商品模板页面的代码如下：

【例 24.28】 代码位置：光盘\TM\sl\24\system\templates\newhot.tpl

```
<link rel="stylesheet" href="css/newhot.css" />
<link href="css/top.css" rel="stylesheet" type="text/css" />
<link href="css/nominate.css" rel="stylesheet" type="text/css" />
<link href="css/links.css" rel="stylesheet" type="text/css" />
<script language="javascript" src="js/createxmlhttp.js"></script>
<script language="javascript" src="js/showcommo.js"></script>
<table width="643" border="0" cellpadding="0" cellspacing="0" style=" border: 3px solid #f0f0f0;" >
    <tr>
        <td  width="321"  height="33"  align="center"  background="images/shop_07.gif"><div  class="new"><a
href="?page=nom" class="top"><img src="images/more.JPG" width="39" height="18" border="0" /></a></div>
    </td>
        <td  width="322"  height="33"  align="right"  background="images/shop_14.gif"><div  class="hot"><a
href="?page=hot" class="top"><img src="images/more.JPG" width="39" height="18" border="0" /></a></div>
        </td>
  </tr>
    <tr>
        <td align="center" valign="top" style="border-right: 1px solid #f0f0f0;"><table width="295" height="307"
align="center" border="0" cellpadding="0" cellspacing="0">
```

```
        <tr>{counter start=1 skip=1 direction=up print=false assign=count} {section name=new_id
loop=$newarr}
            <td align="left" valign="top"><table width="150" height="150" align="left" border="0" cellpadding="0"
cellspacing="0">
                <tr>
                    <td height="100" align="center" valign="middle"><a style="cursor:hand;" onclick=""><img
src="{$newarr[new_id].pics}" width="100" height="80" alt="{$newarr[new_id].name}" style="border:1px solid
#f0f0f0;" onclick="openshowcommo({$newarr[new_id].id})" /></a></td>
                </tr>
                <tr>
                    <td height="17" align="center" valign="middle">{$newarr[new_id].name}</td>
                </tr>
                <tr>
                    <td height="17" align="center" valign="middle">市场价：{$newarr[new_id].m_price} 
元</td>
                </tr>
                <tr>
                    <td height="16" align="center" valign="middle">会员价：{$newarr[new_id].v_price} 
元</td>
                </tr>
            </table></td>
            {counter}
        {if $count mod 2 != 0} </tr>
        <tr> {/if}
        {/section} </tr>
    </table></td>
        <td align="center" valign="top" style="border-left: 1px solid #f0f0f0;"><table width="295" height="307"
align="center" border="0" cellpadding="0" cellspacing="0">
            <tr> {counter start=1 skip=1 direction=up print=false assign=counts}{section name=hot_id
loop=$hotarr}
            <td align="left" valign="top"><table width="150" height="150" align="left" border="0"
cellpadding="0" cellspacing="0">
                <tr>
                    <td height="100" align="center" valign="middle"><a style="cursor:hand;" onclick=""><img
src="{$hotarr[hot_id].pics}" width="100" height="80" alt="{$hotarr[hot_id].name}" style="border:1px solid
#f0f0f0;" onclick="openshowcommo({$hotarr[hot_id].id})" /></a></td>
                </tr>
                <tr>
                    <td height="17" align="center" valign="middle">{$hotarr[hot_id].name}</td>
                </tr>
                <tr>
                    <td height="17" align="center" valign="middle">市场价：{$hotarr[hot_id].m_price}</td>
                </tr>
                <tr>
                    <td height="16" align="center" valign="middle">会员价：{$hotarr[hot_id].v_price}</td>
                </tr>
            </table></td>
        {counter}
        {if $counts mod 2 != 0}</tr>
```

```
                <tr> {/if}
                   {/section} </tr>
            </table></td>
</tr>
</table>
<table width="643" border="0" cellpadding="0" cellspacing="0">
     <tr>
           <td colspan="6" width="636" height="33" align="right" valign="middle"><img src="images/shop_10.gif"
width="643" height="33" border="0" usemap="#Map" /></td>
           <td rowspan="3" width="7" height="238"> </td>
     </tr>
     <tr>
     <td width="23" height="185"> </td>
       {section name=nom_id loop=$nomarr}
       <td width="145" height="185" align="left" valign="top">
           <table width="145" border="0" cellpadding="0" cellspacing="0" >
<tr>
                   <td height="100" align="center" valign="middle"><img src="{$nomarr[nom_id].pics}"
width="100" height="80" alt="{$nomarr[nom_id].name}" style="border: 1px solid #f0f0f0;" ></td>
           </tr>
                <tr>
                   <td height="17" align="center" valign="middle"> {$nomarr[nom_id].name}</td>
           </tr>
                <tr>
                   <td height="17" align="center" valign="middle">市场价：{$nomarr[nom_id].m_price}
 元</td>
           </tr>
                <tr>
                   <td height="19" align="center" valign="middle">会员价：{$nomarr[nom_id].v_price} 
元</td>
           </tr>
                <tr>
                   <td height="32" align="center" valign="middle"><input id="showinfo" name="showinfo"
type="button"  value=""  class="showinfo"  onclick="openshowcommo({$nomarr[nom_id].id})"/> <input
id="buy" name="buy" type="button" value="" class="buy" onclick="return buycommo({$nomarr[nom_id].id})"
/></td>
           </tr>
        </table>
     </td>
     {/section}
        <td width="33" height="185"> </td>
   </tr>
     <tr>
           <td colspan="6" width="636" height="14"> </td>
     </tr>
</table>
<map name="Map" id="Map">
<area shape="rect" coords="585,8,635,27" href="?page=new" class="lk" />
</map>
```

（3）创建 showcommo.js 脚本文件。当单击"查看商品"按钮时，系统会弹出一个新的页面，并显示商品的详细信息；当单击"购买"按钮时，该商品将会被放到当前用户的购物车中，如果没有登录用户或商品已添加，则会提示错误信息。JS 脚本文件的代码如下：

【例 24.29】　代码位置：光盘\TM\sl\24\js\showcommo.js

```
/*    查看商品信息函数，将打开一个新页面    */
function openshowcommo(key){
    open('showcommo.php?id='+key,'_blank','width=560 height=300',false);
}
/*    将购买商品添加到购物车中，将在 24.10 节中讲解    */
function buycommo(key){
    …
}
```

24.10　购物车模块设计

📺 视频讲解：光盘\TM\lx\24\购物车模块设计.exe

24.10.1　购物车模块概述

购物车在电子商务平台中是前台客户端程序中非常关键的一个功能模块。购物车的主要功能是保留用户选择的商品信息，用户可以在购物车内设置选购商品的数量，显示选购商品的总金额，还可以清除选择的全部商品信息，重新选择商品信息。购物车页面运行结果如图 24.22 所示。

我的购物车						
	商品名称	购买数量	市场价格	会员价格	折扣率	合计
☐	自行车	3	388	349.2	9	1047.6
☐	数码相机	5	1888	1699.2	9	8496
☐	洗衣机	1	2666	2399.4	9	2399.4
☐	家庭影院	1	4888	4399.2	9	4399.2

全选　反选　删除选择　　　　继续购物　去收银台　　　　共计：16342.2 元

图 24.22　购物车页面

购物车模块主要实现添加商品、删除商品和更改数量等操作。

24.10.2　购物车模块技术分析

购物车功能实现最关键的部分就是如何将商品添加到购物车，如果不能完成商品的添加，那么购物车中的其他操作都没有任何意义。

在商品显示模块中，单击商品中的"购买"按钮，将商品放到购物车，并进入到"购物车"页面。单击"购买"按钮调用 buycommo()函数，购买商品的 id 是该函数的唯一参数，在 buycommo()函数中通过 xmlhttp 对象调用 chklogin.php 文件，并根据回传值作出相应处理。buycommo()函数代码如下：

【例 24.30】 代码位置：光盘\TM\sl\24\js\showcommo.js

```
/*
*添加商品，同时检查用户是否登录、商品是否重复等
*/
function buycommo(key){
    /*   根据商品 id，生成 url     */
    var url = "chklogin.php?key="+key;
    /*   使用 xmlhttp 对象调用 chklogin.php 页     */
    xmlhttp.open("GET",url,true);
    xmlhttp.onreadystatechange = function(){
        if(xmlhttp.readyState == 4){
                var msg = xmlhttp.responseText;
                /*   用户没有登录   */
                if(msg == '2'){
                        alert('请您先登录');
                        return false;
                }else if(msg == '3'){
                /*   商品已添加     */
                        alert('该商品已添加');
                        return false;
                }else{
                /*   显示购物车     */
                        location='index.php?page=shopcar';
                }
        }
    }
    xmlhttp.send(null);
```

在 chklogin.php 文件中将商品添加到购物车中。chklogin.php 页代码如下：

【例 24.31】 代码位置：光盘\TM\sl\24\chklogin.php

```
<?php
session_start();
header ( "Content-type: text/html; charset=UTF-8" );        //设置文件编码格式
require("system/system.inc.php");                            //包含配置文件
/**
    *  1 表示添加成功
    *  2 表示用户没有登录
    *  3 表示商品已添加过
    *  4 表示添加时出现错误
    *  5 表示没有商品添加
*/
$reback = '0';
if(empty($_SESSION['member'])){
    $reback = '2';
```

```
    }else{
        $key = $_GET['key'];
        if($key == ''){
            $reback = '5';
        }else{
            $boo = false;
            $sqls = "select id,shopping from tb_user where name = '".$_SESSION['member']."'";
            $shopcont = $admindb->ExecSQL($sqls,$conn);
            if(!empty($shopcont[0]['shopping'])){
                $arr = explode('@',$shopcont[0]['shopping']);
                foreach($arr as $value){
                    $arrtmp = explode(',',$value);
                    if($key == $arrtmp[0]){
                        $reback = '3';
                        $boo = true;
                        break;
                    }
                }
                if($boo == false){
                    $shopcont[0]['shopping'] .= '@'.$key.',1';
                    $update = "update tb_user set shopping='".$shopcont[0]['shopping']."' where name =
'".$_SESSION['member']."'";
                    $shop = $admindb->ExecSQL($update,$conn);
                    if($shop){
                        $reback = 1;
                    }else{
                        $reback = '4';
                    }
                }
            }else{
                $tmparr = $key.",1";
                $updates = "update tb_user set shopping='".$tmparr."' where name = '".$_SESSION
['member']."'";
                $result = $admindb->ExecSQL($updates,$conn);
                if($result){
                    $reback = 1;
                }else{
                    $reback = '4';
                }
            }
        }
    }
}
echo $reback;
?>
```

通过分析上述代码可知，shopping 字段保存的是购物车中的商品信息，一条商品信息包括两部分，即商品 id 和商品数量，其中商品数量默认为 1。两部分之间使用逗号“，”分隔，如果添加多个商品，则每个商品之间使用“@”分隔。

成功完成商品的添加操作后，即可进入到购物车页面，执行其他操作。

24.10.3　购物车展示

购物车页面分 PHP 代码页和 Smarty 模板页。在 PHP 代码页中，首先读取 tb_user 数据表中 shopping 字段的内容，如果字段为空，则输出"暂无商品"；如果数据库中有数据，则循环输出数据，并将商品信息保存到数组中，再传给模板页。购物车页面的代码如下：

【例 24.32】　代码位置：光盘\TM\sl\24\ myshopcar.php

```php
<?php
$select = "select id,shopping from tb_user where name ='".$_SESSION['member']."'";
$rst = $admindb->ExecSQL($select,$conn);
if($rst[0]['shopping']==""){
    echo "<p>";
    echo '购物车中暂时没有商品!';
    exit();
}
$commarr = array();
foreach($rst[0] as $value){
    $tmpnum = explode('@',$value);
    $shopnum = count($tmpnum);                          //商品类数
    $sum = 0;
    foreach($tmpnum as $key => $vl){
        $s_commo = explode(',',$vl);
        $sql2 = "select id,name,m_price,fold,v_price from tb_commo";
        $commsql = $sql2." where id = ".$s_commo[0];
        $arr = $admindb->ExecSQL($commsql,$conn);
        @$arr[0]['num'] = $s_commo[1];
        @$arr[0]['total'] = $s_commo[1]*$arr[0]['v_price'];
        $sum += $arr[0]['total'];
        $commarr[$key] = $arr[0];
    }

}
    $smarty->assign('shoparr',$shopnum);
    $smarty->assign('commarr',$commarr);
    $smarty->assign('sum',$sum);
?>
```

商品的模板页不仅要负责用户购买商品信息的输出，而且还要提供可以对商品进行修改、删除等操作的事件接口。模板页代码如下：

【例 24.33】　代码位置：光盘\TM\sl\24\system\templates\myshopcar.tpl

```html
<table border="0" cellspacing="0" cellpadding="0" align="center">
<form id="myshopcar" name="myshopcar" method="post" action="#">
  <tr>
    <td height="30" colspan="7" align="center" valign="middle" class="first">我的购物车</td>
  </tr>
```

```
    <tr>
      <td width="35" height="25" align="center" valign="middle" class="left"> </td>
      <td width="100" height="25" align="center" valign="middle" class="center">商品名称</td>
      <td width="100" height="25" align="center" valign="middle" class="center">购买数量</td>
      <td width="100" height="25" align="center" valign="middle" class="center">市场价格</td>
      <td width="100" height="25" align="center" valign="middle" class="center">会员价格</td>
      <td width="100" height="25" align="center" valign="middle" class="center">折扣率</td>
      <td width="100" height="25" align="center" valign="middle" class="right">合计</td>
    </tr>
{foreach key=key item=item from=$commarr}
    <tr>
      <td height="25" align="center" valign="middle" class="left"><input id="chk" name="chk[]" type="checkbox"
value="{$item.id}"></td>
      <td  height="25"  align="center"  valign="middle"  class="center"><div  id = "c_name{$key}">
 {$item.name}</div></td>
      <td height="25" align="center" valign="middle" class="center"><input id="cnum{$key}" name="cnum{$key}"
type="text" class="shorttxt" value="{$item.num}" onkeyup="cvp({$key},{$item.v_price},{$shoparr})"></td>
      <td height="25" align="center" valign="middle" class="center"><div id="m_price{$key}"> 
{$item.m_price}</div></td>
      <td height="25" align="center" valign="middle" class="center"><div id="v_price{$key}"> 
{$item.v_price}</div></td>
      <td height="25" align="center" valign="middle" class="center"><div id="fold{$key}"> 
{$item.fold}</div></td>
      <td height="25" align="center" valign="middle" class="right"><div id="total{$key}"> 
{$item.total}</div></td>
    </tr>
{/foreach}
    <tr>
      <td height="25" colspan="3" align="left" valign="middle">
      <a href="#" onclick="return alldel(myshopcar)">全选</a> <a href="#" onclick="return overdel(myshopcar);">
反选</a>  
        <input type="button" value="删除选择" class="btn" style="border-color: #FFFFFF;" onClick = 'return
del(myshopcar);'>
          </td>
      <td height="25" align="center" valign="middle"><input id="cont" name="cont" type="button" class="btn"
value="继续购物" onclick="return conshop(myshopcar)" /></td>
      <td  height="25"  align="center"  valign="middle"><input  id="uid"  name="uid"  type="hidden"
value="{$smarty.session.member}" ><input id="settle" name="settle" type="button" class="btn" value="去收银台"
onclick="return formset(form)" /></td>
      <td height="25" colspan="2" align="right" valign="middle"><div id='sum'>共计：{$sum} 元</div></td>
    </tr>
</form>
</table>
```

24.10.4　更改商品数量

对于新添加的商品，默认的购买数量为 1，在购物车页面可以对商品的数量进行修改。当商品数量发生变化时商品的合计金额和商品总金额会自动发生改变，该功能通过触发 text 文本域的 onkeyup 事件调用 cvp()函数实现。cvp()函数有 3 个参数，分别是商品 id、商品单价和商品类别。

首先，通过商品 id 可以得到要修改商品的相关表单和标签属性。然后，通过商品单价和输入的商品数量计算该商品的合计金额。接着，使用 for 循环得到其他商品的合计金额。最后，将所有的合计金额累加，并输出到购物车页面。cvp()函数代码如下：

【例 24.34】 代码位置：光盘\TM\sl\24\js\shopcar.js

```javascript
function cvp(key,vpr,shoparr){
    var n_pre = 'total';
    var num = 'cnum'+key.toString();
    var total = n_pre+key.toString();
    var t_number = document.getElementById(num).value;
    var ttl = t_number * vpr;
    document.getElementById(total).innerHTML = ttl;
    var sm = 0;

    for(var i = 0; i < shoparr; i++){

        var aaa = document.getElementById(n_pre+i.toString()).innerText;
        sm += parseInt(aaa);
    }
    document.getElementById('sum').innerHTML = '共计：'+sm+' 元';


}
```

这里所更改的商品数量，并没有被保存到数据库中，如果希望保存，那么单击"继续购物"按钮，则可以将商品数量更新到数据库中。

24.10.5 删除商品

当对添加的商品不满意时，可以对商品进行删除操作。操作流程为：首先选中要删除的商品前面的复选框，如果全部删除，则可以单击"全选"按钮，或"反选"按钮；然后单击"删除选择"按钮，在弹出的警告框中单击"确定"按钮，商品将被全部删除。删除商品的页面结果如图 24.23 所示。

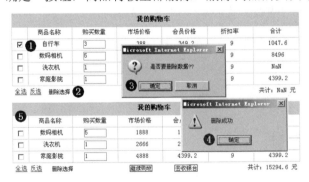

图 24.23　删除商品流程

　　所有的删除操作都是通过 JS 脚本文件 shopcar.js 来实现的，相关的函数包括 alldel()函数、overdel()函数和 del()函数。

　　alldel()函数和 overdel()函数实现的原理比较简单，通过触发 onclick 事件来改变复选框的选中状态。函数代码如下：

　　【例 24.35】　代码位置：光盘\TM\sl\24\js\shopcar.js

```
//全部选择/取消
function alldel(form){
    var leng = form.chk.length;
    if(leng==undefined){
       if(!form.chk.checked)
            form.chk.checked=true;
    }else{
      for( var i = 0; i < leng; i++)
        {
             if(!form.chk[i].checked)
                 form.chk[i].checked = true;
        }
    }
    return false;
}
//反选
function overdel(form){
    var leng = form.chk.length;
    if(leng==undefined){
      if(!form.chk.checked)
            form.chk.checked=true;
        else
            form.chk.checked=false;
    }else{
      for( var i = 0; i < leng; i++)
        {
             if(!form.chk[i].checked)
                 form.chk[i].checked = true;
             else
                 form.chk[i].checked = false;
        }
    }
    return false;
}
```

　　使用 alldel()或 overdel()选中复选框后，即可调用 del()函数来实现删除功能。del()函数首先使用 for 循环，将被选中的复选框的 value 值取出并存成数组，然后根据数组生成 url，并使用 xmlhttp 对象调用这个 url，当处理完毕后，根据返回值弹出提示或刷新本页。该函数代码如下：

　　【例 24.36】　代码位置：光盘\TM\sl\24\ js\shopcar.js

```
/*  删除记录   */
function del(form){
```

```
        if(!window.confirm('是否要删除数据??')){

    }else{
        var leng = form.chk.length;
        if(leng==undefined){
            if(!form.chk.checked){
                        alert('请选取要删除数据!');
            }else{
                rd = form.chk.value;
                var url = 'delshop.php?rd='+rd;
                xmlhttp.open("GET",url,true);
                xmlhttp.onreadystatechange = delnow;
                xmlhttp.send(null);
            }
        }else{
            var rd=new Array();
            var j = 0;
            for( var i = 0; i < leng; i++)
            {
                if(form.chk[i].checked){
                    rd[j++] = form.chk[i].value;
                }
            }
            if(rd == ''){
                alert('请选取要删除数据!');
            }else{
                var url = "delshop.php?rd="+rd;
                xmlhttp.open("GET",url,true);
                xmlhttp.onreadystatechange = delnow;
                xmlhttp.send(null);
            }
        }
    }
    return false;
}
function delnow(){
    if(xmlhttp.readyState == 4){
        if(xmlhttp.status == 200){
            var msg = xmlhttp.responseText;
            if(msg != '1'){
                alert('删除失败'+msg);
            }else{
                alert('删除成功');
                location=('?page=shopcar');
            }
        }
    }
}
```

24.10.6　保存购物车

当用户希望保存商品更改后的商品数量时，可以单击"继续购物"按钮，将触发 onclick 事件调用 conshop()函数保存数据，该函数有一个参数，就是当前表单的名称。在 conshop()函数内，根据复选框 和商品数量文本域，生成两个数组 fst 和 snd，分别保存商品 id 和商品数量。

这里要注意，两个数组的值是要相互对应的，如商品 1 的 id 保存到 fst[1]中，那么商品 1 的数量就 要保存到 snd[1]中，然后根据这两个数组生成一个 url，使用 XMLHttpRequest 对象调用 url，最后根据 回传信息作出相应的判断。conshop()函数代码如下：

【例 24.37】　代码位置：光盘\TM\sl\24\ js\shopcar.js

```
//更改商品数量
function conshop(form){
    var n_pre = 'cnum';
    var lang = form.chk.length;
    if(lang == undefined){
        var fst = form.chk.value;
        var snd = form.cnum0.value;
    }else{
        var fst= new Array();
        var snd = new Array();
        for(var i = 0; i < lang; i++){
            var nm = n_pre+i.toString();
            var stmp = document.getElementById(nm).value;
            if(stmp   == '' || isNaN(stmp)){
                alert('不允许为空、必须为数字');
                document.getElementById(nm).select();
                return false;
            }
            snd[i] = stmp;
            var ftmp = form.chk[i].value;
            fst[i] = ftmp;
        }
    }
    var url = 'changecar.php?fst='+fst+'&snd='+snd;
    xmlhttp.open("GET",url,true);
    xmlhttp.onreadystatechange = updatecar;
    xmlhttp.send(null);
}
function updatecar(){
    if(xmlhttp.readyState == 4){
        var msg = xmlhttp.responseText;
        if(msg == '1'){
            location='index.php';
        }else{
            alert('操作失败'+msg);
        }
    }
}
```

在 conshop()函数中调用的 changecar.php 页为数据处理页，该页将商品 id 和商品数量进行重新排列，并保存到 shopping 字段内。该页面代码如下：

【例 24.38】 代码位置：光盘\TM\sl\24\ changecar.php

```php
<?php
session_start();
header ( "Content-type: text/html; charset=UTF-8" );              //设置文件编码格式
require("system/system.inc.php");                                  //包含配置文件
$sql = "select id,shopping from tb_user where name = '".$_SESSION['member']."'";
$rst = $admindb->ExecSQL($sql,$conn);
$reback = '0';
$changecar = array();
if(isset($_GET['fst']) && isset($_GET['snd'])){
    $fst = $_GET['fst'];
    $snd = $_GET['snd'];
    $farr = explode(',',$fst);
    $sarr = explode(',',$snd);
    $upcar = array();
    for($i = 0; $i < count($farr); $i++){
        $upcar[$i] = $farr[$i].','.$sarr[$i];
    }
    if(count($farr) > 1){
        $update = "update  tb_user  set  shopping='".implode('@',$upcar)."'  where  name =
'".$_SESSION['member']."'";
    }else{
        $update = "update tb_user set shopping='".$upcar[0]."' where name = '".$_SESSION['member']."'";
    }
    $shop = $admindb->ExecSQL($update,$conn);
    if($shop){
        $reback = 1;
    }else{
        $reback = 2;
    }
}
echo $reback;
?>
```

24.11   收银台模块设计

 视频讲解：光盘\TM\lx\24\收银台模块设计.exe

24.11.1   收银台模块概述

当用户停止浏览商品准备结账时，可以通过单击购物车页面中的"去收银台"按钮来实现，该按钮将触发 onclick 事件调用 formset()函数来显示订单，当用户提交订单后，系统将订单保存到数据表 tb_form 中，同时清空购物车，并显示订单信息提醒用户记录订单号。当货款发出后，还可以对订单进行查询。收银台页面的运行结果如图 24.24 所示。

图 24.24　收银台页面运行结果

本节所涉及的页面有显示订单（formset()函数）、填写订单（settle.php、settle.html）、处理订单（settle_chk.php）、反馈订单（forminfo.php、forminfo.html）和查询订单 5 部分。首先来介绍 formset() 函数。

24.11.2　收银台模块技术分析

在收银台模块中，通过 PDO 中的方法完成订单信息的添加和数据的更新操作。同样调用数据库管理类 AdminDB 中的 ExecSQL 方法，完成数据的添加操作。

24.11.3　显示订单

订单信息提交页面的输出由 formset()函数决定，它将商品信息整理，通过 open 方法打开 settle.php 页来显示订单，并将整理后的商品信息传递到 settle.php 文件中。formset()函数的代码如下：

【例 24.39】　代码位置：光盘\TM\sl\24\ js\shopcar.js

```
function formset(form){
var uid = form.uid.value;
var n_pre = 'cnum';                                    //数量
    var lang = form.chk.length;
    if(lang == undefined){
        var fst = form.chk.value;                      //商品 id
        var snd = form.cnum0.value;                    //购买数量
    }else{
        var fst= new Array();
        var snd = new Array();
        for(var i = 0; i < lang; i++){
            var nm = n_pre+i.toString();
            var stmp = document.getElementById(nm).value;
            if(stmp    == '' || isNaN(stmp)){
                alert('不允许为空、必须为数字');
```

```
                document.getElementById(nm).select();
                return false;
            }
            snd[i] = stmp;
            var ftmp = form.chk[i].value;
            fst[i] = ftmp;
        }
    }
    open('settle.php?uid='+uid+'&fst='+fst+'&snd='+snd,'_blank','width=500 height=450',false);
}
```

说明

因为 open 方法使用了 _blank 参数来打开一个新的页面，session 值传不过去，所以这里使用隐藏域来传递用户名称。

24.11.4　填写订单

settle.php 直接将接收的值传给 settle.tpl 模板，并载入 settle.tpl 模板。settle.php 页面代码如下：
【例 24.40】　代码位置：光盘\TM\sl\24\settle.php

```php
<?php
session_start();
header ( "Content-type: text/html; charset=UTF-8" );        //设置文件编码格式
require("system/system.inc.php");                           //包含配置文件
$fst = $_GET['fst'];
$snd = $_GET['snd'];
$uid = $_GET['uid'];
$smarty->assign('title','收银台');
$smarty->assign('fst',$fst);
$smarty->assign('snd',$snd);
$smarty->assign('uid',$uid);
$smarty->display('settle.tpl');
?>
```

settle.tpl 模板显示一个表单，这个表单的内容需要用户来填写，包括收货人、联系电话等信息。而从 PHP 页传过来的几个变量则被保存到隐藏域以传递到处理页，在表单中将数据提交到 settle_chk.php 处理页。

24.11.5　处理订单

处理页 settle_chk.php 获取表单中提交的数据，根据用户提交的商品信息，重新查找数据表 tb_commo，并从数据表中提取商品信息，保存到数组中，然后处理页将数组作为一条记录添加到表 tb_form 内。

数据添加成功的同时，处理页会根据 uid 找到该用户，将 shopping 字段清空，最后调用 forminfo.php 页来显示新添加的订单信息。settle_chk.php 页的代码如下：

【例 24.41】　代码位置：光盘\TM\sl\24\ settle_chk.php

```php
<?php
header ( "Content-type: text/html; charset=UTF-8" );              //设置文件编码格式
require("system/system.inc.php");                                 //包含配置文件
$sql="insert into tb_form(formid,commo_id,commo_name,commo_num,agoprice,fold,total,vendee,taker,address,
tel,code,pay_method,del_method,formtime,state)values
(";$formid=time();
$tmpid = explode(',',$_POST['fst']);
$tmpnm = explode(',',$_POST['snd']);
$number = count($tmpid);
$tmpna = array();
$tmpvp = array();
$tmpfd = array();
$tmptt = 0;
if($number >1){
    for($i = 0; $i < $number; $i++){
        $tmpsql = "select name,v_price,fold from tb_commo where id = '".$tmpid[$i]."'";
        $tmprst = $admindb->ExecSQL($tmpsql,$conn);
        $tmpna[$i] = $tmprst[0]['name'];
        $tmpvp[$i] = $tmprst[0]['v_price'];
        $tmpfd[$i] = $tmprst[0]['fold'];
        $tmptt += $tmprst[0]['v_price'] * $tmpnm[$i];
        @$tmpsell = $tmprst[0]['sell'] + 1;
        $addsql = "update tb_commo set sell = '".$tmpsell."' where id = '".$tmpid[$i]."'";
        $addrst = $admindb->ExecSQL($addsql,$conn);
    }

    $sql.="'".$formid."','".$_POST['fst']."','".implode(',',$tmpna)."','".$_POST['snd']."','".implode(',',$tmpvp)."','".im
plode(',',$tmpfd)."','".$tmptt."','".$_POST['uid']."'";

}else if($number == 1){
    $tmpsql = "select name,v_price,fold from tb_commo where id = '".$tmpid[0]."'";
    $tmprst = $admindb->ExecSQL($tmpsql,$conn);
    $tmptt= $tmprst[0]['v_price'] * $tmpnm[0];
    @$tmpsell = $tmprst[0]['sell'] + 1;
    $addsql = "update tb_commo set sell = '".$tmpsell."' where id = '".$tmpid[0]."'";
    $addrst = $admindb->ExecSQL($addsql,$conn);

    $sql.="'".$formid."','".$_POST['fst']."','".$tmprst[0]['name']."','".$_POST['snd']."','".$tmprst[0]['v_price']."','".$t
mprst[0]['fold']."','".$tmptt."','".$_POST['uid']."'";
}else{
    echo 'error';
    exit();
}
$sql.=",'".$_POST['taker']."','".$_POST['address']."','".$_POST['tel']."','".$_POST['code']."','".$_POST['pay']."','".$
_POST['del']."','".date("Y-m-d H:i:s")."',0)";
```

```
$InsertSQL = $admindb->ExecSQL($sql,$conn);
if(false == $InsertSQL){
    echo "<script>alert('购买失败');history.back;</script>";
}else{
    $updsql = "update tb_user set consume='".$tmptt."',shopping='' where name = '".$_POST['uid']."'";
    $updrst = $admindb->ExecSQL($updsql,$conn);
    echo "<script>top.opener.location.reload();</script>";
    echo                                "<script>open('forminfo.php?fid=$formid','_blank','width=750
height=650',false);window.close();</script>";

}
?>
```

由于篇幅所限，有关反馈订单和查询订单的内容这里不再讲解，请读者参考本书光盘中的源代码。

24.12　后台首页设计

📀 视频讲解：光盘\TM\lx\24\后台首页设计.exe

24.12.1　后台首页概述

后台管理系统是网站管理员对商品、会员及公告等信息进行统一管理的场所，本系统的后台主要包括以下功能。

☑　类别管理模块：主要包括对商品类别的添加、修改及删除操作。

☑　商品管理模块：主要包括对商品的添加、修改、删除及订单处理。

☑　用户管理模块：主要包括管理员管理和会员管理。其中管理员管理是实现对管理员的添加、删除和修改功能，会员管理则包括删除和冻结功能。

☑　公告管理模块：主要包括公告的添加及删除操作。

☑　链接管理模块：主要包括添加、修改和删除友情链接。

后台首页的运行结果如图 24.25 所示。

图 24.25　后台首页运行结果

24.12.2　后台首页技术分析

后台首页和前台首页不同，其使用的是框架布局。框架布局的特点是：可以将容器窗口划分为若干个子窗口，每个子窗口可以分别显示不同的网页，网页之间相互独立，没有直接的关联，又由一个网页将这些分开的网页组成一个完整的网页，显示在浏览者的浏览器中。框架布局的好处是：每次浏览者发出对页面的请求时，只下载发生变化的框架页面，其他子页面保持不变。下面来具体看一下框架布局的使用格式及属性。

1．框架布局格式

框架布局的格式很简单，只要几行代码即可，常用的格式如下：

```
<html>
  <head>
  …
  </head>
  <frameset>
      <frame>
      <frame>
  </frameset>
  <noframes>
      <body>
      …
      </body>
  </noframes>
</html>
```

其中，<frameset>和<frame>标签是框架集标记，而<noframes>标签是为了防止浏览器不支持框架而实行的一种补救措施。如果浏览器不支持框架集，就会执行<noframes>标记里的内容，让用户能够正常浏览网页。

2．框架集属性

框架集包含各个框架的信息，通过<frameset>标记来定义。框架是按照行和列来组织的，可以使用FRAMESET 标记的属性对框架的结构进行设置。下面给出框架集的常用属性值、说明和应用举例，如表 24.1 所示。

表 24.1　框架集的常用属性

参　　数	说　　明	举　　例
COLS	在水平方向上将浏览器分割成多个窗口，取值有 3 种形式：像素、百分比（%）和相对尺寸（*）	<frameset cols="25%,100,*" > <frame></frame> </frameset>

续表

参　　数	说　　明	举　　例
ROWS	在垂直方向上将浏览器分割成多个窗口，取值和 COLS 类似，也是 3 种形式	\<frameset rows="25%,100,*" \> 　\<frame\> 　\<frame\> \</frameset\>
FRAMEBORDER	指定框架周围是否显示边框，取值为 1（显示边框，默认值）或 0（不显示边框）	\<framset cols="25%,*" cols="*" frameborder="0"\> … \</frameset\>
FRAMESPACING	指定框架之间的间隔，以像素为单位。默认是无间隔的	\<framset cols="25%,*" cols="*" framespacing="1"\> … \</frameset\>
BORDER	指定边框的宽度，frameborder 属性为 1 时该属性才有效	\<framset cols="25%,*" cols="*" frameborder="1" border="5"\> … \</frameset\>

3．框架属性

使用 FRAME 标记可以设置框架的属性，包括框架的名称，框架是否包含滚动条以及在框架中显示的网页等。FRAME 标记的常用属性及其说明如表 24.2 所示。

表 24.2　框架属性

参　　数	说　　明
NAME	指定框架的名称
SRC	指定在框架中显示的网页文件（包括 HTML、PHP、JSP 等网页文件）
FRAMEBODER	指定框架周围是否显示边框，取值为 1（显示边框，为默认）或 0（不显示边框）
NORESIZE	可选属性，若指定了该属性，则不能调整框架的大小
SCROLLING	指定框架是否包含滚动条。属性可以是 yes（有）、no（没有）和 auto（自由）

24.12.3　后台首页实现过程

（1）定义框架页面 main.php，包含 3 个文件：top.tpl、left.php 和 default.php。main.php 页的代码如下：

【例 24.42】　代码位置：光盘\TM\sl\24\admin\main.php

```
<!DOCTYPE html PUBLIC "-//W3C//DTD XHTML 1.0 Transitional//EN" "http://www.w3.org/TR/xhtml1/DTD/
xhtml1-transitional.dtd">
<html xmlns="http://www.w3.org/1999/xhtml">
<head>
<meta http-equiv="Content-Type" content="text/html; charset=utf-8" />
<title>明日购物商城后台管理系统</title>
```

```
<link rel="stytlesheet" href="css/style.css" />
</head>
<frameset rows="113,*,100" cols="1004" frameborder="no" border="0" framespacing="0">
  <frame src="top.php" name="topFrame" scrolling="No" noresize="noresize" id="topFrame" title="topFrame"
/>
  <frameset rows="*" cols="20%,210,*,20%" framespacing="0" frameborder="no" border="0">

<frame src="s.php" name="lFrame" frameborder="0" scrolling="auto" noresize="noresize" id="lFrame"
title="leftFrame" />

    <frame src="left.php" name="leftFrame" frameborder="0" scrolling="auto" noresize="noresize"
id="leftFrame" title="leftFrame" />
    <frame src="default.php" name="mainFrame" id="mainFrame" title="mainFrame" />
<frame src="s.php" name="rFrame" frameborder="0" scrolling="auto" noresize="noresize" id="rFrame"
title="leftFrame" />
  </frameset>
    <frame src="bottom.php" name="bottomFrame" scrolling="No" noresize="noresize" id="bottomFrame"
title="bottomFrame" />
</frameset>
<noframes><body>
</body>
</noframes>
</html>
```

（2）left.php 页是一个树形菜单，应用 DIV+JavaScript+CSS 来实现。首先介绍 div 标签，在 left.tpl 模板文件中，其关键代码如下：

【例 24.43】　代码位置：光盘\TM\sl\24\admin\system\templates\left.tpl

```
<!--  载入 CSS 样式和 JavaScript 脚本   -->
<link href="css/left.css" rel="stylesheet" type="text/css" />
<script language="javascript" src="js/left.js"></script>
<!--  类别管理菜单，注意加粗的地方   -->
<div id="type" align="center" onclick="javascript:change(one,type);">类别管理</div>
<!--  子菜单   -->
<div id="one" style="display: ">
<div id="addtype" align="center"><a href="addtype.php" target="mainFrame" id="menu">添加类别</a></div>
<div id="showtype" align="center"><a href="showtype.php" target="mainFrame" id="menu">查看类别</a></div>
</div>
<div id="hidediv" align="center"></div>
<!--  商品管理菜单   -->
<div id="commo" align="center" onclick="javascript:change(two,type);">类别管理</div>
<div id="two"style="display:none">
<!--  商品管理子菜单   -->
…
</div>
…
```

说明

除了加粗的 id 名称和 JS 事件不同外，其他菜单的结构完全相同，此时只需修改超链接即可。

该页面在 Dreamweaver 中的效果如图 24.26 所示。

图 24.26　div 树形菜单

因为其他子菜单的样式为 display=none，所以只有"类别管理"子菜单是可见的，下面为它添加 JavaScript 事件。left.js 脚本文件代码如下：

【例 24.44】　代码位置：光盘\TM\sl\24\admin\js\left.js

```
function change(nu,lx){
    if(nu.style.display == "none"){
        nu.style.display = "";
        lx.style.background="url(images/admin(5).gif)";
    }else{
        nu.style.display = "none";
        lx.style.background="url(images/admin(1).gif)";
    }
}
```

最后在 left.css 中设置 div 的长、宽等一些默认参数。一个简单而又实用的树形菜单就完成了。

对于后台的大部分模块来说，其功能实现的方法和开发步骤在前台的模块设计中基本都已经介绍过。由于篇幅所限，这里不再对后台管理模块进行讲解。

24.13　开发常见问题与解决

🎬 **视频讲解：光盘\TM\lx\24\开发常见问题与解决.exe**

在本系统开发和后期测试的过程中，开发人员遇到了各种各样的疑难问题。这里找出一些常见的、容易被忽略的问题加以讲解，希望能够为初学者和新手提供一些帮助，在开发程序时少走一些弯路。

24.13.1 解决 Ajax 的乱码问题

问题描述：当使用 Ajax 传递数据时，要么在数据处理页中数据不能被正确处理，要么输出返回值时显示的是一堆无法识别的乱码。

解决方法：这是因为 PHP 在传递数据时使用的编码默认为 utf-8，这就造成了非英文字符不能正确传递的情况。解决方法如下：

在所有的 PHP 页中都输入代码 "Header("Content-Type:text/html;charset=gb2312");"，这样，所有的页面即可正确显示。

24.13.2 使用 JS 脚本获取、输出标签内容

问题描述：获取、更改表单元素值和特定标签内容。

解决方法：使用 JS 脚本获取页面内容的方式主要有两种：第一种是通过表单获取表单元素的 value 值，格式为 "表单名称.元素名.value"，该方式只能获取表单中的元素值，对于其他标签元素不适用；第二种可以通过 id 名来获取页面中任意标签的内容，格式为 "document.getElementById('id'). value;" 或 "document.getElementById ('id').innerText;"。

使用第二种方式时要注意，标签的 id 名必须存在且唯一，否则就会出现错误。为标签内容赋值时，则使用如下格式：

```
id.innerHTML ='要显示的内容';
```

24.13.3 禁用页面缓存

问题描述：使用 Ajax 技术可以防止页面刷新，但有时也会产生新的问题。如在"会员管理"页面，如果连续地"冻结"和"解冻"会员，那么超过 3 次后，该功能将失效，因为在一定时间内，如果做相同的操作，那么 XMLHttpRequest 对象会执行缓存中的信息，从而造成操作失败。

解决办法：使用 header()函数将缓存关闭。将代码 "header("CACHE-CONTROL:NO-CACHE");" 添加到 XMLHttpRequest 对象所调用的处理页的顶部即可。

24.13.4 在新窗口中使用 session

问题描述：使用 JS 的 open 方法打开新窗口时，原浏览器中的 session 值不会被传递到新窗口中，从而造成数据查询失败。

解决方法：将 session 值另存到隐藏域或随着 url 一起传递到新窗口。代码如下：

```
<!--  在模板页中，将 session 值赋给隐藏域  -->
<input id="uid" name="uid" type="hidden" value="{$smarty.session.id}">
```

```
…
/*    在 JS 脚本中，获取到隐藏域 value 值    */
function getInput(){
    Var uid = document.getElementById('uid').value;
/*    将获取的 value 值通过 url 传给新页面    */
    open("operator.php?uid="+uid,'_blank',"",false);
    …
}
```

24.13.5　判断上传文件格式

问题描述：添加商品时可以上传商品的图片，但有时可能会误传非图片格式的文件，这里就自定义一个函数来判断上传文件的后缀。

解决方法：创建自定义函数 f_postfix()，函数的代码如下：

```
/*
 *判断文件后缀
 *$f_type：允许文件的后缀类型（数组）
 *$f_upfiles：上传文件名
 */
function f_postfix($f_type,$f_upfiles){
    $is_pass = false;
    $tmp_upfiles = split("\.",$f_upfiles);           //使用 split()函数分隔文件
    $tmp_num = count($tmp_upfiles);                  //查找文件后缀
    if(in_array(strtolower($tmp_upfiles[$tmp_num - 1]),$f_type))  //判断后缀是否在允许列表内
        $is_pass = $tmp_upfiles[$tmp_num - 1];       //如果是，则将后缀名赋给变量
    return $is_pass;                                 //返回变量
}
```

24.13.6　设置服务器的时间

问题描述：如果没有对 PHP 的时区进行设置，那么使用日期、时间函数获取的将是英国伦敦本地时间（即零时区的时间）。例如，以东八区为例，如果当地使用的是北京时间，也没有对 PHP 的时区进行设置，那么获取的时间将比当地的北京时间少 8 个小时。

解决方案：要获取本地当前的时间必须更改 PHP 语言中的时区设置。更改 PHP 语言中的时区设置有两种方法：

（1）在 php.ini 文件中，定位到[date]下的 ";date. timezone ="选项，去掉前面的分号，并设置它的值为当地所在时区使用的时间。修改内容如图 24.27 所示。

例如，如果当地所在时区为东八区，那么就可以设置 "date.timezone ="的值为 PRC、Asia/Hong_Kong、

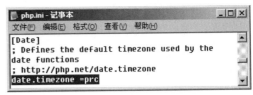

图 24.27　设置 PHP 的时区

Asia/Shanghai（上海）或者 Asia/Urumqi（乌鲁木齐）等。这些都是东八区的时间。

　　设置完成后，保存文件，重新启动 Apache 服务器。

　　（2）在应用程序中，在日期、时间函数之前使用 date_default_timezone_set()函数就可以完成对时区的设置。date_default_timezone_set()函数的语法如下：

```
date_default_timezone_set(timezone);
```

　　其中，timezone 为 PHP 可识别的时区名称，如果 PHP 无法识别时区名称，则系统采用 UTC 时区。

　　例如，设置北京时间可以使用的时区包括 PRC（中华人民共和国），Asia/Chongqing（重庆），Asia/Shanghai（上海）或者 Asia/Urumqi（乌鲁木齐），这几个时区名称是等效的。

24.14　小　　结

　　本章使用 Smarty、PDO 数据库抽象层、Ajax 等目前主流技术，实现了一个电子商务平台从系统分析到最后发布的全过程。希望读者能通过这个项目实例，把前面所学到的各种技术消化吸收、融会贯通，并能够学以致用，举一反三。

第25章

应用 ThinkPHP 框架开发明日导航网

(▨ 视频讲解：45分钟)

　　明日导航网是一个信息化管理网站。此网站的编程思想来源于 hao123 主页，提供最常用的链接，最大限度地为用户提供方便。不要小看单一的网页设计，任何基于 Web 的 B/S 架构下的程序开发都是由一个个的网页衔接而组成的。程序设计的最终目标不是对某一种语言有多么深刻的理解或者实现多么复杂的功能，而是对思想的一种实现。

　　通过阅读本章，您可以：

▶▶　了解项目开发的基本思想

▶▶　了解数据库的设计

▶▶　了解 ThinkPHP 框架的架构

▶▶　掌握 ThinkPHP 控制器的使用方法

▶▶　掌握 ThinkPHP 模型的使用方法

▶▶　掌握 ThinkPHP 视图的使用方法

▶▶　掌握 ThinkPHP 默认模板引擎的使用方法

25.1　项目设计思路

25.1.1　功能阐述

众所周知，hao123 导航网站是国内网页导航品牌之一，此网站建于 1999 年 5 月，前名是"精彩实用网址"，后来改名为 hao123。hao123 为网民提供了最便捷的上网体验，来到这里的用户可以快速找到自己需要的网站，而不用去记太多复杂的网址。2004 年百度出资 5000 万元人民币，外加部分百度股权，收购 hao123 网站，由此可见，一个小小的 Web 网页，也同样可以实现很大的成就。本章模拟 hao123 网页，应用 ThinkPHP 框架，开发一个属于自己的导航网站，其目的是让读者从网站开发的实战中体会 ThinkPHP 的强大功能。

25.1.2　功能结构

本网站包括前台和后台两大功能模块，其具体功能结构如图 25.1 所示。

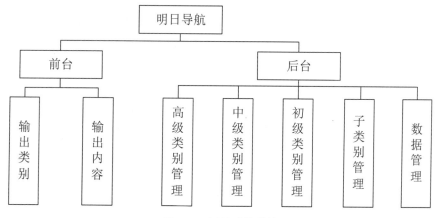

图 25.1　网站功能结构

25.1.3　系统预览

明日导航网由多个页面组成。

（1）网站主页面的运行效果如图 25.2 所示，主要功能是对各种网站网址进行整合输出，以达到方便浏览者使用的目的。

（2）网站中级类别页面中展示更多的网站信息，其运行效果如图 25.3 所示。

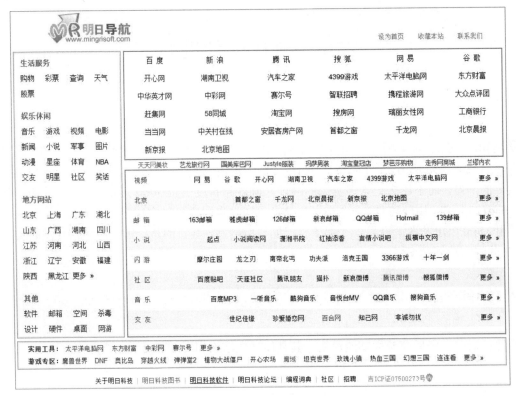

图 25.2　明日导航网主页

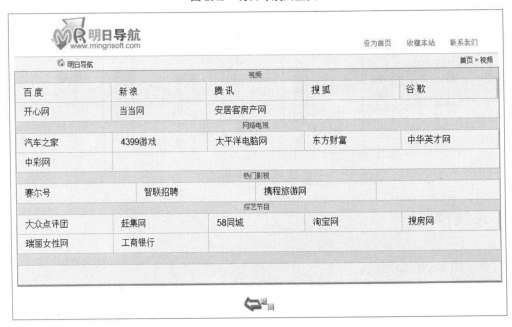

图 25.3　网站中级类别展示更多资源信息

（3）明日导航后台登录地址是 http://127.0.0.1/TM/sl/25/admin.php。后台登录用户名为 mr，密码为 mrsoft，登录运行效果如图 25.4 所示。

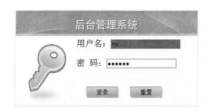

图 25.4　明日导航后台登录页面

（4）明日导航后台管理主页，完成对数据信息、类别信息的添加、删除和分页浏览的功能，其运行效果如图 25.5 所示。

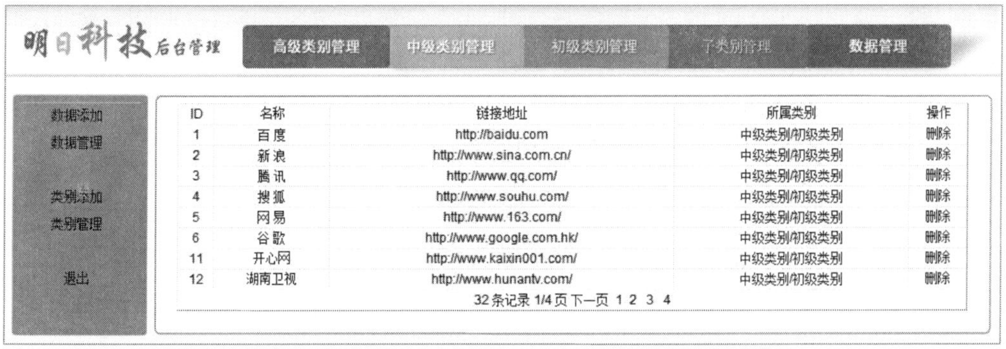

图 25.5　明日导航后台管理主页面

25.2　数据库设计

视频讲解：光盘\TM\lx\25\数据库设计.exe

25.2.1　数据库分析

在明日导航网中，采用的是 MySQL 数据库，用来存储各种网站的链接、名称等信息，并且通过类别数据表对各种网站进行分类。这里将数据库命名为 db_database25，其中包含的数据表如图 25.6 所示。

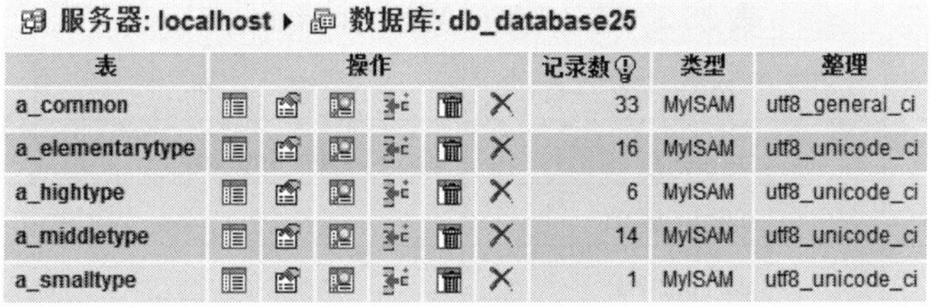

服务器: localhost ▸ 数据库: db_database25

表	操作	记录数	类型	整理
a_common		33	MyISAM	utf8_general_ci
a_elementarytype		16	MyISAM	utf8_unicode_ci
a_hightype		6	MyISAM	utf8_unicode_ci
a_middletype		14	MyISAM	utf8_unicode_ci
a_smalltype		1	MyISAM	utf8_unicode_ci

图 25.6　数据库结构

25.2.2 数据表设计

根据设计好的 E-R 图在数据库中创建数据表。下面给出数据表结构。

1. 常用链接信息表（a_common）

常用链接信息表用于存储常用链接的相关信息，其结构如表 25.1 所示。

表 25.1 常用链接信息表（a_common）

字　段	类　型	额　外	说　明
id	Int(4)	auto_increment	链接 id
highid	Int(4)		高级类别 id
middleid	Int(4)		中级类别 id
elementaryid	Int(4)		初级类别 id
smallid	Int(4)		子类别 id
title	varchar(100)		链接名称
href	text		链接网址

2. 初级类别信息表（a_elementarytype）

初级类别信息表存储中级类别下对应的初级类别名称，其结构如表 25.2 所示。

表 25.2 初级类别信息表（a_elementarytype）

字　段	类　型	额　外	说　明
id	Int(4)	auto_increment	初级类别 id，主键
middleid	Int(4)		中级类别 id
EnglishName	varchar(80)		类别的英文名称
ChineseName	varchar(80)		类别的中文名称

3. 高级类别信息表（a_hightype）

高级类别信息表用于存储导航网站中设置的高级类别分类信息，其结构如表 25.3 所示。

表 25.3 高级类别信息表（a_hightype）

字　段	类　型	额　外	说　明
id	Int(4)	auto_increment	高级类别 id，主键
EnglishName	varchar(80)		类别的英文名称
ChineseName	varchar(80)		类别的中文名称

4．中级类别信息表（a_middletype）

中级类别信息表用于存储中级类别分类信息，其结构如表 25.4 所示。

表 25.4　中级类别信息表（a_middletype）

字　　段	类　　型	额　　外	说　　明
id	Int(4)	auto_increment	中级类别 id，主键
highid	Int(4)		高级类别 id
EnglishName	varchar(80)		类别的英文名称
ChineseName	varchar(80)		类别的中文名称

25.2.3　连接数据库

在应用 ThinkPHP 框架开发的项目中，前台和后台连接数据库操作的文件分别存储于 25\Home\Conf 和 25\Admin\Conf 文件夹下，名称为 config.php。其关键代码如下：

```php
<?php
return array(
    'DB_TYPE' => 'mysql',              //设置数据库类型
    'DB_HOST' => 'localhost',          //设置数据库服务器
    'DB_USER' => 'root',               //设置用户名
    'DB_PWD' => '111',                 //设置数据库密码
    'DB_NAME' => 'db_database25',      //指定连接的数据库
    'DB_PREFIX' => 'a_',               //设置数据表名称前缀
);
?>
```

25.3　ThinkPHP 架设项目结构

📀 视频讲解：光盘\TM\lx\25\ThinkPHP 架设项目结构.exe

25.3.1　下载 ThinkPHP 框架

获取 Think PHP 的方式可参见 20.1.3 节，建议初学者下载完整版本，因为在完整版本中包括 ThinkPHP 的扩展、示例和文档，而核心版本中只包括 ThinkPHP 框架，不包含扩展、示例和文档。

本项目中采用的是完整版本，将其存储于项目根目录 25 之下。

25.3.2　自动生成项目目录

在载入 ThinkPHP 框架之后，首先，在项目的根目录下编写入口文件。本项目中包含两个入口文件，一个是 index.php 前台入口文件，另一个是 admin.php 后台入口文件。index.php 的代码如下：

```php
<?php
define('THINK_PATH', './ThinkPHP/');          //定义 ThinkPHP 框架路径（相对于入口文件）
define('APP_NAME', 'Home');                    //定义项目名称
define('APP_PATH', './Home/');                 //定义项目路径
require(THINK_PATH."/ThinkPHP.php");           //加载框架入口文件
?>
```

admin.php 文件的代码如下：

```php
<?php
define('THINK_PATH', './ThinkPHP/');          //定义 ThinkPHP 框架路径（相对于入口文件）
define('APP_NAME', 'Admin');                   //定义项目名称
define('APP_PATH', './Admin/');                //定义项目路径
require(THINK_PATH."/ThinkPHP.php");           //加载框架入口文件
?>
```

然后，在项目的根目录下创建前台项目文件夹 Home，创建后台项目文件夹 Admin。

接着，在项目的根目录下创建 Public 文件夹，再在 Public 文件夹下分别创建 Css 样式文件夹、images 图片文件夹、js 脚本文件夹和 Soft 软件存储文件夹。

最后，运行项目的前后台入口文件，自动生成前后台项目目录。

至此，应用 ThinkPHP 框架架设项目结构基本完成，其生成的项目结构如图 25.7 所示。

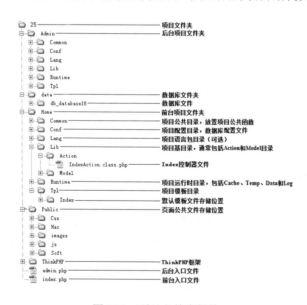

图 25.7　项目文件夹架构

25.4　明日导航前台页面设计

📹 视频讲解：光盘\TM\lx\25\明日导航前台页面设计.exe

25.4.1　页面设计概述

明日导航前台页面功能是对本网站提供的各种信息网站进行分类输出，为浏览者查询信息提供最快捷的路径。其总体分类结构为生活服务、娱乐休闲、地方网站、其他、实用工具和游戏专区 6 个高级类别，在此基础上划分中级类别，中级类别下设初级类别，初级类别中还包含子类别。

在前台首页中，首先按照高级类别对数据进行分类；然后，展示中级类别，设置子页面展示中级类别包含的初级类别信息；最后，还直接展示了一些常用网站的链接地址，以及一些中级类别下包含的常用网站地址。其首页运行效果如图 25.8 所示。

图 25.8　主页效果

在子页面中，根据超链接传递的中级类别 ID，展示出中级类别下包含的初级类别网站信息。其运行效果如图 25.9 所示。

图 25.9　中级类别下数据信息的输出效果

25.4.2　控制器的创建

本项目前台控制器位于 25\Home\Lib\Action 目录下面。此处创建两个控制器，一个是 IndexAction，另一个是 MoreAction。

在 IndexAction 控制器中定义 index 方法，查询数据库中的数据，并且将查询结果赋给指定的模板变量。其应用的技术如下：

（1）通过 M 快捷方法实例化模型类，这里包括对 middletype 和 common 两个数据表的操作。

（2）在完成类的实例化操作后，通过连贯操作完成对数据的查询，其中包括 where、limit 和 select 方法。

（3）通过 assign 方法将查询结果赋给指定模板变量。

（4）通过 display 方法指定模板页。

其关键代码如下：

```php
<?php
class IndexAction extends Action{
    public function index(){
        $middletype =M('middletype');                           //实例化模型类

        $middledata=$middletype->where('hightid=1')->select();  //查询中级类别，高级类别为生活服务
        $this->assign('middledata',$middledata);                //将查询结果赋给模板变量

        $middletype=$middletype->limit('12,3')->select();       //查询中级类别
        $this->assign('middletype',$middletype);
```

```
        $com=M('common');

        $result=array();                              //定义空数组
        for($i=0; $i<=count($middletype);$i++){       //循环输出查询结果中数据
            $search=$middletype[$i]['id'];            //获取中级类别的 ID
            $lis=$com->where('middleid='.$search)->limit('0,7')->select();   //根据中级类别的 ID 进行查询
            $result[]=$lis;                           //将查询结果存储到数组中
        }
        $this->assign('listdata',$result);            //输出中级类别数据

        $list=$com->select();                         //查询数据
    $this->assign('list',$list);                      //将查询结果赋给模板变量

        $applieddata=$com->where('highid=5')->select();   //查询中级类别，高级类别为实用工具
        $this->assign('applied',$applieddata);
        $this->display('index');                      //指定模板页
    }
}
?>
```

在 MoreAction 控制器中，定义 index、clime 和 city 3 个方法，分别用于查询指定数据表中的数据，并且将查询结果赋给指定的模板变量。应用到的技术与 IndexAction 控制器中的相同，其关键代码如下：

```
<?php
class MoreAction extends Action{
    public function index(){
        $type=$_GET['link_id'];                       //获取超链接传递的 ID 值
        $ele=M('elementarytype');                     //实例化模型类
        $eledata=$ele->where('middleid='.$type)->select();   //根据超链接传递的 ID 值执行查询语句
        $com=M('common');                             //实例化模型类
        $result=array();                              //定义新数组
        for($i=0; $i<=count($eledata);$i++){          //循环读取初级类别中的数据
            $search=$eledata[$i]['id'];               //获取初级类别的 ID
            $result[]=$eledata[$i]['ChineseName'];    //将初级类别的名称存储到数组中
            $lis=$com->where('elementaryid='.$search)->select();   //根据初级类别的 ID 从 common 表中
查询出数据
            $result[]=$lis;                           //将查询结果存储到数组中
        }
        $this->assign('listdata',$result);            //将数组赋给模板变量
    $this->display('index');                          //指定模板页
    }
    public function clime(){
        $type=$_GET['link_id'];                       //获取超链接传递的 ID 值
        $high=M('common');                            //实例化模型类
        $highdata=$high->where('highid='.$type)->select();   //根据超链接传递的 ID 值执行查询语句
        $this->assign('listdata',$highdata);          //将数组赋给模板变量
    $this->display('clime');                          //指定模板页
    }
    public function city(){
        $type=$_GET['link_id'];                       //获取超链接传递的 ID 值
```

```
            $ele=M('elementarytype');                         //实例化模型类
            $eledata=$ele->where('middleid='.$type)->select();  //根据超链接传递的 ID 值执行查询语句
            $com=M('common');                                 //实例化模型类
            $result=array();                                  //定义新数组
            for($i=0; $i<=count($eledata);$i++){               //循环读取初级类别中的数据
                $search=$eledata[$i]['id'];                    //获取初级类别的 ID
                $result[]=$eledata[$i]['ChineseName'];          //将初级类别的名称存储到数组中
                $lis=$com->where('elementaryid='.$search)->select();    //根据初级类别的 ID 从 common 表中
查询出数据
                $result[]=$lis;                                //将查询结果存储到数组中
            }
            $this->assign('listdata',$result);               //将数组赋给模板变量
        $this->display('city');                              //指定模板页
    }
}
?>
```

25.4.3 视图中应用到的模板标签

在项目目录 25\Home\Tpl 目录下创建 Index 和 More 模板文件夹，分别存储控制器 IndexAction 和 MoreAction 对应的模板文件。在模板文件中，应用 ThinkPHP 默认模板引擎中的方法完成数据的输出和判断操作。其应用的技术如下：

（1）通过特殊字符串的替换技术，在模板页中载入 JS 脚本、images 图片等内容，其默认的替换规则如表 25.5 所示。

表 25.5　模板中特殊字符串的替换规则

特殊字符串	替 换 描 述
../Public	替换成当前项目的公共模板目录。通常是：\项目目录\Tpl\当前主题\Public\
__PUBLIC__	替换成当前网站的公共目录。通常是：\Public\
__TMPL__	替换成项目的模板目录。通常是：\项目目录\Tpl\当前主题\
__ROOT__	替换成当前网站的地址（不含域名）
__APP__	替换成当前项目的 URL 地址（不含域名）
__URL__	替换成当前模块的 URL 地址（不含域名）
__ACTION__	替换成当前操作的 URL 地址（不含域名）
__SELF__	替换成当前的页面 URL

（2）通过 volist 标签在模板页中循环输出模板变量传递的数据。volist 标签的语法如下：

```
<volist name="list" id="vo" offset="5" length='10' mod="5" key="i">
    {$vo.name}
</volist>
```

其参数说明如表 25.6 所示。

表 25.6　volist 标签的参数说明

参　　数	说　　明
name	表示模板赋值的变量名称，因此不可随意在模板文件中改变
id	表示当前的循环变量，可以随意指定，但确保不要和 name 属性冲突
offset	支持输出部分数据，例如输出其中的第 5～15 条记录
length	

Mod	控制输出记录的奇偶性，还可以控制在指定的记录换行。例如：
	//输出偶数记录
	<volist name="list" id="vo" mod="2" >
	<eq name="mod" value="1">{$vo.name}</eq>
	</volist>
	//控制一定记录的换行
	<volist name="list" id="vo" mod="5" >
	{$vo.name}
	<eq name="mod" value="4">
	</eq>
	</volist>

key	循环变量，默认设置为变量 i

说明

如果要输出数组的索引，可以直接使用 key 变量。和循环变量不同的是，key 是由数据本身决定的，而不是循环控制的，例如：

```
<volist name="list" id="vo"  >
{$key}.{$vo.name}
</volist>
```

volist 还有一个别名，即 iterate，用法和 volist 是相同的。

（3）比较标签，在模板页中对模板变量的值进行比较操作。其语法如下：

`<比较标签 name="变量" value="值">内容</比较标签>`

系统支持的比较标签以及所表示的含义如表 25.7 所示。

表 25.7　系统支持的比较标签

标　　签	含　　义
eq 或者 equal	等于
neq 或者 notequal	不等于
gt	大于
egt	大于等于
lt	小于

续表

标　签	含　义
elt	小于等于
heq	恒等于
nheq	不恒等于

比较标签的使用方法基本相同，只是在判断的条件上有所区别。例如，要求 name 变量的值等于 value 就输出，可以使用：

```
<eq name="name" value="value">value</eq>
```

或者

```
<equal name="name" value="value">value</equal>
```

比较标签不但支持单条件的判断，而且还支持与 else 标签的结合应用，例如：

```
<eq name="name" value="value">相等<else/>不相等</eq>
```

比较标签中的变量可以支持对象的属性或者数组，甚至可以是系统变量。例如，判断当 vo 对象的属性（或者数组，或者自动判断）等于 5 时输出。

```
<eq name="vo.name" value="5">{$vo.name}</eq>
<eq name="vo:name" value="5">{$vo.name}</eq>
<eq name="vo['name']" value="5">{$vo.name}</eq>
```

比较标签还支持对变量使用函数。例如，判断当 vo 对象的属性值的字符串长度等于 5 时输出。

```
<eq name="vo:name|strlen" value="5">{$vo.name}</eq>
```

变量名支持系统变量的方式，例如：

```
<eq name="Think.get.name" value="value">相等<else/>不相等</eq>
```

比较标签的比较值也支持使用变量。通常比较标签的值是一个字符串或者数字，如果需要使用变量，只需要在前面添加 "$"。例如，判断当 vo 对象的属性等于$a 时输出。

```
<eq name="vo:name" value="$a">{$vo.name}</eq>
```

另外，比较标签还可以统一使用 compare 标签来进行定义。例如，判断当 name 变量的值等于 5 时输出。

```
<compare name="name" value="5" type="eq">value</compare>
```

其中 type 属性的值就是上面列出的比较标签名称。上述写法等同于下面的表述方式。

```
<eq name="name" value="5" >value</eq>
```

其实所有的比较标签都是 compare 标签的别名。

（4）判断某个变量是否在某个范围之内，包括 in、notin 和 range 三个标签。

① in 标签，判断模板变量是否在某个范围内，例如：

```
<in name="id" value="1,2,3" >输出内容 1</in>
```

标签合并使用，判断某个变量在指定范围内输出内容 1，否则输出内容 2。其语法如下：

```
<in name="id" value="1,2,3" >输出内容 1<else/>输出内容 2</in>
```

其中 value 属性值可以是变量，变量的值可以是字符串或数组，例如：

```
<in name="id" value="$var" >输出内容 1</in>
```

② notin 标签，判断某个变量不在某个范围内，例如：

```
<notin name="id" value="1,2,3" >输出内容 2</notin>
```

③ range 标签，替换 in 和 notin 标签，其语法如下：

```
<range name="id" value="1,2,3" type="in" >输出内容 1</range>
```

其中 type 属性的值可以是 in 或者 notin。

25.4.4　在视图中创建模板文件

在控制器 25\Home\Lib\Action 目录下面，创建了两个控制器 IndexAction 和 MoreAction，那么同样在视图 25\Home\Tpl 目录下，创建两个模板文件夹 Index 和 More，用于存储对应控制器的模板文件。

（1）在视图 25\Home\Tpl\Index 目录下，只有一个模板文件 index.html，是明日导航网站的主页，根据类别对网站提供的导航信息进行输出，并且创建子网页超链接，链接到 More 模板文件夹下的模板文件。应用 volist 标签循环输出控制器中查询到的中级类别数据，其关键代码如下：

```
<volist name="middletype" id="mid" key="k" >
<TR class='bg<in name="k" value="1,3,5,7,9,11,13,15,17,19,21,23,25,27,29" >1<else/>2</in>'>
    <TH width=60><A href="__APP__/More/index?link_id={$mid.id}">{$mid.ChineseName}</A></TH>
    <TD class=s_widen width=636>
        <iterate name="listdata" id="child">
            <volist name="child" id="grand">
                <eq name="grand.middleid" value="$mid.id">
                    <A href="{$grand.href}">{$grand.title}</A>
                </eq>
            </volist>
        </iterate>
    </TD>
    <TD width=60><B><A href="__APP__/More/index?link_id={$mid.id}">更多 &raquo;</A></B></TD>
</TR>
</volist>
```

在这段代码中，应用 volist 标签和 iterate 标签进行嵌套，循环输出三维数组中的数据；应用 in 标签控制表格中每行的背景颜色；应用 eq 比较标签判断当中级类别中的 ID 值与超链接表（a_common）中 middleid 字段的值相等时，输出超链接表中存储的网站超链接（href）和网站名称（title），最后，创建“更多”超链接，链接到 More 控制器的 index 方法中，将中级类别对应 ID 作为参数进行传递。

（2）在视图 25\Home\Tpl\More 目录下，包含 3 个模板文件，分别是 index.html、city.html 和 clime.html。它们与 MoreAction 控制器中定义的 3 个方法是相互对应的，根据控制器中查询出的数据，在模板文件中应用模板引擎中的标签完成输出的判断和输出。其应用的技术已经在 25.4.3 节中进行了详细讲解，这里不再赘述，有关其详细内容请参考本书光盘中源代码。

25.5　明日导航后台管理设计

视频讲解：光盘\TM\lx\25\明日导航后台管理设计.exe

25.5.1　后台管理概述

明日导航的后台管理系统可以归纳为三部分内容，第一部分，后台登录；第二部分，对网站中设置的分类数据和导航链接数据进行管理；第三部分，退出后台管理系统。明日导航后台管理系统主页的运行效果如图 25.10 所示。

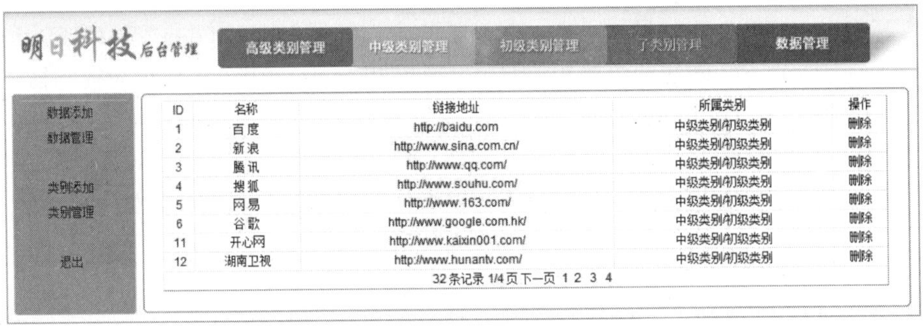

明日科技后台管理
高级类别管理
中级类别管理
初级类别管理
子类别管理
数据管理
数据添加
数据管理
类别添加
类别管理
退出
ID 名称 链接地址 所属类别 操作
1 百度 http://baidu.com 中级类别/初级类别 删除
2 新浪 http://www.sina.com.cn/ 中级类别/初级类别 删除
3 腾讯 http://www.qq.com/ 中级类别/初级类别 删除
4 搜狐 http://www.souhu.com/ 中级类别/初级类别 删除
5 网易 http://www.163.com/ 中级类别/初级类别 删除
6 谷歌 http://www.google.com.hk/ 中级类别/初级类别 删除
11 开心网 http://www.kaixin001.com/ 中级类别/初级类别 删除
12 湖南卫视 http://www.hunantv.com/ 中级类别/初级类别 删除
32 条记录 1/4 页 下一页 1 2 3 4

图 25.10　明日导航后台管理主页面

25.5.2　通过系统配置文件存储后台登录数据

在后台登录模块中，常用的技术包括 SESSION 机制和加密技术。加密技术又分为很多种。将管理员名称和密码统一加密保存在数据库中就安全了吗？其实并不是这样的。高明的 SQL 注入手法可以很容易地取得密文。所以，在本项目中，笔者并没有采用将密码保存到数据库中，而是通过配置文件，隐式地保存登录的相关信息。

方法是在系统扩展目录 Extend 下的 Vendor 目录中创建 PHP 脚本文件 admin.php，并且使用 vendor 方法导入。其代码如下：

```php
<?php
    import("ORG.Util.Session");
    Session::set("MR", "mr");                        //设置 SESSION 变量存储后台登录用户名
    Session::set("MRKJ", "mrsoft");                  //设置 SESSION 变量存储后台登录密码
?>
```

这样，用户不仅可以随时随地更改用户名和密码，还很好地实现了密码文件的安全性。用户也可以独立编写一个日志文件，记录 Session 的使用信息，从而达到检测非法用户暴力破解的情况。

如此存储后台管理员的登录信息后，在后台登录处理的 admin 方法中，需要先载入配置文件中设置的用户名和密码。然后，获取表单中提交的用户名和密码与 SESSION 变量中存储的用户名和密码进行比较，判断其是否为管理员。admin 方法中验证管理员是否登录成功的代码如下：

```php
public function admin(){                              //后台登录处理方法
    vendor('admin');                                 //载入配置文件中设置的用户名和密码
    $username=$_POST['text'];                         //获取用户名
    $userpwd=$_POST['pwd'];
    if($username==""||$userpwd==""){                 //判断用户名和密码是否为空
        $this->assign('hint','文本框内容不能为空');
            $this->assign('url','__URL__');
            $this->display('information');            //指定提示信息模板页
    }else{
        if($username!=Session::get(MR)||$userpwd!=Session::get(MRKJ)){  //验证登录用户是否正确
            $this->assign('hint','您不是权限用户');
                $this->assign('url','__URL__/');
                $this->display('information');
        }else{
                $_SESSION['username']=$username;        //将登录用户名赋给 SESSION 变量
                $_SESSION['userpwd']=$userpwd;
            $this->assign('hint','欢迎管理员回归');
            $this->assign('url','__URL__/adminIndex');  //设置后台管理主页链接
            $this->display('information');
        }
    }
}
```

25.5.3 后台管理架构解析

后台管理的登录从项目根目录下的 admin.php 入口文件开始，运行此文件生成后台管理项目文件夹，其具体存储于根目录下的 Admin 文件夹下。在 25\Admin\Lib\Action 目录下创建后台控制器 IndexAction，所有后台的操作方法都存储于这个控制器中；在 25\Admin\Tpl 目录下，创建与 IndexAction 控制器对应的模板文件夹 Index，在这个模板文件夹下存储控制器中方法对应的模板文件。明日导航后台管理架构如图 25.11 所示。

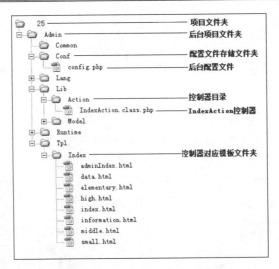

图 25.11　明日导航后台管理架构

25.5.4　ThinkPHP 框架中的分页技术

在 ThinkPHP 框架中封装了自己的分页类，其存储于 ThinkPHP 框架的 ThinkPHP\Extend\Library\ORG\Util\目录下，在应用时，需要在控制器中通过 import 标签载入类文件，然后执行类的实例化操作，最后调用其中的方法完成数据的分页查询和输出。其关键代码如下：

```
①    import("ORG.Util.Page");                              //载入分页类
      $count=$com->count();                                 //统计数据库中的记录数
②    $Page=new Page($count,8);                             //实例化分页类
③    $show= $Page->show();                                 //获取分页超链接
④    $list = $com->order('id')->limit($Page->firstRow.','.$Page->listRows)->select(); //执行分页查询
      $this->assign('list',$list);                          //将分页查询结果赋给模板变量
      $this->assign('page',$show);                          //将获取的分页超链接赋给模板变量
```

① 通过"import("ORG.Util.Page");"载入分页类。

② 实例化分页类，同时可以传递 3 个参数：第一个是页面总记录数，第二个是每页显示的记录数，第三个为可选参数，通过分页超链接的值。

③ 调用分页类中的 show 方法，输出分页超链接。

④ Page：查询分页。属于新增特性，可以更加快速地进行分页查询。Page 方法的用法和 limit 方法类似，格式为：

```
Page('page[,listRows]')
```

其中，page 表示当前的页数，listRows 表示每页显示的记录数。例如，Page('2,10')表示每页显示 10 条记录，获取第 2 页的数据。

如果省略 listRows，会读取 limit('length')的值。例如，"limit(25)->page(3);"表示每页显示 25 条记录，获取第 3 页的数据。如果也没有设置 limit，则默认为每页显示 20 条记录。

说明

在通过 Page 方法进行数据的分页查询时，Page 方法的第一个参数是当前的页数，需要使用 $_GET['p']，第二个参数是当前页显示的记录数。

25.5.5　后台管理视图中应用的模板标签

（1）在明日导航的后台管理系统中，应用模板引擎中的 switch 标签创建一个简单的网页框架，在 adminindex 方法中根据超链接传递的值实现在不同页面之间的跳转操作。

switch 标签的语法如下：

```
<switch name="变量" >
    <case value="值 1">输出内容 1</case>
    <case value="值 2">输出内容 2</case>
    <default />默认情况
</switch>
```

switch 标签类似于 PHP 中的 switch 语句，其中 name 属性可以使用函数以及系统变量，例如：

```
<switch name="Think.get.userId|abs">
    <case value="1">admin</case>
    <default />default
</switch>
```

对于 case 的 value 属性可以支持多个条件的判断，使用"|"进行分隔，例如：

```
<switch name="Think.get.type">
    <case value="gif|png|jpg">图像格式</case>
    <default />其他格式
</switch>
```

上述代码表示，如果$_GET["type"] 是 gif、png 或者 jpg，就判断为图像格式。

也可以对 case 的 value 属性使用变量，例如：

```
<switch name="User.userId">
    <case value="$adminId">admin</case>
    <case value="$memberId">member</case>
    <default />default
</switch>
```

使用变量方式的情况下，不再支持多个条件的同时判断。

（2）应用标签中的系统变量，输出超链接传递的参数值。其语法如下：

```
{$Think.get.pageNumber }
```

输出超链接变量 pageNumber 传递的值。

（3）应用 include 标签包含外部模板文件。其应用的语法如下：

```
<include file="完整模板文件名" />            //使用完整文件名包含
<include file="操作名" />                    //包含当前模块的其他操作模板文件
<include file="模块名:操作名" />              //包含其他模块的操作模板
<include file="主题名@模块名:操作名" />       //包含其他模板主题的模块操作模板
<include file="$变量名" />                   //用变量控制要导入的模板
```

完整文件名的包含，例如，<include file="./Tpl/Public/header.html" />。这种情况下，模板文件名必须包含后缀。使用完整文件名包含的时候，特别要注意文件包含指的是服务器端包含，而不是包含一个 URL 地址，也就是说 file 参数的写法是服务器端的路径，如果使用相对路径，则是基于项目的入口文件位置。

用变量包含，例如，<include file="$tplName" />。给$tplName 赋不同的值就可以包含不同的模板文件，变量的值的用法和上面的用法相同。

（4）通过 foreach 标签循环输出模板变量传递的数据。其语法如下：

```
<foreach name="list" item="vo" >
    {$vo.id}
    {$vo.name}
</foreach>
```

其中，name 指定在控制器中设置的模板变量名称，必须与控制器中设置的名称相同；item 在 foreah 语句中自行定义的变量，用于输出模板变量传递的数据。

（5）通过 if 标签完成更加复杂的判断操作。例如，判断当变量 name 的值等于 1 或者大于 100 时输出 value1 的值，或者当 name 的值等于 2 时输出 value2 的值，否则输出 value3 的值。其代码如下：

```
<if condition="($name eq 1) OR ($name gt 100) ">
    value1
<elseif condition="$name eq 2" />
    value2
<else />
    value3
</if>
```

在 condition 属性中可以支持 eq 等判断表达式，等同于比较标签，但是不支持带有"＞"、"＜"等符号的用法，因为会混淆模板解析。

另外，在 condition 属性中还可以使用 PHP 代码，例如：

```
<if condition="strtoupper($user['name']) neq 'THINKPHP' ">
    ThinkPHP
<else />
    other Framework
</if>
```

注意

由于 if 标签的 condition 属性中基本上使用的是 PHP 语法，所以尽可能使用判断标签和 switch 标签会更加简洁。原则上来说，能够用 switch 和比较标签解决的尽量不用 if 标签完成。因为 switch 和比较标签可以使用变量调节器和系统变量。如果某些特殊的要求下面，if 标签仍然无法满足要求，可以使用原生 PHP 代码或者 PHP 标签来直接书写代码。

25.5.6　后台登录

前面已经对明日导航后台管理系统的架构和所涉及的技术进行了详细讲解，下面讲解后台登录模块的实现方法。后台登录模块的创建由三部分组成：

第一部分，设置后台登录的用户名和密码，已经在 25.5.2 节中进行了详细讲解。

第二部分，在后台管理系统的默认视图文件 index.html 中创建表单，将管理员的用户名和密码提交到 IndexAction 控制器的 admin 方法中进行处理。创建表单的代码如下：

```
<form action="__URL__/admin" method="post">
    <tr>
        <td rowspan="3">
            <img src="__ROOT__/Public/images/login_02.jpg" width="136" height="150" alt=""></td>
        <td colspan="3" width="242" height="99" background="__ROOT__/Public/images/login_07.jpg">
        <div>用户名：<input class="user" type="text" name="text"></div><br>
        <div>密  码：<input class="pwd" type="password" name="pwd"></div><br>
        </td>
        <td>
            <img src="__ROOT__/Public/images/login_04.jpg" width="26" height="99" alt=""></td>
    </tr>
    <tr>
        <td width="106" height="41">
            <input class="buttonSub" type="submit" value=""></td>
        <td width="98" height="41">
            <input class="buttonRes" type="reset" value=""></td>
        <td colspan="2">
            <img src="__ROOT__/Public/images/login_07.jpg" width="64" height="41" alt=""></td>
    </tr>
</form>
```

第三部分，在 IndexAction 控制器中创建 admin 方法，获取表单提交的用户名和密码，与 SESSION 变量中存储的用户名和密码进行比较，判断用户提交的名称和密码是否正确。如果正确则说明是管理员，将登录用户名和密码存储到 SESSION 变量中，在 information.html 模板页中输出"欢迎管理员回归"，在 4 秒钟后跳转到后台管理主页；否则，可能是提交用户名或者密码为空，提交的用户名或者密码不正确，那么将在 information.html 模板页中输出"用户名或者密码不能为空"或者"您不是权限用户"，在4秒钟后跳转到后台登录页面。admin 方法的关键代码如下：

```
public function admin(){                                              //后台登录处理方法
    vendor('admin');                                                 //载入配置文件中设置的用户名和密码
    $username=$_POST['text'];                                        //获取用户名
    $userpwd=$_POST['pwd'];
    if($username==""||$userpwd==""){                                 //判断用户名和密码是否为空
        $this->assign('hint','用户名或者密码不能为空');
            $this->assign('url','__URL__');
            $this->display('information');                           //指定提示信息模板页
    }else{
        if($username!=Session::get(MR)||$userpwd!=Session::get(MRKJ)){   //验证登录用户是否正确
            $this->assign('hint','您不是权限用户');
                $this->assign('url','__URL__/');
                $this->display('information');
        }else{
            $_SESSION['username']=$username;                         //将登录用户名赋给 SESSION 变量
            $_SESSION['userpwd']=$userpwd;
            $this->assign('hint','欢迎管理员回归');
            $this->assign('url','__URL__/adminIndex');              //设置后台管理主页链接
            $this->display('information');
        }
    }
}
```

至此，完成明日导航的后台登录模块。

25.5.7 后台管理主页

管理员登录成功后，将跳转到明日导航的后台管理主页中。在后台管理主页中，根据超链接传递的参数值，实现不同子功能页面之间的跳转操作，进而实现对应的管理操作。

后台管理主页由两部分组成：

第一部分，是在 IndexAction 控制器中定义 adminindex 方法。首先，调用当前控制器中的 checkEnv 方法判断当前用户是否具有访问权限。然后，应用 switch 语句，根据 $_GET[] 方法获取的超链接参数值进行判断，当参数值为 high 时，执行 IndexAction 控制器中的 high 方法；当参数值为空时，则执行默认的 common 方法。最后，指定模板页 adminindex。adminindex 方法的代码如下：

```
public function adminIndex(){                                        //后台管理系统主页
    if(IndexAction::checkEnv()){                                     //判断是否具有访问权限
        switch($_GET['type_link']){                                  //根据超链接传递的变量值输出对应的内容
            case "high":
                IndexAction::high();                                 //执行 high 方法
            break;
            case "middle":
                IndexAction::middle();
```

```
            break;
        case "elementary":
            IndexAction::elementary();
        break;
        case "small":
            IndexAction::small();
        break;
        case "data":
            IndexAction::common();
        break;
        default:                           //默认输出数据管理内容
            IndexAction::common();
        }
        $this->display('adminIndex');      //指定模板页
    }
}
```

第二部分，在 25\Admin\Tpl\Index 模板文件夹下，创建 adminindex.html 模板文件，创建后台管理中的功能导航菜单。应用 if 标签，根据$_GET['type_link']获取的参数值进行判断，应用 include 标签包含不同的模板文件。其关键代码如下：

```
<img src="__ROOT__/Public/images/_html_02.gif" width="743" height="65" border="0" usemap="#Map" alt="">
<map name="Map">
  <area shape="rect" coords="35,24,126,55" href="__URL__/adminIndex?type_link=high">
  <area shape="rect" coords="163,21,258,53" href="__URL__/adminIndex?type_link=middle">
  <area shape="rect" coords="294,21,388,55" href="__URL__/adminIndex?type_link=elementary">
  <area shape="rect" coords="429,26,528,53" href="__URL__/adminIndex?type_link=small">
  <area shape="rect" coords="568,22,660,53" href="__URL__/adminIndex?type_link=data">
</map>
<if condition="($_GET['type_link'] eq 'high')">
    <include file="./Admin/Tpl/Index/high.html" />
<elseif condition="($_GET['type_link'] eq 'middle')"/>
    <include file="./Admin/Tpl/Index/middle.html" />
<elseif condition="($_GET['type_link'] eq 'elementary')"/>
    <include file="./Admin/Tpl/Index/elementary.html" />
<elseif condition="($_GET['type_link'] eq 'small')"/>
    <include file="./Admin/Tpl/Index/elementary.html" />
<else />
    <include file="./Admin/Tpl/Index/data.html" />
</if>
```

当管理员进入后台管理主页后，单击"高级类别管理"超链接时，后台管理主页的运行效果如图 25.12 所示。

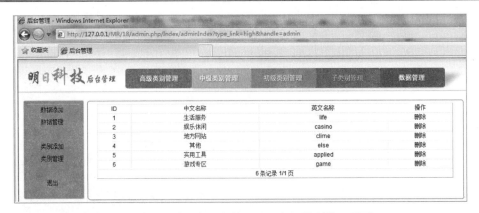

图 25.12 明日导航后台管理——高级类别管理页面

25.5.8 高级类别管理

在后台管理主页中，单击"高级类别管理"超链接，在主页中将分页输出高级类别数据，并且在每条记录之后都添加了"删除"超链接，用于删除指定的数据。此时，如果单击管理员左侧的"类别添加"超链接，将跳转到高级类别添加页面，完成高级类别的添加操作，如图 25.13 所示。如果单击"类别管理"超链接则返回到高级类别输出的页面。

图 25.13 明日导航后台管理——高级类别添加页面

高级类别管理包括 3 个子功能，分别是数据的添加、浏览和删除。其具体实现方法如下：

（1）在 IndexAction 控制器中创建 high 方法，根据超链接传递的参数值进行判断，是执行数据的添加操作，还是执行数据的分页查询。其关键代码如下：

```
public function high(){                                       //高级类别处理方法
        header("Content-Type:text/html;charset=utf-8");       //设置编码格式
        $com=M('hightype');                                   //实例化模型类，a_hightype 表
        if($_GET['handle']=='insert'){                        //判断超级链接的参数值，是添加语句还是管理数据
            if(IndexAction::checkEnv()){                       //判断用户是否具有添加权限
                if(isset($_POST['button'])){
                    $data['ChineseName']=$_POST['ChineseName'];        //获取表单提交的数据
                    $data['EnglishName']=$_POST['EnglishName'];
                    $data=$com->data($data)->add();                    //执行添加操作
                    if($data!=false){
```

```
                        $this->assign('hint','数据添加成功！');
                        $this->assign('url','adminIndex?type_link=high&handle=admin');
                        $this->display('information');
                    }else{
                        $this->assign('hint','添加失败！');
                        $this->assign('url','adminIndex?type_link=high&handle=insert');
                        $this->display('information');
                    }
                }
            }
        }else{
            import("ORG.Util.Page");            //载入分页类
            $count=$com->count();               //统计总的记录数
            $Page=new Page($count,8);           //实例化分页类，设置每页显示 8 条记录
            $show= $Page->show();               //输出分页超链接
            $list = $com->order('id')->limit($Page->firstRow.','.$Page->listRows)->select(); //执行分页查询
            $this->assign('list',$list);        //将查询结果赋给模板变量
            $this->assign('page',$show);        //将获取的分页超链接赋给模板变量
        }
    }
```

（2）在 25\Admin\Tpl\Index 模板文件夹下创建 high.html 模板文件，应用 switch 标签进行条件判断，如果超链接传递的参数值是 insert，那么输出高级类别添加的表单；如果超链接传递的是 admin，则应用 foreach 语句循环输出模板变量传递的高级类别数据，并且创建"删除"超链接，链接到 IndexAction 控制器下的 deletetype 方法，完成删除操作，以记录的 ID 值为参数值；默认输出高级类别数据。其关键代码如下：

```
<switch name="Think.get.handle">
    <case value="insert">
<form name="form1" method="post" action="__URL__/high?type_link=high&handle=insert">
<table width="750" border="1" cellspacing="1" cellpadding="1">
  <tr>
    <td colspan="2" align="center">高级类别添加</td>
  </tr>
  <tr>
    <td width="178" align="right">中文名称</td>
    <td width="559"><input name="ChineseName" type="text" id="ChineseName" size="40"></td>
  </tr>
  <tr>
    <td align="right">英文名称</td>
    <td><input name="EnglishName" type="text" id="EnglishName" size="40"></td>
  </tr>
  <tr>
    <td align="center"> </td>
    <td><input type="submit" name="button" id="button" value="提交">
          
      <input type="reset" name="button2" id="button2" value="重置"></td>
  </tr>
</table>
```

```
</form>
    </case>
    <case value="admin">
     <table width="750" border="1" cellspacing="1" cellpadding="1">
       <tr>
         <td align="center">ID</td>
         <td align="center">中文名称</td>
         <td align="center">英文名称</td>
          <td align="center">操作</td>
       </tr>
       <foreach name="list" item="result" >
        <tr>
         <td align="center">{$result.id}</td>
         <td align="center">{$result.ChineseName}</td>
         <td align="center">{$result.EnglishName}</td>
         <td align="center"><a href="__URL__/deletetype?type_link={$Think.get.type_link }&handle=
         admin&link_id={$result.id}">删除</a></td>
        </tr>
       </foreach>
       <tr>
        <td colspan="4">{$page}</td>
       </tr>
     </table>
    </case>
    <default   />
     <table width="750" border="1" cellspacing="1" cellpadding="1">
        <tr>
         <td align="center">ID</td>
         <td align="center">中文名称</td>
         <td align="center">英文名称</td>
          <td align="center">操作</td>
        </tr>
        <foreach name="list" item="result" >
        <tr>
         <td align="center">{$result.id}</td>
         <td align="center">{$result.ChineseName}</td>
         <td align="center">{$result.EnglishName}</td>
         <td align="center"><a href="__URL__/deletetype?type_link={$Think.get.type_link }&handle=
         admin&link_id= {$result.id}">删除</a></td>
        </tr>
        </foreach>
        <tr>
         <td colspan="4">{$page}</td>
        </tr>
     </table>
    </case>
</switch>
```

（3）在 IndexAction 控制器中创建 deletetype 方法，根据超链接传递的 ID 值，执行 delete 语句，删除高级类别的数据。在删除高级类别的数据时，与其关联的中级类别、初级类别和子类别中的数据

540

也都将被删除。其关键代码如下：

```
function deletetype(){
    if(IndexAction::checkEnv()){                        //判断当前用户是否具备删除权限
        $cl=urldecode($_GET['link_id']);                //获取超链接传递的 ID 值
        $new=M('hightype');                             //实例化模型类
        $new=$new->execute("delete from a_hightype where id in (".$cl.")");   //以 ID 值为条件执行删除操作
        if($new!=false){
            $new=M('middletype');                       //实例化中级类别表
            $new=$new->execute("delete from a_middletype where hightid in (".$cl.")");
                                                        //删除中级类别的数据
            $newe=M('elementarytype');
            $newe=$newe->execute("delete from a_elementarytype where middleid in (".$cl.")");
            $news=M('smalltype');
            $news=$news->execute("delete from a_smalltype where elementaryid in (".$cl.")");
            $this->assign('hint','数据删除成功！');
            $this->assign('url','adminIndex?type_link=high&handle=admin');
            $this->display('information');
        }else{
            $this->assign('hint','出现未知错误！');
            $this->assign('url','adminIndex?type_link=high&handle=admin');
            $this->display('information');
        }
    }
}
```

25.5.9　判断访问用户的权限

在明日导航后台管理系统中，为了避免其他用户登录后台管理系统给网站带来不必要的麻烦，我们设置了后台登录功能，只有正确登录的用户才可以对数据进行管理。那么在后台是如何判断用户权限的呢？其原理是：当管理员登录成功后，将其登录的用户名和密码存储到 SESSION 变量中，由此可以在执行每项操作之前，判断当前用户 SESSION 变量中存储的用户名和密码与系统指定的用户名和密码是否相同，如果相同，则具备数据的操作权限，否则将提示"您不是权限用户"，并且跳转到管理员登录页面。

将这个权限判断的操作封装到 checkEnv 方法中，完成对当前用户权限的判断操作，如果用户具备访问权限，则返回 true，否则返回 false。checkEnv 方法的语法如下：

```
public function checkEnv(){
    import("ORG.Util.Session");
    //判断用户名和密码是否正确
    if($_SESSION['username']!=session::get(MR) and $_SESSION['userpwd']!=session::get(MRKJ)){
        $this->assign('hint','您不是权限用户');
        $this->assign('url','__URL__/');
        $this->display('information');
        $login=false;
```

```
    }else{
        $login=true;
    }
    return $login;          //返回判断结果
}
```

25.5.10   操作提示页面

在后台管理系统中，每执行一项操作后，无论是成功，还是失败，都会跳转到同一个提示页面，返回不同的提示信息，并且跳转到指定的页面。例如，当管理登录成功后，将弹出如图 25.14 所示的提示信息。

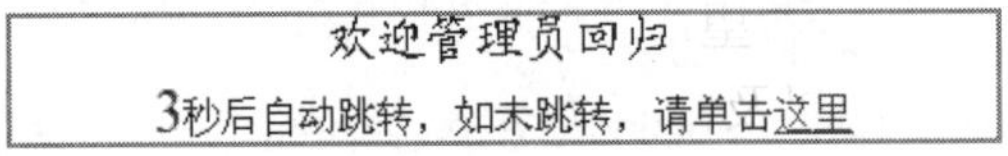

欢迎管理员回归

3秒后自动跳转，如未跳转，请单击这里

图 25.14   管理员登录

如果非权限用户登录到后台，则显示的提示信息如图 25.15 所示。

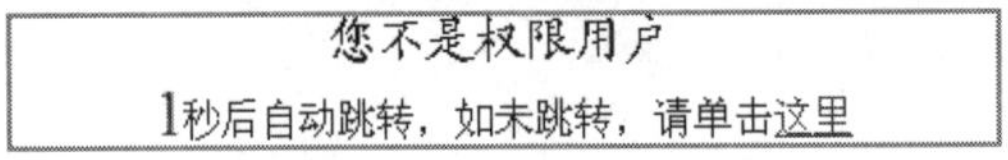

您不是权限用户

1秒后自动跳转，如未跳转，请单击这里

图 25.15   非权限用户登录

操作提示功能是根据在方法中定义的提示信息和跳转路径，经由 information.html 模板页完成提示和跳转操作的。在 information.html 模板页中，输出模板变量传递的提示信息，根据模板变量传递的路径进行跳转。其关键代码如下：

```
<table width="750" border="0" cellspacing="0" cellpadding="0" >
    <tr>
    <td align="center">{$hint}</td>
    </tr>
    <tr>
        <td align="center"><span class="spanT">5</span>秒后自动跳转，如未跳转，请单击<a href="{$url}">
这里</a></td>
    </tr>
</table>
<script type="text/javascript">
    $(function(){
        time();
    });
    var times=$("span").text();
    function time(){
        if(times==0){
            var url=$("a").attr('href');
            window.location.href=url;
        }else{
            window.setTimeout('time()',1000);
```

```
            times=times-1;
            $("span").text(times);
        }
    }
</script>
```

25.6　小　　结

本章运用软件工程设计思想中的 MVC 设计理念，通过一个国产框架 ThinkPHP 编写而成。在本章中充分发挥 ThinkPHP 框架的作用，涉及控制器、模型、视图以及模板引擎等方面的技术，并且对所用技术进行了系统、详细的讲解分析。希望通过本章的学习，读者可以了解网站导航的开发流程，并且掌握 ThinkPHP 框架开发网站的流程以及常用的技术。